冶金工业出版社

普通高等教育"十四五"规划教材

应用岩石力学

Applied Rock Mechanics

主　编　朱万成

副主编　关　凯　刘洪磊　牛雷雷

　　　　刘溪鸽　侯　晨　邓文学

扫码看本书数字资源

北　京

冶 金 工 业 出 版 社

2022

内 容 提 要

本书围绕应用岩石力学中岩石、岩体和工程三个方面进行阐述，致力于搭建岩石力学理论与岩体工程实践之间的桥梁，重点介绍岩石力学在岩体工程中应用的一些理论与技术内容，并给出了一些工程实例。作者依托团队取得的科研成果，并积极吸纳岩石力学的最新进展，在书中融入了课程思政、数值试验、慕课、虚拟仿真课等线上-线下混合教学的相关资源，以丰富和拓展教学内容。

本书可作为高等院校采矿工程、隧道工程、水利水电工程和人防工程等专业的高年级本科生教材，也可供从事岩石力学工作的相关工程技术人员参考。

图书在版编目（CIP）数据

应用岩石力学/朱万成主编 . —北京：冶金工业出版社，2022.10
普通高等教育"十四五"规划教材
ISBN 978-7-5024-9252-6

Ⅰ.①应… Ⅱ.①朱… Ⅲ.①岩石力学—高等学校—教材 Ⅳ.①TU45

中国版本图书馆 CIP 数据核字（2022）第 153926 号

应用岩石力学

出版发行	冶金工业出版社	**电　话**	（010）64027926
地　　址	北京市东城区嵩祝院北巷 39 号	**邮　编**	100009
网　　址	www.mip1953.com	**电子信箱**	service@mip1953.com

责任编辑　杨　敏　美术编辑　彭子赫　版式设计　郑小利
责任校对　梁江凤　责任印制　李玉山　窦　唯
北京印刷集团有限责任公司印刷
2022 年 10 月第 1 版，2022 年 10 月第 1 次印刷
787mm×1092mm　1/16；22.75 印张；548 千字；348 页
定价 58.00 元

投稿电话　（010）64027932　投稿信箱　tougao@cnmip.com.cn
营销中心电话　（010）64044283
冶金工业出版社天猫旗舰店　yjgycbs.tmall.com
（本书如有印装质量问题，本社营销中心负责退换）

前　言

　　"应用岩石力学"是采矿工程专业骨干课程，侧重于运用岩石力学知识解决采矿等工程问题，其应用范围涉及采矿、土木、水利水电等相关工程领域，是一门同时具备基础性、实用性和实践性的课程。编者自 2008 年开始为东北大学采矿工程专业本科生讲授"应用岩石力学"课程，使用的是李兆权教授于 1993 年出版的《应用岩石力学》教材。但该教材距今已近 30 年，岩石工程领域实现了跨越式发展，地下采矿已迈入千米级的开采深度，随着长江三峡水利枢纽工程、南水北调工程、川藏铁路等大型岩体工程的建设，应用岩石力学在理论分析、试验方法、测试技术和数值模拟等方面取得了长足的发展。因此，在秉承前辈教材特色的基础上，介绍岩石力学新理论、新技术和新成果在采矿等岩石工程中的应用，推进使用岩石力学知识解决工程实践问题，是此次编写本书的初心和使命。

　　从教学内容上，本书构建了由岩石、岩体、工程三个部分组成的"应用岩石力学"课程内容体系，实现了从岩石力学理论、岩体力学分析与监测方法到采矿工程应用相关知识的有效衔接，让学生能够更好地理解如何将岩石力学知识用于采矿等工程实践。同时，结合课题组多年来在岩石力学方面的理论研究和工程应用成果，历时五年多的反复研讨和修改，作者将新理论、新技术、新方法及新成果与教材内容有机地结合起来，最终完成了本书的编撰工作。

　　在教学手段上，本书反映了新时代对本科生教学改革的新要求。近年来，随着信息技术的发展，慕课、虚拟仿真课等线上课程与传统线下课堂课程的结合，成为推行本科教学改革的重要方向。本书依托慕课、国家级虚拟仿真平台的建设成果，融合了图片、视频等多种融媒体形式，建立了数值试验、融媒体、慕课、虚拟现实仿真相结合的教学内容体系，采用云课堂等交互式教学手段丰富了教学形式，促进了教师的因材施教和学生的个性化学习，提升了教学的创新性、趣味性，以增进学生学习兴趣，希望能全方位提升教学效果。

此外，本书的内容坚持贯彻立德树人根本任务，强化《应用岩石力学》对于学生科学素养、科学思维和科学精神的培养，充分结合采矿工程专业特色，融入东北大学"五四煤"精神等课程思政元素，倡导艰苦奋斗、敬业奉献的采矿人精神，致力于为采矿工程等领域培养合格的建设者和接班人。

本书共分12章，主要内容包括：第1章绪论、第2章岩石强度及其影响因素、第3章结构面及其力学行为、第4章岩体结构与工程岩体分类、第5章地应力与岩体工程稳定性、第6章岩石力学数值分析方法、第7章围岩状态及其检测与监测、第8章岩石动力学与围岩动态稳定性、第9章矿山工程地质灾害预警与防治、第10章围岩支护与加固、第11章露天矿边坡稳定性分析、第12章采场地压显现与控制。

本书由东北大学朱万成担任主编，关凯、刘洪磊、牛雷雷、刘溪鸽、侯晨、邓文学担任副主编。朱万成编写了第1、2、5、9章，关凯编写了第6、10、12章，刘洪磊编写了第4章，刘溪鸽编写了第3章，牛雷雷编写了第8章，侯晨编写了第7章，邓文学编写了第11章。徐涛、张鹏海、于庆磊、杨天鸿也参加了部分内容的编写，陈耕野教授校对了书稿。全书由朱万成、关凯、牛雷雷统稿并负责审核定稿。

本书是东北大学资源与土木工程学院采矿工程系岩石破裂与失稳研究所（CRISR）集体智慧的结晶，对团队成员所做出的贡献表示感谢。在编写过程中，编者参考、引用了国内外有关文献资料，对文献作者表示感谢。本书保留或修订了1993年版《应用岩石力学》教材的部分内容，谨以缅怀已故李兆权教授。

由于编者学识水平所限，书中难免有不妥之处，敬请广大读者批评指正。

编　者

2022 年 5 月

目　　录

1 绪 论

岩石（rock）和岩体（rockmass）是应用岩石力学（applied rock mechanics）的研究对象，也是采矿等行业工程师要面对的客体。在工程实践中，人作为主体要不断地认识和改造客体（岩体），为采矿等工程服务。从采矿工程应用角度去认识岩石和岩体的特性，是解决采矿工程岩石力学实际问题的基础。本章以采矿工程为应用背景，介绍岩石力学与采矿工程之间的关系，为岩石力学应用于采矿工程提供基本认识。

1.1 岩石力学与采矿工程

岩石力学（rock mechanics）定义是由美国岩石力学学会在 1964 年首先提出的，随后在 1974 年又得以修订，即"岩石力学是研究岩石和岩体力学性能的理论和应用的科学，是探讨岩石和岩体对其周围物理环境的力场反应的力学分支"。应用岩石力学是一门研究把岩石力学原理应用于岩石工程构筑物设计的实用基础学科，在采矿工程中的应用岩石力学也被称为采矿岩石力学（rock mechanics for mining 或 mining rock mechanics）。应用岩石力学与经典力学和连续介质力学的主要内容密切相关，是对传统岩石力学面向工程应用的拓展。

采矿活动开挖改变了岩体中的应力场。开采前，岩体处于三向应力状态，开挖后，围岩表面的径向应力释放为零，使得围岩应力重新分布，同时围岩向开挖空区转移，间柱和支承区出现高应力。这种高应力的积聚可能造成完整岩石的破裂、岩石沿断层等结构面的滑移、顶板下沉及底鼓，从而诱发围岩冒顶片帮、岩爆等矿山动力灾害，甚至引起整个巷道或采场的大面积破坏。矿山生产设计，一方面要考虑如何提高产能和经济效益，而更为重要的是要控制围岩的变形和防止破坏性事故的发生，确保采矿过程中的人员和财产安全。采矿设计必须遵从岩石力学的基本原理，岩石力学为采矿安全提供理论与技术的保障。从岩石力学的观点来看，采矿岩石力学研究的目的是为安全开采设计提供理论基础。

在进行岩石力学分析时，我们首先要在矿体或围岩中钻取岩心，测定岩石的强度和变形参数；同时，我们需要认识岩体结构，采用合理的物探和测试方法，确定采矿影响范围内断层等结构面的位置、延伸情况和力学特征，然后根据岩石的力学性质和结构面的分布特征进行岩体质量分级，并在此基础上确定岩体的物理力学参数。针对具体的矿山现场条件和初步选定的采矿方法，我们需要根据矿岩赋存环境和开采条件，建立岩体力学分析模型，设定初始条件和边界条件，采用岩石力学分析方法对采矿活动引起的潜在的岩石变形和破坏进行分析预测，以确定技术上最优的采矿方案。

当前，采矿工程的发展趋势是：（1）随着浅表资源的逐步枯竭，深部开采成为采矿发展的必然，研究深部"三高一扰动"（高地应力、高渗透压力、高地温和强开采扰动）下岩体损伤的多场耦合效应和多应变率效应，揭示采动岩体变形损伤与破坏及其致灾机理，是进行岩爆等矿山动力灾害预测预警和防控的基础，业已成为应用岩石力学发展的重要方向；（2）绿色开发是以经济的增长为核心，追求自然生态平衡为目标的采选技术，这促使人们在竭力提高矿产资源的回采率的同时，更要确保矿山可持续发展，对矿区地表和水资源进行保护，要对矿山废弃物进行地下充填利用，亟须研究岩体的渗透特性和充填体与围岩的相互作用，这也为岩石力学的研究提供了新的方向；（3）智能采矿是 21 世纪矿业发展的前瞻性目标，在未来 20 年智能开采必将引领采矿方法和工艺的变革，例如采用智能化开采的无人工作面，可以加大回采参数以最大限度提高开采效率，在这种智能化的工作参数下如何确保采场的安全，也对岩石力学研究提出了新的课题。

1.2　岩石力学固有的复杂性

视频：向地球
深部进军
（云端开讲）

　　将岩石力学应用于采矿工程实践，必须对岩体本身和采矿工程的特殊性和复杂性有足够的认识。正是由于这些特殊性，使得岩石力学，尤其是应用于采矿工程的应用岩石力学，在研究对象上具有一定的复杂性。

1.2.1　岩石的应力-应变曲线

　　岩石的破坏过程可分为脆性破坏和延性破坏。脆性破坏特征是显见的，它常呈现为裂口、爆裂等；延性破坏特征表现为结构体或颗粒间错动、滑移，没有明显的破裂痕迹。延性破坏在变形上常是连续的，而脆性破坏在变形曲线上则有明显的应力降，表现为失稳。

　　刚性试验机和伺服试验机的出现，使人们能够成功测得岩石的应力-应变全过程曲线。在单轴压缩荷载作用下，脆性岩石试样变形破坏全过程的应力-应变曲线如图 1-1 所示。该曲线大体上可以分为如下四个阶段：（1）裂隙压密阶段（OA）：岩体中裂隙受压闭合后，充填物被压密实，出现不可恢复的残余变形；形成非线性上凹形压缩变形曲线，压缩变形的大小，取决于岩石中微裂隙的分布特征。（2）弹性变形阶段（AB）：经过压密阶段后，岩体进入线弹性变形阶段。（3）损伤演化阶段（BC）：当应力超过屈服极限时，岩石即进入损伤演化阶段，在这个阶段内，即使荷载增加不大，也会产生较大的变形，应力-应变曲线形成向下弯曲的下凹形。（4）破坏阶段（CF）：当应力达到岩石的极限强度时，岩石进入破坏阶段，出现应力释放过程。岩石在峰值后的 D 点发生失稳破坏，应力瞬时跌落到 E 点，应力并非突然下降至零，由于在破裂面上尚存一定的摩擦力，使岩石试样仍具有一定的承载能力，直至随着变形继续发展最终达到残余强度 F 点。

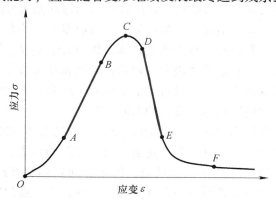

图 1-1　岩石的典型应力-应变全过程曲线

在普通材料试验机上开展试验时，在试件达到峰值强度前，试件的变形是逐步缓慢增加的；在达到峰值强度后的某个变形位置，试件立即发生突发性的破坏（失稳破裂），试件被崩裂，岩石碎块向四面飞射，并伴随很大的声响。实际上，岩石达到其峰值强度后发生突发性破坏与试验机的刚度密切相关。对于普通试验机，在试验过程中岩石试样受压，试验机框架受拉，试验机受拉产生的弹性变形以应变能的形式存在机器中，在岩石试件失稳破坏的瞬间，试验机架迅速回弹，将其内部储存的应变能即刻释放并且施加到岩石试件上，从而加剧了岩石试件的失稳破裂。由于这种失稳破裂是在很短时间内发生的，低频响的测试系统无法捕捉到试样的应力和应变响应，因此，传统上人们认为普通的材料力学试验机的刚度不够，难以测得岩石的全应力-应变曲线。

如果没有大量的应变能储存在试验机内，则试件的破坏也不会如此剧烈。为了减少在试验过程中试验机弹性应变能的储存，一种方法是增加试验机的刚度；另一种方式是采用伺服控制系统，以控制试样及试验机加载框架中的能量释放过程，阻止试样破坏过程中能量的瞬时快速释放。使用刚性试验机或伺服试验机，就能测得岩石在单轴压缩状态下的应力-应变全过程曲线。但无论是采用普通试验机，还是采用刚性和伺服试验机进行岩石试样的单轴压缩实验，测试的应力-应变曲线实际上都反映的是试样和试验机相互作用的结果。也就是说，测试的曲线与试验机本身的特性（例如加载框架的刚性、测试系统反馈时间等）密切相关，测得的结果并非岩石本身的真实力学行为。

失稳破裂是岩石的一种"自然的"脆性破坏形式，而采用刚性试验机或伺服试验机实际上是人们通过改变试验机的力学特性"人为"地控制岩石的失稳破坏，使变形损伤与破坏过程成为一个接近于恒变形速率的稳定的破坏过程，即人们一度认为保持恒变形速率是测试岩石应力-应变全过程曲线的必要条件。实际上，唐春安（1993）的研究表明，即便是采用刚度较小的普通材料试验机，岩石的载荷-位移全过程曲线也是客观存在的，而这种"自然的"失稳破坏过程正是研究岩爆等矿山动力灾害需要密切关注的过程。如果我们采用刚性试验机或伺服试验机开展实验，实际上是人为控制了试样的失稳破坏，掩盖了岩石试样失稳破坏的本质特征。当然，这种失稳与试验机的刚度等因素密切相关，这与工程中矿柱的变形破坏失稳与围岩的相互作用是类似的，因此把单轴加载过程视为失稳过程研究更具有工程实际意义。

试样在峰值前的加载过程是静态的，而峰值后失稳过程则几乎是瞬态完成的，因此通过提高测试记录系统的动态响应频率，例如采用光电位移测试系统和高速的波形记录仪，就可以直接测试具有失稳过程（失稳时有剧烈的爆裂声产生）的岩石的载荷-位移全过程曲线（唐春安，1993），如图 1-2 所示。也就是说，借助高频率响应的测试系统，在普通试验机上也可以测得岩石的应力-应变全过程曲线。

1.2.2 岩体赋存环境

岩石或岩体是赋存于自然界中的十分复杂的介质，它是天然地质作用的产物，是自然界中各种矿物的集合体。不同岩石具有不同的成因特点，同时各类岩石或岩体在形成之后的漫长地质年代中又遭受了不同的地质作用，包括地应力变化、各种构造地质作用、各种风化作用以及人类活动产生的各种应力的作用等。上述综合作用使得同种岩石的受荷历史、成分和结构特征都各有差异，岩体中结构面的存在使得

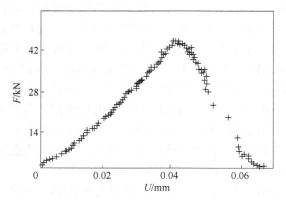

图 1-2   在普通试验机上测得大理岩的载荷-位移全过程曲线（唐春安，1993）

这种差异更为明显，这使得岩石或岩体呈现出明显的非线性、非连续性、非均质性和各向异性等复杂特性。

岩体是赋存于一定地质环境中的地质体，赋存环境对力学性质有着重要的影响。岩体的赋存环境主要包括地应力、地下水和地温等方面。为了对采矿工程进行科学合理的设计和施工，就必须对影响工程稳定性的各种因素，尤其是岩体的赋存环境因素进行充分的调查研究。

1.2.2.1   地 应 力

地应力是存在于地层中的未受工程扰动的天然应力，也称岩体初始应力、绝对应力或原岩应力。近年来的实测和理论分析表明，地应力的形成主要与地球的各种动力运动过程有关，其中包括板块边界受压、地幔热对流、地球内应力、地心引力、地球旋转、岩浆侵入和地壳非均匀扩容等。另外，温度不均、水压梯度、地表剥蚀或其他物理化学变化等也可引起相应的应力场变化。其中，构造应力场和重力应力场为现今人们公认的地应力场的重要组成部分。

地应力具有双重性，一方面它是岩体赋存的环境，另一方面又和岩体组成成分一样左右着岩体的特性，是岩体力学特性的组成成分。地应力对岩体力学性质的影响主要体现在以下几方面：

（1）地应力影响围岩的应力重分布。对赋存于一定地应力环境中的工程岩体而言，采矿工程开挖引起围岩的应力重分布，这种应力重新分布实际上与开挖前的初始地应力密切相关。巷道和采场发生的塌方和岩爆等灾害，以及采场间柱和井壁破坏，往往是由于开挖引起的应力重分布和应力集中引起的。

（2）地应力影响岩体的变形和破坏机制。岩体力学试验结果表明，许多低围压下呈脆性破坏的岩石在高围压下呈塑性变形，这种变形和破坏机制的变化说明岩体赋存的条件及采矿工程扰动引起的应力路径不同，将导致岩体本构关系也会发生相应的变化，并使得围岩的变形和破坏机制也有所差异。

（3）地应力影响岩体中的应力波传播规律。严格来说岩体是非连续体，但由于岩块间存在摩擦作用，赋存于高地应力地区的岩体，在地应力围压的作用下则变为具有连续介质特性的岩体。即地应力可以使不连续变形的岩体转化为连续变形的岩体，影响应力波的传播规律。

地应力是引起采矿工程变形和破坏的根本作用力，是确定工程岩体力学属性、进行围岩稳定性分析、实现采矿工程开挖设计和决策科学化的初始和边界条件。在诸多的影响采矿工程稳定性的因素中，地应力状态是最重要、最根本的因素之一。如对矿山设计来说，只有掌握了具体工程区域的地应力条件，才能合理确定矿山井巷的总体布置，确定巷道和采场的最佳断面形状、断面尺寸和支护方式。同样，在确定巷道和采场走向时，也应考虑地应力的状态，例如，最理想的巷道走向应与最大主应力方向相一致。

1.2.2.2 地下水

岩石中的水通常以两种方式赋存，一种被称为结合水或称束缚水，另一种是重力水或自由水，它们都对岩石力学性质产生影响。结合水是由于矿物对水分子的吸附力超过了重力而被束缚在矿物表面的水，水分子运动主要受矿物表面势能的控制，这种水在矿物表面形成一层水膜，对岩体产生联结作用、润滑作用、水楔作用。自由水不受矿物表面吸着力控制，其运动主要受重力作用影响，它对岩石力学性质的影响主要表现在孔隙水压力作用和溶蚀、潜蚀作用。

有的岩石中含有亲水性很强的黏土矿物，含黏土矿物多的岩石受水的影响较大。如黏土岩在浸湿后其强度降低可达90%，而含亲水矿物少（或不含）的岩石（如花岗岩、石英岩等），浸水后强度变化则很小。岩体中的结构面往往是导水和地下水渗流的通道，岩体结构对于地下水渗流会产生重要的影响。因此，水对岩体力学性能的影响与岩体的矿物组成及岩体结构密切相关。

在采矿工程实践中，地下水对岩体强度的影响是值得重视的问题。由于岩石性状可通过其水文地质环境确定，故某些情况下应严密监控矿区地下水状态参数的变化，防止由于断层、陷落柱等构造被采矿活动激活而发生突涌水灾害。

1.2.2.3 地温

地温在岩体力学研究中的意义虽然不像地应力、地下水那样引人注目，但它对岩体应力状态和岩体力学性质的影响也是不可忽视的。它的作用主要表现在两个方面，一个方面表现在它的物理化学作用——风化和对岩石力学性质软化作用，另一个方面则是温度变化引起热应力的物理作用。岩石的风化或软化主要与水一起起作用，通过水热作用进行反应。温度变化形成的热应力带来的热物理作用往往也有水的参与，水的流动也是对流传热的重要方式，此时温度效应引起的岩石物理化学作用也更加显著。

热应力的物理作用一方面表现为物理风化，通过热胀冷缩使岩石中产生裂隙；另一方面，变温过程引起温度应变会改变岩体内的应力状况，并引起岩体内部的损伤，这是一个不可忽视的因素。一般来说，温度变化1℃，岩体内可产生 $4 \times 10^4 \sim 4 \times 10^5 Pa$ 的应力变化。就地温来说，如果温度变化达 $50 \sim 60℃$ 则可引起岩体中 $2 \sim 3MPa$ 的应力变化。显然，在研究岩体力学作用时，如果局部岩体的温度变化较大，则需要考虑地温对岩体变形及力学特性的影响。

在采动岩体应力分析中，我们一般不需要研究温度对岩石力学性质的影响。但是随着采矿深度的延伸，如果按一般的地温梯度计算，埋深每增加100m深度，温度升高3℃；那么对于开采深度在3000m的矿山，岩石的温度可达到90℃，这一温度对岩石的力学性能足以产生显著影响；同时，一般来说，随着温度的升高，岩石的延性加大，屈服点降低，强度也降低，这在岩石力学研究中也必须进行考虑。

随着我国对矿产资源需求的日益增加，地表资源已日趋短缺，深部开采已成为未来采矿发展的趋势。目前，国际上开采深度超过 1000m 的矿山已达到 100 多座，在国内许多矿山开采深度也已经超过 1000m，深部开采问题是我国未来采矿业面临的一个重大关键技术问题。深部岩体的赋存环境更加复杂，高地应力、高渗透压力、高地温（简称"三高"）环境引起的采矿岩石力学问题愈加突出。对于深部岩体，其内部储存有大量的弹性应变能，即便是原本处于稳定状态的围岩体，在爆破开挖等扰动效应的影响下，也可能触发冒顶甚至岩爆。同时，采矿活动必然造成围岩应力的重新分布，甚至引起围岩体损伤破裂，这种损伤又会使得围岩的渗透性突变，导致顶底板突水灾害。此外，虽然温度场对岩石力学性能的作用是非常有限的，但岩温会伴随着地下水的流动而产生热对流，促使矿井的热环境发生恶化。

深部岩体处于"三高一扰动"（即高地应力、高渗透压力、高地温和强开采扰动）的条件，在该条件下开采扰动引起围岩变形损伤与破坏，实际上是岩石在多场耦合条件下的损伤与破裂过程，已成为岩石力学的重要课题。例如，突水是典型的流固耦合问题，研究岩石在流固耦合条件下的渗透演化及其突变规律，是进行突水灾害预测与防控的力学基础。

1.2.3　围岩的多尺度特征

结构面是岩体的普遍结构特征，因此，岩体的强度和变形特性受控于岩石材料（即岩石连续介质单元）和结构面的力学行为。因此，岩体的变形模量、强度等参数与岩体中含有结构面的数量和规模密切相关，也就是与岩体的尺寸有关。岩体中存在不同尺度的结构面，导致不同尺度试验测得的力学性质具有差异，岩体的参数随着岩体尺寸发生变化，这种现象被称为"尺寸效应"。通常变形模量和强度随着尺寸的增加而逐渐降低，表现出较强的尺寸效应。但岩体的尺寸增加到一个量级时，岩体的参数不再随尺寸的增大而变化，其力学参数会趋于一个固定值，满足这个条件的最小岩体体积被称为"表征单元体体积"。

如图 1-3(a) 所示，钻头在岩石中的钻进过程主要是钻具作用下岩石材料的破裂，所以钻进过程一般可反映出完整岩石的强度特性，此时我们可以把岩石视为连续体，忽略结构面的影响。在节理岩体中开挖巷道可以反映节理岩体体系的性质，于是巷道的最终断面的稳定尺寸取决于节理面的分布（图 1-3(b)），此时采用非连续体力学方法研究围岩的稳定性比较合适。在这种情况下，巷道表面是否存在可分离的关键岩块，以及结构面上的摩擦力的大小决定了巷道的稳定性。对于较大尺寸的岩体，如图 1-3(c) 所示，节理遍布整个岩体，在理论和数值分析时难以对每个节理进行逐个描述，当结构面的组数超过 3 组时，可以把岩体视为连续介质来等效处理。由此可见，在利用连续介质力学方法研究岩石力学问题时，要准确表达岩体的等效力学性质并非易事，首先岩体的力学性质参数与岩体的尺寸有关，而且与我们所要研究的工程尺度密切相关。如果采用连续介质力学的方法来研究节理岩体，选取合适的尺度以获得表征单元体并确定岩体力学参数，是进行应用岩石力学问题研究的基础。因此，当我们用岩石力学研究采矿等工程问题时，迫切需要根据岩体组成单元的性质来推算节理岩体表征单元体的参数，这些方法在应用之前，必须进行严格的验证。

对于图 1-3(b) 所示的情况，单个结构面或少量结构面的行为对于巷道稳定是最为重

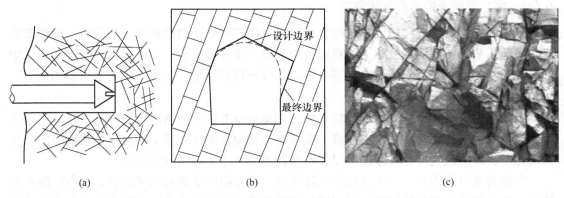

图 1-3 岩石尺寸对应加载的效应 （Brady 和 Brown，2006）

（a）钻进中岩石的破坏；（b）控制最终巷道形状的不连续面；（c）准连续介质的岩体

要的。此时 3 个或 3 个以上的结构面与巷道周边相交，切割形成的关键块的平衡对于巷道稳定性非常重要。此时我们需将岩体视为离散块体的组合体，采用非连续介质力学方法描述块体的滑动和冒落条件，而采用连续介质力学方法研究是不适宜的。

如果围岩结构面组数在 3 组及以上，尤其是巷道的围岩处于很高的地应力状态时，把节理岩体按等效弹性连续介质来处理具有一定的合理性。如图 1-4 所示，对于巷道围岩，随着取样尺寸的增大，表征单元体从完整岩石向节理切割的岩体转化。在给定条件下究竟采用连续体模型还是非连续模型，与结构面间距相关的硐室尺寸、地应力值以及结构面的方位等因素有关。对于含有单个和两个结构面的岩体，必须考虑结构面的影响，即便是采用连续体方法也要考虑结构面的影响；而对于含有多组（≥3 组）结构面的岩体，等效成为连续介质对于分析工程整体的稳定性是适宜的，当然如何把这类节理岩体等效成为连续介质，表征单元体是一个非常值得研究的问题。

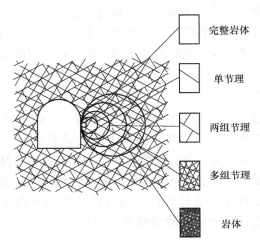

完整岩体

单节理

两组节理

多组节理

岩体

图 1-4 岩体的多尺度性 （Hoek 和 Brown，1988）

1.2.4　变形与破坏的多应变率效应

根据引起岩石响应的应变率不同，可将岩石或岩体承受的载荷分为静载荷、动载荷和流变载荷。当然，不同应变率下材料的力学响应，在其他金属、非金属材料力学的研究中都有涉及，并非岩石力学的专有内容，但这部分内容仍然是岩石力学中非常重要的部分。

1.2.4.1　静力载荷

固体的静力学理论所研究的是处于静力平衡状态下固体介质的力学特性，是以忽略介质微元体的惯性作用为前提。所以静力载荷是指施加在固体介质上的载荷数值随时间无显著变化时，即加载速度比较慢而可以忽略惯性效应时才是适用和正确的。

在静态载荷作用下，由于忽略了惯性效应，认为物体受到局部扰动后，施载时间相对较长，整个物体各部分的响应即刻完成。也就是说，介质的力学响应只需考虑加载前的参考状态和加载后状态之间的差异，可以忽略或不考虑加载期间的瞬时响应过程。

1.2.4.2　流变效应

岩石流变的典型模式包括蠕变、松弛和弹性后效。蠕变是当应力不变时，变形随时间增加而增加的现象；松弛是当应变不变时，应力随时间增加而减小的现象；弹性后效是加载或卸载时，弹性应变滞后于应力的现象。由表 1-1 可以看出，对于恒定外部应力作用下的蠕变过程，应变率小于 $10^{-5} \mathrm{s}^{-1}$。

蠕变试验表明，当岩石在某一较小的恒定荷载持续作用下，其变形量虽然随时间有所增加，但蠕变变形的速率随时间增长而降低，最后变形趋于一个稳定的值，这种蠕变被称为稳定蠕变；当荷载较大时，蠕变不能稳定于某一极限值，而是急剧增长直至失稳破坏，这种蠕变被称为不稳定蠕变（或加速蠕变）。根据应变速率不同，其蠕变过程可分为三个阶段：第一蠕变阶段：应变速率随时间增加而减小，故又被称为减速蠕变或初始蠕变阶段。第二蠕变阶段：应变速率保持不变，故被称为等速蠕变阶段。第三蠕变阶段：应变速率迅速增加直至岩石破坏，故又称为加速蠕变阶段。加速蠕变实际上是岩石破裂过程失稳的一种形式，在岩石工程中则表现为塌方或岩爆等灾害。岩石既可发生稳定蠕变也可发生加速蠕变，这取决于岩石本身的性质，当然也取决于应力水平的高低。超过某一临界应力时，蠕变向不稳定蠕变发展；小于此临界应力时，蠕变按稳定蠕变发展，通常称此临界应力为岩石的长期强度。

1.2.4.3　动力载荷

动力载荷是指加载速度（应变率）比较快的载荷，在以毫秒（ms）、微秒（μs）甚至纳秒（ns）计的短暂时间尺度上发生了运动参量的显著变化，以至于物体由此产生显著的加速度，从而使得惯性效应对物体的变形和运动状态有着明显的影响。因而在此加载过程中物体的各部分的受力都随着时间发生瞬时变化，惯性效应明显，是必须要考虑的因素。例如，炸药在岩石表面接触爆炸时的压力可以在几微秒内突然升高到 10GPa 量级。图 1-5 所示为几种典型随时间变化的动力载荷，横轴是载荷作用的时间，纵轴是载荷的大小。

动态载荷随着时间的变化可以用加载速率来描述，也可以基于介质的应力和应变响应，用应力率或应变率来表示。根据应变率的数值，介质对于不同载荷状态的响应特征可

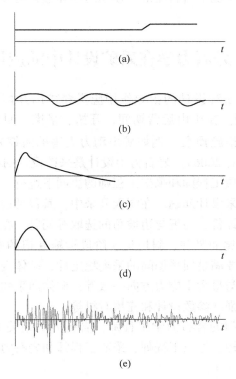

图 1-5　几种典型的动力载荷（杨桂通和杨善元，1988）
（a）突加荷载；（b）简谐荷载；（c）冲击波荷载；（d）撞击荷载；（e）地震荷载

以按照表 1-1 进行分类。表 1-1 中包括了蠕变、准静态、准动态、动态和超动态的应变率及加载条件。

表 1-1　不同应变率的载荷状态（李夕兵和古德生，1994）

应变率/s⁻¹	$<10^{-5}$	$10^{-5}\sim10^{-1}$	$10^{-1}\sim10^{1}$	$10^{1}\sim10^{3}$	$>10^{4}$
载荷状态	蠕变	静态	准动态	动态	超动态
加载手段	蠕变试验机	普通液压或刚性伺服试验机	气动快速加载机或疲劳试验机	霍布金森杆（SHPB）或其他改型设备	轻气炮或平面波发生器
动静明显区别	惯性力可忽略			惯性力不可忽略	

　　实际上，在巷道掘进和采场开采过程中，围岩往往受到多个应变率的作用，对于爆破开挖作用下的围岩，其应变率可能在 $10^{-4}\sim10^{3}\,\mathrm{s}^{-1}$ 这样一个很大的范围。在该过程中，围岩受到动态爆破载荷的作用，这是一个动态载荷作用下的高应变率过程。开挖成型的巷道，并非即刻达到围岩应力的重新分布，这种应力重分布需要在一定时间内完成，这个过程可以用时间相关的流变模型来表达。此外，围岩有可能受到临近采场爆破的扰动，这是一种动态载荷作用，这种扰动可加速围岩流变的进程，在一定条件下甚至会触发围岩发生

失稳破坏。因此，在这些工况下岩石变形、损伤与破坏过程的多应变率效应研究变得尤为重要。

1.3　岩石力学在采矿设计中的应用

视频：露天
台阶爆破

采矿岩石力学对采矿工程设计的指导作用应贯穿矿山开拓、采准、回采、复垦的整个生命周期。在矿山运营期间，开拓、采准、回采设计，支护和加固设计，以及应急措施预案（例如矿山动力灾害的防控）等都应包含岩石力学的研究内容（Brady 和 Brown，2006）。岩石力学设计是采矿设计的有机组成部分，需要在设计部门和测量工程师、地质工程师和采矿工程师的协同下进行。采矿生产中的岩石力学研究主要是为了解决矿山开采设计问题。在露天开采中，其包括边坡角确定与境界优化、边坡安全系数与边坡稳定性评价、高度与边坡角的选取等问题。在地下开采中这些问题包括开拓工程的位置和尺寸，比如竖井、斜坡道、阶段运输巷道的布置要满足长期稳定性要求；采场和矿柱的尺寸，要满足回采期间的采场稳定性；矿体内采场和矿柱的布置，比如把巷道的走向方向调整为与最大主应力方向一致等；矿体回采的总体推进方向和矿柱回收的回采顺序；充填材料的强度参数设计和充填时机等。

国内矿山目前没有专门的岩石力学工程师，岩石力学相关工作一般由采矿工程师兼任。无论采用何种组织结构，地质工程师、采矿工程师和岩石力学工程师的密切协作十分重要（Brady 和 Brown，2006）。

地质工程师为岩石力学研究提供大量的地质资料，包括区域地质，特别是构造地质，以及矿区中最常见构造特征的详细描述。地质报告还应包括矿体及围岩的岩性分布、矿体的品位和矿区的地下水水文情况。在地下水比较发育的矿山，还应该有水文地质报告，需要确定可能受开采影响的含水层，以及可能径流到矿区的地表和地下水。采矿工程师负责采矿过程相关设计和施工监督。他们要依据地质条件和岩石力学条件，根据岩石力学工程师的建议，确定采矿的工艺参数，如采矿方法、采场布置、开采顺序、采场尺寸、钻爆参数、支护参数等。

岩石力学工程师的主要任务是把岩石力学应用于矿山生产的各个环节。在露天矿开采中边坡稳定性是首要岩石力学问题，其次穿爆过程和排土场稳定性，对于地下开采，岩石力学的研究涉及开拓巷道和采场的布置、开采顺序、井巷支护与加固等方面。对于矿山永久性巷道，需要考虑其在整个运营周期内的长期稳定性。例如开拓巷道，其设计问题包括副井和通风井的位置确定，阶段开拓巷道的位置及其尺寸和支护的技术要求，还包括诸如破碎硐室、盲竖井、提升机硐室、井底车场等主要工程的设计。岩石力学工程师需要与负责每个采区的采矿工程师保持密切沟通，对生产区域进行常规勘察，及时解决采矿施工过程中出现的岩石力学问题。

岩石力学工程师需要根据已有的采矿支护和加固设计规范来指导采矿设计，同时对局部地压显现明显的区域要提出针对性的支护和加固建议。通常，岩石力学工程师还要负责监控采场的岩石力学响应，需要应对一些不可预见的突发情况，如边坡失稳、冒顶片帮、岩爆、突涌水等灾害，需要根据现场实际情况，制定应急预案和防治措施。

1.4 岩石力学方案的实施

图1-6所示为实施采矿岩石力学方案的一般程序（Brady和Brown，2006）。此方案由5个部分组成，这5个部分在逻辑上应该是一个整体，执行时根据实际情况需进行多次循环。应遵循两个主要原则：第一，由于矿山地质条件的复杂性，现场地质评价阶段提供的地质资料永远不可能是全面的，因此，这个阶段不可能制订出针对矿山整个生命周期内的最优设计方案；第二，矿山设计本身是一个随着生产推进而不断发展的过程，在这个过程中应对工程响应进行总结，及时应对生产过程中围岩遇到的非稳定性状态。

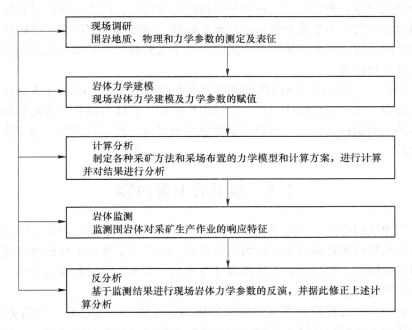

图1-6　岩石力学研究方案的组成和逻辑关系（Brady和Brown，2006）

现场调研的目的是确定采场岩体力学参数并在此基础上进行岩体质量分级，评价围岩的稳定性，包括确定矿体及围岩的强度和变形参数，调查确定结构面的几何形态和力学参数，对离散结构面的位置及其属性进行描述，进行岩体质量分级和确定岩体物理力学参数；还包括确定矿区的原岩应力状态，调查研究矿体及周围的水文地质条件，考虑区域断层、破碎带等主要构造特征等。

岩体力学建模是基于现场调研获得的岩体分级、地应力等数据建立区域采动岩体力学响应分析的数值模型；针对所研究的对象岩体，选取合理的岩体物理力学参数，提出合理的本构关系和边界条件。因此，我们需要根据工程问题分析的需要，确定是采用连续介质模型还是非连续介质模型来进行围岩的力学行为表征，并采用适宜的数值计算方法来进行采动过程围岩响应的数值建模。在建模过程中，模型要尽可能反映工程实际条件，但又不至于过于繁杂而失去可操作性。当然，随着数值模拟方法的发展，岩体的建模也在不断地发展，模型更能反映工程实际。

　　岩体力学计算分析是岩石力学实践的核心内容，其目的是通过理论分析或数值模拟，确定采矿过程岩体的稳定性，评价采场布置和巷道几何形状等设计参数的合理性。分析方法可以是经验方法，也可以是数值计算方法。由于近年来数值计算方法和数值模拟解题能力的迅速发展，岩石力学设计理念用于采矿设计的重要性显得更为突出。

　　岩体监测的目的是跟踪采动岩体的力学响应，在矿山巷道和采场的关键部位进行的位移、应变、应力和微震等参量的监测，了解采动引起的岩体力学响应。这些测量包括巷道或采场的收敛变形、围岩钻孔内的变形或应力、沿断层面的滑移量、采场局部或整体区域的微震活动性等。岩石力学工程师必须经常深入测试现场，确定有可能发生结构面控制性破坏的位置，以实施针对性的监测和数据分析。

　　监测数据的定量分析可用于评价现场岩体的力学行为，以提高我们对岩体的认识，同时检验前期建立的数学力学模型的适用性和正确性。通过对局部围岩变形破坏监测结果的反分析可以反演地应力场和岩体参数。同时，基于监测数据可对采场围岩的稳定性和生产计划的可行性做出评价。

　　如图 1-6 所示，反分析得到的数据将通过反馈回路用于修正现场岩体参数、矿山模型和整个设计过程。由于岩体结构表征、岩体本构模型、岩体力学分析的初始和边界条件等都具有明显的不确定性，借助于监测结果的反分析来校正模型和预测采动岩体未来的响应是非常关键的。

1.5　本书的主要内容

　　应用岩石力学的服务对象是采矿等岩石工程，这就决定了应用岩石力学的研究内容要以自然的和采动影响所造成的矿区应力场为背景，探索开采条件下采动岩体的变形、强度和稳定性等力学问题，指导采矿工程的设计及施工，为面向未来的深部开采、智能采矿和绿色开发提供理论与技术支撑。

　　应用岩石力学的研究首先要认识岩体的物理力学性质，这是采矿岩石力学的力学基础；其次要考虑岩体赋存环境的影响，比如地应力条件、地下水环境以及地温等因素，这是采矿工程面临的天然环境因素；最后是工程因素，这是采矿工程中的人为因素，包括采矿工程的开拓、采准、回采的各个工序中参数设计等方面的岩石力学问题，如井巷布置、采矿方法、开采顺序、支护参数、充填工艺及参数等的岩石力学设计和优化等。因此，本书期望对这 3 个方面进行介绍，面向的读者为采矿工程专业高年级本科生及研究生，他们应具有"弹性力学""地质学""矿山岩体力学""采矿学"等课程的基础知识。本书主要内容如下。

　　第 1 章绪论：介绍岩石力学与采矿工程之间的关系、岩石力学所固有的复杂性、岩石力学在采矿设计中的应用以及岩石力学方案的实施等内容。

　　第 2 章岩石强度及其影响因素：介绍岩石强度及其测定结果的离散性、岩石力学标准试验方法、岩石力学参数的相关性和岩石点荷载强度及应用。

　　第 3 章结构面及其力学行为：介绍结构面的状态、结构面的现场调查、结构面的分布特征及其网络模拟、结构面的变形与强度模型。

　　第 4 章岩体结构与工程岩体分类：介绍岩体的结构特征及岩体结构分类、工程岩体质量分级、岩石的可钻性分析、可爆性分析和可崩性分析、岩体的变形与强度参数。

第5章地应力与岩体工程稳定性：介绍初始应力场的描述、地应力的测试方法、初始应力场估计方法、初始应力与工程稳定性。

第6章岩石力学数值分析方法：概述数值分析方法，介绍连续介质力学方法与非连续介质力学方法，包括有限元法、边界元法、离散元法、有限差分法和数值流形元法。

第7章围岩状态及其检测与监测：介绍围岩中的应力状态，巷道的破坏模式，围岩的自稳能力，岩体应力、变形、微震监测方法等。

第8章岩石动力学与围岩动态稳定性：介绍岩石中的应力波、应力波诱致的岩石破裂、岩石动力学参数测试、爆破振动作用下巷道的应力与变形、爆破振动测试及其应用。

第9章矿山工程地质灾害预警与防治：介绍矿山灾害类型与预报方法、矿山灾害的防治、矿山灾害预测预警云平台。

第10章围岩支护与加固：介绍围岩-支护相互作用、新奥法简介、支护与加固类型、锚喷支护和加固设计、软岩支护。

第11章露天矿边坡稳定性分析：介绍露天矿边坡设计与岩石力学、边坡破坏的模式、边坡稳定性分析、滑坡的监测与防治。

第12章采场地压显现与控制：介绍各类采矿方法的采场地压、矿柱回采中的地压管理、采动影响与地表移动规律。

思 考 题

1-1 采矿工程与岩石力学的关系包括哪些方面？

1-2 采矿工程未来的发展对岩石力学提出了哪些新的挑战？

1-3 岩石的应力-应变全过程曲线的测试结果与哪些因素有关？

1-4 岩石的抗拉强度低于抗压强度的原因是什么？

1-5 岩体的赋存环境如何影响岩石的强度？

1-6 岩体的多尺度性与分析方法之间的关系如何？

1-7 高地温对于岩石的力学性能会产生何种影响？

1-8 岩体强度具有尺寸效应的机理是什么？

1-9 爆破作用下岩石的破坏与多应变率的关系如何？

1-10 采矿设计中岩石力学工程师是如何发挥作用的？

1-11 岩石力学建模的作用是什么？如何提升建模的准确性？

1-12 岩石力学工程问题反分析的作用是什么？

参 考 文 献

Brady B H, Brown E T. 地下采矿岩石力学 [M]. 3 版, 2006. 余诗刚, 朱万成, 赵文, 卢应发, 董陇军, 于庆磊, 译. 北京：科学出版社, 2011.

Hoek E, Brown E T. The Hoek-Brown criterion—a 1988 update [C]// Proc. 15th Can. Rock Mech. Symp., 31~38. Univ. Toronto Press：Toronto, 1988.

李夕兵, 古德生. 岩石冲击动力学 [M]. 长沙：中南工业大学出版社, 1994.

唐春安. 岩石破裂过程中的灾变 [M]. 北京：煤炭工业出版社, 1993.

杨桂通, 杨善元. 弹性动力学 [M]. 北京：中国铁道出版社, 1988.

2 岩石强度及其影响因素

2.1 几个与岩石强度相关的概念

破坏（failure）：材料从一个具有恒定或随应变增加承载力的状态向其承载力降低或者甚至消失的状态转变的过程。Failure is a process in which the material changes from a state in which its bearing capacity is constant or increases with strain increase to a state in which its bearing capacity decreases or even disappears（Andreev，1995）。

岩石强度（rock strength）：岩石在载荷作用下破坏时所能承受的最大应力。例如，在单轴压缩载荷作用下所能承受的最大压应力被称为单轴抗压强度（uniaxial compressive strength，UCS）。岩石在单轴拉伸载荷作用下达到破坏时所能承受的最大拉应力称为岩石的单轴抗拉强度（uniaxial tensile strength）。岩石的抗拉强度通常采用巴西劈裂试验测得，受到加载条件的影响，巴西劈裂抗拉强度（Brazilian tensile strength）一般大于单轴抗拉强度。

岩石在剪切载荷作用下达到破坏前所能承受的最大剪应力为岩石的抗剪强度（shear strength）。剪切强度试验分为非限制性剪切强度试验（unconfined shear strength test）和限制性剪切强度试验（confined shear strength test）。非限制性剪切强度试验在剪切面上只有剪应力，没有正应力存在，这实际上是难以做到的；限制性剪切强度试验在剪切面上既有剪应力，也有正应力，所以得到的剪切强度试验结果可以绘制出摩尔强度包络线。

岩石在三向压缩载荷作用下达到破坏时所承受的最大压应力称为岩石的三轴抗压强度（triaxial compressive strength）。进行岩石强度试验所选用的试件必须是完整的岩块，不应该包含有节理裂隙。

载荷超过岩石的峰值强度后，岩石试件仍然可以具有一定的承载能力，即残余强度（residual strength），也称为破坏后强度（post-failure strength）。在三轴载荷作用下，残余强度更高。

断裂（fracture）：新裂纹面萌生或已有裂纹发生扩展的一种破坏过程。Fracture is failure process by which new surface are initiated or preexisting cracks are propagated（Andreev，1995）。

脆性（brittleness）：材料在施加应力超过微裂纹萌生的允许应力时不发生明显永久变形的性能；Brittleness（fragility）is the ability of a material to deform continuously and perpetually without apparent permanent deformation along with the application of stress surpassing the necessary stresses for the microcracking of the material（Andreev，1995）。

韧性（ductility）：材料能承受非弹性的大变形而不发生解体和失去承载能力的性能；Ductility（Malleability）is the ability of a material to endure a large non-elastic deformation without disintegration and without loss of its bearing capacity (Andreev, 1995)。

脆性破坏（brittle failure）：材料（实体）的变形直到破坏前瞬间表现为线性的破坏形式，也就是说很少或不发生不可恢复的变形（永久变形）。Brittle failure takes place when the material (the body) shows linearity until the failure moment, i.e. there is little or no irreversible (permanent) deformation (Andreev, 1995)。

岩体破坏（failure of rockmass）（孙广忠和孙毅，2011）：岩体结构的改组和结构联结的丧失现象。岩体本身就是遭受过变形、破坏的地质体，因此，岩体破坏实际上是经受过变形、遭受过破坏的地质体在岩体工程建设时发生"再"变形和"再"破坏。

2.2 岩石力学参数测试结果的离散性

视频：岩石的力学指标和影响因素

在进行采矿工程设计或围岩稳定性分析时，我们需要知道岩体的物理力学参数，例如岩体的变形模量、岩体强度等。而岩体参数的获得需要用到岩石的强度等参数。最常使用的岩石参数有单轴抗压强度 R_c、抗拉强度 R_t、抗剪强度 R_s（内聚力 c）、岩石弹性模量 E 和泊松比 μ 等。将断裂力学应用于岩石力学中，岩石的断裂韧度 K_{IC}、裂纹尖端张开位移 CTOD、J 积分等也是重要的岩石力学参数。此外，孔隙率、渗透率、导热系数等也是常用的岩石物理参数。

通常情况下，这些岩石参数都是通过室内试验测试获得。试验结果证实，岩石各种力学指标的测试数据往往比较离散。如果用试验统计方法来说明，岩石力学指标的偏差系数 C_v 通常为 15%~30%，有的甚至更高。这是因为岩石的物理力学参数受到多种因素影响，这些影响因素将在本节予以介绍。

2.2.1 岩石本身方面

组成岩石的矿物成分、结构与构造等都会影响岩石的性质。一般来说，矿物强度高、颗粒均匀、组织致密、胶结好以及含微裂隙和孔隙少的岩石，其强度大、弹性模量高。

在此类因素中，岩石中含有的孔隙、裂隙（或层理）对岩石强度有决定性影响。例如，含微斜长石花岗岩，如果其孔隙度和裂隙由 0.6% 增加到 1%，则单轴抗压强度 R_c 由 240MPa 降到 180MPa；孔隙度增到 3% 时，R_c 下降至 110MPa，相应的内聚力 c 值由 1.3MPa 降到 0.1MPa。实验结果证明，岩石抗压强度与孔隙度之间有图 2-1 所示的关系（李兆权，1994）。

当孔隙度 $n \leqslant 20\%$ 时，岩石抗压强度 R_c 与 n 之间的关系为（李兆权，1994）：

$$R_c = R_{c0}(1 - a'n)^2 \qquad (2-1)$$

式中 a'——孔隙空间形状系数，在 1.5~4 之间；

R_{c0}——岩石中矿物相的强度。

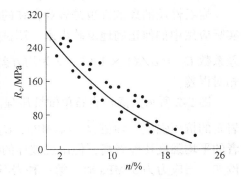

图 2-1 岩石单轴抗压强度 R_c 与孔隙度 n 的关系（李兆权，1994）

2.2.2　环境因素方面

地球上的岩体都是经过地质过程改造形成的（孙广忠和孙毅，2011）。该过程形成了岩体的原生成分和结构，岩体原生成分和结构与岩体成因有关。岩体改造形成了岩体的次生成分和结构。岩体改造作用因素与形成的地质环境的温度、压力和动力作用等地质因素有关。岩石的成岩条件，以及湿度、温度及风化等环境条件，均会影响到岩石性质。岩石按照成因可分为岩浆岩、沉积岩和变质岩。

水对岩石性质有显著作用。水分子浸入，可改变岩石物态，削弱颗粒间联结力，致使岩石强度降低，岩石变形能力增加。例如，浸水后的大理岩变形可增大 1 倍，黏土质砂岩变形可增大 2 倍。此外，水还会使岩石蠕变性增加，岩石硬度、脆性降低。如果水与组成矿物发生化学反应，则岩石性质会更加恶化，可引起岩石膨胀、崩解等现象。

风化作用对岩石也有明显影响。风化可破坏原有岩石的组织结构，致密的变成疏松的，使岩石的力学性质发生很大变化。例如，未风化的花岗岩，其抗压强度在 100MPa 以上，全风化花岗岩抗压强度可降至 4MPa 以下。

岩石风化程度可分成五级，即未风化、微风化、弱风化、强风化和全风化。其级别是如何划分的，在工程地质中有介绍。岩石风化程度还可以用风化程度系数 K_y 来表示，它说明风化作用使岩石强度被削弱的程度（李兆权，1994）。

$$K_y = \frac{R_{cd}}{R_{cf}} \tag{2-2}$$

式中　R_{cd}——干燥风化岩石的抗压强度；

　　　R_{cf}——干燥未风化岩石的抗压强度。

2.2.3　试验技术方面

岩石力学试验过程中，岩石试件形状和尺寸、试件加工质量、试件端面与试验机压头接触情况以及加载速率等都会影响试验结果。在 2.3 节将对该方面的影响进行详细的介绍。当然，这方面的因素是可控制的，人们遵循已有的岩石试验规程进行试验可以减弱或消除实验条件带来的这种离散性。

岩石性质的离散性也是客观存在的属性，问题是如何减少力学指标的离散性，以及在实际应用中如何正确地反映出来。测试数据的离散性用数理统计中的偏差系数来描述，偏差系数 $C_v = (\sigma / \bar{X}) \times 100\%$（$\sigma$ 为均方差，$\bar{X}$ 为算术平均值），给出了测试数据与平均值的相对误差。

图 2-2 所示为两种岩石单轴抗压强度试验结果的分布情况（李兆权，1994）。第一种岩石的抗压强度平均值 $\bar{R}_c = 47$MPa，$C_v = 10\%$；第二种岩石的 $\bar{R}_c = 56$MPa，$C_v = 20\%$。后者的平均强度比前者高，但出现破坏的概率分布较宽，也就是岩石发生破坏的可能性大。例如，当应力为 33MPa 时，第一种岩石的破坏概率为 0.1%，而第二种岩石的破坏概率为 2% 左右。因此，在使用岩石性质测试结果时，不仅要看其平均值的高低，而且要了解数据的离散程度。通过可靠性分析法，可以全面考虑岩石强度参数的这种属性，把离散系数纳入误差估计之中。

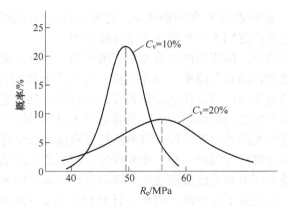

图 2-2　不同岩石强度试验的分布及离散性（李兆权，1994）

图 2-3 所示为某采场岩石点荷载强度 I_s 的样本直方图和分布曲线（李兆权，1994）。经统计检验该曲线属于韦伯分布。由此得出岩石点荷载强度 I_s 和单轴抗压强度 R_c 的概率密度函数 $P(x)$ 和分布函数 $F(x)$ 分别是

$$\left. \begin{array}{l} P_{I_s}(x) = 0.009x^{1.9}\mathrm{e}^{-0.003x^{2.9}} \\ P_{R_c}(x) = 0.00012x^{1.2}\mathrm{e}^{-0.0006x^{2.1}} \end{array} \right\} \tag{2-3}$$

$$\left. \begin{array}{l} F_{I_s}(x) = 1 - \mathrm{e}^{-0.003x^{2.9}} \\ F_{R_c}(x) = 1 - \mathrm{e}^{-0.0006x^{2.1}} \end{array} \right\} \tag{2-4}$$

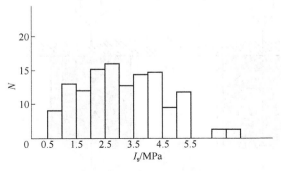

图 2-3　某采场岩石点荷载强度的样本分布（李兆权，1994）

对岩石性质的总体分布研究，为在以后的岩体分级中选用多元回归分析和判别分析等数学手段奠立了基础。例如，使用多元回归时要求样本总体符合正态分布，在采用判别分析时，如果样本分布特征不一样，采用的运算公式也不同（李兆权，1994）。

视频：岩石性质
指标的分布特征

2.3　影响强度测试结果的技术因素

2.3.1　岩石类型和条件的影响

用钻探岩芯制备的圆柱体试件进行单轴压缩试验比较简单易行，试验的目的是确定岩

石的单轴抗压强度 σ_c、弹性模量 E 和泊松比 ν。完整岩石的单轴抗压强度是岩体强度准则的基本参数，同时也被广泛用于各种岩体质量分级之中。

尽管这种试验十分简单，但测出的数值与岩石的性质、成分及试件条件有关。矿物成分相似时，单轴抗压强度将随着孔隙率、风化程度、含水率和微裂隙程度的增加而降低。一般来说，岩石类型的地质名称可定性地标识岩石力学行为的某些定性指标，例如，板岩一般会存在劈理，因而产生各向异性行为；石英岩通常为坚硬的脆性岩石。但由于如上影响因素，即便是地质名称相同的岩石试件，其单轴抗压强度也会变化很大。例如，成分相近的砂岩的单轴抗压强度将随着颗粒大小、密实程度、颗粒之间胶结材料的性质和胶结程度以及成岩过程所承受的压力和温度值而变化。因而仅根据岩石的地质描述去确定某地点岩石的力学性质参数，往往是不适宜的。因此，针对每个采矿工程项目的岩石力学研究，我们必须有计划地进行单轴压缩强度等基本的岩石力学试验。

2.3.2 端面效应、形状效应和尺寸效应

岩石单轴压缩试验过程中，试件应处于均匀的边界受力条件，以使整个试件受到均匀的轴向应力并产生均匀位移场（图 2-4(a)）。由于试件端面与压板之间的摩擦和岩石与钢的弹性性质的差异，在试件端面附近产生约束力阻止了试件的侧向均匀变形。图 2-4(b)的情况表明，试件端部完全受到径向约束，在试件与压板接触面上产生了剪应力（图 2-4(c)）。这意味着试件内的应力不可能处于单轴压缩应力状态。

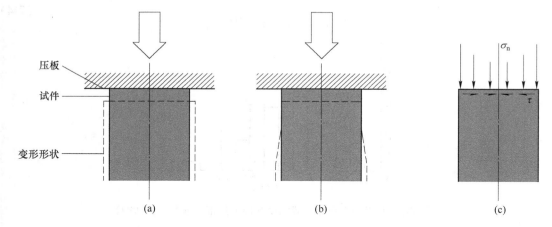

图 2-4   单轴压缩试验中端面约束引起的附加应力（Brady 和 Brown，2006）
（a）试件的均匀理想变形；（b）试件与压板接触面产生径向约束时的变形；
（c）端面约束引起的试件端面非均匀法向应力 σ_n 和剪应力 τ

由于上述端面效应，整个试件的应力分布随试件几何形状而改变。随着高径比（H/D）的增大，试样中有更多的体积处于大致均匀的近似单轴应力状态。之所以说是近似，是因为在试样中部的水平应力也是存在的，只是这种水平的拉应力数值较小而已。在实验室进行岩石单轴压缩试验时高径比至少为 2，正是出于这一主要理由。

试件的几何形状相似时，岩石材料的单轴抗压强度 σ_c 随试件体积的增加而减小，表现为尺寸效应。当然，试件尺寸太小的情况则例外，因为此时试件制备不精确，且表面有

裂缝或杂质都可支配岩石行为，并使强度随试件体积的减小而减小。这就要求试件直径与岩石内最大颗粒尺寸的比值应至少为 10∶1，因此，在实验室进行单轴压缩试验时试样直径不宜过小，一般采用直径约为 50mm 的试件。对于尺寸效应的存在有多种解释，通常是用材料内的裂纹分布来解释尺寸效应。作出关于尺寸效应方面的结论所依据的数据，大多数是采用立方体试件获得。Brown 和 Gonano（1974） 的研究表明，用立方体试件时，应力梯度和端部效应对所得结果可具有重大影响。

图 2-5 所示为不同形状和尺寸大理岩试样的应力-应变曲线，总体上，随着试样尺寸

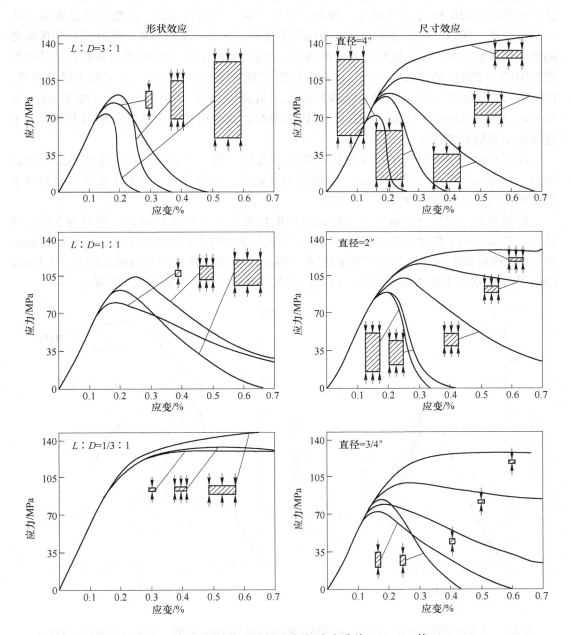

图 2-5 不同形状和尺寸岩石试样的应力-应变曲线（Hudson 等，1972）

的增加和长径比的增加，试样的应力-应变曲线的峰值后阶段变得更陡，体现了试样形状和尺寸对于变形和强度的影响。而且这种影响特别显著，必须在实验室试验中要有所考虑。当然，试样应力-应变曲线峰值后的形状，不仅与试样有关，而且与试验机系统的特性密切相关，这将在 2.3.4 节介绍。图 2-6 所示实验数据反映了这种效应。直径为 51mm 的大理石试件通过直径为 51mm 的钢压板受力时，测到的单轴抗压强度随着高径比减小而增大，应力-应变曲线峰值后的形状变得较为平缓。当用"刷式"（由 3.2mm² 的高强度钢针组合而成）压板反复进行试验时，试件的侧向变形是不受约束的；高径比在 0.5～3.0 之间时得到相似的应力-应变曲线。然而，制备"刷式"压板太难，不能在建议实验方法中得到应用。所以，有学者提出通过用润滑剂处理试件与压板交界面，或在试件与压板之间垫一层柔软材料，以消除端面效应的影响。经验表明，由于衬垫的挤出或是在试件端部裂缝中产生了液压的缘故，导致在试件内作用有侧向拉应力。为此，为了便于操作方便，国际岩石力学学会实验室和现场试验标准化委员会（1979）和权威人士（如 Hawkes 和 Mellor，1970；Jaeger 和 Cook，1979）建议试样端面仅用机械加工达到一定的平整度，不建议使用其他处理方法。

在图 2-6 中，轴向应力-应变曲线在明显呈线性之前，开始为凹形。这种凹形一般认为与"层间压密"（bedding down）效应有关。然而，经验表明，如果注意试件端面的平整度和平行度，可使这段曲线明显缩短。

国际岩石力学学会实验室和现场试验标准化委员会（1979）建议，直径为 50mm 的试件，其端面不平整度应在 0.02mm 以内，与试件轴线的垂直度的偏差不应超过 0.05mm。图 2-6 意味着试件端面不平行度可能达到 0.10mm。甚至当压板中采用球铰座时，0.10mm 的不平行度仍会对应力-应变曲线、峰值强度和重复试验结果具有很大的影响。

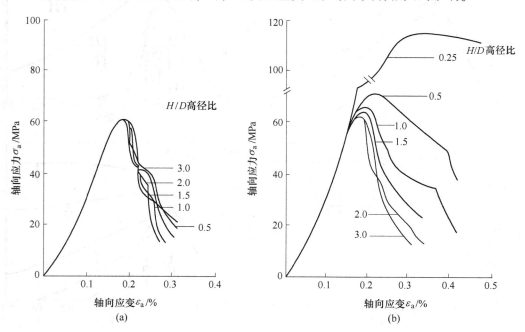

图 2-6   大理岩试样高径比（H/D）对单轴压缩应力-应变曲线的影响（Brown 和 Gonano，1974）

（a）刷式压板；（b）钢制压板

2.3.3 加载速率的影响

前文 1.2.4 节介绍了岩石变形与破坏的多应变率效应，当应变率较高或较低时，观测到的应力-应变特性和峰值强度的差异可能会非常明显。图 2-7 所示为 Cho 等（2003）的抗拉强度应变率效应的实验结果。岩石的强度随着应变率的提高而逐渐增加，对于花岗岩试样，当应变率的范围为 4.24～13.18s^{-1} 时，动态抗拉强度是静态抗拉强度的 7～12 倍；当应变率为 0.46～6.82s^{-1} 时，凝灰岩试样的动态抗拉强度提高 2～9 倍。由此可见，动态强度的离散性比较大，随着应变率提高的离散性更为突出。

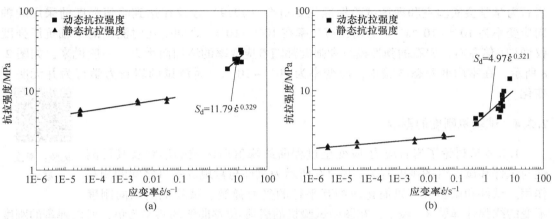

图 2-7　抗拉强度与应变率的关系（Cho 等，2003）

（a）花岗岩；（b）凝灰岩

图 2-8 所示为不同应变率下岩石强度实验所使用的加载装置和动态强度。强度的应变

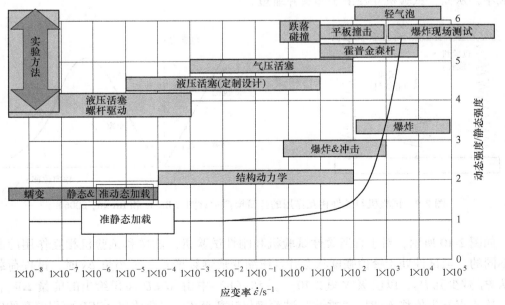

图 2-8　在不同应变率下岩石强度实验所使用的加载装置和动态强度（Cai 等，2007）

率效应是非常明显的。该图也展示了针对不同的应变速率所使用的实验装置。相对于高应变率的情形，在应变率小于 $0.1\mathrm{s}^{-1}$ 时，应变率效应对强度的影响是比较小的。当应变率大于 $0.1\mathrm{s}^{-1}$ 时，应变率效应变得更加明显。

在动载作用下岩石中的裂纹扩展速度低于应力波的传播速度，这使岩石试件在完全破坏之前大量的裂纹得以产生并扩展，导致试件在其作用下的破裂程度远远高于静载作用下的破坏。

国际岩石力学学会实验室和现场试验标准化委员会（1979）建议用于单轴压缩试验的加载速率为 $0.5\sim1.0\mathrm{MPa/s}$。对于大部分岩石，达到峰值强度的时间约为 $5\sim10\mathrm{min}$。通常人们不采用轴向应力或荷载作为岩石压缩试验的控制变量，而是采用轴向应变率。国际岩石力学学会实验室和现场试验标准化委员会（1979）建议在达到峰值强度前采用的轴向应变率为 $10^{-5}\sim10^{-4}\mathrm{s}^{-1}$。然而，应变率在 $10^{-8}\sim10^{2}\mathrm{s}^{-1}$ 之间变化时测出的单轴抗压强度仅增加1倍左右，岩石的弹性模量和强度都随着应变率的增加而增大。一般说来，如图2-8所示，在室内准静态试验中，应变率为 $10^{-5}\sim10^{-4}\mathrm{s}^{-1}$ 时测试的岩石力学行为并无明显变化。

视频：刚度
影响

2.3.4　试验机刚度的影响

1.2.4节讨论了岩石应力-应变全过程曲线峰值后区域的形状及其可测性与试件和试验机的刚度有关。图2-9所示为试件与常规试验机之间的相互作用。试件和试验机可以简化成相互平行的受力弹簧。试验机由纵向刚度不变的线弹性弹簧 K_{m} 表示，在图中试验机的载荷-位移曲线的斜率为负，所以弹簧的刚度为 $-K_{\mathrm{m}}$，试件用变刚度的非线性弹簧 K_{s} 表示，试件的压缩载荷和压缩位移取为正值。因此，当试件受压时，试验机弹簧伸长，可以理解为压缩试验过程中试验机立柱的伸长。当图2-9中所示的应变软化试件已达到峰值强度时，试件继续受压，但试件可承受的荷载逐渐减小，从而，试验机立柱由于卸载并缩短。

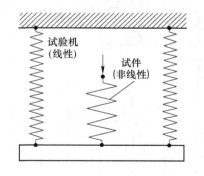
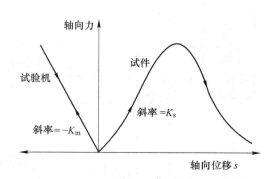

图2-9　试验机与试件相互作用的弹簧模拟示意图（Brady 和 Brown，2006）

如图2-10所示，对于普通柔性试验机和刚性试验机，试样和试验机相互作用的曲线是不同的。当试件处于峰值强度状态并且压缩变形继续增长一个小量 Δs 时，试件荷载必须从 P_A 减少到 P_B，以便吸收图2-10(a) 和（b）中由 $ABED$ 面积给出的能量 ΔW_{s}。然而，从 A 点发生位移 Δs 时，"柔性"试验机仅卸载至 F，并释放出 $AFED$ 面积储存的应变

能 ΔW_m。此时 $\Delta W_m > \Delta W_s$，从而在峰值时或峰值后的短时间内发生崩溃性破坏。其原因是卸载过程中试验机释放的能量大于试件在峰值后曲线从 A 点到 B 点所吸收的能量。对于刚性试验机，如图 2-10(b) 所示，由于 $\Delta W_m < \Delta W_s$，需要对超过试验机存储的应变能的部分予以补充才能使试件沿 ABC 线发生变形。在图 2-10 中，直线 AF 和 AG 的斜率分别代表了柔性试验机和刚性试验机的刚度。

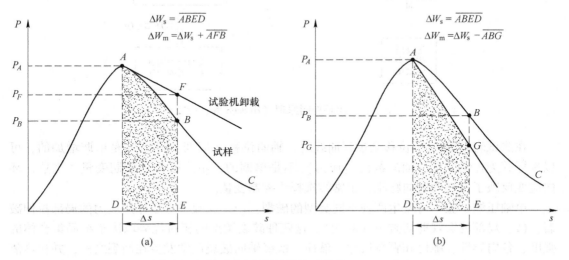

图 2-10　不同刚度试验机测试获得的峰值后曲线（Brady 和 Brown，2006）

（a）柔性试验机；（b）刚性试验机

对于非常脆的岩石，峰值后的力-位移或应力-应变曲线可能非常陡，甚至在刚性试验机中也不可能"控制"峰值后的变形。在上述情况下，峰值后曲线和相关的破裂机制可以使用伺服控制试验机来进行研究。

Salamon（1970）推导了岩石破坏后试验机-试样系统的稳定条件为：

$$K_m + K_s \geq 0 \tag{2-5}$$

这里试验机的刚度 K_m 如图 2-10 所示为正值；K_s 为试件的刚度。

由此得到不同刚度试验机以下情形：

当 $K_m + K_s > 0$，为刚性试验机

当 $K_m + K_s < 0$，为柔性试验机

这个结果告诉我们，为了获得稳态的加载方式，必须提高试验机的刚度 K_m，这实际上体现了刚性试验机的原理。然而，这个条件对于能够进行伺服控制的刚性试验机来说，并不是必要的。因为在这种机器中，重要的因素并不是加载框架或者液压系统等的刚度，而是正确选择反馈信号和闭合回路中的反应时间来对变形的过程进行控制。

图 2-11 所示为闭环伺服控制系统的基本特点。通过编制程序使可控的实验变量（力、压力、位移或应变等）按预定的数值变化，一般说来，试验的控制变量将随时间单调增加，这样才是可控的。测量值与程序控制值每秒钟进行上千次比较，当控制表里的数值偏离了输入的数值时，伺服阀会调整液压系统的输出压力以产生所要求的控制变量的量值，如此反复以使控制变量按照设定的加载路径完成加载。

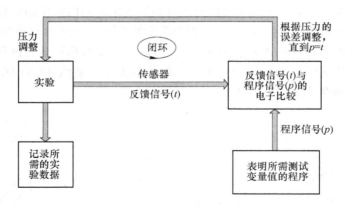

图 2-11　闭环控制原理（Hudson 等，1972）

在测试岩石轴向力-位移全过程曲线时，轴向位移（应变）随时间是单调增加的，可以选择其为控制变量，轴向载荷（应力）不是单调的，不应被作为控制变量。当然，环向应变反映了试样的侧向膨胀，也常被选择为控制变量。

单轴压缩试验中可发生两种不同类型的破裂：（1）大致平行于作用应力的局部拉伸破裂；（2）局部的宏观剪切破裂（断裂）。这两种破裂类型的相对优势取决于结晶集合体的强度、各向异性、脆性和颗粒尺寸。然而，次级轴向破裂通常发生在断裂之前，并在峰值强度的 50%~95% 时开始出现。需要重点关注的是，峰值后曲线取决于试验机的刚度和伺服控制系统的响应特征，并非真实反映试样本身的性质。

2.3.5　标准试验方法及说明

国际岩石力学学会实验室和现场试验标准化委员会（1979）制定了测定岩石单轴抗压强度和变形性质的推荐方法。该方法的基本要点如下：

（1）试件应是圆柱体，其高径比为 2.5~3.0，直径最好不小于 50mm，试件直径与岩石内最大颗粒尺寸的比值至少是 10:1。

（2）试件两端面不平整度应在 0.02mm 以内，试件轴线应垂直于试件端面而其偏差不应超过 0.001rad 或每 50mm 不超过 0.05mm。

（3）端面不允许使用覆盖材料，端面必须进行加工处理。

（4）试样保存期不得超过 30 天，应在尽可能保持天然含水量条件下进行试验。

（5）对试件加载要始终保持 0.5~1.0MPa/s 的应力速率。

（6）实验过程中，应记录轴向荷载以及轴向和径向或环向的变形。

（7）每次试验至少要重复 5 次。

这类试验的结果如图 2-12 所示，试验过程中记录的轴向力除以试件初始截面积可得到平均轴向应力 σ_a，图中给出了 σ_a 对于总的轴向应变 ε_a 和径向应变 ε_r 的关系曲线。该曲线可分为 4 个阶段，第一阶段为裂纹闭合阶段，然后是弹性阶段，直到轴向应变达到 σ_{ci} 时出现了开裂（启裂），一直持续到轴向应力达到 σ_{cd} 时裂纹发生不稳定扩展，其后达到单轴抗压强度 σ_c，此后进入峰值后的应变软化阶段。

如图 2-12 所示，试件的轴向弹性模量在加载过程中发生变化，因此弹性模量并不是

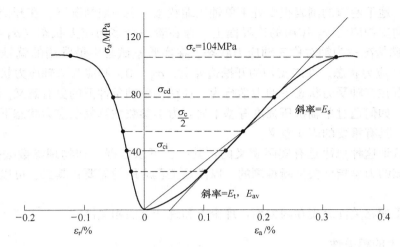

图 2-12　岩石单轴压缩试验曲线（Brady 和 Brown，2006）

一个常数。计算试件弹性模量的方法很多，最常用的有如下三种方法：

（1）切线模量 E_t，是在达到峰值强度的某一百分率（通常为 50%）时轴向应力-轴向应变曲线的斜率。在图 2-12 的示例中，$E_t = 51.0\text{GPa}$。

（2）平均弹性模量 E_{av}，是轴向应力-应变曲线中近似直线区段的平均斜率。在图2-12 的示例中，$E_{av} = 51.0\text{GPa}$。

（3）割线模量 E_s，是连接坐标原点和轴向应力-应变曲线上某点的直线斜率，此点为峰值强度的某一百分数。在图 2-12 中，峰值强度的割线模量为 $E_s = 32.1\text{GPa}$。

对于任一弹性模量值的泊松比可由下式计算：

$$\nu = -\frac{\Delta\sigma_a / \Delta\varepsilon_a}{\Delta\sigma_a / \Delta\varepsilon_r} \tag{2-6}$$

对于图 2-12 给出的数据，计算得到 E_t、E_{av} 和 E_s 的 ν 值分别为 0.29、0.31 和 0.40。

由于试件的轴对称性，体应变 ε_v 可由下式计算：

$$\varepsilon_v = \varepsilon_a + 2\varepsilon_r \tag{2-7}$$

例如，在图 2-12 中，应力值 $\sigma_a = 80\text{MPa}$ 时，计算可得 $\varepsilon_a = 0.220\%$，$\varepsilon_r = -0.055\%$ 和 $\varepsilon_v = 0.110\%$。

2.4　岩石力学参数的相关性

从对岩石试验结果的分析中可以发现，岩石力学指标之间存在某种程度上的相关性。例如，抗压强度高的岩石，其抗拉强度也高，岩石的内聚力和弹性模量也大，这反映了岩石性质中的内在联系。

另外，为了获取供设计分析使用的岩石力学数据，进行室内岩石试验的基本原则是，对试件所施加的边界条件应模拟原位岩石单元的边界条件，但这一点往往是很难做到的。通常的做法是研究在已知均匀多轴受力条件下岩石的力学行为。作用于一点的三维应力状态，可以用作用于相互正交的面上的 3 个主应力 σ_1、σ_2 和 σ_3 表示，在主应力作用面上没有剪应力。地下巷道的围岩很少处于单轴压缩状态。在一般情况下，在开挖边界以内或者是在有法向支护应力 σ_3 作用的边界面上，存在着一个多向应力状态（$\sigma_1 \neq \sigma_2 \neq \sigma_3$）。$\sigma_1 = \sigma_2$ 的特殊情况称为轴对称三轴应力状态，在实验室试验中最常用的就是这种常规三轴（假三轴）应力状态。在未支护的开挖边界上，$\sigma_3 = 0$，则应为双轴应力状态。

　　研究岩石在三轴受力状态下的力学行为，往往比单轴条件下的更有意义。而在有限的实验条件下，如何通过单轴抗压强度等基本岩石力学参数估算复杂应力状态下岩石的变形和强度参数，具有重要的现实意义。

　　研究和认识这种规律是有实际意义的：其一，可以根据已知物理参数去估计其他参数。用易量测的力学指标去推断难测的，以满足工程应用的需要；其二，可以检验试验资料的可靠性。

　　岩石性质的相关性表现在两方面：理论上和统计上的相关性。

2.4.1　理论上的相关性

　　按照莫尔-库仑强度理论，岩石的三轴抗压强度 R_c'' 和 R_c、c、φ 等力学参数之间有下列关系：

$$R_c'' = R_c + k\sigma_3 \tag{2-8}$$

式中　σ_3——围压。

$$k = \frac{1 + \sin\varphi}{1 - \sin\varphi} = \frac{R_c}{R_t} \tag{2-9}$$

　　而且，抗压强度 R_c 和抗拉强度 R_t 分别为

$$R_c = \frac{2c\cos\varphi}{1 - \sin\varphi} \tag{2-10}$$

$$R_t = \frac{2c\cos\varphi}{1 + \sin\varphi} \tag{2-11}$$

　　在低围压下（$\sigma_3 < R_c/2$），利用上述关系，由 R_c 和 R_t 就可以推断出不同围压下的岩石三轴抗压强度，在围压较高时，因强度曲线斜率减小，系数 k 要取小值。

　　Z. T. Bieniawski 提出了确定岩石三轴强度的另一种方法，即

$$\frac{R_c''}{R_c} = A \left(\frac{\sigma_3}{R_c}\right)^m + 1 \tag{2-12}$$

式中　A，m——与岩石有关的常数，通过试验确定；一般情况下，$m = 0.75$，$A = 3 \sim 5$，
　　　　　　而且，岩石愈硬，A 值愈大；
　　　　R_c''——岩石三轴抗压强度。

2.4.2　统计上的相关性

　　对岩石各种力学指标的试验数据进行统计分析，并用相关系数来评价力学指标之间相关程度，可以发现有下列关系

$$R_c = (10 \sim 20)R_t \tag{2-13}$$

依据实验资料得到岩石单轴抗压强度与弹性模量之间有

$$R_c = 3.75 \times 10^{-3}E \tag{2-14}$$

此外，岩石中弹性纵波速度与抗压强度和抗拉强度之间也存在广义的相关性。

统计中的岩石相关性，不能理解为一个参数与另一个参数之间有因果关系。当两个本不相关的量都取决于第三个因素的参数时，也表现出相关性，有的物理参数还具有多重相关性。

依据岩石组成与物理参数之间相关性研究可知：

(1) 两个物理参数与岩石组成矿物和岩石结构存在相同依赖关系时，它们之间才有紧密的相互关系；

(2) 如果两个物理参数与岩石组成矿物和岩石结构存在不同依赖关系，则只能表示一个参数随另一个参数的变化范围；

(3) 如果岩石组成矿物近似一致，而岩石结构有显著变化，则物理参数之间的相互关系随意性较大。

2.5 岩石点荷载强度与应用

视频：岩石点荷载强度与应用

有些时候，我们并不具备制备试件和进行符合上述标准的单轴压缩试验所需要的条件；还存在这样的情况，即我们并不需要详细研究单轴抗压强度及有关的应力-应变行为，而只要求大致测定峰值强度。在这些情况下，点荷载试验可用来间接地估算单轴抗压强度。这里基于国际岩石力学学会（ISRM）试验方法委员会"测定点荷载强度建议方法"（1985 年修订）展开叙述。

2.5.1 岩石点荷载试验类型及试验仪器

视频：点荷载试验

岩石点荷载试验以其简便、易掌握、成本低等优越性，得到广泛应用。根据试件形状和加载方向，岩石点荷载强度试验有 4 种类型，如图 2-13 所示。

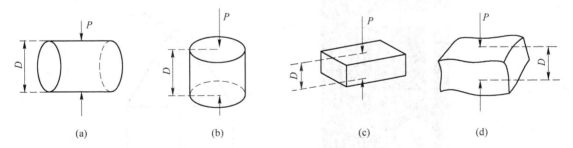

图 2-13 岩石点荷载试验类型（李茂兰和钟光宙，1994）

（a）岩芯径向试验；（b）岩芯轴向试验；（c）规则岩块试验；（d）不规则岩块试验

(1) 岩芯径向试验。试件尺寸 ϕ（50~70）mm，长度 $L=(1~1.5)D$（D 加荷点间距），沿岩芯径向加载。

(2) 岩芯轴向试验。试件 ϕ（50~70）mm，长度 $L=(0.3~1.0)D$，沿轴向加载。

(3) 规则块体（长方体）试验。试件宽 $b=50~70mm$。厚度与宽度之比 $t/b=1$，长度

$L=b$，加载沿厚度方向进行。

（4）不规则块体试验。试件尺寸要求与规则试块相同，只是形状是非规整的，但两个相对的受载面应大致平行。不规则块体的试件无需加工，且可在一定程度上保持其天然含水状态，更适合于现场用。

图 2-14 所示为巴西盘实验（圆盘试样和立方体试样）和任意形状试样的点荷载实验中试样内部应力的分布图。从中可以看出点荷载试样的应力分布与巴西盘试样相似，这也证明了点荷载试验的可行性。

自点荷载试验方法问世以来，国内外对试验原理、试验技术（设备、试件形状尺寸效应等）和试验数据处理方法问题都进行了广泛的研究。国际上已有试验方法规定推荐使用。

不论是岩芯径向或轴向加载还是切割的岩块规则块体抑或不规则块体，都是通过一对圆锥形球端压板（图 2-15（a））施加集中荷载，试件只需稍加制备或不加工。

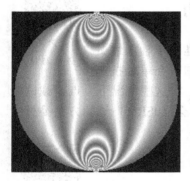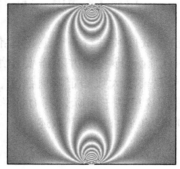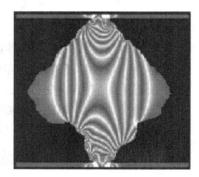

图 2-14　巴西盘实验（圆盘试样和立方体试样）
和任意形状试样的点荷载实验中试样内部应力分布

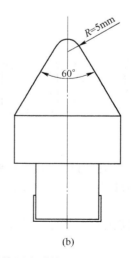

(a)　　　　　　　　　　　　　　(b)

图 2-15　点荷载实验仪器及其压头形状
（a）点荷载实验仪；（b）压头示意图

点荷载试验机包括加载系统、载荷测量系统、距离测量系统；点荷载试验机加载系统包括加载框架、油泵、加压活塞及压板；载荷测量系统用于测量需使试件破坏的荷载 P；距离测量系统用来测量两压板接触点之间距离 D。

（1）加载系统。加载系统压板之间有一定距离以满足试件尺寸，范围 15～100mm。试验机应设计和制造成在最大试验载荷的反复作用下不产生永久性扭曲，整个实验过程中压板必须保持同一轴线，误差 0.2mm。

球端圆锥形压板的标准几何图件（图 2-15（b）），圆锥为 60° 的圆锥角，尖端的半径为 5mm，与上部相切，采用坚硬材料制成，保证在试验中不受损伤。

（2）载荷测量系统。要求能准确测试试件破碎所需要的破坏荷载 P，且能达到 $5\%P$ 或更高的精度；能够抵抗液压的冲击和振动。另外，由于破坏突然发生，为了在每次试验之后，能使破坏荷载保留记载下来，要有一个最大载荷的指示表。

（3）距离测量系统。用来测试试件与压板接触点之间的距离 D，要满足 $2\%D$ 或更小的误差，能够抵抗液压的冲击和振动，没有试件时，调节两块压板，以调节"零位移"。还应该有卡尺和钢尺，用来测量试件宽度。

2.5.2　ISRM 建议的点荷载试验方法

国际岩石力学学会（ISRM）试验方法委员会"测定点荷载强度建议方法"（1985 年修订）的推荐方法。按 ISRM 法确定岩石点荷载强度指数的步骤如下。

（1）计算各试件未修正的点荷载强度指数 I_{ch}

$$I_{ch} = \frac{P}{D_e^2} \tag{2-15}$$

式中　P——破坏荷载，N；

　　　D_e——等价直径，mm。

对于圆柱岩芯径向试验，$D_e^2 = D^2$。

对于岩芯轴向、规则块体和不规则块体试验，有

$$D_e^2 = \frac{4A}{\pi}, \qquad A = WD \tag{2-16}$$

式中　A——通过加荷器接触点的最小横截面积，mm^2；

　　　W——横截面的平均宽度，mm。

（2）尺寸修正。试验证实，I_{ch} 值不但与试样形状有关，而且是试件尺寸 D_e（或 D）的函数。为了便于比较，获得一致性的点荷载强度指数，必须进行尺寸修正。以岩芯直径 $D = 50mm$ 为标准，修正后的点荷载强度指数用 $I_{s(50)}$ 表示，则

$$I_{s(50)} = F I_{ch} \tag{2-17}$$

式中　F——尺寸修正系数，由修正曲线或下式确定

$$F = \left(\frac{D_e}{50}\right)^{0.45} \tag{2-18}$$

也可近似表示为

$$F = \sqrt{\frac{D_e}{50}} \tag{2-19}$$

注意，式（2-18）和式（2-19）中 D_e 的单位均为 mm。

（3）平均值的计算。一组岩石的点荷载强度指标，依据各个试件的 $I_{s(50)}$ 用切尾平均法确定。当一组岩石试件数 $n>10$ 时，去掉两个最高值和两个最低值，余下的各试件 $I_{s(50)}$ 的算术平均值就是该种岩石的点荷载强度指标。如果试件数 $n<10$，则去掉一个最高值和一个最低值，再求余下试件的 $I_{s(50)}$ 平均值即可。

2.5.3 点荷载试验结果应用

2.5.3.1 估算岩石强度

大量的试验证实，岩石点荷载强度与岩石抗压强度和抗拉强度之间有良好的相关性。ISRM 法给出了下列关系

$$R_c = (20 \sim 25)I_{s(50)} \tag{2-20}$$

$$R_t = 1.25I_{s(50)} \tag{2-21}$$

在《工程岩体分级标准》（GB/T 50218—2014）的制定过程中，在试验方法事先没有协调的情况下，研究人员从 103 个岩石工程所给出的 R_c 和 $I_{s(50)}$ 数据的回归中得到下列关系

$$R_c = 15.8 + 12.27I_{s(50)}, \qquad r = 0.706 \tag{2-22}$$

同时，该标准中也列出了国内外的相关研究结果，见表 2-1。这说明岩石的 R_c 和 $I_{s(50)}$ 之间仍然存在良好相关性。正因为如此，用 $I_{s(50)}$ 来估计岩石强度有广泛的实验基础，是可行的。

表 2-1 岩石单轴抗压强度与点荷载强度的关系 （李茂兰和钟光宙，1994）

名　　称	R_c 与 $I_{s(50)}$ 的关系	相关系数	岩石类别
Broch 和 Franklin（1972），Bieniawski（1975）	$R_c = (23.7 \sim 24)I_{s(50)}$	0.88	砂岩、板岩、大理岩、玄武岩、花岗岩、苏长岩等十多种岩石
国际岩石力学学会实验室和现场试验方法委员会建议方法（1985）	$R_c = (20 \sim 25)I_{s(50)}$	—	
成都地质学院（向桂馥，1986）	$R_c = 18.9I_{s(50)}$	0.88	沉积岩
长沙矿山研究院（姜荣超和金细贞，1984）	对坚硬岩石 $R_c = 20.01I_{s(50)}$	—	砂岩、白云岩、页岩灰岩、大理岩、花岗岩、石英岩等
铁道部第二勘测设计院（李茂兰，1990）	$R_c = 22.819I_{s(50)}^{0.745}$	0.90	包括高、中、低 3 类强度的岩石，共计 743 组对比试验
北京勘测设计研究院（胡庆华，1997）	$R_c = 22.819I_{s(50)}$	0.78	安山岩
中铁大桥勘测设计院有限公司（何风雨，2009）	$R_c = (17.65 \sim 25.2)I_{s(50)}$		砂岩、白云岩、花岗岩、玄武岩，不同风化程度

续表 2-1

名　　　称	R_c 与 $I_{s(50)}$ 的关系	相关系数	岩石类别
长江科学院（2011）	$R_c = 21.86 I_{s(50)}$	0.85	灰岩、砂岩、大理岩花岗岩、粉砂岩等
铁路工程岩石试验规程（TB 10115）	$R_c = 24.382 I_{s(50)}^{0.7333}$	—	—

2.5.3.2　用于岩石强度或岩体稳定性分级

由于点荷载试验方法简便，很适合于以分级（或分类）为目的研究，所以很多岩石分级方法都采用点荷载强度作为分级指标之一。

2.5.3.3　其他方面应用

岩石点荷载试验还用于岩石风化程度的划分，用于岩溶、地貌、第四纪地质等方面的研究。

思　考　题

2-1　什么是脆性破坏？岩石的破坏都是脆性破坏吗？

2-2　岩石强度测试结果为什么具有离散性？

2-3　岩石单轴压缩强度的形状效应该如何解释？

2-4　加载速率如何影响测试的强度？

2-5　如何在普通试验机上测得岩石应力-应变全过程曲线？

2-6　ISRM 制定的单轴强度测试标准主要包括哪些方面？

2-7　岩石的弹性模量与强度的相关性如何？

2-8　为什么工程问题的岩石力学研究中普遍采用点荷载强度？

2-9　点荷载测试所使用的岩样形状有哪几种？

2-10　点荷载强度为什么可以用于估算岩石的单轴强度？

参 考 文 献

Andreev G E. Brittle Failure of Rock Materials ［M］. Taylor & Francis, ISBN 9054106026, 9789054106029, 1995：446.

Brady B H, Brown E T. 地下采矿岩石力学 ［M］. 3 版，2006. 佘诗刚，朱万成，赵文，等译. 北京：科学出版社，2011.

Brown E T, Gonano L P. Improved Compression Test Technique for Soft Rock ［J］. Journal of the Geotechnical Engineering Division, 1974, 100：196~199.

Cai M, Kaiser P K, Suorineni F, et al. A study on the dynamic behavior of the Meuse/Haute-Marne argillite ［J］. Phys Chem Earth, 2007, 32（8-14）：907~916.

Cho S H, Yuji O, Katsuhiko K. Strain-rate dependency of the dynamic tensile strength of rock ［J］. International Journal of Rock Mechanics and Mining Sciences, 2003, 40：763~777.

Franklin J A, Pells P, McLachlin D, et al. 测定点荷载强度的建议方法（1985 年修订，取代 1972 年版本）［J］. 岩石力学与工程学报，1986, 5（1）：81~92.

Hawkes I, Mellor M. Uniaxial Testing in Rock Mechanics Laboratories ［J］. Engineering Geology, 1970, 4

（3）：179~285.

Hudson J A，Crouch S L，Fairhurst C. Soft，stiff and servo-controlled testing machines：a review with reference to rock failure ［J］. Engineering Geology，1972，6 （3）：155~189.

Jaeger J C，Cook N G W. Fundamentals of Rock Mechanics （Third Edition） ［M］. London：Chapman and Hall，1979.

Salamon M D G. Stability，instability and design of pillar workings ［J］. International Journal of Rock Mechanics and Mining Sciences & Geomechanics Abstracts，1970，7 （6）：613~631.

郑雨天，傅冰骏，等译. 国际岩石力学学会实验室和现场试验标准化委员会. 岩石力学试验建议方法 ［M］. 北京：煤炭工业出版社，1979.

李茂兰，钟光宙. 岩石点荷载测试及其应用 ［M］. 成都：西南交通大学出版社，1994.

李兆权. 应用岩石力学 ［M］. 北京：冶金工业出版社，1994.

孙广忠，孙毅. 岩体力学原理 ［M］. 北京：科学出版社，2011.

3 结构面及其力学行为

岩体是在漫长的地质历史和复杂的构造环境中形成的，其内部存在着大量产状、性质、组成体系各异的结构面（不连续面）。因此，可以认为岩体是由岩块（岩石）和结构面组成的。结构面是指地质历史发展过程中，在岩体内形成的具有一定的延伸方向和长度、厚度相对较小的地质界面，它包括物质分异面和不连续面，如层面、不整合面、节理面、断层、片理面等。结构面的存在使得岩体表现出与岩块截然不同的力学性质。一般来说，岩体比岩块易变形、强度低，且具有明显的各向异性特征。本章主要介绍结构面的状态、规模与分级、网络模拟和变形与强度模型等，为岩体表征提供重要的力学基础和手段。

3.1 结构面状态

结构面的产状、间距、形态、连续性及张开度等统称为结构面状态，结构面状态对岩体强度和工程稳定性均有重要影响。

3.1.1 产状

产状是指结构面在空间的分布状态。它可由走向、倾向、倾角组成的三要素来描述。结构面的产状对岩体是否沿某一结构面滑动起控制作用。

3.1.2 间距

结构面的间距是指同组相邻结构面的垂直距离，通常采用同组结构面的平均间距表示。间距的大小直接反映了该组结构面的发育程度，也反映了岩体的完整程度。

3.1.3 闭合度

结构面闭合度又称张开度，是指结构面两侧岩壁的垂直分离距离，其空隙由空气或水充填，它与被充填的结构面厚度是不同的，如图3-1所示。

岩体中结构面的闭合度差异性很大。在许多地下岩体中，结构面的张开度很小，可能小于半毫米，有些实际结构面的张开度往往变化很大。如果结构面张开度比较大，可能是由粗糙结构面的剪切位移、充填材料（如黏土）的冲刷溶解或可伸展性张开所引起的，这种变化的程度很难测量。

另外，结构面张开度对岩体的渗透性有很大影响，在层流条件下，平直且两壁平行的单个结构面的渗透系数（k_f）可表达为：

$$k_f = \frac{ga^2}{12\nu}$$

(3-1)

式中　a——结构面张开度，mm；

　　　ν——流体的运动黏滞系数，m²/s；

　　　g——重力加速度，kg/m³。

　　在鉴别结构面闭合度时，应注意描述缝隙两侧岩壁性质的变化，例如有无充填物、充填物胶结状况及赋水状态。

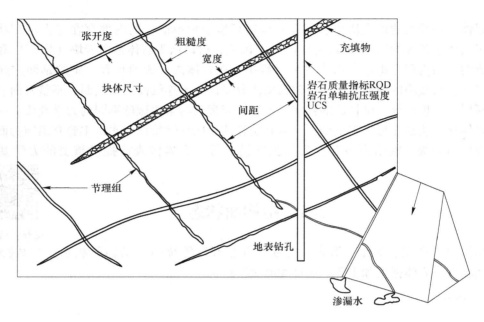

图 3-1　节理岩体的参数（Hudson，1989）

3.1.4　粗糙度

　　粗糙度是指结构面相对于平均面的固有表面不平整度和波纹度，也称为起伏度。结构面的粗糙度是决定结构面结合好坏及其力学性质的重要因素。结构面粗糙度系数（joint roughness coefficient，JRC）最早由 Barton（1973）提出，作为其估算结构面峰值剪切强度公式中的一个参数。随后，Barton 和 Choubey（1977）基于 136 个岩石试样剪切试验提供了 10 条粗糙度标准结构面剖面线，见表 3-1。粗糙度值介于 0~20 之间，任意其他结构面的粗糙度可参照表 3-1 中的 10 条轮廓线目测选取。

表 3-1　**Barton 和 Choubey（1977）提供的 10 条标准结构面剖面线**

序号	岩性	标准结构面剖面线	JRC 值
1	板岩		0~2(0.4)
2	半花岗岩		2~4(2.8)
3	片麻岩		4~6(5.8)
4	花岗岩		6~8(6.7)
5	花岗岩		8~10(9.5)

续表 3-1

序号	岩性	标准结构面剖面线	JRC 值
6	角页岩		10~12(10.8)
7	半花岗岩		12~14(12.8)
8	半花岗岩		14~16(14.5)
9	角页岩		16~18(16.7)
10	滑石		18~20(18.7)
标尺		0　　　　5　　　　10cm	

　　限于当时的研究条件，结构面形态主要采用图 3-2 所示的二维针状轮廓仪测得，然后选取比较有代表性的剖面线进行测量，并且该方法当时被国际岩石力学学会推荐使用（1978）。随后的几十年里众多学者采用了不同方法对这 10 条粗糙度轮廓线做出了估算探索，获得了不同的表征算法与计算公式。

图 3-2　剪切前记录粗糙结构面的二维轮廓线（Barton 和 Choubey，1977）

　　在粗糙度的表征方面，Tse 和 Cruden（1979）提出了基于结构面轮廓线坐标的一阶导数均方根 Z_2，根据结构函数 SF 建立粗糙度的拟合公式；Maerz（1990）给出了基于参量 R_P 建立的拟合公式。这些公式如下：

$$Z_2 = \left[\frac{1}{L} \int_{x=0}^{x=L} \left(\frac{dy}{dx} \right)^2 dx \right]^{1/2} = \left[\frac{1}{L} \sum_{i=1}^{n-1} \frac{(y_{i+1} - y_i)^2}{x_{i+1} - x_i} \right]^{1/2} \tag{3-2}$$

$$SF = \frac{1}{L} \int_{x=0}^{x=L} \left[f(x+dx) - f(x) \right]^2 dx = \frac{1}{L} \sum_{i=1}^{n-1} (y_{i+1} - y_i)^2 (x_{i+1} - x_i) \tag{3-3}$$

$$R_P = \frac{1}{L} \sum_{i=1}^{n-1} \left[(x_{i+1} - x_i)^2 + (y_{i+1} - y_i)^2 \right]^{1/2} \tag{3-4}$$

式中　L——结构面轮廓线总长度，m；

x_i，y_i——分别为轮廓线的横纵坐标，m。

$$JRC = 32.2 + 32.47\log Z_2 \qquad (3-5)$$

$$JRC = 37.28 + 16.58\log SF \qquad (3-6)$$

$$JRC = 411(R_P - 1) \qquad (3-7)$$

此后，有学者基于结构面轮廓线的分段起伏角度，提出了可区分同一条轮廓线的两个不同剪切方向的 JRC 值；近年来，借助三维扫描重构技术，有学者建立了可以反映结构面的各向异性特征的三维粗糙度表征参数。

3.1.5 贯通性

贯通性是用于描述一定范围内结构面的贯穿程度或扩展规模的指标。图片：结构面它有别于区域地质调查中对结构面规模的划分，一般可通过观测露头上结构面的迹线长度来度量贯通性。

从工程应用角度出发，结构面的贯通性可按表 3-2 划分为全贯通、半贯通和微贯通。

表 3-2　结构面贯通性

贯通性	结构面穿越岩体工程地段的程度	代表性结构面
全贯通	贯穿整个岩体工程地段	构造断裂、软弱层面构造节理、小断层
半贯通	贯穿岩体工程地段的 1/3~2/3	构造节理、小断层
微贯通	贯穿岩体工程地段小于 1/3	节理、裂隙

显然，结构面贯通程度不同对岩体工程的影响将不一样。全贯通结构面多为规模较大的构造断裂带或断层软弱层面，对工程岩体的变形、破坏类型和规模起控制作用。微贯通的结构面将使岩体强度降低，相对来说对工程岩体影响小。

3.1.6 充填物

充填物是指分离结构面相邻岩壁之间的充填材料，这类材料可以是方解石、绿泥石、黏土、淤泥、断层泥、角砾岩、石英或黄铁矿等。充填材料对结构面的抗剪强度具有重大影响。除了由强度高的岩脉材料（方解石、石英、黄铁矿）充填的结构面以外，大部分被充填结构面的抗剪强度一般低于闭合的无充填物结构面。充填结构面的行为取决于充填材料的许多性质，下面几点很重要：

（1）充填物的矿物成分，特别要注意鉴别低强度矿物，例如绿泥石；
（2）充填矿物的级配或粒度；
（3）含水量和渗透性；
（4）已发生的错动位移；
（5）岩壁粗糙度和充填物厚度；
（6）岩壁的损伤破裂或化学蚀变。

3.2　结构面分级和类型

结构面对工程岩体的完整性、稳定性、渗透性、物理力学性质及应力波传播等都有显著的影响，其发育程度、规模大小、组合形式等是决定结构体的形状、方位、大小以及控制岩体稳定性的重要因素，直接影响岩体的应力分布和破坏方式。

3.2.1 结构面规模与分级

依据结构面延伸长度、切割深度、破碎带宽度及其力学效应，可以将结构面分为5级，见表3-3。

表3-3 结构面分级及其特征（孙广忠，1988）

级序	分级依据	力学效应	力学属性	地质构造特征
I级	结构面延展长达几千米至几十千米以上，贯通岩体，破碎带宽度在数米至数十米	1. 形成岩体力学作用边界； 2. 岩体变形和破坏的控制条件； 3. 构成独立的力学介质单元	1. 属于软弱结构面； 2. 构成独立的力学模型——软弱夹层	断层较大
II级	延展规模与研究的岩体相关，破碎带宽度比较窄，几厘米至数米	1. 形成块裂体边界； 2. 控制岩体变形和破坏方式； 3. 构成次级地应力场边界	属于软弱结构面	小断层，层间错动面
III级	延展长度从十几米至几十米，无破碎带，面内不夹泥，有的具有泥膜	1. 参与块裂岩体切割； 2. 划分II级岩体结构类型的重要依据； 3. 构成次级地应力场边界	多数属坚硬结构面，少数属于软弱结构面	不夹泥，大节理或小断层开裂的层面
IV级	延展短，未错动，不夹泥，有的呈弱结合状态	1. 划分II级岩体结构类型的基本依据； 2. 确定岩体力学性质，结构效应的基础； 3. 有的为次级地应力场边界	坚硬结构面	节理，劈面，层面，次生裂隙
V级	结构面小，且连续性差	1. 岩体内形成应力集中； 2. 决定岩体力学性质和结构效应的依据之一	坚硬结构面	不连续的小节理，隐节理，层面，片理面

表中的软弱结构面是指结构面内夹有软弱物，而无充填物者为坚硬结构面。上述5级结构面中，I、II级结构面又称软弱结构面，III级结构面多数属坚硬结构面，少数属于软弱结构面，IV、V级结构面为坚硬结构面。不同级别的结构面，对岩体力学性质的影响及在工程岩体稳定性中所起的作用不同。I级结构面控制工程建设地区的地壳稳定性，直接影响工程岩体稳定性；II、III级结构面控制着工程岩体力学作用的边界条件和破坏方式，它们和开挖临空面相互交切组合往往构成可能滑移岩体（如滑坡、塌方）的边界面；IV级结构面主要控制着岩体的结构、完整性和物理力学性质，结构面数量多且具有随机性，

只能按照分布规律来研究，是岩体结构研究的重点和难点；Ⅴ级结构面控制岩石块体的力学性质。实际上，各级结构面互相制约、互相影响，并非完全孤立。

从工程地质测量的角度来看，上述 5 级结构面又可分为实测结构面和统计结构面。Ⅰ级、Ⅱ级和Ⅲ级结构面一般分布数量少、规律性强，通过地质勘察工作容易搞清楚，可以直接反映在工程地质图上，属于实测结构面；Ⅳ级和Ⅴ级结构面数量多且具有随机性，无法做到逐个测量，只能在有明显的岩层露头地点进行测量，以此为依据进行统计，认识其统计规律，不能直接反映在工程地质图上，属于统计结构面。在岩体工程开挖施工过程中，现场揭露并需要测试的岩体结构面主要指Ⅲ级、Ⅳ级和Ⅴ级结构面。

3.2.2 软弱结构面类型及性质

软弱结构面是指岩体中的断层、层间错动面、软夹层等地质界面，它们的共同特点是延展长、质地松软（或破碎）。当它们与岩石工程贯通时，对工程岩体稳定性有重大影响，是起控制作用的因素。对这类结构面按一般结构面来研究是不够的，必须对它有进一步的认识。

3.2.2.1 断层

断层是常见的地质构造形迹。李四光教授按地质力学观点把断层划分为压性断层、张性断层、扭性断层、压扭性断层及张扭性断层五种。断层的规模和性质可用断层带宽度、断距以及断层中充填物的性质来表述。断层带由断层破碎带和断层影响带两部分组成。断层破碎带中粗碎岩屑称为断层角砾，细粒部分称为糜棱岩，若风化后即为断层泥，断层破碎带的宽度大小及变化与断层成因类型、地应力强度及岩性等密切相关。断层影响带是指靠近断层破碎带上下盘岩体中的一部分，在断层错动作用下产生节理发育的压碎带，其厚度可由几十厘米至几米到几十米，而压碎带以外为碎块岩带。

3.2.2.2 软夹层

软夹层是指存在于相对坚硬岩层中的强度很低的薄层，软夹层依其成因来区分有原生软夹层（如黏土夹层、页岩夹层、泥灰岩夹层）和次生软夹层（如泥化夹层），它们共同特点是厚度薄，产状与上下岩层基本一致。

A 软夹层的工程地质划分

依据夹层岩性，软夹层可以划分为以下几种：

（1）软岩夹层。夹层为黏土岩、泥灰岩，薄煤层、石膏层等，这类夹层的内摩擦角约为 22°~31°，变形模量小于 2.0GPa。

（2）破碎夹层。该夹层包括碎块夹层和碎屑夹层，其中碎块夹层由 80% 以上粒径大于 2mm 的粗碎屑组成，内摩擦角为 24°~30°，变形模量约为 0.2~1.0GPa；而碎屑夹层中粒径为 0.5~2mm 的细碎屑约占 30%，粗碎屑约占 30%~50%，黏粒占 10%~30%，碎屑夹层内摩擦角为 17°~42°，变形模量为 0.05~0.2GPa。

（3）泥化夹层。夹层被高岭土、伊利石、蒙脱石充填，结构疏松、容重低、性质变化大，特别容易受水的影响，此类夹层的内摩擦角在 8.5°~17°之间，多为 11°，变形模量小于 0.05GPa，塑性和流变性明显，是对工程岩体稳定性影响最大的一类夹层。

B 软夹层的力学性质

软夹层的力学性质取决于夹层的物质成分、夹层厚度以及夹层面的起伏差等因素。

（1）夹层物质成分。大量试验资料表明，夹层物质成分对夹层的力学性质影响最大。随着夹层内黏土含量增加，夹层的抗剪强度降低；而随着碎屑成分增加和颗粒增大，强度增加。表 3-4 为夹层物质成分对夹层抗剪强度的影响。

（2）夹层厚度。已有的资料证实，泥化夹层厚度对夹层强度有一定影响。随着夹泥层厚度增加，夹层强度迅速降低。当夹泥层厚度大于某一临界厚度后，夹层强度主要取决于夹泥性质。

（3）夹层面起伏差。夹泥层厚度对夹层力学性质的影响还与层面起伏差有关。夹层厚度小于层面起伏差，夹层强度增高；反之，夹层厚度大于起伏差，则力学强度降低。

需要指出，夹层力学性质还要受到夹层结构特征（如软硬互层）和地下水的影响。

表 3-4 夹层物质成分对夹层抗剪强度影响（孙广忠，1988）

夹层物质成分	摩擦系数	内聚力值/MPa
泥化夹层和夹泥层	0.15~0.25	0.005~0.02
破碎夹泥层	0.3~0.4	0.02~0.04
破碎夹层	0.5~0.6	0~0.1
含铁锰质角砾破碎夹层	0.65~0.85	0.03~0.15

3.3 结构面分布特征

岩体的复杂性还体现在结构面的非确定性方面。对于部分Ⅲ级、Ⅳ级和Ⅴ级结构面，其空间分布特征如产状、形态、规模、密度和张开度等，表现出随机性。因此，用确定的方法描述结构面分布特征是困难的。认识结构面参数分布性，探讨用统计方法描述和建立数学模型，是目前岩体结构研究方面的重点方向（李兆权，1994）。

3.3.1 结构面间距

大量现场测试证明，结构面间距不是一确定值，而是服从某种统计规律。

运用孔内电视技术对某铁矿 5 个累计深度 567m 钻孔进行矿岩结构面调查，共统计了1971 条节理，得出结构面间距的分布直方图及概率密度分布函数如下：

$$f(x) = \lambda_s e^{-\lambda x} \qquad (0 \leqslant x \leqslant \infty) \tag{3-8}$$

式中　x——结构面间距，m；

　　λ_s——结构面平均密度，条/m；

　　$f(x)$——概率密度函数。

可以看出，式（3-8）是一种负指数分布，其他研究者也得到了相似结果。

3.3.2 结构面产状

结构面产状要素（走向、倾向、倾角）的随机性也是很显著的。通过统计分析可求得产状要素分布函数及相应的均值和方差。

图 3-3 所示为司家营研山露天铁矿 N26 钻孔获得的 442 条优势顺倾结构面的产状分布直方图和密度分布函数曲线。由该图可知，倾角和倾向均服从对数正态分布。走向与倾向相互垂直，因此分布规律相同。

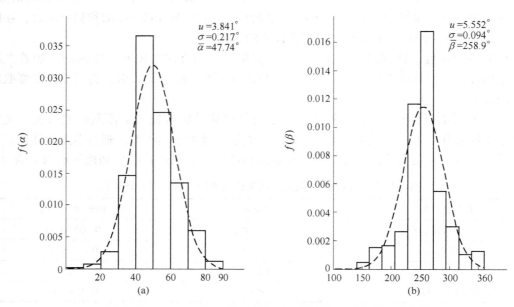

图 3-3   倾向和倾角密度分布直方图和相应的密度分布函数曲线

（a）倾向 α；（b）倾角 β

$\bar{\alpha}$，$\bar{\beta}$—统计平均值；u—统计参数；σ—方差

3.3.3   结构面迹长

结构面迹长是指结构面与露头的交线长度，在一定程度上表征结构面规模。由于受露头条件限制，结构面的实测统计较困难，进而将影响结果分析与应用，因此确定实测中的结构面迹长是很重要的。目前，常用的迹长统计方法有两种：测线测量法和统计窗法。

大量的野外实测统计表明，Ⅳ级及部分Ⅲ级结构面产状、迹长、间距及张开度等几何要素是服从某种随机分布规律的。表 3-5 为结构面几何参数常见的概率分布规律，同时还给出了这些分布函数的表达式，供使用时参考。这些分布规律对结构面网络及连通网络模拟、结构面的空间分布研究、岩体质量评价及岩体力学性质参数确定等都是很有用的。

表 3-5   结构面几何参数经验概率分布形式表

要素	常见分布形式	提出人	几种常见的表达式
倾向	正态，均匀	Call、Fiasher 等	均匀：$f(x) = \dfrac{1}{b-a}$
倾角	正态，对数正态	Herget、潘别桐等	正态：$f(x) = \dfrac{1}{s\sqrt{2\pi}}e^{-\frac{1}{2}(\frac{x-\mu}{s})^2}$
迹长	负指数，正态，对数正态	Robertson、潘别桐	
间距	负指数，对数正态	Barton、潘别桐	对数正态：$f(x) = \dfrac{1}{sx\sqrt{2\pi}}e^{-\frac{1}{2}(\frac{\ln x-\mu}{s})^2}$
张开度	负指数，对数正态	Snow、潘别桐	负指数：$f(x) = \lambda e^{-\lambda x}$

注：μ 为均值，$\lambda = \dfrac{1}{\mu}$；s^2 为方差。

3.4　结构面的现场调查

视频：岩体
结构的现场
调查法

对岩体结构进行现场调查和数据采集是研究岩体结构特征的重要方法。当前岩体结构参数采集技术和方法主要有三类：（1）测线法，即通过皮尺和罗盘人工现场逐一接触测量结构面信息，该方法低效、费力、耗时，难以满足现代快速施工的要求，而且有些高陡岩体不可能全面接触，使得测量数据的代表性受现场条件的限制；（2）通过钻孔定向取芯技术或孔内照相技术获取结构面方位信息，该方法获取岩体结构面信息规模小、应用效果不佳；（3）通过摄影测量技术获取结构面方位和规模信息。该方法基于数字图像与摄影测量的基本原理，应用计算机三维成像技术、影像匹配、模式识别等多学科理论与方法，可以瞬间获取物体大量几何信息，是一种非接触测量手段。

3.4.1　调查种类和内容

现场调查有两种：定性的和定量的。对岩体结构的定性描述是工程岩体稳定性分析的基础。现场调查测取定量数据往往是为了进一步认识结构特征。

现场调查内容依据目的的不同而不一样。一般情况下，现场调查内容包括以下几方面：

（1）岩石种类、层位关系，岩石的风化程度；

（2）结构面产状（倾向、倾角、走向）、组数、间距、粗糙度、闭合度、贯通性及结构面类型（节理、层理、断层、断裂构造带）等；

（3）结构面充填物、胶结物的性质和成分（泥质、硅质、钙质、铁质）、充填物厚度；

（4）区域地质构造运动的层次；

（5）主要软弱结构面与地下岩石工程轴线的关系；

（6）调查地点的地下水赋存情况（干燥、潮湿、滴水、淋水、涌水）、水量、水压等。

岩体结构现场调查之前，应有详尽的调查计划。观测点应根据地质条件、工程特点及调查的目的来布置。观测记录的数据应格式化，要及时整理，在复杂地段要绘制素描图。

3.4.2　结构面产状的测取

最常用的测取结构面产状的工具是罗盘。在用它测量结构面倾角时，要注意使测试方向与结构面走向垂直，保证测得的是真倾角。

在有磁铁矿的场合，由于磁场的作用，不能使用地质罗盘，需改用经纬仪测量法。用经纬仪法测量结构面产状所用的仪器和工具有经纬仪、刻度盘、照明灯具。刻度盘是用地质罗盘改制而成的，具体来说是将普通地质罗盘上的玻璃去掉，用一个刚度较大的指针代替罗盘中的磁针。在新安装的指针端部（即紧靠刻度盘位置）和刻度盘中心各焊接一根长 8cm 的竖直铁丝，这时用不受磁针影响的刻度盘即可确定经纬仪安装方向和结构面倾向的角度。测量原理如图 3-4 所示，图上 A 点放置经纬仪，B 点放置刻度盘。测量时，先将经纬仪调平，并使经纬仪零度方向与巷道中心线重合。然后把经纬仪对准被测的结构面

J，把刻度盘打开，使其带有小镜的一面紧贴在结构面上，这时刻度盘的0°~180°线（图中为 OB 线）垂直于结构面走向。把刻度盘调平并移动指针，使刻度盘中心铁丝和经纬仪中的十字竖线重合，此时指针的读数为罗盘角 α，经纬仪的读数为 β（经纬角）。测得的 $(\beta-\alpha)$ 就是结构面相对于巷道中心线倾向线方向。利用经纬仪事先测出的巷道中心线方向，即可求出结构面的真正倾向。

通过分析可知，不论结构面及经纬仪处于什么位置，走向 γ 皆可由下式获得：

$$\gamma = (\beta - \alpha) \pm n90° \qquad (3\text{-}9)$$

式中　α——罗盘角；

　　　β——经纬角。

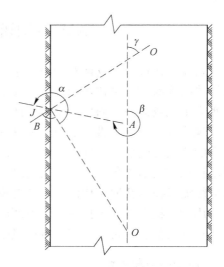

图 3-4　用经纬仪法测量结构面产状示意图

由式（3-9）可知，倾向 $(\beta-\alpha)$ 与走向 γ 正交，但无法判断向哪面倾斜。为此，在测试时应参考巷道轴线方位及与结构面倾向的关系来确定结构面倾角的正确方位。

例 3-1　已知从某巷道中测得 $\beta=300°$，罗盘角 $\alpha=160°$，巷道轴线方向 NS，结构面倾向大致为 NW，求结构面倾向和走向。

解　根据倾向处在 NW，则倾角为 $(\beta - \alpha) + 180° = 140° + 180° = 320°$。

按式（3-9），结构面走向 $\gamma = 320° - 270° = 50°$，即 N50°E。

3.4.3　露头测绘

在采矿工程的早期阶段不可能进入地下，在这种情况下可利用地表露头以了解岩体的工程性质和岩体的结构特征。在某些采矿工程项目中，原有露天采场可以提供宝贵的数据来源。然而，必须认识到，这些表面露头可能受风化作用的影响，表面岩体的质量可能与深部岩体的质量不相同。因此，从表面露头获得的任何初始资料必须通过随后对地下暴露面的考察来加以证实。应该在尽可能早的阶段测绘勘探巷道，以便为采矿的可行性研究提供岩石力学输入数据。在回采阶段应对开拓巷道进行测绘以提供能够作为采场设计依据的资料。

地表露头或地下暴露面测绘采用的基本方法是测线法。测线法由 Robertson 和 Piteau（1970）提出，它是在露头表面布置一条测线，逐一测量与测线相交切的各条结构面的几何参数。

由于露头面的局限，准确测量结构面迹长非常困难，一般只能测量到结构面的半迹长或删节半迹长。结构面半迹长是指结构面迹线与测线的交点到迹线端点的距离（注意：它并非真正是结构面迹长的一半）。在测线一侧适当距离布置一条与测线平行的删节线，测线到删节线之间的距离称为删节长度（图3-5），结构面迹线处于测线与删节线之间的长度便称为删节线半迹长。

半迹长是针对与测线相交且端点在删节线内侧的结构面；删节半迹长是针对同时与测线和删节线相交的结构面。在一次采样中，结构面半迹长应统计布置有删节线一侧的长度，另一侧则不在采样之列。

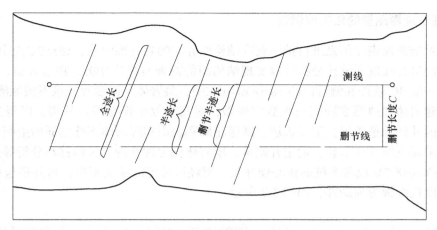

图 3-5 测线与迹长的关系

为了保证采样的系统、客观、科学，应在采样前对研究区工程岩体进行结构区的划分，把岩性、地质年代、构造部位、岩体结构类型相同的结构区作为采样同一结构区。结构面采样和统计分析应在同一结构区内进行。

在采样中应尽量选择条件好的露头面，这样不仅采样方便，更能保证采样精度。一般应尽量选择平坦的、新鲜的、未扰动的、出露面积较大的铅直露头面进行采样，并尽可能在3个正交的露头面上采样。

在露头面上确定出采样区域，布置测线和删节线，删节线应与测线平行，删节长度应根据露头面的具体情况和结构面规模来确定；记录测线的方位、删节长度，从测线一端开始逐条统计与测线相交的每条结构面，包括结构面位置、产状、半迹长（删节半迹长）、端点类型（图3-6）、张开度和类型，观察结构面的胶结和填充情况以及结构面的含水性等。

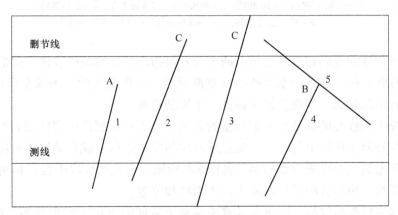

图 3-6 结构面端点类型

1~5—结构面

结构面端点可划分为三种类型：（1）结构面端点终止于删节线与测线之间（图3-6中A）；（2）结构面端点终止在另一条结构面上，即被另一条结构面所切（图3-6中B）；（3）结构面延伸到删节线以外（图3-6中C）。

3.4.4　基于摄影测量的结构面调查

通过对结构面表面信息进行拍照获取结构面分布的真三维图像，通过数字图像处理技术对结构面进行提取和统计分析可以实现结构面的调查与统计分析。在这方面，3GSM公司生产的一套3G软件和测量产品ShapeMetriX 3D，是岩体几何参数三维不接触测量系统，可用来构建岩体和地形表面真三维数字模型，对三维数字模型进行处理，以得到岩体大量、翔实的几何测量数据，记录边坡、隧道轮廓和表面实际岩体不连续面的空间位置和产状，确定采场空间几何形状，确定开挖量、围岩体稳定性评价、块体移动分析等。

ShapeMetriX 3D成像系统的核心硬件是一部经过标定的单反相机，另外还包括三维标志盘和刻度校准板等辅助件，如图3-7所示。

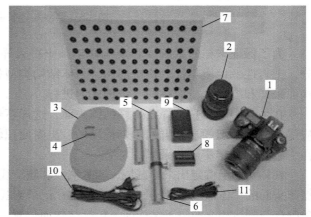

图 3-7　ShapeMetriX 3D 成像系统组件
1—尼康（Nikon）D80 相机；2—镜头；3—三维标志盘；4—安装螺栓；
5，6—标志盘支撑架；7—刻度校准板；8~11—相机配件

首先使用校准的数码相机在岩体前两个位置对指定的区域进行成像，然后将获取的照片导入到分析软件包，通过一系列技术（基准标定、像素点匹配、图像变形偏差纠正等）进行三维几何图像合成，实现实体表面真三维模型重构。

软件系统中最核心的部分是三维模型的合成，当用户把照片中岩体表面的边界圈定出来后，通过左右两个视图上的同一实物点所对应的像素点软件就自动计算对应匹配的像素点和对应的图像信息去合成三维模型，如图3-8所示。合成的过程中校正相机内方位元素和光学畸变系数，使生成的模型还原为真实形状和位置。

模型重构完毕并标定后，即可在计算机屏幕上从任何方位观察生成的三维实体模型，使用电脑进行交互式操作来实现结构面分组以及结构面个体的识别、定位、拟合、追踪以及几何形态信息参数（产状、迹长、间距、断距等）的获取，对大量纷繁复杂的结构面进行几何参数统计等工作（图3-9）。

系统根据结构面的分组绘制出赤平极射投影图、间距图（图3-10），并对间距进行简单的统计计算，给出均值及标准差，为岩体结构面的模拟提供详细的数据。

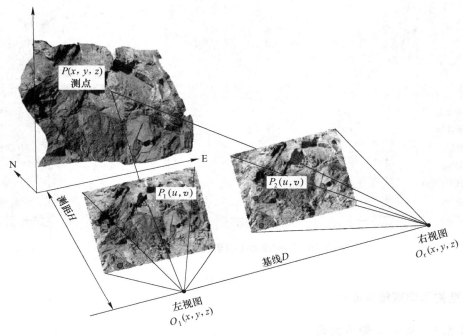

图 3-8 立体图像合成原理

图 3-9 系统计算得到的节理分布及产状统计

使用 ShapeMetriX 3D 成像系统的优势主要体现在两个方面：（1）解决了使用测线法进行现场节理、裂隙信息获取存在低效、费力、耗时、不安全、难以接近实体和不能满足现代快速施工要求的弊端，真正做到现场岩体开挖揭露的节理、裂隙的即时定格、精确定位；（2）使用传统方法对Ⅳ级和Ⅴ级结构面几何形态难以做到精细、完备、定量的获取，而该系统完全可以胜任，使得现场的数据可靠性和精度可满足进一步分析的要求。

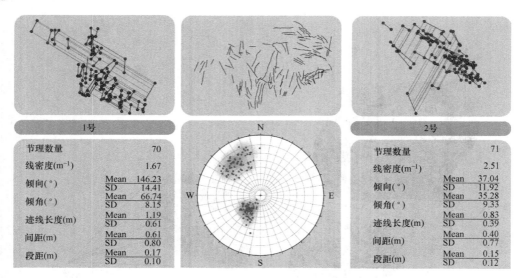

1号			2号		
节理数量		70	节理数量		71
线密度(m⁻¹)		1.67	线密度(m⁻¹)		2.51
倾向(°)	Mean	146.23	倾向(°)	Mean	37.04
	SD	14.41		SD	11.92
倾角(°)	Mean	66.74	倾角(°)	Mean	35.28
	SD	8.15		SD	9.33
迹线长度(m)	Mean	1.19	迹线长度(m)	Mean	0.83
	SD	0.61		SD	0.39
间距(m)	Mean	0.61	间距(m)	Mean	0.40
	SD	0.80		SD	0.77
段距(m)	Mean	0.17	段距(m)	Mean	0.15
	SD	0.10		SD	0.12

图 3-10 结构面赤平极射投影图及间距图

3.4.5 结构面调查结果应用

3.4.5.1 确定优势结构面

在岩体中有多组结构面的情况下，只有一组（或二组）主要结构面才对岩体的力学效应起控制作用。确定主要结构面的产状可依据现场调查结果，利用赤平投影法，做结构面的极射投影。根据结构面极点图绘制结构面等密度图，由此寻找出优势结构面。

图 3-11 所示为程潮铁矿−220m 水平 9 号采区的结构面等密度图。从图中可以看出，

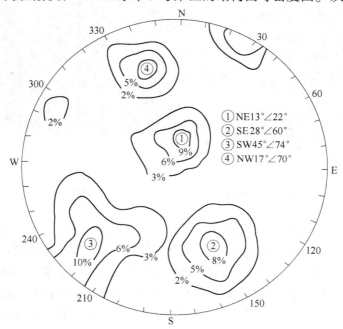

① NE13°∠22°
② SE28°∠60°
③ SW45°∠74°
④ NW17°∠70°

图 3-11   程潮铁矿−220m 水平 9 号采区的结构面等密度图（李兆权，1994）

该区域的优势结构面有 4 组，它们的产状及与进路轴线的关系见表 3-6。在 4 组结构面中，②组和④组结构面倾角陡，结构面走向与进路轴线夹角小于 30°，对进路稳定性影响较大。

利用优势结构面产状与工程间的关系，不仅可以评价工程岩体稳定性，也可以作为选择工程位置的依据之一。

表 3-6 优势结构面产状

优势结构面	走向	倾向	倾角/(°)	走向与进路轴线夹角/(°)
①	NW77°	NE	22	13
②	SW62°	SE	60	28
③	SE45°	SW	74	45
④	NE73°	NW	70	17

3.4.5.2 表征结构面空间分布

天然岩体中结构面空间分布具有随机性，这是一种客观属性。岩体露头所展示的结构面状态与分布总是有一定局限的。因此，寻求一种新的途径来研究岩体中结构面分布规律是必要的，采用蒙特卡洛模拟法建立概率模型，就是这方面的一种尝试。

蒙特卡洛（Monte Carlo）法是一种随机模拟法，它是根据现场测试得到的结构面几何参数分布函数，建立概率模型的随机函数，然后通过抽样计算出参数的统计特征，并给出解的近似值。其模拟原理将在本章第 3.5.2 节进行叙述。

潘别桐、井兰如用上述方法对墩子石地区花岗闪长岩结构面进行了计算机模拟。图 3-12（a）所示为该岩体结构面网络模拟的结果，通过与岩体的实测图（图 3-12（b））对照，发现二者有较好的一致性。

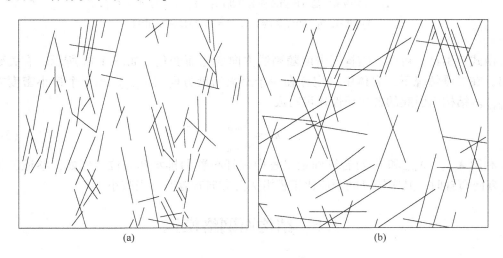

(a)   (b)

图 3-12 墩子石地区花岗闪长岩岩体结构面网络模拟图和实测图（李兆权，1994）

（a）模拟图（1∶579）；（b）实测图（1∶1000）

结构面调查给出了在测线上某一组结构面密度 λ_{si}，其可按下式计算

$$\lambda_{si} = \lambda_i \cos(\alpha - \alpha_1) = \lambda_i \cos\theta \qquad (3\text{-}10)$$

式中　$\theta = \alpha - \alpha_1$；

　　α_1——该组结构面法线与正北方位的夹角（见图3-13），（°）；

　　α——测线方向与正北方位的夹角，（°）；

　　λ_i——该组结构面在法线方向上的密度，条/m。

　　在存在多组结构面的情况下，沿某一方向上的结构面密度 λ_s 可写成

$$\lambda_s = \sum_{i=1}^{n} \lambda_{si} = \sum_{i=1}^{n} \lambda_i \cos\theta_i \qquad (3\text{-}11)$$

式中　θ_i——第 i 组结构面法线与要推求密度的测线间夹角。

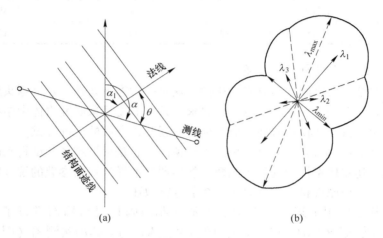

(a)　　　　　　　　　　　　　　　　(b)

图 3-13　结构面密度随方位变化

（a）结构面密度随方向而改变的分析图；（b）$\lambda_1 = 2$，$\theta_1 = 40°$；

$\lambda_2 = 0.6$，$\theta_2 = 80°$，$\lambda_3 = 1.1$，$\theta_3 = 160°$ 的结构面密度

　　由式（3-11）可知，结构面密度随测线方向变化而变化。如图 3-13 所示，有关研究指出，在二维情况下，岩体中必定存在一个最大密度方向（$\lambda_{\max}$）和一个最小密度方向（$\lambda_{\min}$）。结构面引起的各向异性比可写成

$$n_e = \frac{\lambda_{\max}}{\lambda_{\min}} \qquad (3\text{-}12)$$

　　利用 $\lambda_{\max}$、$\lambda_{\min}$ 和 n_e 可合理确定工程中锚杆布置和排水孔方位。例如，巷道工程沿 $\lambda_{\max}$ 方向布置时，其中锚杆间距应比工程沿 $\lambda_{\min}$ 方向布置时适当减小。

3.5　结构面网络模拟

　　结构面网络模拟是利用统计学原理，采用蒙特卡洛随机模拟方法在计算机上模拟岩体内的结构面网络。它是建立在对结构面系统测量的基础上，其模拟结果不仅与结构面的实际分布在统计规律上一致，而且还可以由局部到全体、由表及里得到岩体整体的结构特征，有助于人们直观了解岩体内结构面的分布规律，掌握人们一般情况下难以观察、测量

的岩体内部结构特征。它实质上是结构面的分布在二维平面或三维空间内的一种扩展性预测，可以更全面、更有效地展现岩体的结构特征。

3.5.1 结构面几何参数的概率模型

岩体结构面几何参数的概率模型是按结构面组建立的，所以，首先应确定岩体结构面组数及每组结构面的代表性产状。岩体中结构面的发育具有一定的规律性和方向性，即成组定向。结构面有不同的成因，形成时期也不相同，因此可以对结构面分组。结构面概率模型应分组构建，结构面网络模拟也是分别对各组结构面进行模拟的。

结构面分组是构建结构面概率模型、保证结构面网络模拟精度的重要环节之一，在分组时应遵循以下原则：

（1）结构面分组应在野外工程地质调查的基础上进行。野外调查不仅要进行结构面的采样统计，而且要对研究区域发育有几组结构面及其工程特性有一个宏观认识。否则，完全依靠采样数据分组可能会由于分组界限选择不当（如划分的过细或过粗）等原因，导致结构面分组与实际情况有较大差别。

（2）分组时应保证结构面不被遗漏，否则会影响结构面间距和数量的准确性。

（3）分组范围不应有交叉，各组结构面之间应互相排斥，每条结构面都必须并且只能被分到一个组内。

（4）结构面分组应主要依据结构面产状。对于主要结构面，应结合其他因素（如成因类型等）进行补充判断。例如，有一条断层带通过统计区，就不应该把它作为普通结构面分到与其产状相接近的结构面组内，而应作为主要结构面直接反映到结构面网络中。

岩体内部结构面的发育具有随机性，这是指结构面的各几何参数具有随机性，是随机变量，因此可以用相应的概率分布来描述。同时也正是由于它们具有随机性，才可以采用以概率论和统计学理论为基础的蒙特卡洛随机模拟方法，根据现场结构面统计测量得出的分布规律来反求各参数的（伪）随机数，进而产生一个与真实岩体结构在统计上近似等效的结构面网络图形。岩体结构面几何参数经验概率统计分布规律已在本章3.3节结构面分布特征中论述，可以参见表3-5。

3.5.2 蒙特卡洛方法简介

实现岩体结构面几何参数计算机模拟的方法是蒙特卡洛法。所谓蒙特卡洛法就是由统计过程所确定的物理状况在计算机上用随机数进行模拟，其精髓是用随机的方法去解决确定的或者理论上无法解决的问题。该方法最初是在第二次世界大战期间由冯·诺依曼和乌拉姆提出来的，并以摩纳哥的一个城市蒙特卡洛命名。

蒙特卡洛随机模拟的理论基础是概率论。概率论主要用来研究随机变量和随机现象。随机变量会呈现一定的规律性，这种规律性即称为统计规律。随机变量的观察值即为随机数。蒙特卡洛随机模拟是根据某一随机变量的概率分布形式，利用一定的随机数生成方法，生成概率分布形式与该随机变量的分布形式相似或平行的随机数序列。它实际上是抽样统计的逆过程。

在工程地质问题中，许多参数都可以视为随机变量，并且可以作为连续性随机变量。将根据现场测量统计得出的岩体结构面几何参数（如产状、间距、迹长等的分布函数）

用蒙特卡洛法产生一系列随机数，用这些随机数代替结构面几何参数，便可得到一系列结构面，这些结构面可形成与原岩体等效的结构面网络图，这种等效的结构面网络图可以模拟真实岩体的性质，为研究裂隙渗流、岩体稳定性等问题提供方便。

3.5.3　结构面的三维网络模拟

由于结构面自身发育的差异、采样条件的局限和计算机性能的限制，在进行结构面网络模拟时有些方面的因素需要简化处理，在模拟中作以下假设：

（1）假设结构面形状为薄圆盘状。根据这一假设，结构面的大小和位置可以用结构面中心点坐标和结构面半径来反映。这既符合大多数结构面接近于圆形的实际，又可以节省计算机内存空间。

（2）假设结构面为平直薄板，也就是说每条结构面只有一个统一的产状。

（3）假设在整个模拟区域内，每组结构面的分布均遵循相同的概率模型。

在上述假设的前提下，根据已经获取的结构面各种几何信息，编制程序来实现岩体结构面三维网络的模拟。模拟的步骤如下：

（1）选择适宜的岩体露头，对结构面进行系统采样；

（2）对所有结构面进行合理分组；

（3）对每组结构面分别建立概率模型；

（4）依次读入每组结构面概率模型的基本数据，对每组结构面进行步骤（5）~（11）；

（5）初步确定正在模拟的当前组结构面的体密度及模拟区内结构面数目，进行步骤（6）~（11），生成该数目的结构面；

（6）生成每条结构面中心点坐标；

（7）生成每条结构面产状（倾向、倾角）；

（8）生成每条结构面半径；

（9）生成每条结构面张开度；

（10）对结构面规模和数量进行动态校核；

（11）在条件允许的情况下，进行实测结构面和模拟结构面的耦合；

（12）对模拟结构进行检验，若不符合给定概率模型，重新模拟；

（13）形成结构面三维网络图；

（14）输出图形及结果。

在上述步骤中，步骤（1）~（3）是模拟的准备工作，首先进行结构面采样，按照宏观调查分析以及结构面样本数据对结构面进行分组，利用概率统计学的相关方法对每组结构面构建概率模型，用以后续的网络模拟；步骤（4）~（14）为模拟的主体，要在计算机上完成，其中步骤（6）~（9）是利用蒙特卡洛随机模拟方法实现。

通过结构面三维网络模拟，即可由计算机输出模拟结果，一种是以数据方式输出，输出每个结构面的基本数据（包括结构面中心点坐标、产状、半径、张开度等），以便在此基础上进行工程应用研究；另一种是以网络图方式输出，可以输出三维网络图、切面图、展示图等。图 3-14 所示为岩体结构面三维网络图示例；图 3-15（a）、（b）为沿图 3-14 所示三维网络模型顶面两条中线切得的剖面图。

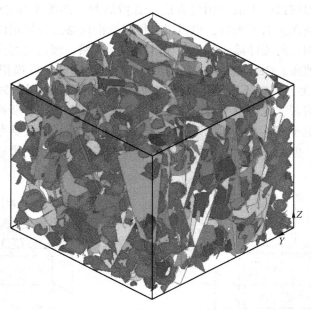

图 3-14 结构面三维网络图

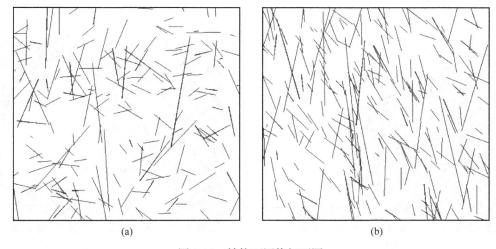

(a)   (b)

图 3-15 结构面网络切面图

3.6 结构面的变形与强度模型

3.6.1 结构面剪切试验

在采矿岩石力学问题中结构面剪切性能的研究是很重要的，诸如沿断层等大范围结构面发生滑动或岩块从开挖边界发生滑动跨落等，都是受结构面的抗剪强度所控制。另外，结构面的切向刚度和法向刚度可对不连续性岩体内的应力和位移产生控制性的影响。

岩石中结构面剪切试验中最常用的方法是直剪试验。如图 3-16 所示，直剪试验是在恒定法向力或恒定法向应力下进行，也可以在恒定法向位移或者恒定法向刚度下进行。由于表面粗糙度的影响，剪胀伴随于整个剪切过程中，当然，理论上完全光滑的结构面在剪切试验中不会发生剪胀。Goodman（1976）指出，虽然这种试验可模拟岩块从边坡滑落时（图 3-16(c)）的行为，但这不一定适用于岩块从开挖空间周边滑落时（图 3-16(d)）结构面的力学行为。前者，允许发生自由膨胀；而后者，膨胀为围岩所抑制，法向应力则随剪切位移而增加。对于图 3-16（d）所示情况，在自重情况下，只要当岩块的夹持力足够小才可能发生滑落，但如果限制其剪胀位移，夹持力将随着岩块的滑移而增高，故可能不会发生滑落。

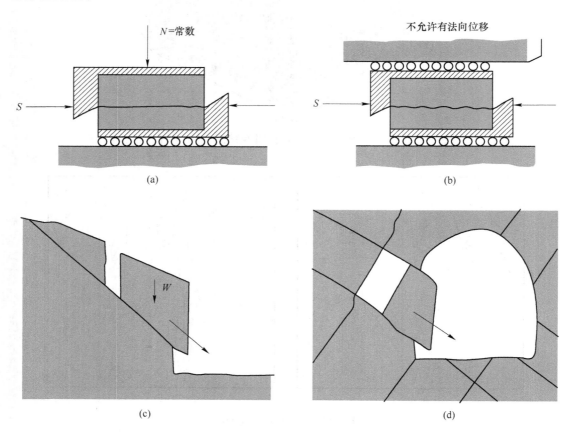

图 3-16 控制法向力(a)，(c)和控制法向位移(b)、(d)的剪切模式（Brady 和 Brown，2006）
(a) 控制法向力；(b) 控制法向位移；(c) 控制法向力的现象；(d) 控制法向位移的现象

如图 3-17 所示，使结构面平行于剪切作用力的方向，用黏结材料（环氧树脂或石膏）把两半块试件固定在剪切盒内。这种试验通常在实验室内进行，如果在现场进行，可以用便携式剪切盒对钻孔岩芯块中包含的结构面进行试验，或者对较大尺寸的试样进行原位试验。

对于图 3-17(a) 所示的试验方案，加载引起一个附加力矩，使试件的两半部分产生相对旋转，并且在整个结构面上造成不均匀的应力分布。为了减小这种效应，剪切力可以相对剪切方向倾斜某一角度,该角度通常可为 10°~15°,如图 3-17(b) 所示。在大尺寸原位试验中也都采用这种加载方式。由于剪切面上的平均法向应力随剪切力而增大,因此该方法不适宜于测试法向应力很低情况下的抗剪强度。对于图 3-17 所示的直剪试验,结构面实际上是处于一种压剪混合受力状态,实际上难以获得纯剪的应力状态。因此,直剪试验通常也是在一定的正应力下完成的。

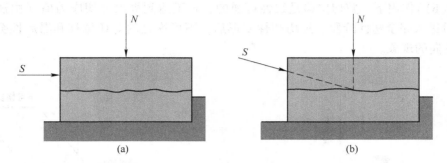

图 3-17 剪切力平行于结构面和施加倾斜剪切力时的直剪试验示意图
(a) 剪切力平行于结构面;(b) 剪切力不平行于结构面

三轴压力室也可以用来研究结构面的剪切性能。用含有结构面的岩芯制备试件,该结构面与试件轴线夹角为 25°~40°,将试件放在三轴压力室内,如图 3-18(a) 所示,相继施加围压和轴压。三轴压力室非常适宜于有水环境下对结构面进行试验。

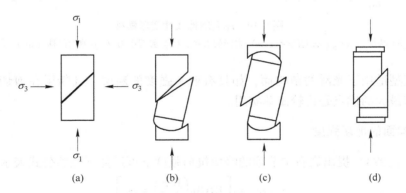

图 3-18 在三轴室中进行的结构面剪切试验(Jaeger 和 Rosengren,1969)

图 3-18 所示为不同的边界条件对于测试结果产生的影响。从图 3-18(a) 可以看出,如果试件的两部分发生相对剪切位移,侧向及轴向必定发生相对移位。如果在系统中只采用一个球面座,则轴向位移可使形态变至如图 3-18(b) 所示的状况。如图 3-18(c) 所示,如果采用 2 个球面座让滑动面保持完全接触,而接触面积变化,将导致球面座产生摩擦力和侧向力。图 3-18(d) 中,通过将两对硬钢制的圆盘片垫入压板与试件的两端面之间,不采用球面座,可以保证移位的侧向分量自由产生,并保证结构面保持接触。圆盘片之间的界面经磨光处理并用二硫化钼润滑。用这种方法,压板之间的摩擦系数可减小到 0.005 左右,这就使得接触面上阻力很小,能承受很大的侧向位移。

3.6.2 结构面的变形模型

描述结构面变形和强度最简单的模型是库仑摩擦线性变形模型，如图 3-19 所示。在法向荷载作用下，结构面经历了趋向于极值 Δv_{m} 的线弹性闭合阶段（图 3-19(a)）。当法向应力小于结构面抗拉强度时（抗拉强度通常视为 0），结构面会分开。在剪切荷载（图 3-19(b)）作用下，剪切位移是线性可逆的，直至达到极限剪切应力值（由法向应力确定）后进入完全塑性阶段。经历塑性变形后，不可恢复的剪切位移和滞后性会产生剪切荷载反向的现象。

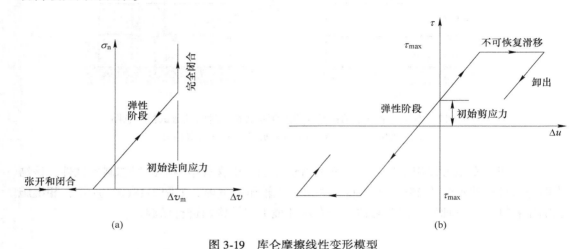

图 3-19　库仑摩擦线性变形模型

(a) 法应力 (σ_{n})-法向闭合 (Δv) 之间的关系；(b) 剪切应力 (τ)-剪切位移 (Δu) 关系

这种模型适用于光滑的结构面，如具有残余强度的断层，且断层在剪切变形时不膨胀。该模型最大的优点是比较简单实用。

3.6.3 结构面的剪切强度

Barton（1973）提出岩石中节理的峰值抗剪强度 τ 可用如下经验公式表示：

$$\tau = \sigma_{\mathrm{n}}' \tan\left[\mathrm{JRClg}\left(\frac{\mathrm{JCS}}{\sigma_{\mathrm{n}}'}\right) + \varphi_{\mathrm{r}}' \right] \tag{3-13}$$

式中　σ_{n}'——有效法向应力，MPa；

　　　JRC——节理面粗糙系数，从最为光滑时的 0 至最粗糙时的 20；

　　　JCS——节理面岩壁的抗压强度，MPa；

　　　φ_{r}'——排水条件下的残余摩擦角，(°)。

方程（3-13）假定抗剪强度由 3 个部分组成：(1) 基本的摩擦部分，其值为 φ_{r}'；(2) 由表面粗糙度（JRC）所控制的几何形状部分；(3) 由比值 JCS/σ_{n}' 控制的凸起破坏的部分。如图 3-20 所示，凸起物的破坏和几何形状这两个组成部分的结合给出了基本的关于粗糙度的组成成分 i，于是，总的摩擦角为 ($\varphi_{\mathrm{r}}'+i$)。

式（3-13）和图 3-20 表明，粗糙节理的抗剪强度与尺寸和应力两者都有关。当 σ_{n}' 增加时，lg(JCS/σ_{n}') 减小，因此，基本的视摩擦角减小；当尺寸增大时，较陡的凸起被剪断，控制粗糙度的倾角减小。同时，由于岩石的抗压强度随尺寸增大而减小，类似地，由凸起破坏引起的粗糙度部分将随尺寸的增大而减小。

在大尺寸结构面剪切强度估算方面，Bandis 等（1981）与 Barton 和 Bandis（1982）根据不同尺寸结构面剪切强度试验数据进行分析后，提出了大尺寸结构面剪切强度的估算公式：

$$\mathrm{JRC_n} = \mathrm{JRC_0}\left[\frac{L_n}{L_0}\right]^{-0.02\mathrm{JRC_0}} \tag{3-14}$$

$$\mathrm{JCS_n} = \mathrm{JCS_0}\left[\frac{L_n}{L_0}\right]^{-0.03\mathrm{JRC_0}} \tag{3-15}$$

式中，L 是结构面长度；JRC 与 JCS 参数下标中的 n 和 0 分别表示结构面的实际尺寸和标准试件尺寸（100mm）。但是，随后 Barton 和 Bandis（1990）认为上述公式将低估尺寸大于 5m 长的结构面强度。

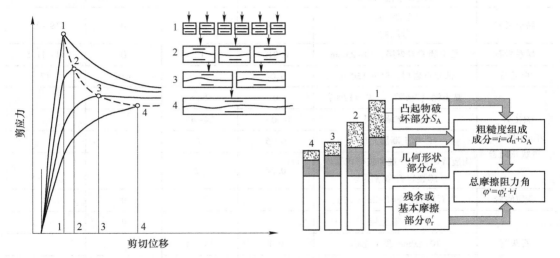

图 3-20　尺寸对结构面抗剪强度的三个组成成分的影响（Bandis 等，1981）

3.6.4　充填结构面的强度

上面的论述是针对"无充填物"的结构面或不含充填材料的结构面。但自然界普遍存在充填结构面，例如，断层中的断层泥、层理面中的粉砂土之类的充填材料，节理中的绿泥石、石墨和蛇纹岩之类的低摩擦材料，岩脉或闭合节理中的石英或方解石等较坚硬的材料等，都可以视为结构面中的充填物。充填材料的存在将必然影响结构面的剪切行为。断层泥或黏土夹层的存在可能会使结构面刚度和抗剪强度减小，诸如绿泥石、石墨和蛇纹岩之类的低摩擦充填材料可明显减小摩擦角，而石英之类的岩脉材料可使抗剪强度增大。结构面中的充填材料很软弱，与黏土和粉砂土的力学性质相似，这些材料的抗剪强度通常用由有效应力表示的库仑定律描述。

针对不同的岩石，Barton（1973）对采用不同测试方法测得典型充填结构面剪切强度的研究工作进行了总结，见表 3-7。

表 3-7 充填结构面的剪切强度总结（Barton, 1974）

岩石	描述	峰值剪切强度 c'/MPa	峰值摩擦角 φ/(°)	残余剪切强度 c'_r/MPa	残余摩擦角 φ_r/(°)
玄武岩	黏土玄武岩角砾岩，从黏土到玄武岩含量变化很大	0.24	42		
膨润土	白垩纪膨润土层	0.015	7.5		
	薄层	0.09~0.12	12~17		
	三轴试验	0.06~0.1	9~13		
膨润性页岩	三轴试验 直剪试验	0~0.27	8.5~29	0.03	8.5
黏土	过度胶结、滑动、节理和小范围剪切	0~0.18	12~18.5	0~0.003	10.5~16
黏土页岩	三轴试验 分层面	0.06	32	0	19~25
煤系岩石	黏土糜棱岩煤层，10~25mm	0.012	16	0	11~11.5
白云石	蚀变页岩层，厚度150mm	0.04	14.5	0.02	17
闪长岩、花岗闪长岩、斑状花岗岩	黏土泥（2%黏土，PI=17%）	0	26.5		
	黏土充填断层	0~0.1	24~45		
	砂壤土断层充填	0.05	40		
	构造剪切带、片理和破碎花岗岩、碎裂岩石和断层泥	0.24	42		
杂质砂岩	岩石层面中的1~2mm黏土			0	21
石灰石	6mm黏土层			0	13
	10~20mm黏土充填	0.1	13~14		
	<1mm黏土充填	0.05~0.2	17~21		
石灰石、泥灰岩和褐煤	褐煤互层	0.08	38		
	褐煤/泥灰岩接触	0.1	10		
石灰石	泥灰岩节理，20mm厚	0	25	0	15~24
褐煤	褐煤与黏土之间的层面	0.014~0.03	15~17.5		
蒙脱石	白垩中80mm膨润土（蒙脱石）黏土层	0.36	14	0.08	11
膨润土		0.016~0.02	7.5~11.5		
片岩、石英岩和硅质片岩	100~150mm厚黏土充填	0.03~0.08	32		
	薄黏土分层	0.61~0.74	41		
	厚黏土分层	0.38	31		
板岩	充分层压和蚀变	0.05	33		
石英/高岭土/软锰矿	改造三轴试验	0.042~0.09	36~38		

Ladanyi 和 Archambault（1977）对这种充填结构面进行了全面的实验研究，获得了下列结论：

（1）对于大多数有充填物的结构面，其峰值强度包络线位于充填材料的峰值强度包络线和类似的无充填物结构面峰值强度包络线之间。

（2）有充填物结构面的刚度和抗剪强度随充填物厚度的增加而减小，但总是高于充填物自身的刚度和抗剪强度。

（3）有充填物结构面的剪应力-位移曲线常常由两部分组成，第一部分反映岩石与岩石接触之前充填材料的变形，第二部分反映岩石凹凸面接触时的变形和剪切破坏特性。

（4）有充填物的结构面的抗剪强度并不总是取决于充填物的厚度。如果结构面壁面平坦，并覆盖着低摩擦材料，那么剪切面将位于充填物与岩石的接触面上。

（5）膨胀性黏土在膨胀时丧失强度，因而它是一种有可能引起结构面失稳滑移的诱发因素。如果膨胀受到抑制，则可以产生很高的膨胀压力。

思 考 题

3-1 结构面的产状是什么，如何确定结构面的产状？

3-2 描述结构面状态的指标有哪些？

3-3 简述结构面的级别及各自的特点。

3-4 当前岩体结构参数采集技术和方法主要有哪几种？

3-5 统计表明，结构面的产状一般服从什么分布？

3-6 岩体结构面现场调查内容包括哪些？

3-7 在结构面网络模型构建过程中，结构面分组应注意哪些原则？

3-8 结构面的剪切强度、剪切变形、法向变形与哪些因素有关？

3-9 结构面力学性质的尺寸效应体现在哪些方面？

3-10 请估算下面 3 个 10cm 岩石结构面的粗糙度值，并分别估算它们在 10MPa 的法向应力下的抗剪强度值。已知结构面干燥无水、无充填物、紧密接触，岩块的抗压强度值为 150MPa，结构面的残余摩擦角为 34.15°。

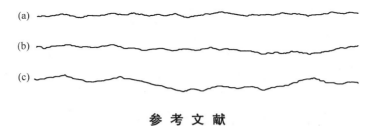

参 考 文 献

Bandis S, Lumsden A C, Barton N R. Experimental studies of scale effects on the shear behaviour of rock joints [J]. Int J Rock Mech Min Sci & Geo A, 1981, 18（1）：1~21.

Barton N, Bandis S. Effects of block size on the shear behavior of jointed rock [J]. The 23rd U. S Symposium on Rock Mechanics（USRMS）. Am Rock Mech Ass, 1982：739~760.

Barton N, Choubey V. The shear strength of rock joints in theory and practice [J]. Rock Mechanics, 1977, 10（1-2）：1~54.

Barton N. Review of a new shear-strength criterion for rock joints [J]. Engineering Geol, 1973, 7（4）：287~332.

Barton N, Bandis S. Review of predictive capabilities of JRC-JCS model in engineering practice ［C］// Proceedings of the International Symposium on Rock Joints. Balkema, Rotterdam, Leon, Norway, 1990：603~ 610.

Brady B H, Brown E T. 地下采矿岩石力学 ［M］. 3 版, 2006. 佘诗刚, 朱万成, 赵文, 等译. 北京：科学 出版社, 2011.

Goodman R E. Methods of Geological Engineering in discontinuous rocks ［M］. New York：West, 1976：472~ 490.

Hudson J A. Rock Mechanics Principles in Engineering Practice ［M］. London：Butterworths, 1989.

International Society for Rock Mechanics. Suggested methods for the quantitative description of discontinuities in rock masses：international society for rock mechanics, commission for standardisation of laboratory and field tests ［J］. int j rock mech min sci, 1978, v15 (n6)：319~368.

Jaeger J C, Rosengren K J. Friction and sliding of joints ［M］. Proc. Aust. Inst. Min. Metall., 1969, No. 229： 93~104.

Ladanyi H K, Archambault G. Shear strength and deformability of filled indented joints ［C］//Proceedings of the International Symposium on Geotechnical Structural Complex Formations, Capri, 1977. p. 317~326.

Maerz N H, Franklin J A, Bennett C P. Joint roughness measurement using shadow profilometry ［J］. International Journal of Rock Mechanics & Mining Sciences & Geomechanics Abstracts, 1990, 27 (5)：329~343.

Robertson A M, Piteau D R. The Determination of Joint Populations and their Significance for Tunnel Stability ［J］. Technology & Potential of Tunnelling, 1970.

Tse R, Cruden D M. Estimating joint roughness coefficients ［J］. International Journal of Rock Mechanics & Mining Sciences & Geomechanics Abstracts, 1979, 16 (5)：303~307.

李兆权. 应用岩石力学 ［M］. 北京：冶金工业出版社, 1994.

孙广忠. 岩体结构力学 ［M］. 北京：科学出版社, 1988.

4 岩体结构与工程岩体分类

岩体是由结构面及被结构面切割成的结构体组成，具有一定的结构特征并赋存于一定的天然应力状态和地下水等地质环境中的地质体，是岩体力学研究的对象。岩体的物理力学性质受形成和改造岩体的各种地质作用过程的影响，往往表现出非均匀、非连续、非线性和各向异性的特征。因此，在岩石力学中，应将岩体结构特征及岩体强度等参数的研究置于重要的地位。本章从岩体结构及分类出发，介绍岩体完整性、岩体工程分级以及岩体参数的获取等内容。

4.1 岩体结构及分类

视频：岩体结构分类

岩体结构是指岩体中结构面与结构体的排列组合特征，因此，岩体结构应包括两个要素或结构单元，即结构面和结构体。也就是说不同的结构面与结构体之间，以不同方式排列组合形成不同的岩体结构。不同结构类型的岩体，其物理力学性质、力学效应及其稳定性都是不同的。

由于组成岩体的岩石及其遭受的构造运动及次生变化的不均一性，导致了岩体结构的复杂性，不同的岩体结构，其物理力学性质也差别很大。为了概括地反映岩体中结构面和结构体的成因、特征及其排列组合关系，可以将岩体结构划分为 5 个大类、8 个亚类，见表 4-1。

表 4-1　岩体结构类型划分

岩体结构类型	亚类	地质描述	结构面间距/cm	结构面形态	力学介质类型
整体结构（Ⅰ）		岩体单一、构造变形轻微的岩浆岩、变质岩及巨厚层状沉积岩	>100	整体状、巨块状	连续介质
块状结构（Ⅱ）		岩体单一、构造变形轻~中等的厚层沉积岩、变质岩及火成岩	50~100	长方形、立方形、菱形块体和多角形块体	连续或非连续介质
层状结构（Ⅲ）	层状结构（Ⅲ₁）	构造变形轻~中等的、单层厚度大于30cm的层状岩体	30~50	长方形、柱状体、厚板状体及块状	非连续介质
	薄层状结构（Ⅲ₂）	同Ⅲ₁，但单层厚度小于30cm，有强烈褶曲及层向错动	<30	组合板状体或薄板状体	

续表 4-1

岩体结构类型	亚类	地质描述	结构面间距/cm	结构面形态	力学介质类型
碎裂状结构（Ⅳ）	镶嵌结构（Ⅳ₁）	一般发育在脆性岩层中的压碎岩带，节理、劈理组数多，密度大	<50	形态不一、大小不同，棱角相互咬合	似连续介质
	层状碎裂结构（Ⅳ₂）	软硬相间的岩石组合，通常为一系列近于平行的软弱破碎带与完整性较好的岩体组成	<100	软弱破碎带以碎屑、碎块、岩粉和泥为主，骨架部分岩体为大小不等、形态各异的岩块	非连续介质
	碎裂结构（Ⅳ₃）	岩性复杂，构造变化剧烈，断裂发育，也包括弱风化带	<50	碎屑大小不等、形态各异的岩块	非连续或似连续介质
散体状结构（Ⅴ）		一般为断层破碎带、侵入接触破碎带及剧烈-强剧烈风化带		泥、岩粉、碎屑、碎块、碎片等	似连续介质

各类岩体结构的典型图如图 4-1 所示。由表 4-1 可知，不同结构类型的岩体，其岩石类型、结构体和结构面的特征不同，导致描述岩体的力学介质也有差异，岩体的工程地质性质与变形破坏机理也会不同。各岩体结构类型的根本区别在于结构面的性质及发育程度不同，如层状结构岩体中发育的结构面主要是层面、层间错动，整体状结构岩体中几乎没有结构面，块状结构岩体中的结构面呈断续分布、规模小且稀疏；碎裂结构岩体中的结构面常为贯通的且发育密集、组数多；而散体状结构岩体中发育有大量的随机分布的裂隙，结构体呈碎块状或碎屑状等。因此，在进行岩体力学研究之前，首先要弄清岩体中结构面的情况、岩体结构类型及其力学属性和岩体力学模型，使岩体稳定性分析建立在可靠的岩体结构特征分析基础之上。

图片：整体结构、层状结构、碎裂结构、散体结构

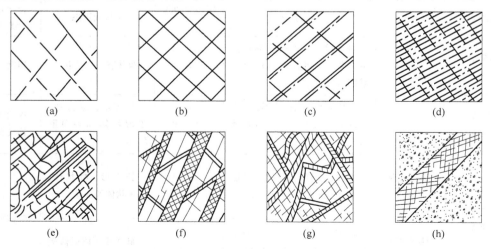

(a)   (b)   (c)   (d)

(e)   (f)   (g)   (h)

图 4-1   各类岩体结构图式

（a）整体结构；（b）块状结构；（c）层状结构；（d）薄层状结构；

（e）镶嵌碎裂结构；（f）层状碎裂结构；（g）碎裂结构；（h）散体结构

4.2 岩体的完整性

视频：岩体
的完整性

岩体完整性是岩体结构的综合反映，它取决于岩体被结构面切割程度、结构体大小以及块体间结合状态等因素，是岩体工程中采用的概括性指标。一般情况下，完整性好、性质坚硬的岩体，其稳定性也好。所以，评价岩体完整性是有实际意义的。

4.2.1 岩体完整性的定量指标

常用的表示岩体完整性的定量指标有完整性系数 K_v、岩体体积节理数 J_v、岩石质量指标 RQD、节理平均间距 d_p，此外还有岩块尺寸指标 BSD、岩体与岩块静动弹模比等。它们都从不同侧面、不同程度上反映岩体的完整性。现将最普遍应用的定量指标介绍如下。

4.2.1.1 完整性系数 K_v

声波在岩体中的传播速度 v_{pm} 与岩石成分、结构面发育程度、结构面性状、充填物性质、含水状态等因素有关，而在岩石试块中声波传播速度为 v_{pr}，通常 $v_{pr} > v_{pm}$。因此，依据 v_{pr} 和 v_{pm} 可以按照下式计算完整性系数：

$$K_v = \left(\frac{v_{pm}}{v_{pr}}\right)^2 \leqslant 1 \tag{4-1}$$

式中 K_v——完整性系数，又称龟裂系数，数值愈大，表示岩体愈完整。

岩体中纵波速度 v_{pm} 的测试方法采用单孔法或双孔法，在孔中安装声波发射或接收探头，由声波仪读数计算波速。

4.2.1.2 岩体体积节理数 J_v

岩体体积节理数（或节理体密度）是指单位体积岩体内所含的节理（结构面）条数，可用下式表示

$$J_v = \frac{N_1}{L_1} + \frac{N_2}{L_2} + \cdots + \frac{N_n}{L_n} \qquad 条/m^3 \tag{4-2}$$

式中 $L_1, L_2, \cdots, L_n$——垂直于结构面的测线长度；

$N_1, N_2, \cdots, N_n$——同组结构面的数目。

J_v 测量方法比较简单，可在岩体露头上设测线统计不同组的结构面数目，测线长度 $5 \sim 10m$。除成组结构面外，对延伸长度 >1m 的分散节理也应予以统计，但对已为硅质、铁质、钙质充填再胶结的结构面不予统计。

国际岩石力学学会建议可依据 J_v 的大小来描述岩块，见表4-2。

表 4-2 岩块尺寸分级表

岩块分级名称	J_v/节理数·m^{-3}
巨块	<1.0
大块	1~3
中等尺寸的岩块	3~10
小块	10~30
极小块	>30

4.2.1.3　岩石质量指标 RQD

采用小口径的取芯钻钻进，取得岩芯后统计大于 10cm 岩芯的累计长度与钻孔长度比值的百分数，该百分数被称为岩石的 RQD(rock quality designation) 值，即

$$RQD = \frac{L_p}{L} \times 100\% \tag{4-3}$$

式中　L_p——≥10cm 长的岩芯累计长度，mm；

　　　　L——钻孔长度，mm。

RQD 是岩体结构面密度、结构面蚀变程度和充填物性质的综合指标，在国内外使用较多。考虑到我国使用钻具的现状，为了与国际标准接轨，在测定 RQD 值时要使用特定的金刚石钻头（直径 54.1mm）钻进取芯，求出 RQD 值。

当然，用钻取岩芯测量 RQD 值来预测结构面的频度时也有不可靠的因素，这主要包括：（1）RQD 的计算依赖于判别记录的能力，即区分岩芯是自然断裂的，还是由爆破或钻进过程中造成的；（2）RQD 值不适于衡量较好的岩体条件，如果岩体有一个非连续面组的间隔为 0.2m 或 0.5m，则 RQD 都是 100，显然是不合理的；（3）考虑到岩体的各向异性，RQD 的测量指标将会受到钻取方向的影响（Brady 和 Brown，2006）。

4.2.2　岩体完整性指标间的相关性

在使用定量指标评价岩体完整性的同时，对定量指标的相关性，国内外都做了分析研究工作。挪威学者 Palmstrom(1975) 通过研究岩体的 RQD 与 J_v 的关系，得到如图 4-2 所示的关系曲线，并得出经验公式

$$RQD = 115 - 3.3J_v \tag{4-4}$$

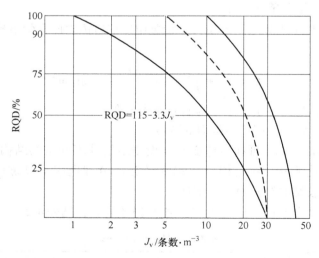

图 4-2　RQD 和 J_v 关系曲线图（Palmstrom，1975）

Priest 和 Hudson （1976） 发现，根据岩芯或一个露头上进行结构面的测量结果可以估算 RQD：

$$RQD = 100e^{-0.1\lambda}(0.1\lambda + 1) \tag{4-5}$$

当 λ 的数值在 6~16 时，发现可用如下线性关系估算：

$$RQD = -3.68\lambda + 110.4 \tag{4-6}$$

式中 λ——单位长度上的节理条线，即节理线密度，条/m。

图 4-3 所示为由 Priest 和 Hudson（1976）得到的岩石质量指标 RQD 和 λ 实测值数值之间的关系。

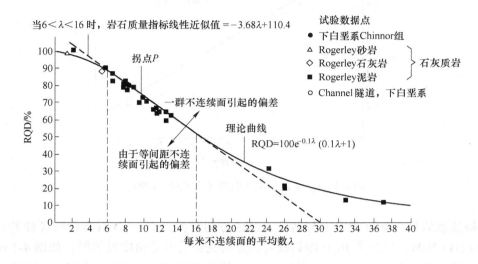

图 4-3 岩石质量指标与不连续面平均频率之间的关系（Priest 和 Husdon，1976）

我国铁道部门对十多座隧道的岩体 K_v 与 J_v 的统计分析，得到如图 4-4 所示的曲线，回归为（李兆权，1994）：

$$K_v = 1.087 - J_v/42.3 \tag{4-7}$$

如果将 K_v 和 J_v 值分区间进行对照，则获得下列统计关系：

$$K_v = \begin{cases} 1.0 - 0.083J_v, & J_v \leqslant 3 \\ 0.75 - 0.029(J_v - 3), & 3 < J_v \leqslant 10 \\ 0.55 - 0.02(J_v - 10), & 10 < J_v \leqslant 20 \\ 0.35 - 0.013(J_v - 20), & 20 < J_v \leqslant 35 \\ 0.15 - 0.0075(J_v - 35), & J_v > 35 \end{cases} \tag{4-8}$$

波速测量也可用于确定 RQD，Sjogren 等（1979）和 Palmström（1995）提出了如下 RQD 与岩体 P 波波速之间的关系：

$$RQD = \frac{v_{pq} - v_{pF}}{v_{pq}v_{pF}k_q} \times 100\% \tag{4-9}$$

式中 v_{pF}——岩体中的 P 波波速，m/s；

v_{pq}——RQD = 0 时的岩体 P 波波速，m/s；

k_q——考虑岩体赋存条件的参数，s/m。

Budetta 等（2001）通过对意大利南部节理裂隙发育岩体现场数据的回归分析，得出 $v_{pq} = 1.22$km/s，$k_q = -0.69$，因此式（4-9）可写为

$$RQD = \frac{1.22 - v_{pF}}{v_{pq}v_{pF}(-0.69)} \times 100\%$$

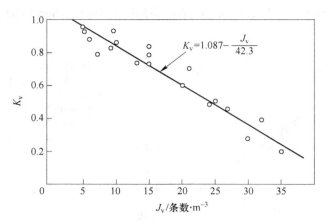

图 4-4 K_v 与 J_v 的关系曲线（李兆权，1994）

值得注意的是，RQD 的取值与钻取岩芯的方向有关，即 RQD 具有各向异性的特征。Choi 和 Park（2004）给出了 RQD 随钻取岩芯方向变化的极等角度投影网，如图 4-5 所示，图中的位置是用赤平投影表示取芯方向，而等值线的数值表示 RQD 的值。从图中可知，RQD 随着钻取岩芯方向的不同，其数值也发生变化。例如，当钻取岩芯方向为 90°时（中心点位置，即垂直于地表），RQD 等于 95%。因此，在测定 RQD 值时，需给出钻取岩芯的方向。

岩体完整性定量指标之间的相关性，为工程应用时选择评价指标和实现评价岩体完整程度的一致性和可比性奠定了基础。

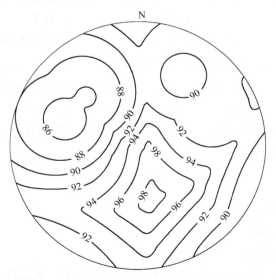

图 4-5 RQD 数值（%）随钻取岩芯方向的变化

4.3 岩体的各向异性及强度特征

视频：岩体力学
性质与工程特征

4.3.1 岩体的各向异性

岩体性质的各向异性是岩体主要特征之一，从微观上说，岩石的组织结构是非均匀的，即便是花岗岩这样坚硬而致密的岩石也表现出各向异性，只不过各向异性程度较小，在工程中被视为各向同性材料。从宏观上看，岩体中结构面的组合、交切，导致岩体各向异性，在层状岩体中尤为突出。在这种情况下，如果仍旧将岩体视为各向同性，必然造成很大的误差。因此，岩体的各向异性一方面取决于岩块，更重要的是取决于结构面的影响。

4.3.1.1 岩体各向异性性质

在单向应力状态下，对于含有一组结构面的岩体，结构面产状与岩体抗压强度的关系如图4-6所示。可以看出，结构面倾角为0°（载荷垂直于结构面）时，岩体抗压强度最大，倾角为45° + $\varphi/2$（φ——结构面内摩擦角）时，岩体抗压强度最低。

当载荷方向平行层理时，抗拉强度最大，载荷垂直层理时抗拉强度最小。此外，岩体的变形模量也表现出明显的各向异性。

当岩体中存在两组结构面时，岩体强度不是两组结构面力学效应之和，而是受强度较低的一组结构面控制；若岩体内有多组结构面时，岩体强度的各向异性程度显著降低，趋于各向同性和均匀岩体，只不过此时的岩体强度更低些。

在三向应力状态下，在低围压时，岩体强度的各向异性较为突出。随着围压增加，这种结构面产状的力学效应逐渐减弱。在高围压条件下，无论结构面产状如何，岩体强度值趋于单一。有研究者认为，围压达到单轴抗压强度的1/2左右，可以认为各向异性的影响可忽略不计。

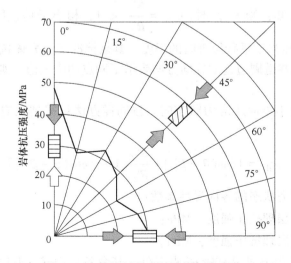

图4-6 岩体抗压强度随岩层倾角变化

由此可知，岩体的各向异性不仅取决于结构面产状，还与应力状态、应力值大小以及结构面组数有关。因此，在分析岩体力学性质的各向异性影响时，不能离开具体条件。同一种岩体，在不同条件下各向异性表现是不一样的。

4.3.1.2 各向异性指标

通常，用各向异性系数 n_{aH} 来表示岩体的各向异性

$$n_{aH} = \frac{R_\perp}{R_{//}} \tag{4-10}$$

式中 n_{aH}——各向异性系数；

$R_\perp$——载荷垂直层理时的强度，MPa；

$R_{//}$——载荷平行层理时的强度，MPa。

在式（4-10）中，n_{aH} 可能大于 1，也可能小于 1，这取决于岩体强度类型是拉伸还是受压。

式（4-10）是用于表示各向异性的简单形式。实际上，工程岩体中各点强度是不一样的。下面给出各向异性系数的普遍形式。

设结构面倾角为 β，在其中开挖一个圆形巷道，此时，巷道周边点的强度与其坐标有关。当巷道周边点处于拉应力状态时，随着周边点极坐标倾角 θ 的不同，各点强度不一样。例如，图 4-7 上的 A 点为平行层理时的拉伸状态，B 点为垂直层理时的拉伸状态。$\overline{AB}$ 上其余各点应先确定各向异性系数再换算出该点的强度。岩体各向异性系数为

$$n_{aH}^t = |\sin(\theta - \beta)| + \frac{R_\perp^t}{R_{//}^t}[1 - |\sin(\theta - \beta)|] \tag{4-11}$$

式中 n_{aH}^t——拉应力状态下岩体各向异性系数；

$R_{//}^t$——平行层理抗拉强度，MPa；

$R_\perp^t$——垂直层理抗拉强度，MPa。

由式（4-11）可知：当 $\theta = \beta$ 时，$n_{aH}^t = \dfrac{R_\perp^t}{R_{//}^t} < 1$，相当于垂直层理时的强度；当 $\theta = 90° + \beta$ 时，$n_{aH}^t = 1$，相当于平行层理时的强度。其余情况下，岩体抗拉强度 $R_m^t = R_{//}^t / n_{aH}$。在图 4-7 上，如果从巷道周边起的径向方向表示不同点的强度值，则围岩抗拉强度分布为一椭圆形。

当巷道周边点处于单向压应力状态时，按同样办法可得到压应力状态的各向异性系数，即

$$n_{aH}^t = |\cos(\theta - \beta)| + \frac{R_{//}^c}{R_\perp^c}[1 - |\cos(\theta - \beta)|] \tag{4-12}$$

式中 n_{aH}^t——压应力状态的各向异性系数；

$R_{//}^c$——平行层理抗压强度，MPa；

$R_\perp^c$——垂直层理抗压强度，MPa。

这里须指出，除 $\theta = \beta$ 和 $\theta = 90° + \beta$ 点以外，其余各点用式（4-12）计算是一种近似结果，如果巷道周边既有拉应力又有压应力，则应分区进行计算。

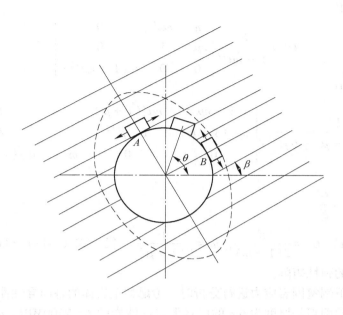

图4-7　巷道周边单元应力的各向异性系数（李兆权，1994）

按上述办法，只要通过试验得到垂直层理和平行层理的强度，就能确定考虑结构面的岩体强度。

4.3.1.3　层状岩体与横观各向同性

某些岩体层理发育，或者片理发育，或者在某一方向有非常发育的节理组，此时将这类岩体看作一种比较简单的各向异性体——横观各向同性体比较合乎实际，如图 4-8 所示。图中所示的坐标系中 xOz 面为各向同性面，即平行层理或节理的面，Oy 轴为垂直层面的方向。这种层状材料具有 5 个独立的弹性常数，即 E、E'、μ、μ' 和 G'。弹性模量 E、E' 的含义如图 4-9 所示。μ 是各向同性面内压缩时的泊松比，μ' 是在垂直各向同性面的方向压缩时的泊松比，G' 是各向同性面内任意方向与垂直此面的方向间的剪切模量。考虑介质的横观各向同性性质时，在有限单元分析中需采用相应的弹性矩阵 D'。

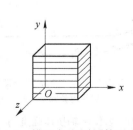

图4-8　横观各向同性体示意图

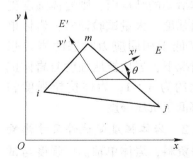

图4-9　横观各向同性体的坐标系

在平面应力中

$$D' = \frac{E'}{1 - n\mu'^2} \begin{bmatrix} n & n\mu' & 0 \\ n\mu' & 1 & 0 \\ 0 & 0 & m(1 - n\mu'^2) \end{bmatrix} \tag{4-13}$$

在平面应变中

$$D' = \frac{E'}{(1 + \mu)(1 - \mu - 2n\mu'^2)} \begin{bmatrix} n(1 - n\mu'^2) & n\mu'(1 + \mu) & 0 \\ n\mu'(1 + \mu) & 1 - \mu'^2 & 0 \\ 0 & 0 & m(1 + \mu)(1 - \mu - 2n\mu'^2) \end{bmatrix} \tag{4-14}$$

式中, $n = \dfrac{E}{E'}$, $m = \dfrac{G'}{E'}$。

如果取 $\mu = \mu'$, $G' = \dfrac{E}{2(1 + \mu)}$, $m = \dfrac{1}{2(1 + \mu)}$, 代入式（4-13）和式（4-14）, 即可得到各向同性体的弹性矩阵。

我们对某地下硐室围岩应力进行分析时, 考虑如上岩体的各向异性性质。硐室顶底板围岩均是砂岩, 而两帮是厚度为 6m 的层状泥岩。砂岩的 $E = 2500$MPa, $\mu = 0.25$, 泥岩层的 $E = 150$MPa, $\mu = 0.3$, 将泥岩层视为各向异性介质, 并取 $E/E' = \mu/\mu' = 2.5$, $G' = 40$MPa, 进行弹性力学计算, 所得结果与把泥岩作为各向同性介质处理的情形相比较发现, 砂岩内的应力场相差不大, 而在泥岩区则有变化, 特别是在靠近洞壁的部位更是如此, 压应力值由 2.15MPa（各向同性）增加到 25.15MPa（各向异性）。

一般来说, 当岩体的 E 和 E' 相差不很大, 例如 E' 小于 1.5 时, 各向异性对总的结果影响不大。

4.3.2　岩体强度各向异性特征

岩体强度除了受岩体各向异性影响外, 还取决于结构面力学性质、结构面组数、应力状态以及环境等因素。

4.3.2.1　岩体强度低于岩块强度

具有完整结构的岩体, 其强度接近同种岩石岩块强度。如果岩体中存在一组可能导致整体滑动的结构面, 则岩体强度受控于结构面强度。大量试验证实, 岩体单轴抗压强度低于相同应力状态的岩块强度。多数情况下, 岩块抗压强度与岩体抗压强度之比约为 3：1, 岩体抗拉强度和抗剪强度都低于抗压强度。

4.3.2.2　岩体强度受试件尺寸影响

据有关资料, 岩体单轴抗压强度与试件尺寸的关系如图 4-10 所示。由图可以

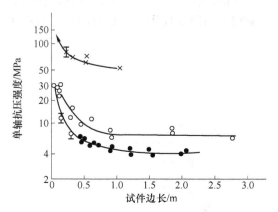

图 4-10　岩体单轴抗压强度与
试件尺寸的关系曲线（李兆权, 1994）

看出，随着试件尺寸增加，岩体单轴抗压强度减小。试件尺寸边长超过1m，可不考虑尺寸效应，该尺寸可以作为数值计算中岩体表征单元体的尺寸。

4.3.2.3 结构面组数、密度影响岩体强度

随着岩体内结构面组数增加，岩体强度降低。根据相关的试验结果，垂直层理的岩体抗压强度受结构面组数的影响要比平行层理岩体抗压强度所受的影响大，如图4-11所示。当结构面组数超过3组以后，对岩体强度的影响趋于缓和。随着结构面组数的增加，可以把节理岩体视为各向同性介质，在获得表征单元体的参数后，按照连续介质进行岩体力学分析。

如果用单位岩体体积中岩块数量n来表示结构面密度，则n愈大的岩体，其变形愈大、强度愈低，如图4-12所示。但是，结构面密度对岩体强度的影响是有限度的。从图4-12可以看出，$n=400$和$n=600$时的岩体强度相差很小。

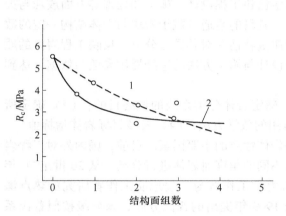

图4-11 单轴抗压强度与结构面
组数之间的关系（李兆权，1994）
1—垂直层理受压；2—平行层理受压

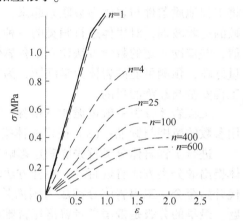

图4-12 单轴压缩条件下岩体中不同结构面
密度n值时的应力应变曲线（李兆权，1994）

4.3.2.4 三轴应力状态下的岩体强度

由岩体三轴试验可得到下列结果（李兆权，1994）：

（1）围压的大小影响岩体破坏形式，低围压时，岩体呈现轴向劈裂，沿结构面滑动或松胀解体破坏；高围压时，岩体呈共轭剪切破坏。

（2）围压增大，岩体抗剪强度增加，但围压达到一定值后，强度增加变缓。

（3）随着围压增加，结构面效应逐渐减少，甚至完全消失。

4.3.2.5 环境因素对岩体强度的影响

岩体中存在多种结构面，构成风化作用和地下水作用的通道，促使岩体强度降低。这一过程往往很缓慢，所以又可看作环境使岩体强度弱化。

水对岩体强度的影响是显著的，并取决于组成岩体或结构面中矿物成分的亲水性、结构面发育程度以及充水条件等因素。含亲水矿物或可溶性矿物愈多，湿度增加时强度降低愈大。如某石英岩中结构面内充填亲水矿物，其强度可降低50%；结构面发育的页岩，浸水后强度降低70%；板岩浸水后，强度降低50%。

岩体的结构面中充入承压水时，由于浮力作用，结构面上正应力减小，此时岩体抗剪强度降低为

$$\tau_{\mathrm{m}} = (\sigma_{\mathrm{n}} - \sigma_{\mathrm{w}})\tan\varphi_{\mathrm{w}} + C_{\mathrm{w}} \qquad (4\text{-}15)$$

式中　σ_{n}——结构面上的正应力，MPa；

　　　σ_{w}——孔隙水压力，MPa；

　　　φ_{w}——结构面浸水后的内摩擦角，(°)；

　　　C_{w}——结构面浸水后的内聚力，MPa。

视频：工程岩体稳定性分级的意义和种类

4.4　工程岩体分级

工程岩体分类是在工程地质分组的基础上，根据岩体的一些简单和容易实测的指标，将工程地质条件与岩体参数联系起来，并借鉴已建工程设计、施工和处理等方面成功与失败的经验教训，对岩体进行归类的一种方法。其目的是通过赋予岩块与岩体结构一定的数值，并借助一定的数学方法建立某种岩体的质量特性并对其进行分类，反映工程岩体的质量好坏，预测可能的岩体力学问题，为工程设计与施工方法的选择提供参数与依据，达到工程安全与经济的目的。

工程岩体分类一般遵循如下步骤：（1）确定岩体分类系统的最终目的；（2）确定所用参数的范围与标准；（3）确定岩体指标所用的数学方法；（4）校核目标岩体指标值。

进行工程岩体分类首先要确定影响工程岩体性质的主要因素。目前，国内外对工程岩体提出的分类方法有近百种，每种方法均从不同的角度对岩体进行分类。从20世纪70年代开始至今，工程岩体分类成为国内外岩石力学工作者与工程地质工作者研究的热点课题。最早的分级是俄国学者普洛托吉雅诺夫1909年提出的普氏分级，该分级按照普氏系数将岩石分为10级。此后，多名学者根据单一因素对岩块（体）进行了分类，单因素分类仅仅考虑影响岩体分级的某一重要因素进行分类，而忽略其他因素，因此不能被工程师广泛采用。Bienawaski于1973年提出岩体质量等级（rock mass rating，RMR），即岩体地质力学分类或称RMR分类，此后他于1989年对该分类进行了修正。Barton于1974年提出了巷道质量指标，即巴顿岩体质量分类或称Q分类。在20世纪70年代提出的RMR和Q两种分类方法，对以后工程岩体分类、工程设计与施工具有举足轻重的作用。Hoek等于1995年提出的地质强度指标（GSI），以及挪威学者Palmstrom于1995年提出岩体力学指标（RMI），都是用来评价岩体质量及岩体分级的方法。以上分类系统主要是针对岩石隧道工程总结得出的，现已经积累了丰富的经验与数据。对于边坡岩体而言，Romana（1993）对RMR分类进行了扩充，提出用SMR系统评价边坡的稳定性，在该系统中考虑潜在不稳定的因素与开挖扰动对边坡稳定的影响。在国内，国标《工程岩体分级标准》（GB 50218—94）以及国标《锚杆喷射混凝土支护技术规范》（GBJ 86—85）中将工程岩体分级与围岩分类列入国家规范。

纵观国内外工程岩体分类，从考虑的因素、采用的指标和评价方法来看，具有以下特点：（1）工程岩体分类从单因素定性分类（20世纪70年代以前）向多因素定量分类过渡（20世纪90年代）；（2）20世纪80年代以来各国已基本上形成自己的规程与规范；（3）工程岩体分类不是简单的分类，而是与力学参数估算和岩石力学设计有关的，不同

的工程岩体所对应的岩体力学参数不同，所采用的支护方式也不同；（4）新技术、新方法逐渐应用到工程岩体分类中，如模糊数学、灰色系统、神经网络、专家系统、层次分析与概率统计等，促进了岩体分类的发展。

工程岩体分类是工程岩体稳定性评价及岩体工程设计、施工的主要依据，其优点是：（1）岩体质量能够简单、迅速、持续地得到评估；（2）各分类因素的评分值能够由训练有素的现场工作人员确定，而不需要经验丰富的工程地质专家的参与；（3）采用记录表格对岩体进行持续的评价，将会使现场技术负责人或咨询工程师了解有关岩体质量的显著变化；（4）在工程岩体分类的基础上进行岩体工程参数选择、工程设计与施工方法的确定，使得工程设计更具科学性。其缺点是：（1）目前使用的分类系统往往是针对一定数量的样本提出的，都各自有其特定要求；（2）这些系统的逻辑演算与等级值设定缺乏严谨的科学依据；（3）这些分类系统还不能适用于所有的工程项目。

4.4.1 岩石的工程分类

4.4.1.1 基于弹性模量和强度的双指标分类

迪尔（Deere）和米勒（Miller）于1966年提出以岩石的弹性模量和单轴抗压强度的比 E_t/σ_c 作为分类指标。首先按 σ_c 将岩块分为5类，见表4-3，然后再按 E_t/σ_c 将岩块分为如表4-4所示的3类，最后综合二者，将岩块划分成不同类别，如 AH（高模量比极高强度岩石）、BL（低模量比高强度岩石）等。这一分类的优点是较全面地反映了岩石的变形与强度性质，使用简便。

表 4-3 岩石单轴抗压强度 (σ_c) 分类表

类别	岩石分类	σ_c/MPa	岩石类型举例
A	极高强度	>200	石英岩、辉长岩、玄武岩
B	高强度	100~200	大理岩、花岗岩、片麻岩
C	中等强度	50~100	砂岩、板岩
D	低强度	25~50	煤、粉砂岩、片岩
E	极低强度	1~25	白垩、盐岩

表 4-4 岩石弹性模量和单轴抗压强度的比值 (E_t/σ_c) 作为指标的分类表

类别	E_t/σ_c 分类	E_t/σ_c
H	高模量比	>500
M	中等模量比	200~500
L	低模量比	<200

4.4.1.2 岩石强度分类的国家标准

我国《工程岩体分级标准》（GB 50218—94）和《岩土工程勘察规范》（GB 50021—2001）中提出用岩块的饱和单轴抗压强度进行岩石强度分类。表4-5为各类岩石分类的强度界限值。

表 4-5　岩石强度分类表

名称		饱和单轴抗压强度/MPa	代表性岩石
硬质岩	坚硬岩	>60	花岗岩、片麻岩、闪长岩、玄武岩等
	较坚硬岩	30~60	石灰岩、石英砂岩、大理岩、白云岩等
软质岩	较软岩	15~30	凝灰岩、千枚岩、泥岩、粉砂岩等
	软岩	5~15	强风化的坚硬岩、弱风化~强风化的较坚硬岩、弱风化的较软岩、未风化的泥岩等
	极软岩	<5	全风化的各种岩石、各种未成岩

4.4.2　工程岩体质量分级

4.4.2.1　岩石质量指标（RQD）分类

迪尔（Deere，1964）根据金刚石钻进的岩芯采取率，提出用 RQD 值来评价岩体质量的优劣。RQD 值的定义是：大于 10cm 的岩芯累计长度与钻孔进尺长度之比的百分数。根据 RQD 值可将岩体分为 5 类，见表 4-6。

表 4-6　岩石质量系数分类

RQD 值/%	0~25	25~50	50~75	75~90	90~100
岩体质量评价	很差	差	一般	好	很好

RQD 分类没有考虑岩体中结构面性质的影响，也没有考虑岩块性质的影响，不能考虑地应力的大小对于岩芯长度变化的影响，更无法考虑这些因素的综合效应。因此，RQD 分类法作为单因素的分类方法，由于考虑的参数有限，往往不能全面反映岩体的质量。

4.4.2.2　岩体地质力学分类（RMR 分类）

该分类方案由 Bieniawski 于 1973 年提出，后经多次修改，于 1989 年发表在《工程岩体分类》一书中。Bieniawski(1973，1976) 提出的 RMR 分类法，主要基于他从南非沉积岩中进行土木工程开挖所得到的数据。RMR 分类法采用了如下 5 个分类参数：

（1）完整岩石的单轴抗压强度，可用岩芯测定，另外，除强度很低的岩石外，对大部分岩石可采用点荷载指标。

（2）岩石质量指标（RQD）。

（3）节理间距。

（4）节理状态。该参数表征结构面的间隙、张开度、连续性或贯通度、表面粗糙度、岩壁条件（硬的或软的）以及存在的充填物的性质。

（5）地下水条件。用观测得到的巷道涌水量、节理水压力与最大主应力之比，或通过对地下水条件的一般定性观测，试图说明地下水压力或流量对地下巷道稳定性的影响。

在进行岩体分类时，根据各类参数的实测资料，按表 4-7A 所列的标准，分别给予评分。然后将各类参数的评分值相加得到岩体质量总分 RMR 值，并按表 4-7B 依节理方位对岩体工程稳定性做适当的修正，表中的修正条款可参照表 4-8 划分。最后，用修正后的岩体质量总分 RMR 值，对照表 4-7C 查得岩体类别及相应的不支护地下开挖的自稳时间和岩体强度指标。

由表 4-7 可知，RMR 值在 0~100 之间变化，根据 RMR 值，可以把岩体分为 5 级。

表 4-7 节理岩体的 RMR 分类

A 分类参数及其评分值

参数			数值范围					
1	完整岩石材料的强度	点荷载强度指标/MPa	>10	4~10	2~4	1~2	对于低值范围宜用单轴抗压试验	
		单轴抗压强度/MPa	>250	100~250	50~100	25~50	5~25	1~5	<1
	指标		15	12	7	4	2	1	0
2	岩芯质量 RQD/%		90~100	75~90	50~75	25~50	<25		
	指标		20	17	13	8	3		
3	节理间距/m		>2	0.6~2	0.2~0.6	0.06~0.2	<0.06		
	指标		20	15	10	8	5		
4	节理状态		表面很粗糙、不连续、无间隙、节理岩壁坚硬	表面微粗糙、间隙<1mm、节理岩壁坚硬	表面微粗糙、间隙<1mm、节理岩壁软弱	镜面或泥质夹层<5mm 厚、节理张开度 1~5mm，连续展布	软泥质夹层，厚度>5mm 或节理张开度>5mm，连续展布		
	指标		30	25	20	10	0		
5	地下水	每10m 隧道涌水量（L/min）	无	<10	10~25	25~125	>125		
		节理水压力与最大主应力之比	0	<0.1	0.1~0.2	0.2~0.5	>0.5		
		一般条件	完全干燥	不完全干燥	潮湿（孔隙水）	中等压力水	地下水问题严重		
	指标		15	10	7	4	0		

B 按节理方向修正评分值

	节理的走向和倾向	很有利的	有利的	中等的	不利的	很不利的
指标	隧道	0	-2	-5	-10	-12
	地基	0	-2	-7	-15	-25
	边坡	0	-5	-25	-50	-60

C 按总评分值确定的岩体级别及岩体质量评价

评分值	100~81	80~61	60~41	40~21	<20
分级	I	II	III	IV	V

描述	很好岩体	好岩体	一般岩体	差岩体	很差岩体
平均稳定时间	15m 跨度 可达 20 年	10m 跨度 可达 1 月	3m 跨度 可达 1 周	1.5m 跨度 可达 5h	1.0m 跨度 可达 30min
岩体的黏结力/kPa	>300	300~400	200~300	100~200	<100
岩体的摩擦角/(°)	>45	35~45	25~35	15~25	<15

表 4-8 节理走向和倾角对开挖的影响

走向垂直于隧道轴线				走向平行于隧道轴线		倾角 0°~20° 不考虑 走向
顺着倾角掘进		对着倾角掘进				
倾角 45°~90°	倾角 20°~45°	倾角 45°~90°	倾角 20°~45°	倾角 45°~90°	倾角 20°~45°	
很有利	有利	中等	不利	很不利	中等	不利

作为 Bieniawski 分类的一个应用实例，考虑确定一种花岗岩岩体的评分值（RMR），见表 4-9。在花岗岩中掘进一个水平巷道，其主要节理组走向大致垂直于该巷道轴线，倾角 35°，逆掘进方向，根据表 4-8，这是一种不利的情况，对此，从表 4-7 的 B 项得出"−10"的修正指标。因此，最终的岩体指标减少到 54，处于Ⅲ级上限，为一般岩体。

表 4-9 岩体指标（RMR）的确定

参数	数值或描述	指标（分数）
1. 完整岩石材料强度	150MPa	12
2. 岩石质量指标（RQD）	70	13
3. 节理间距	0.5m	10
4. 节理状态	表面微粗糙、间隙<1mm、节理岩壁坚硬	25
5. 地下水	中等压力水	4
总指标（总分）RMR 64		

RMR 分类原为解决坚硬节理岩体中浅埋隧道工程而发展起来的。从现场应用看，使用较简便，大多数场合岩体评分值（RMR）都适用，但在处理那些造成挤压、膨胀和涌水的极其软弱的岩体问题时，此分类法难于使用。

4.4.2.3 我国的岩体质量分级

我国《工程岩体分级标准》（GB 50218—94）提出采用二级分级法。首先，按岩体的基本质量指标 BQ 进行初步分级；然后，针对各类工程岩体的特点，考虑其他影响因素，如天然应力、地下水和结构面方位等对 BQ 进行修正，再按修正后的［BQ］进行详细分级。岩体基本质量指标 BQ 用下式表示：

视频：工程
岩体分级标准

$$BQ = 90 + 3\sigma_{cw} + 250K_v \qquad (4-16)$$

当 $\sigma_{cw} > 90K_v + 30$ 时，以 $\sigma_{cw} = 90K_v + 30$ 和 K_v 代入式（4-16）计算 BQ 值；当 $K_v >$

$0.04\sigma_{cw}+0.4$ 时，以 $K_v = 0.04\sigma_{cw}+0.4$ 和 σ_{cw} 代入式（4-16）计算 BQ 值。在式（4-16）中，σ_{cw} 为岩石饱和单轴抗压强度，MPa。K_v 为岩体的完整性系数，可依据本章中式（4-1）计算确定；当无声波试验资料时，也可用岩体单位体积内结构面条数 J_v，并查表 4-10 求得。

表 4-10　J_v 与 K_v 对照表

J_v 条数	<3	3~10	10~20	20~35	>35
K_v	>0.75	0.55~0.75	0.35~0.55	0.15~0.35	<0.15

岩体的基本质量指标主要考虑组成岩体岩石的坚硬程度和岩体完整性。按 BQ 值和岩体质量定性特征将岩体划分为 5 级，见表 4-11，表中岩石坚硬程度按表 4-12 划分，岩体完整性程度按表 4-13 划分。

表 4-11　岩体质量分级

基本质量级别	岩体基本质量的定性特征	岩体基本质量指标 BQ
Ⅰ	岩石极坚硬，岩体完整	>550
Ⅱ	岩石极坚硬~坚硬，岩体较完整 岩石较坚硬，岩体完整	451~550
Ⅲ	岩石极坚硬~坚硬，岩体较破碎； 岩石较坚硬或软硬互层，岩体较完整； 岩石为较软岩，岩体完整	351~450
Ⅳ	岩石极坚硬~坚硬，岩体破碎 岩石较坚硬，岩体较破碎~破碎 岩石为较软岩或软硬互层，软为主，岩体较完整~较破碎 岩石为软岩，岩体完整~较完整	251~350
Ⅴ	岩石为较软岩，岩体破碎 岩石为软岩，岩体较破碎~破碎 全部极软岩及全部极破碎岩	<250

表 4-12　岩石坚硬程度划分

岩石饱和单轴抗压强度 σ_{cw}	>60	30~60	15~30	5~15	<5
坚硬程度	坚硬岩	较坚硬岩	较软岩	软岩	极软岩

表 4-13　岩石完整性程度划分

岩体完整性系数 K_v	>0.75	0.55~0.75	0.35~0.55	0.15~0.35	<0.15
完整程度	完整	较完整	较破碎	破碎	极破碎

当地下硐室围岩处于高初始应力区或围岩中有不利于岩体稳定的软弱结构面和地下水时，岩体 BQ 值应进行修正，修正值［BQ］按下式计算：

$$［BQ］= BQ - 100（K_1 + K_2 + K_3）\tag{4-17}$$

式中　K_1——地下水影响修正系数，按表 4-14 确定；

K_2——主要软弱面产状影响修正系数，按表4-15确定；

K_3——初始应力影响修正系数，按表4-16确定。

表4-14 地下水影响系数 K_1

地下水出水状态	BQ			
	>450	350~450	250~350	<250
潮湿或点滴状出水	0	0.1	0.2~0.3	0.4~0.6
淋雨状或涌流状出水，水压≤0.1MPa，单位出水量≤10L/(min·m)	0.1	0.2~0.3	0.4~0.6	0.7~0.9
淋雨状或涌流状出水，水压>0.1MPa；单位出水量>10L/(min·m)	0.2	0.4~0.5	0.7~0.9	1.0

表4-15 主要软弱结构面产状影响修正系数 K_2

结构面产状及其与洞轴线组合关系	结构面走向与洞轴线夹角<30°；结构面倾角 30°~75°	结构面走向与洞轴夹角>60°；结构面倾角>75°	其他组合
K_2	0.4~0.6	0~0.2	0.2~0.4

表4-16 初始应力状态影响修正系数 K_3

初始应力状态	BQ				
	>550	450~550	350~450	250~350	<250
极高应力区	1.0	1.0	1.0~1.5	1.0~0.5	1.0
高应力区	0.5	0.5	0.5	0.5~1.0	0.5~1.0

注：极高应力指 $\sigma_{cw}/\sigma_{max}<4$，高应力指 $\sigma_{cw}/\sigma_{max}<=4\sim7$。$\sigma_{max}$ 为垂直于洞轴线方向平面内的最大初始应力。

根据修正值［BQ］的工程岩体分级仍按表4-11进行。各级岩体的物理力学参数和围岩自稳能力可按表4-17确定。

表4-17 各级岩体物理力学参数与围岩自稳能力

级别	密度/g·cm⁻³	抗剪强度		变形模量 E/MPa	泊松比 μ	围岩自稳能力
		$\varphi/(°)$	c/MPa			
I	>2.65	>60	>2.1	>33	0.2	洞径≤20m，可长期稳定，偶有掉块，无塌方
II	>2.65	50~60	1.5~2.1	20~33	0.2~0.25	洞径10~20m，可基本稳定，长期不支护，局部可能发生掉块或小塌方；洞径<10m，可长期稳定，偶有掉块
III	2.45~2.65	39~50	0.7~1.5	6~20	0.25~0.3	洞径>10m，不能长期稳定 洞径5~10m，可基本稳定数月、长期支护可发生局部块体移动，岩层弯曲，松动破碎及小~中塌方 洞径<5m，可长期基本稳定

级别	密度/g·cm⁻³	抗剪强度		变形模量 E/MPa	泊松比 μ	围岩自稳能力
		$\varphi/(°)$	c/MPa			
IV	2.25~2.45	27~39	0.2~0.7	1.3~6	0.3~0.35	洞径>5m，一般无自稳能力，不及时支护很快发生松动变形，小塌方进而发展为中~大塌方；埋深浅时以拱部松动破坏为主，埋深大时有明显逆性流动变形 洞径≤5m，可短期（数月至一个月）不破坏
V	<2.25	<27	<0.2	<1.3	>0.35	一般无自稳能力

注：对小塌方，塌方高小于 3m，或塌方体积小于 30m³；对中塌方，塌方高 3~6m，或塌方体积 30~100m³；对大塌方，塌方高大于 6m，或塌方体积大于 100m³。

另外，对于边坡岩体和地基岩体的分级，标准中未做硬性规定。一般来说，对边坡岩体应按坡高、地下水、结构面方位等因素进行修正，因此可参照地下硐室围岩分级方法进行；而对于地基岩体由于载荷较为简单，且影响深度不大，可直接用岩体基本质量指标 BQ 进行分级。

4.4.2.4 Q 系统分类法

Barton 等人（1974）在评估硬岩隧道稳定性时提出了该分类方法。该方法作为岩体质量的指标，定义如下：

视频：工程岩体分级标准在矿山中的应用

$$Q = \left(\frac{\mathrm{RQD}}{J_n}\right) \times \left(\frac{J_r}{J_a}\right) \times \left(\frac{J_w}{\mathrm{SRF}}\right) \tag{4-18}$$

式中　RQD——岩石质量指标；

J_n——节理组数，其为描述岩体节理组数的指标，取值范围为 0.5~20，0.5 表示没有或很少节理的块状岩，20 表示碾碎或破碎岩石；

J_r——节理粗糙度，描述在岩体中结构特征的粗糙度，取值范围为 0.5~5，0.5 表示岩石光滑平坦的表面，5 表示间距大于 3m 的非连续结构；

J_a——节理蚀变系数，描述岩体中结构蚀变的状况或程度，取值范围为 0.75~20，0.75 表示没有被蚀变的岩石中的完整性接触或者节理中包含紧密愈合的、坚硬的、非软化的、不可渗透的充填物，20 表示有厚的黏土泥充填物的结构；

J_w——节理水压折减系数，描述地下水条件的指标，取值范围为 0.05~1.0，0.05 表示特别高的流入量或者持续无明显衰退的水压，1.0 表示干燥环境或者较少的流入量；

SRF——应力折减系数，描述作用于岩体上应力作用效果的一个系数，取值范围为 0.5~400，0.5 对应于在质量良好且有紧密结构条件岩石中的高应力，400 对应于重型挤压围岩压力或者在块状岩石中有岩层断裂情况和瞬时动态变形条件下的应力。

式中 6 个参数的组合，反映了岩体质量的 3 个方面，即 RQD/J_n 为岩体的完整性；J_r/J_a 表示结构面（节理）的形态、充填物特征及其次生变化程度；J_w/SRF 表示水与应力存在时对岩体质量的影响。

分类时，根据这 6 个参数的实测资料，可查相关参数表确定各自的数值后，代入式（4-18）求得岩体质量指标 Q 值；以 Q 值为依据将岩体分为 9 类，各类岩体与地下开挖当量尺寸（D_e）间的关系如图 4-13 所示。

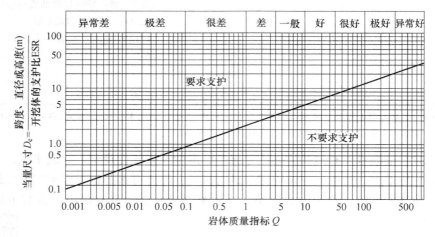

图 4-13   不支护的地下开挖体最大当量尺寸 D_e 与
岩体质量指标 Q 之间的关系

Q 分类法考虑的地质因素较全面，而且把定性分析和定量评价结合起来了，因此是目前比较好的分类方法，且软、硬岩体均适用，在处理极其软弱的岩层时推荐采用此分类法。

另外，Barton（2002）在总结岩体质量指标 Q 值与岩体变形模量之间的经验公式时，给出了 Q 值与 RMR 值具有如下统计关系：

$$RMR = 15\ln Q + 50 \tag{4-19}$$

Hoek 和 Brown（1997）还提出用 Q 值和 RMR 值来估算岩体的强度和变形模量等参数，相关内容在 4.5 节中予以介绍。

4.4.2.5   地质强度指标（GSI）

Hoek 等（1994，1995）提出了一种新的岩体分级系统，即地质强度指标（GSI）。GSI 系统是专门用于解释结构面对岩体质量影响而开发的一种岩体质量评价方法，结合一些前人的经验使用表 4-18，GSI 系统就能对岩体的裸露可见部分或者钻孔中可见部分进行评估。

值得注意的是 GSI 系统通过考虑结构面表面特征以及岩体结构分类来进行岩体质量分级，其不能估算完整岩块的单轴抗压强度，也没有考虑节理间距、地下水和地应力等条件。尽管表 4-18 并未叙述岩石起源和岩相学，但是不同岩石类型一般会有一定的 GSI 取值范围。Marinos 和 Hoek（2000）给出了一系列的指示图表，这些图表为一些常遇到的岩体提供了可能的 GSI 范围。

表 4-18　节理岩体的地质强度指标（GSI）

节理岩体的地质强度指标 从岩性、岩体结构和不连续面表面特征确定平均GSI值，不必试图太精确，采用范围值GSI=33～37比取GSI=35更切实际。该表不适合于结构性的控制失效。凡弱结构面处于开挖面不利的方向，将会决定岩体性状。当有水时，岩石表面减弱的抗剪强度由于水分含量的变化将会减小。承受荷载的岩石含水时将属于右边栏岩体类别很差的一类。水压力可以通过有效应力分析来求解	结构面表面特征	很好： 十分粗糙，新鲜，表面未风化	好： 粗糙，微风化，表面有铁锈	一般： 光滑，弱风化，表面有蚀变现象	差： 有镜面擦痕，强风化，有密实的膜覆盖或有棱角状碎屑充填	很差： 有镜面擦痕，强风化，有软黏土膜或黏土充填的表面
岩体结构		结构面表面等级（→）				
完整或块体状结构 完整岩体试件或野外大体积范围内分布有极少的间距大的不连续面	岩块质量从上到下依次减小	90　80		N/A	N/A	
块状结构 很好的镶嵌状未扰动岩体，由3组相互正交的不连续面切割，岩体呈立方块体状		70				
镶嵌结构 结构体相互咬合，由4组或更多组的节理形成多面棱角状岩块，部分扰动		60	50			
碎裂结构/扰动/裂缝 由多组不连续面相互切割，形成棱角状岩块，且经历了褶曲活动，层面或片理面连续			40	30		
散体结构 块体间结合程度差，岩体极度破碎，呈混合状，由棱角状和浑圆状岩块组成					20	
层状/剪切带 由于密集弱化片理或剪切面作用，只有极少岩块组成的岩体		N/A	N/A			10

4.4.3　岩石的可钻性分级

岩石可钻性（drillability）是指在钻头的作用下，岩石破碎难易程度或岩石对钻头的一种阻抗程度。岩石的可钻性主要取决于岩石的物理力学特性，例如岩石的硬度、强度、韧性、塑性、磨蚀性、岩石内摩擦角等，同时还取决于钻具的类型和钻进的工艺技术，是岩石在钻进过程中显示出来的综合性指标。

对岩石可钻性进行分级，是为了合理使用和选择钻头，确定钻孔参数，为预测钻头寿命提供科学依据；还可为采矿工程中选择凿岩设备、制定凿岩作业计划、提高钻机钻速以及拟定穿孔定额指标等提供参考；同时有利于降低凿岩综合成本和指导地质分层，相关评价结果也为石油开采研究者所关注。

目前，较有影响力的可钻性分级方法包括史氏硬度分级法、里氏钻进难度相对指标法、微钻头钻进法等。

4.4.3.1 史氏硬度分级法

史氏（Л. A. 史列伊涅尔）岩石硬度（压入硬度）测试分级法在前苏联广泛使用，后传入我国，被我国地质勘探行业普遍应用。压入硬度是以平底压模在岩芯平面上第一次压出破碎坑时的单位面积载荷表示，根据实验测得的岩石硬度值确定岩石的可钻性等级。该方法采用压入硬度作为反映岩石抵抗其他物体侵入能力的指标，忽略了钻进过程中的剪切应力和冲击作用，故存在一定局限性；但该方法测定装置简单，压头不易磨损，可同时测得硬度和塑性系数，所含信息多，且具有应用行业广泛、要求的岩芯尺寸较小等优点。

4.4.3.2 里氏钻进难度相对指标法

前苏联学者 B. B. 里热夫斯基认为，在穿孔过程中，压力和剪切力具有决定的意义，并且只有及时排出岩渣才能继续破坏岩石，所以提出基于岩石容重的经验公式，根据所求得钻进难度相对指标值 Π_z（见式（4-20）），将岩石可钻性分为易钻的（$\Pi_z = 1 \sim 5$）、中等难钻的（$\Pi_z = 5.1 \sim 10$）、难钻的（$\Pi_z = 10.1 \sim 15$）、很难钻的（$\Pi_z = 15.1 \sim 20$）、极难钻的（$\Pi_z = 20.1 \sim 25$）5 个等级。Π_z 的经验公式如下：

$$\Pi_z = \frac{0.007(\sigma_n + \tau)}{10^5} + 0.7\gamma \tag{4-20}$$

式中　σ_n，τ——分别为压应力和剪应力（大于相应的岩石抗压强度和抗剪强度），Pa；

　　　γ——岩石容重，g/cm^3。

4.4.3.3 微钻头钻进法

微钻头钻速实验测试法是我国《岩石可钻性测定及分级方法》（SY/T 5426—2016）规定的主要用于石油天然气行业的标准方法。该方法在室内运用可钻性测定仪确定岩石的可钻性，利用穿孔速度和牙轮磨损情况、压痕试验中确定的压痕器指数，以及抗压强度试验结果，对岩石的可钻性进行综合评定。该方法是一种很直观的方法，利用取自于地层的岩芯测试能够真实反映地层的可钻性，为钻头的选型及地质分层提供强有力的参数。它不仅在钻井工程中获得了广泛应用，还可作为一种基础性的测试评价手段，为检验其他可钻性评定方法的准确性提供可靠依据。该方法率先在石油开采领域形成规范，对矿业等领域的可钻性分级评估具有重要的借鉴意义。

除此之外，关于可钻性分级评估的方法还包括岩屑硬度法、声波时差计算法等。随着岩石力学实践和理论研究的不断进步，在岩石可钻性分级的研究方面，逐渐从单一室内岩石物理力学参数测定向多参数、多尺度综合判定转化，同时数理统计和系统工程等理论的引入也使分级标准呈现出明显的多样性。

4.4.4 岩体的可爆性分级

岩体的可爆性（blastability）是指岩体在爆破作用下发生破碎的难易程度，是岩体的工程地质条件和岩体物理力学性质的综合体现，而衡量此难易程度的方法称为岩体可爆性分级。岩体可爆性分级对于爆破技术参数的选择和优化，提高铲装、运输和破碎效率有重要意义。

由于岩体自身的非均质、各向异性和爆破过程的随机性、瞬时性及复杂性，致使在可爆性评价指标的选择上呈现出多样性和不确定性，因此，国际上尚未形成一致认可的可爆性分级方法。目前，研究者普遍把岩石的物理力学性质（包括静态和动态的抗拉、抗压和抗剪强度、容重、孔隙率、波阻抗等）、岩体结构（包括节理裂隙等）和地质构造的发育程度以及与爆破工艺相关的炸药消耗量、爆破效果、岩石爆破能量等三个主要方面视为影响岩石可爆性的重要因素，并选取其中一个或多个因素作为可爆性分级的评价指标。以下为大多数学者重点考察且在现场或实验室条件下容易获得的指标，具有一定的合理性和可实现性。

（1）岩体完整性系数和纵波波速。岩体完整性取决于结构面的组数和密度，可用岩体完整性系数 K_v 作为指标进行定量描述（见第 4.2.1 节）。岩体完整性系数定义为岩体中纵波波速和完整岩石中纵波波速比的平方，又称为龟裂系数，它在一定程度上反映着岩石可爆破能力，岩体完整性系数越小，达到预期的爆破破碎效果所需要的能量越少，可爆性就越好。在实际研究中，岩体完整性系数或岩石纵波波速被众多学者纳入可爆性的评价指标体系。

（2）岩石抗压强度。抗压强度是建立岩体破坏判据、分析工程岩体稳定性、估算其他强度参数等方面必不可少的指标。而且，岩石爆破过程中形成径向裂隙的压碎区与裂隙区的半径随着岩石抗压强度的增大而减小，因此岩石抗压强度对爆破效果的好坏起到了关键性作用。

（3）岩石抗拉强度。根据爆破理论，岩石在发生爆破破坏时，由于压应力产生的破坏仅局限在爆心周围比较小的范围内，而其余范围的破坏诸如药包周围的裂隙区主要是由于压缩作用衍生的拉伸应力作用产生的，因此对抗拉强度的重点考察具有现实意义。

（4）动载冲击强度。动载冲击强度为冲击载荷作用下岩石达到破坏前所能承受的最大压力。由于炸药爆炸产生的载荷以应力波和爆生气体压力两种形式作用于岩体，因而岩石的爆破破坏具有鲜明的动载冲击特性，对岩石动载冲击强度进行重点考察是十分必要的。

（5）岩石容重和密度。岩石容重反映岩石爆破过程中块度位移消耗的能量，可用于估算标准抛掷爆破的炸药单耗，因此，岩石容重或密度可视为影响可爆性的重要因素。

除此之外，还有其他一些影响因素被相关研究者所采用，例如炸药单耗、弹性模量、泊松比、抗剪强度、脆性等。基于对上述影响因素的分析和认识，岩石可爆性分级评价方法主要分为单一指标评判法和多指标综合评判法。

早期的可爆性分级研究，主要选取某一特定指标划分岩石可爆性等级，例如岩石坚固性系数（即普氏系数）是过去许多研究者唯一选取的评判指标，岩石越坚固，其可爆性等级越低。此外，还有学者选择节理裂隙发育情况和爆破漏斗对岩石可爆破难易程度进行分级。不过，基于当前人们的认知，单一指标评判方法有其局限性，不足以准确地对可爆性等级进行划分。

多指标综合评判法是基于数理统计理论，选择多个影响因子作为评判指标。相较于单一指标判定法，此方法更全面合理。例如东北大学徐小荷等（1980）基于多元线性回归分析法，结合爆破漏斗体积、破碎块度分布和岩体波阻抗，将可爆性分为极易爆、易爆、中等、难爆和极难爆 5 个等级。当前，越来越多的研究者将神经网络、模糊识别、聚类分析、智能算法等应用于岩石可爆性研究之中，在可爆性分级中考虑了多个因素的综合影响。

总之，关于岩石可爆性分级目前国内尚未形成统一的标准，当下研究者对于岩石可爆性影响因素的选择也具有主观性和多样性，通常基于一系列数学模型和理论所提出的分级标准缺乏普遍性验证和认可。即便如此，人们在重点考察的影响因素选择上趋于一致，即岩石的基本物理力学参数、岩体结构特征和爆破工艺参数三个方面，这样基本可以把握岩石的可爆性分级。

4.4.5 矿岩的可崩性分级

4.4.5.1 矿岩可崩性分级的目的及意义

矿岩的可崩性（caveability）主要是指矿体发生自然崩落的难易程度。矿岩的可崩性分级指根据一般矿山生产实际，运用合理的方法和理论（如数学类分级法、岩体质量分级法、相似材料模拟实验方法、数值模拟方法等）综合考虑单一指标或多因素指标，确定分级的量化指标，实现对矿岩发生自然崩落的难易程度的分级和评价。

矿岩可崩性可衡量矿岩自然崩落的难易程度，对于拟采用自然崩落法作为主要采矿方法的矿山来说，可崩性研究是自然崩落法研究的中心内容，对采矿设计的回采顺序、拉底方向、拉底面积、割帮预裂、出矿方式、放矿控制、安全生产和技术经济指标有着决定性的影响，直接影响着自然崩落法应用的成败。自然崩落法开采过程中，主要靠矿石的自重实现冒落过程，拉底和割帮的作用在于扩大暴露面积，以诱导矿体冒落，而非直接崩落矿体，所以有学者（任凤玉等，2007）认为将矿岩的可崩性称为可冒性更为贴切。

4.4.5.2 矿岩可崩性的影响因素

影响矿岩可崩性的因素有很多，并且各种因素具有较强的不确定性和模糊性，其中主要包括矿岩赋存的地质条件、矿岩的物理力学特性、岩体结构面的分布及特性、地应力状况、RQD 值以及地下工程布置与施工方式等。

（1）矿岩的物理力学特性。岩石在变形破坏时，先沿原有裂隙发展，同时由于不连续面持续性的影响，在裂隙没有贯穿时，必须穿过不连续面之间的岩桥，形成贯通裂隙后才能崩落。因此，岩石的各种强度对矿岩可崩性有很大的影响，强度越低的岩体越容易发生崩落。

（2）地应力状况。自然崩落法依靠岩体的内力破岩，即在一定的原岩应力条件下，通过拉底和必要时进行割帮、预裂，改变岩石中应力状态，促使岩石发生自然破坏，因此，原岩应力状态是影响可崩性的主要因素。高应力的存在使得岩石更容易发生破坏，如果经过适宜的诱导，可以利用高地应力来诱导崩落和破岩。

（3）结构面的分布。岩体完整性越差越容易发生冒落，尤其岩体软弱结构面对冒落影响较大。节理裂隙组数、密度、优势节理产状是进行岩石可崩性和块度预测的主要依据。节理组数越多，矿岩块度越小，越容易崩落，崩落后的块度也越小。如果岩体中只有两组或一组结构面，则容易出现板状和长条状岩块；对于 3 组以上结构面切割的岩体，容易产生块度较均匀的崩落。优势节理面水平时，有利于崩落，垂直时不利于崩落。张开度是岩石结构面状态的一项重要衡量指标，结构面张开度越大，越有利于岩石的自然崩落。

（4）矿岩赋存的地质条件。地下水是影响岩石质量的指标之一，对岩石可崩性有较大影响。断层、节理、裂隙发育，水文地质复杂的岩体容易发生冒落。在地下水发育的采场，虽然地下水的作用使得节理岩体更容易崩落，但需要关注的问题是要采取适当措施阻水，使得自然崩落过程可控，防治突涌水灾害的发生。

（5）地下工程布置与施工方式。矿岩可崩性与空区顶板跨度、暴露面积与暴露时间等工程因素有密切联系，顶板跨度越大、暴露面积越大、时间越长越容易发生冒落。采空区一般随着埋深的增加，地应力提高，增加了顶板冒落的风险，顶板也容易冒落。另外，矿柱的存在会积累顶板的冒落能量。

4.4.5.3 矿岩可崩性分级方法

矿岩可崩性分级模式的建立，减少了人为主观因素对可崩性评价的影响。它是以矿山的岩体样本进行聚类作为标准样本库，并用计算机建模，实现模式的动态调整。国内外关于自然崩落法矿岩可崩性评价方法大致可分为 4 类：数学类分级法、岩体质量分级法、相似材料模拟试验方法和数值模拟方法。

岩体质量分级法：是指在岩体质量分级评价的基础上，根据矿山自然崩落法的实践经验，综合考虑单一指标或多因素指标，将可崩性级别与岩体质量对应起来，从而实现对矿岩可崩性的合理分级和评价。基于岩体质量的矿岩可崩性分级评价方法，主要是采用 RQD、RMR、MRMR、Q 等岩体质量分级的方法来分析岩石的可崩性。例如，Laubscher（1994）提出的 MRMR 指标，是在 RMR 分类法的基础上综合考虑了 RQD 值、完整岩石强度、节理间距、节理条件以及地下水状况 5 个参数，对岩体质量及其可崩性的评价结果比较符合实际。Laubscher（2001）提出了岩体崩落图，根据巷道的水力半径和 MRMR 数值，将可崩性分为稳定区、过渡区和崩落区，目前在国内外得到了比较广泛的应用。

数学类分级法：是指运用模糊数学、灰色聚类、神经网络等数学理论，充分考虑影响矿岩可崩性的多方面因素，并对各因素的影响作用进行权重分析，综合得出较符合实际的可崩性评价结果。在岩石可崩性分级 Fisher 判别模型中，岩石可崩性分级分类指标选取岩石抗压强度、RQD 值、节理间距、摩擦角、张开度、地下水作为 Fisher 判别模型的判别因子。

相似模拟方法：是指基于相似理论，考虑模型和原型在几何尺寸、物理力学性质以及岩体构造等方面的相似，然后根据模型的应力、应变以及破坏等方面的变化，将得到的结果类比至原型，用于研究矿岩的可崩性和崩落规律，在一定意义上指导矿山的崩落实践。

数值模拟方法：目前用于自然崩落法可崩性及崩落规律研究的方法主要有：有限元法、离散元法和边界元法。特别的，离散元法和近年来发展起来的 DDA（discontinuous deformation analysis）和数值流形元法（numerical manifold method，NMM）在模拟岩体冒落过程表现出较好的优势，具有广泛的应用前景。

4.5 岩体的变形与强度参数

4.5.1 岩体的变形模量

对于最简单的情况，即对于含有单组平行结构面的岩体，可以视为等效横观各向同性连续介质确定一组弹性常数。假定岩石材料是各向同性的，弹性常数为 E 和 ν；假定结构面具有法向刚度和剪切刚度 K_n 和 K_s，并假定结构面的平均间距为 S，如图 4-14 所示，考虑岩体为横观各向同性弹性体，在 x，y 面上有单位剪应力和法向应力所引起的变形，节理面法向方向为 z 方向，则等效弹性常数可由下式给出：

$$E_1 = E, \qquad \frac{1}{E_2} = \frac{1}{E} + \frac{1}{K_n S}$$

$$\nu_1 = \nu, \qquad \nu_2 = \frac{E_2}{E} \nu$$

$$\frac{1}{G_2} = \frac{1}{G} + \frac{1}{K_s S}$$

例如，如果 $E = 10\text{GPa}$，$\nu = 0.20$，$K_n = 5\text{GPa/m}$，$K_s = 0.1\text{GPa/m}$ 和 $S = 0.5\text{m}$，那么根据上式可以得到：$G = 4.17\text{GPa}$，$E_1 = 10\text{GPa}$，$E_2 = 2.0\text{GPa}$，$\nu_1 = 0.20$，$\nu_2 = 0.04$ 和 $G_2 = 49.4\text{MPa}$。

对于包含一组以上结构面的情况，很多学者给出了类似的解析解。实践中，经常发现应用这些模型所需的数据并不够，或者岩体结构不如推导分析时所假定的那样规则。在这种情况下，通常把 E 定为变形模量或现场压缩试验中获得的作用力-位移曲线的斜率，其中现场压缩试验方法主要包括单轴压缩试验、荷载板承载力试验、扁千斤顶试验、压力硐室试验、钻孔千斤顶试验和膨胀仪试验等。但工程实践中，由于现场实验的难度大，得到的结果往往又缺乏代表性，所以目前这种现场测试做得越来越少。

特别地，当在偏应力条件下对包含结构面的试件进行试验时，必须详细说明结构面滑移对于试验结果的影响。在这些情况下，初始荷载就有可能引起结构面产生滑动，这也反映了岩石材料和节理面滑移对于岩体变形的影响。Brady 等（1985）用一个简单的分析模型证明了加卸载的循环过程必定伴随着滞后性；而且，只有在卸载的初始阶段（图 4-15），才有非弹性效应，并能观察到实际的弹性效应。

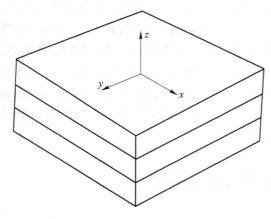

图 4-14   含有一组结构面的横观各性同性岩体

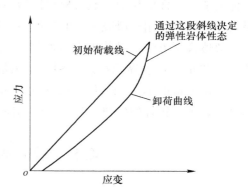

图 4-15   循环加载试验中确定初始卸载时岩体的杨氏模量（Brady 等，1985）

Bieniawski（1978）通过收集世界 15 个地区采用这些不同方法所测定的现场变形模量值，他发现岩体指标 RMR 大于 55 左右时，实测的平均变形模量 E_M（单位为 GPa）可近似用如下经验方程表示：

$$E_M = 2RMR - 100 \tag{4-21}$$

Serafim 和 Pereira（1983）总结得出了如下既符合于他们自己的试验数据又符合于 Bieniawski 资料的变形模量修正公式：

$$E_M = 10^{\frac{RMR-10}{40}} \tag{4-22}$$

此式对于 E_M 介于 1~10GPa 之间时比较适宜。

图 4-16 表明式（4-21）和式（4-22）分别与 Bieniawski（1978）和 Serafim 和 Periera（1983）提供的数据相吻合。这些数据也符合 Barton（2002）提出来的变形模量计算公式

$$E_M = 10Q_c^{1/3} \tag{4-23}$$

式中　$Q_c = Q\sigma_c/100$；

　　σ_c——岩石的单轴抗压强度，MPa；

　　Q——岩体质量指标 Q 值。

继 Hoek 和 Brown（1997）后，Hoek 等（2002）提出了更加复杂的经验公式：

$$E_M = (1 - D/2)\sqrt{(\sigma_c/100)} \times 10^{[(GSI-10)/40]} \tag{4-24}$$

式（4-24）源自式（4-21），但不同的是对较小的 RMR（当 RMR>25 时约等于 GSI）进行了修正，采用爆破扰动系数 D 来表示岩体受爆破损伤和应力释放的影响。

值得注意的是，式（4-21）~式（4-24）是岩体分级指标与比较分散的测试变形值之间建立的经验公式。此外，如前所述，岩体模量可能是各向异性的，它们也随外加应力值而呈现非线性的变化，并随着深度的变化而变化。

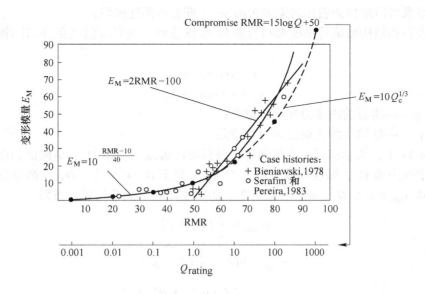

图 4-16　岩体变形模量 E_M 与一些岩体质量分级参数之间的关系（Barton，2002）

4.5.2 岩体强度

确定大体积原位岩体的物理力学参数是岩石力学应用于工程所需解决的一个关键性问题。例如，在计算矿山采空区围岩位移时，必然要用到岩体的变形模量和强度等参数。由于岩体结构的复杂性，岩体强度的确定存在很大的不确定性。

确定岩体强度的方法可归结为三种：一种是以简易试验为基础的修正法，准岩体强度就是该种方法；另一种是分析计算法，对于含有一组或两组节理的简单情况，分析方法是可用的；第三种是经验计算法，例如 Hoek-Brown 经验岩体强度。

4.5.2.1 准岩体强度

从岩体构成上看，岩体强度主要取决于结构体强度和结构面的力学效应。结构体强度可以用岩石试块强度来表示，结构面力学效应则与结构面密度、分布及性质等因素有关。其中结构面组合、交切可导致岩体完整性削弱，故又是最基本的因素。由岩石强度和岩体完整系数确定的岩体强度称为准岩体强度，即

$$R_\mathrm{m} = K_\mathrm{v} R \tag{4-25}$$

式中　　R_m——准岩体强度；

　　　　R——岩石强度；

　　　　K_v——完整性系数（龟裂系数）。

K_v 值通过测试岩石和岩体中弹性波速度的办法确定。用式（4-25）估算裂隙发育的岩体强度时，结果往往偏高。

4.5.2.2 岩体强度的计算分析

对于含有单一节理的岩体，可以依据现有的岩石力学理论推算出岩体强度。岩体处于围压（假三轴）应力状态，结构面倾角为 α。若结构面上的 C_j、φ_j 已知，围压 σ_3 也已知，则可以求得沿结构面破坏时需多大的 σ_m（即岩体强度极限）。

假定岩石和结构面抗剪强度都符合莫尔-库伦法则，则岩石强度条件和结构面强度条件分别为

$$\tau = \sigma \tan\varphi + C \tag{4-26}$$

$$\tau_\mathrm{j} = \sigma \tan\varphi_\mathrm{j} + C_\mathrm{j} \tag{4-27}$$

式中　　C，φ——岩石的内聚力和内摩擦角；

　　　　C_j，φ_j——结构面的内聚力和内摩擦角。

在图 4-17 上，表示出岩石强度曲线 Ⅰ 及相应的极限应力圆 O_1、结构面强度曲线 Ⅱ 及相应的极限应力圆 O_2，强度曲线 Ⅱ 与应力圆 O_1 交于 D、E 两点，D、E 两点分别与 A 点相连，得到 $\alpha_\mathrm{min} = \angle EAO_1$，$\alpha_\mathrm{max} = \angle DAO_1$，$\beta = \angle T_2 EO_1$，由几何关系得到

$$\alpha_\mathrm{min} = \frac{1}{2}(\varphi_\mathrm{j} + \beta) \tag{4-28}$$

$$\alpha_\mathrm{max} = 90° - \frac{1}{2}(\beta - \varphi_\mathrm{j}) \tag{4-29}$$

$$\sin\beta = \sin\varphi_\mathrm{j} \frac{2C_\mathrm{j}\tan\varphi_\mathrm{j} + \sigma_1^\mathrm{R} + \sigma_3}{\sigma_1^\mathrm{R} - \sigma_3} \tag{4-30}$$

式中 σ_1^R——围压为 σ_3 时岩石的强度。

由图 4-17 可知，当结构面倾角处在 $\alpha_{\min} \leqslant \alpha \leqslant \alpha_{\max}$ 的范围时，岩体将受到结构面的影响。从图上 A 点作角为 α 的射线交于 Ⅱ 上的 N 点，过 N 和 A 作应力圆交 σ 轴于 B 点，则 $OB = \sigma_m$，即结构面倾角为 α 时的岩体强度。按强度条件，经计算得到

$$R_m = \sigma_m = \frac{2(C_j + \sigma_3 \tan\varphi_j)}{(1 - \tan\varphi_j \cot\alpha)\sin2\alpha} + \sigma_3 \tag{4-31}$$

式（4-31）说明岩体强度是结构面倾角 α 的函数，如果 $\sigma_3 = 0$，即岩体处在单向应力状态，则有

$$R_m = \frac{2C_j}{(1 - \tan\varphi_j \cot\alpha)\sin2\alpha} \tag{4-32}$$

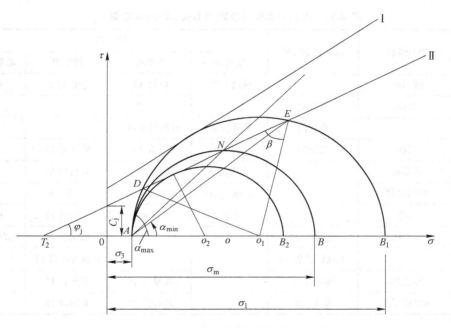

图 4-17 单个节理的角度对于岩体强度影响

4.5.2.3 Hoek-Brown 经验岩体强度准则

在经验方法中，最完善的方法是由 Hoek 和 Brown（1980）提出的。Hoek-Brown 经验岩体强度准则被岩石力学工作者广泛采用。随着人们认识的提升，一些从实践中获得的经验、一系列的改进原理和新的原理被引进到该准则中。1997 年，Hoek 和 Brown（1997）对准则做了一些修正，并通过一些工程实例来说明修正准则的适用范围。此后，Hoek 等（2002）又对 Hoek-Brown 经验岩体强度准则进行了进一步的完善。这里对参考文献（Brady 和 Brown，2006）的内容来进行介绍。

按照有效应力原理，节理岩体广义的 Hoek-Brown 峰值强度准则可以表述为：

$$\sigma_1' = \sigma_3' + (m_b \sigma_c \sigma_3' + s\sigma_c^2)^a \tag{4-33}$$

式中 σ_1'，σ_3'——岩石破坏时的最大和最小主应力（有效应力），MPa；

σ_c——岩石的单轴抗压强度，MPa；

m_b——岩体的 Hoek-Brown 常量；

s，a——岩体特征参数。

m_b 和 s 的值与岩体 GSI 有关，可用下式表示：

$$m_b = m_i \exp\{(GSI - 100)/(28 - 14D)\} \tag{4-34}$$

$$s = \exp\{(GSI - 100)/(9 - 3D)\} \tag{4-35}$$

式中　m_i——组成岩体完整岩块的 Hoek-Brown 常数，可由不同岩石类型和化学特征查表 4-19 获得；

D——爆破扰动系数，反映了爆破振动对岩体强度的影响（表 4-20），其值在 0~1.0 范围内变化（0 为原岩不受扰动，1.0 为岩体受极大扰动时）。

一般深部岩体为未扰动岩体，而边坡爆破开挖影响范围内的岩体应属于扰动岩体。

表 4-19　由岩石类型所决定的 Hoek-Brown 常量 m_i

岩石类型	岩石性状	岩石化学特征	结　　构			
			粗糙的	中等的	精细的	非常精细的
沉积岩	碎屑状		砾岩 22	砾岩 19	粉砂岩 9	泥岩 4
	非碎	有机的		煤 8~21		
		碳化的	角砾岩 20	石灰岩 8~10		
	屑状	化学的		石膏 16	硬石膏 13	
变质岩	非层状		大理岩 9	角页岩 19	石英岩 24	
	轻微层状		片麻岩 30	闪石 25~31	糜棱岩 6	
	层状		片麻岩 33	片岩 4~8	千枚岩 10	板岩 9
火成岩	亮色的	花岗岩 33			流纹岩 16	黑曜岩 19
		花岗闪长岩 30			石英安山岩 17	
	暗色的	辉长岩 27		辉绿岩 19	玄武岩 17	
	火成碎屑状	砾岩 20		角砾岩 18	凝灰岩 15	

表 4-20　岩体扰动参数 D 的建议值

节理岩体的描述	D 的建议值
小规模爆破导致岩体引起中等程度破坏	$D = 0.7$（爆破良好）
应力释放引起某种岩体扰动	$D = 1.0$（爆破效果差）
由于大型生产爆破或正移去上覆岩体而导致大型矿山边坡扰动严重	$D = 1.0$（生产爆破）
软岩地区用撬挖或者机械方式开挖，因此边坡的破坏程度很低	$D = 0.7$（机械开挖）

地质强度指标 GSI 参数，由岩体结构类型、节理的体密度 J_v 及其表面特征共同确定，见表 4-18。J_v 的取值建议见表 4-21。

表 4-21　岩体结构特征定量描述的 J_v 参数

岩体结构	J_v/节理数·m^{-3}
块状	<3

岩体结构	J_v/节理数·m^{-3}
非常块状	3~10
块状/褶曲	10~30
碎块状	>30

在最初的 Hoek-Brown 经验准则里，指标 a 的取值为 0.5。经过一系列修改后，Hoek 等（2002）给出了适合于所有 GSI 的 a 的取值公式：

$$a = 0.5 + (\exp^{-GSI/15} - \exp^{-20/3})/6 \tag{4-36}$$

注意：当 GSI > 50，$a \approx 0.5$，即原始值；当 GSI 取值很小时，a 趋向于 0.65。

当 $\sigma'_3 = 0$ 时，可由式（4-33）求得岩体的单轴抗压强度，即

$$\sigma_{cm} = \sigma_c s^a \tag{4-37}$$

假定脆性岩石的单轴抗拉强度和双轴抗拉强度近似相等，设式（4-33）中 $\sigma'_1 = \sigma'_3 = \sigma_{tm}$，则可估计出岩体的抗拉强度，并得到

$$\sigma_{tm} = -s\sigma_c/m_b \tag{4-38}$$

这里的 Hoek-Brown 岩体强度准则是一个瞬时的峰值强度准则，而不是长期强度准则。它只适用于各向同性的岩体，如图 4-18 所示。值得注意的是，它不适用于由单个结构面或少数连续面形成破坏的情形。图 4-18 说明了这个准则的适用条件及其局限性，供大家在应用时参考。

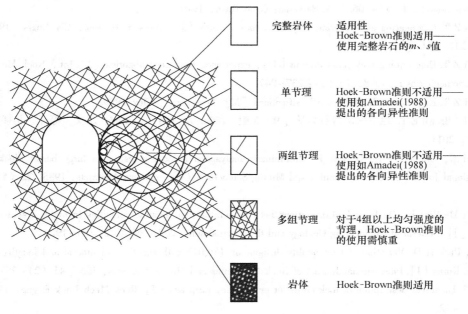

图 4-18 在不同尺度时 Hoek-Brown 岩体经验准则的适用性（Hoek 和 Brown，1997）

岩石和岩体力学性质的表现是多方面的，本章并没有涉及它的全部内容，仅从工程应用角度，着重探讨了岩体各向异性及岩体强度等方面的基本特征，介绍了岩体分级方法、岩体变形和强度参数的获取等内容，为本书后续内容的学习打下基础。

思 考 题

4-1 岩体结构如何分类，分类的意义是什么？

4-2 用 RQD 值来预测结构面的密度有何不足？

4-3 岩体的各向异性表现在哪些方面？

4-4 在高地应力状态下，把节理岩体视为均匀介质进行分析是合理的，为什么？

4-5 岩体质量分级的主要考虑哪些参数？

4-6 RMR 分类、Q 系统分类和我国的国标分类法有何异同？

4-7 岩石可钻性、可爆性和可崩性分级的指标有哪些？

4-8 岩体的变形模量和哪些因素有关？该如何估算？

4-9 岩体强度如何得到，主要方法有哪几种？

4-10 Hoek-Brown 岩体经验准则的适用条件是什么？

参 考 文 献

Barton N. Some new Q-value correlations to assist in site characterization and tunnel design [J]. Int. J Rock Mech. Min Sci, 2002, 39 (2): 185~216.

Barton N R, Lien R, Lunde J. Engineering classification of rock masses for the design of tunnel support [J]. Rock Mech, 1974, 6 (4): 189~239.

Biemawski Z T. Rock mass classifications in rock engineering [M]. Exploration for Rock Engineering (ed. Z. T. Bieniawski), 1: 97~106. A. A. Balkema: Cape Town, 1976.

Bieniawski Z T. Engineering classification of jointed rock masses [J]. Trans S Afr Inst, Civ Engrs, 1973, 15 (12): 335~344.

Bieniawski Z T. Determining rock mass deformability: experience from case histories [J]. Int J Rock Mech Min Sci & Geomech Abstr, 1978, 15 (5): 237~247.

Bieniawski Z T. Engineering Rock Mass Classifications [M]. New York: Wiley. 1989.

Brady B H, Brown E T. 地下采矿岩石力学 [M]. 3 版, 2006. 佘诗刚, 朱万成, 赵文, 等译. 北京: 科学出版社, 2011.

Brady B H G, Cramer M L, Hart R D. Preliminary analysis of a loading test on a large basalt block [J]. International Journal of Rock Mechanics and Mining Sciences & Geomechanics Abstracts, 1985, 22 (5): 345 ~348.

Budetta P, De Riso R, De Luca C. Correlations between jointing and seismic velocities in highly fractured rock masses [J]. Bulletin of Engineering Geology and the Environment, 2001, 60 (3): 185~192.

Choi S Y, Park H D. Variation of rock quality designation (RQD) with scanline orientation and length: a case study in Korea [J]. International Journal of Rock Mechanics and Mining Sciences, 2004, 41 (2): 207~221.

Deere D U. Technical description of rock cores for engineering purposes [J]. Rock Mech Rock Engng, 1964, 1 (1): 17~22.

Deere D U, Miller R P. Engineering classification and index properties for intact rock [M]. Illinois Univ At Urbana Dept Of Civil Engineering, 1996.

Hoek E. Strength of rock and rock masses [J]. ISRM News J, 1994, 2 (2): 4~16.

Hoek E, Brown E T. Underground excavations in rocks [M]. London: Institution of Mining and Metallurgy, 1980.

Hoek E, Brown E T. Practical estimates of rock mass strength [J]. Int J Rock Mech Min Sci, 1997, 34 (8): 1165~1186.

Hoek E, Kaiser P K, Bawden W F. Support of Underground Excavations in Hard Rock [M]. A. A. Balkema: Rotterdam, 1995.

Hoek E, Carranza-Torres C, Corkum B. Hoek-Brown failure criterion-2002 edition [C]//. Mining and Tunnelling Innovation and Opportunity, Proc. 5th North Am. Rock Mech. Symp. & 17th Tunn. Assn Can. Conf., Toronto (eds R. Hammah, W. Bawden, J. Curran and M. Telesnicki), 1: 267~273. Univ. Toronto Press: Toronto, 2002.

Marinos P, Hoek E. GSI: a geologically friendly tool for rock mass strength estimation [C]// Proc GeoEng 2000, Melbourne, 1: 1422~1440. Technomic PubL Co.: Lancaster, Pa, 2000.

International Society for Rock Mechanics. Suggested methods for the quantitative description of discontinuities in rock masses: international society for rock mechanics, commission for standardization of laboratory and field tests [J]. Int J Rock Mech Min Sci, 1978, 15 (6): 319~368.

Palmstrom A. Characterizing the degree of jointing and rock mass quality [M]. Oslo: Berdal, 1975.

Priest S D, Hudson J A. Discontinuity spacings in rock [J]. International Journal of Rock Mechanics & Mining Sciences & Geomechanics Abstracts, 1976, 13 (5): 135~148.

Laubscher D H. Cave mining—the state of the art [J]. Journal of the South African Institute of Mining and Metallurgy, 1994, 94 (10): 279~293.

Laubscher D H. Cave mining-the state of the art, Underground Mining Methods: Engineering Fundamentals and International Case Histories [M]. Hustrulid W A, Bullock R L, eds. Society for Mining, Metallurgy and Exploration, Littleton, Colorado, 2001: 455~463.

Palmstrom A. Characterizing rock burst and squeezing by the rock mass index [C]//In International conference in design and construction of underground structures, 1995.

Romana M R. A geomechanical classification for slopes: slope mass rating [M]. In Rock testing and site characterization (575-600). Pergamon, 1993.

Serafim J L, Pericra J P. Considerations of the geomechanical classification of Bieniawski [C]//Proc Int Symp. on Engineering Geology and Underground Construction, Lisbon, 1983, 1: II. 33~42.

Sjogren B, Ofsthus A, Sandberg J. Seismic classification of rock mass qualities* [J]. Geophysical Prospecting, 1979, 27 (2): 409~442.

李兆权. 应用岩石力学 [M]. 北京: 冶金工业出版社, 1994.

任凤玉, 韩智勇, 赵恩平, 等. 诱导冒落技术及其在北洺河铁矿的应用 [J]. 矿业研究与开发, 2007, 27 (1): 17~19.

徐小荷, 费寿林, 杨德荣. 关于岩石分级的研究方法 [J]. 东北工学院学报, 1980 (3): 82~89.

5 地应力与岩体工程稳定性

　　岩体是预应力体，研究岩体中的应力状态是岩石力学的重要课题之一。在采矿工程中如何估计初始应力场以及它对工程稳定性的影响，是工程技术人员都应该掌握的基本技能。本章将介绍初始应力场的描述、影响因素、测试和估算方法、高应力区的地压显现与工程稳定性等问题。

5.1　初始应力场的描述

　　在岩体中开挖会对原来的（初始的）应力平衡状态造成扰动，引起围岩体应力重新分布，形成一个新的应力场（称为二次应力场）。二次应力场会影响岩体的稳定性，其量值与初始应力场密切相关。因此，描述并确定初始应力场就成为岩体工程设计分析之前必不可少的内容。

5.1.1　初始应力场的组成

　　在一个参数坐标系中规定岩体中一点的原岩应力状态的方法可以由应力张量来表示，也可以由 3 个主应力来表示。初始应力在空间的分布称为初始应力场。在地应力研究方面，人们最初关注的是自重应力，即由于上覆岩体的重量带来的应力，后来的进一步研究表明，重力作用和构造运动是引起地应力的主要原因，其中尤以水平方向的构造运动对地应力的形成影响更大。当前的应力状态主要由最近一次的构造运动所控制，也与历史上的构造运动有关。另外，地应力场还受到其他多种因素的影响，因而造成了地应力状态的复杂性和多变性。即使在同一工程区域的不同地点，地应力状态也会有很大差异，因此，地应力的大小和方向难以通过数学计算或模型分析的方法来准确获得。要了解一个地区的地应力状态，必须进行地应力测量。

　　初始应力的成因和组成包括如下几方面。

5.1.1.1　自重应力

　　地壳岩体内任一点在重力场的作用下，由上覆岩体自重引起的应力称为自重应力，它在空间上的分布状态称为自重应力场。假设岩体为均质各向同性，则岩体自重产生的应力为：

$$\left. \begin{array}{l} \sigma_V = \gamma H \\[2mm] \sigma_H = \dfrac{\mu}{1-\mu}\gamma H = \lambda \sigma_V \end{array} \right\} \tag{5-1}$$

式中　　σ_V ——初始自重应力垂直分量，MPa；

　　　　σ_H ——初始自重应力水平分量，MPa；

　　　　μ ——岩石泊松比；

γ ——岩石容重，N/m^3。

岩体初始应力测量证实，自重应力是初始应力的重要组成部分，但不是唯一的，也不全是地应力的垂直分量。

5.1.1.2 构造应力

构造应力由地质构造运动引起，在构造运动结束后，残留在岩体之中。构造运动从大范围上看是板块运动。例如板块之间的碰撞挤压而产生的应力场，它对整个大区域内的应力场起控制作用。从小范围来说，每一次成矿活动也会改变地应力，产生新的应力场。地应力测试结果表明，水平地应力在大部分情况下大于垂直应力，这被普遍认为是由于构造应力存在的结果。构造应力不仅影响水平地应力，也会影响垂直地应力。

5.1.1.3 温度应力

随着埋深增加，地温增高，通常情况下温度梯度为 $3℃/100m$。地层温度随着深度增加而升高，温度梯度会引起不同深度地层中具有不相同的膨胀，同时各类岩层的热膨胀系数等参数也有所不同，从而引起地层中产生附加应力。

除上述之外，初始应力场还受地形、地貌、地壳剥蚀等因素的影响。剥蚀后，由于岩体内的颗粒结构的变化和应力松弛不能即时适应这种变化，导致岩体内仍然存在着比由地层厚度所引起的自重应力还要大得多的水平应力值，因此，在某些地区，大的水平应力除与构造应力有关外，还和地表剥蚀有关。

5.1.2 初始应力场的一般规律

总结国内外地质调查和地应力测试的研究成果，初步认为初始应力场表现出如下规律性：

（1）地应力场是一个具有相对稳定性的非稳定应力场，它是时间和空间的函数。在空间上，区域初始应力场具有一致性，而区域内局部地点的初始应力又有很大差别，这种差别主要是由地质因素造成的。

总体上，无论是垂直地应力还是水平地应力，都随着深度的增加而线性增加。同时，地应力在地面处不一定为零，且垂直和水平地应力都有这个现象。垂直地应力是正值，但水平地应力有时是负值。

在孤立的山体中，岩体自重起主导作用，所以初始应力场的垂直应力分量 σ_V 要大于水平应力分量 σ_H。在陡峭河谷底部出现应力集中，此处的最大主应力与河谷轴近似垂直。例如，我国二滩水电站处于河谷地段的应力集中范围达 500m，深度也达 250m，局部应力影响很显著。测试资料表明，有的断裂带岩体中残留了较大的构造应力。如云南鲁布革电站工程中，岩体最大主应力与断层带走向近似垂直，且积聚于上盘岩体中。地壳表面剥蚀的结果使垂直应力减少，造成近地表处水平应力分量大于垂直应力分量。

在某些地震活动活跃的地区，地应力的大小和方向随着时间而变化。地震前，处于应力积累阶段，应力值不断升高，而地震时应力集中得以释放，应力值突然大幅度下降。主应力的方向在地震发生前后也会发生明显的变化。

（2）初始应力场的垂直应力分量 σ_V 并非与地表垂直，多数情况下有 $10°$ 左右的偏角，初始应力场的水平应力分量 σ_H 常与水平面呈 $10°\sim25°$ 的倾角。由于构造运动和地壳剥蚀造成水平应力大于垂直应力。

国内外大量实测资料表明,实测的垂直应力 σ_V 普遍大于岩体自重垂直应力 γH。若用 λ_0 表示 $\sigma_V/\gamma H$ 的比值,在我国 $\lambda_0 < 0.8$ 的占 13%,$\lambda_0 = 0.8 \sim 1.2$ 的占 17%,$\lambda_0 > 1.2$ 的占 65% 以上,个别区域 λ_0 高达 20。这说明,一定存在促使垂直应力增大的因素,这就是因为有较大的水平构造应力。

据我国 500m 以上岩体初始应力实测资料,得出水平应力 σ_H 与垂直应力 σ_V 之比随深度的变化,如图 5-1 所示。

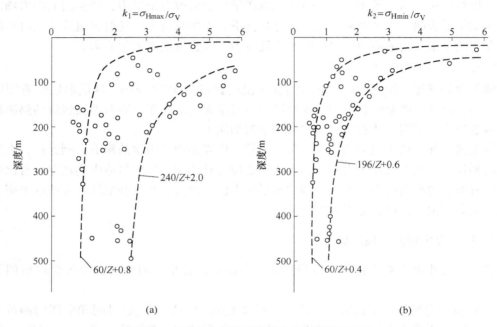

图 5-1 水平应力与垂直应力之比随深度的变化

(a) σ_{Hmax}/σ_V ; (b) σ_{Hmin}/σ_V

$k_1 = \sigma_{Hmax}/\sigma_V$,它随深度的变化可用下列关系(图 5-1(a))表示:

$$60/Z + 0.8 \leqslant k_1 \leqslant 240/Z + 2.0 \tag{5-2}$$

平均值为 $\bar{k}_1 = 150/Z + 1.4$。

$k_2 = \sigma_{Hmin}/\sigma_V$,它随深度的变化用下式表示(图 5-1(b))

$$60/Z + 0.4 \leqslant k_2 \leqslant 196/Z + 0.6 \tag{5-3}$$

平均值为 $\bar{k}_2 = 128/Z + 0.5$。

上述各式中 Z 为深度,m。

国外的一些研究者也得到了相似的结果。从图 5-1 可以看出,距地表浅时,k_1 和 k_2 的变化大,随着深度增加,则趋于一致。

由国内外应力测试资料可得出,距地表一定深度之后,水平应力趋于与垂直应力相等,且都接近自重应力 γH。这个转变点的深度(临界深度)各国均不相同。

(3)地壳中的水平应力具有强烈的方向性,即两个水平应力通常不等。据我国观测资料,一般情况下,最大水平应力 σ_{Hmax} 是最小水平应力 σ_{Hmin} 的 1.4~3.3 倍,见表 5-1。

表 5-1 两个水平地应力的比值（$\sigma_{Hmin}/\sigma_{Hmax}$） （%）

实测地区	统计数目	$\sigma_{Hmin}/\sigma_{Hmax}$			
		1.0~0.75	0.75~0.5	0.5~0.25	0.25~0
斯堪的纳维亚等地	51	14.0	67.0	13.0	6.0
北美	222	22.0	46.0	23.0	9.0
中国	35	14.3	45.7	25.7	14.3
中国华北地区	18	6.0	61.0	22.0	11.0

（4）地应力的上述分布规律还会受到地形、地表剥蚀、风化、岩体结构等特征的影响，特别是地形和断层的影响最大。

前面的讨论表明，对于平坦的地面，平均铅垂应力分量应当接近深度应力（即 $p_{zz} = \gamma z$）。对于形状不规则的地表，如图 5-2 所示地表隆起和地表凹槽的情形，必须要考虑这种地形的影响。对于图 5-2（b）所示的 V 形槽谷底部附近的地区，则可能会产生比铅垂应力分量更高的水平应力分量。

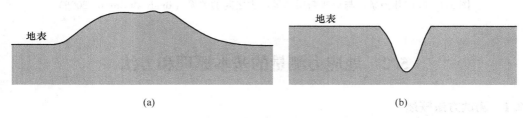

图 5-2 地形对地应力状态的影响（Brady 和 Brown，2006）

（a）地表隆起；（b）地表凹槽

另外，地表如果受到侵蚀，无论是由水或是由冰川造成，对地表下任一点的作用都相当于减少了岩石覆盖的厚度，使得自重应力减小。

岩体中结构面的存在，不论是作为有限连续的节理组，还是作为贯穿岩层的断层或者断裂带，都会对岩体中的应力平衡状态产生影响，进而影响到区域的应力场。下面以如图 5-3 所示的一组共轭断层的情况为例进行说明。断层形成前的最大主应力方向与两断层面构成的锐角二面角平分面一致，而最小主应力轴与钝角的平分面一致，中间主应力轴与两断层面的交线重合。断裂的存在，使得区域的应力场发生重新分布，无论是主应力大小还是方向都会发生急剧变化。事实上，岩体断裂本身就是一种能量耗散与应力重新分布的过程。

岩体中通常存在不同尺度的、方向各不相同的结构面，结构面的存在会影响局部区域的应力重分布。因此，非均匀应力场是形成断层、发生剪切或岩层之间延伸滑动的自然结果，同时，断层的存在又自然会影响区域应力场。可以断定，断裂的连续发生，例如一组断层切穿早先形成的另一组断层，可能导致整个矿区的地应力分布状况更加复杂。

由此可见，从初始状态出发估计岩体周围应力状态是极其困难的。在矿山巷道设计或矿山结构设计中，正是结构影响区的平均应力状态对巷道近场岩石中应力在开挖后的分布起主要控制作用。不仅如此，我们在岩体中开挖巷道，巷道的存在也会使得区域的原岩应力场受到很大的扰动，这个巷道的影响可能远远超过结构面的影响，在这种情况下，在地下巷道中开展地应力测试，测得的地应力必然是已经经受开挖扰动的地应力。

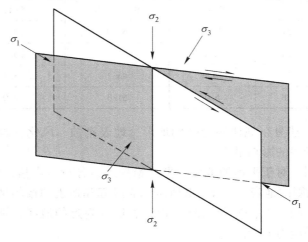

图 5-3　断层几何条件与形成断层的场应力之间的关系（Brady 和 Brown，2006）

5.2　地应力测量的基本原理和方法

5.2.1　测试方法概述

地应力测量就是确定存在拟开挖岩体及其周围区域的未受扰动的三维应力状态，但这种测量通常是通过一点一点地量测来完成的。岩体中一点的三维应力状态既可由选定坐标系中的 6 个分量来表示，也可以由 3 个主应力来表示，这种对应关系是唯一的。在实际测量中，每一测点所涉及的岩石可能从几立方厘米到几千立方米，这取决于采用何种测量方法。但对于整个岩体而言，仍可视为一个测点。当然，也有一些测定大范围岩体内的平均应力的方法，如超声波等地球物理方法，但远没有"点"测量方法普及。由于地应力状态的复杂性和多变性，要比较准确地测定某一地区的地应力，就必须进行充足数量的"点"测量，在此基础上，才能借助数值分析、数理统计、灰色建模和人工智能等方法，进一步描绘出该地区的全部地应力场状态。

为了进行地应力测量，通常需要预先开挖一些巷道以便人和设备进入测点。然而，只要硐室一开，硐室周围岩体中的应力状态就受到了扰动。如早期的扁千斤顶法等，就是在硐室表面进行应力测量，然后在计算原始应力状态时再把硐室开挖引起的应力扰动剔除掉。但由于紧靠硐室表面的岩体已受到不同程度的损伤，它与未受扰动的原岩的物理力学性质已经大不相同；同时硐室开挖对原始应力场的扰动也是十分复杂的，不可能进行精确的分析和计算，所以这类方法得出的原岩应力状态往往是不准确的。为了克服这类方法的缺点，另一类方法是从硐室表面向岩体中打小孔，直至原岩应力区，地应力测量是在小孔中进行的。由于小孔对原岩应力状态的扰动是可以忽略不计的，这就保证了测量是在原岩应力区中进行。目前，普遍采用的应力解除法和水压致裂法均属此类方法。

　　国内外很多学者对地应力测量方法进行了分类，但目前还没有统一的标准。根据测量手段的不同，可将实际测量中使用过的测量方法分为五大类，即构造法、变形法、电磁法、地震法、放射性法，也有人根据测量原理的不同分为应力恢复法、应力解除法、应变恢复法、应变解除法、水压致裂法、声发射法、X射线法、重力法共八类。根据地应力测量的位置与对象测量方法可分为：（1）基于钻孔的测量方法，包括水压致裂法、套孔应力解除法、钻孔崩落法；（2）基于岩芯的测量方法，如应变恢复法、岩芯饼化法；（3）实施于岩石表面的测量方法，包括扁千斤顶法、表面应力解除法；（4）大尺度地质构造分析法，如震源机制断层滑动反演等。按照测度方法测得的维数，测量方法可分为一维、二维和三维测量。如单个扁千斤顶只能测出垂直其平面的一维应力，传统的单孔水压致裂法只能测出垂直钻孔轴线平面内的二维应力，而空心包体应力解除法可测岩体的三维应力。此外，有些测量方法既可测出地应力大小，又可确定地应力方向；而有些测量方法则只能确定地应力方向；有些测量方法只能确定岩体过去承受过的最大应力值（声发射法）。

　　根据国内外多数人的观点，依据测量基本原理的不同，可将测量方法分为直接测量法和间接测量法两大类（蔡美峰等，2002）。直接测量法是由测量仪器直接测量和记录各种应力量，如补偿应力、恢复应力、平衡应力，并由这些应力量和原岩应力的相互关系，通过计算获得原岩应力值。在计算过程中并不涉及不同物理量的换算，不需要知道岩石的物理力学性质和应力应变关系。扁千斤顶法、水压致裂法、刚性包体应力计法和声发射法均属直接测量法。其中，水压致裂法在目前的应用最为广泛，声发射法次之。

　　在间接测量法中，不是直接测量应力量，而是借助某些传感元件或某些介质，测量和记录岩体中某些与应力有关的间接物理量的变化，如岩体中的变形或应变，岩体的密度、渗透性、吸水性、电阻、电容的变化，弹性波传播速度的变化等，然后由测得的间接物理量的变化，通过已知的公式计算岩体中的应力值。因此，在间接测量法中，为了计算应力值，首先必须确定岩体的某些物理力学性质以及所测物理量和应力的相互关系。套孔应力解除法和其他的应力或应变解除方法以及地球物理方法等是间接法中较常用的方法，其中套孔应力解除法是目前国内外最普遍采用的发展较为成熟的一种地应力测量方法。

　　康红普（2013）根据国内外已有的地应力测量方法分类，结合测量方法的实际应用情况，将测量方法进行了分类，见表5-2。

表 5-2　地应力测量方法分类（康红普，2013）

测量方法分类	具体测量方法名称	涉及的岩石体积/m^3
水压致裂法	传统水压致裂法（HF）	$0.5 \sim 50$
	套管水压致裂法	10^{-3}
	原生裂隙水压致裂法（HTPF）	$1 \sim 10$
应力解除法	套孔应力解除法	$10^{-3} \sim 10^{-2}$
	表面应力解除法	$1 \sim 2$
	局部应力解除法	10^{-3}
	大范围岩体解除法	$10^2 \sim 10^3$

测量方法分类	具体测量方法名称	涉及的岩石体积/m^3
应力恢复法	扁千斤顶法	$0.5 \sim 2$
	曲形千斤顶法	10^{-2}
应变恢复法	非弹性应变恢复法	10^{-3}
	差应变曲线分析法	10^{-4}
钻孔崩落法	钻孔崩落法	$10^{-2} \sim 10^2$
地球物理法	声发射法	$10^{-4} \sim 10^{-2}$
	波速法	—
	超声波法	—
	X 射线法	—
	微震法	—
	电磁法	—
	全息照相法	—
	原子磁性共振法	—
	放射性同位素法	—
地质构造分析法	震源机制解	10^9
	断层滑动反演	10^8
井下应力测绘法	井下应力测绘法	$10 \sim 10^3$

地应力确定的第三种方法是以分析和解释钻孔或者巷道周围的断裂模式为基础，推测地应力的大小和方向。在钻井工程中，尽管"井壁破坏"是石油工程的难点之一，但是对岩石圈应力状态的估计起到了很大的作用。

目前，水压致裂法与应力解除法应用最广，国际岩石力学学会测试专业委员确定的岩石应力测量的建议方法中，包含扁千斤顶法、水压致裂法、钻孔孔径变形法、孔壁应变法及空心包体应变法。

水压致裂方法的突出优点是能测深部应力，已见报道的最大测试深度为 5000m，这是其他方法所不能做到的。因此这种方法可以用来测试深部地壳的构造应力。水压致裂方法只能确定垂直于钻孔平面内的最大主应力和最小主应力的大小和方向，所以从原理上讲它是一种二维应力测试方法。若要确定测点的三维应力状态，必须打互不平行的交汇于一点的 3 个钻孔，这实际上是很难做到的。一般情况下假定钻孔方向为一个主应力方向，对于垂直方向的钻孔，假定垂直方向的地应力为自重应力，通过水压致裂可以确定另外两个方向的主应力。如果钻孔方向和实际主应力方向的偏差在 15°以上，该假定的误差就比较大。水压致裂法认为初始开裂发生在钻孔壁切向应力达到抗拉强度的部位，亦即平行于最大主应力的方向，这是基于岩体为连续、均值和各向同性的假设，如果孔壁本来就有着天然节理裂隙存在，那么初始裂痕很可能发生在这些部位，而并非切向应力最小的部位。因而，水压致裂法对完整的脆性岩体较为适用。

因此，地应力测试和计算理论，大多是建立在假定岩体是线弹性、连续、均匀和各向同性的理论基础上的，而一般岩体都具有不同程度的非线性、不连续性、不均质性和各向异性。如果在通过测试数据分析计算地应力时忽略岩石的这些性质，必将导致计算出的地应力与实际地应力有不同程度的差异，为了提高地应力测量的可靠性和准确性，必须要考虑岩石的这些复杂性质。在这方面，未来的研究的重点是提出考虑岩体非线性、不连续性、不均质性和各向异性的分析模型，以使由测试数据得到的地应力更加符合实际。

5.2.2 经验估算方法

视频：初始
应力场估计方法

依据对已有研究成果的积累和分析，或采用简单的测试方法估计岩体中的初始应力。

5.2.2.1 已知埋深 H 估计初始应力

德国 T. R. 斯塔西（Stacey 和 Page，1986）给出了在已知埋深 H 的情况下估算初始应力大小的方法。

当 $H<1000\text{m}$ 时，

$$\left.\begin{array}{l} \sigma_V = \dfrac{H}{40} \\[2mm] \dfrac{\sigma_H}{\sigma_V} = 3 - \dfrac{H}{500} \end{array}\right\} \tag{5-4}$$

当 $H>1000\text{m}$ 时，

$$\frac{\sigma_H}{\sigma_V} = \frac{9}{8} - \frac{H}{8000} \tag{5-5}$$

式中　σ_V——初始应力场的垂直分量，MPa；

σ_H——初始应力场的水平分量，MPa。

使用式（5-4）或式（5-5）估算的初始应力场属于不受地形影响的正常应力场，也没有明显的构造应力或高应力表现。如果出现后两种情况，则应采取下列估计法。

5.2.2.2 构造应力场估计

在构造应力占主导地位的区域，岩体的地质构造形迹和岩体工程的破坏特征必然要反映出构造应力的影响。依据这一观点，采用系统的现场调查、辅以简单量测方法可以对构造应力的方向和大小做出初步判断。

A　理论依据

由岩石力学的基本理论得知，圆形巷道处在双向压缩应力作用的条件下，巷道周边应力分布与初始应力场的侧压系数有关。

当侧压系数 $\lambda >1$（尤其是 $\lambda >3$）时，即 $\sigma_H > \sigma_V$，由图5-4中巷道周边环向应力 σ_θ 分布可知，在巷道帮上会产生拉应力。如果此拉应力超过岩体抗拉强度，则出现拉伸破坏。这种破坏的特点是：（1）在有结构面时，结构面张开；（2）无结构面时，破坏面与巷道帮垂直，破坏面张开、表面粗糙、无擦痕。在巷道顶底板有很大的压应力集中，有可能导致剪切破坏出现。剪切破坏的特点是：破坏面成对出现、与壁面斜交，破坏面较平整，有时有擦痕。

当 $\lambda <1$（尤其是 $\lambda <1/3$）时，即 $\sigma_H < \sigma_V$，由图5-5可知，顶底板上的拉应力可能

引起拉伸破坏，而帮上的压应力集中导致剪切破坏。

由此看来，初始应力特征与巷道围岩破坏存在着联系。这种情况，已为工程实践所证实，并用于应力判断。

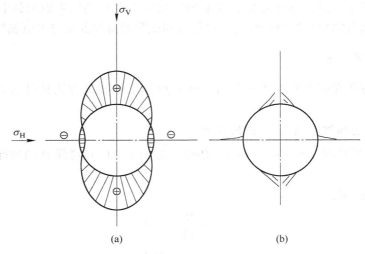

(a)   (b)

图 5-4　$\lambda>1$ 时巷道周边应力分布与破坏位置

（a）$\lambda>1$ 时周边应力分布；（b）$\lambda>1$ 时巷道破坏位置

⊕—压应力；⊖—拉应力

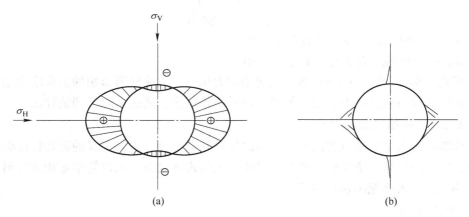

(a)   (b)

图 5-5　$\lambda<1$ 时巷道周边应力分布与破坏位置

（a）$\lambda<1$ 时周边应力分布；（b）$\lambda<1$ 时巷道破坏位置

⊕—压应力；⊖—拉应力

B　构造应力方向估计

在所研究的地区，对远离采场的相互毗连的巷道（或天井）要进行系统调查，观察并记录不支护岩壁发生破坏的位置、破坏类型和规模等。调查时要注意：（1）要在巷道掘进后立即着手进行；（2）破坏面与原有结构面的关系；（3）破坏发展的状况，是瞬时的还是渐近的；（4）判别围岩破坏是否与爆破有关。

例如，对图 5-6 所示的两水平巷道，若在巷道①中发现巷道围岩帮、顶部未破坏或破坏很轻微，没有显著的地压显现规律；而在与其垂直的巷道②中出现有规律破坏现象，则可判断该地区有构造应力，其方向与巷道①轴线方向一致，并可用罗盘估计出最大主应力 σ_1 的方位。同样的办法可用于巷道与天井联接处的调查。

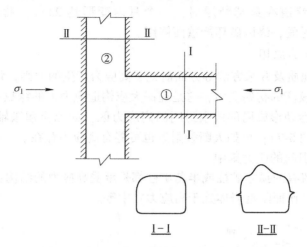

图 5-6　由两垂直巷道判断最大主应力方向

C　构造应力大小估计

根据大量的调查资料，前苏联学者给出了围岩破坏时岩石抗压强度与岩体中最大主应力的关系式（李兆权，1994）

$$\sigma_1 = \frac{R_c}{4} \qquad (5\text{-}6)$$

式中　σ_1——初始应力场中最大主应力；

　　　R_c——岩石单轴抗压强度。

因此，若已知 R_c，就可以估计出 σ_1 的大小。

另外，一些深部岩石工程在进行应力测量时，发现岩芯钻取后破碎成圆饼，当圆饼厚度为 0.5~3cm 时，该处的最大主应力 σ_1 为 R_c 的 0.5~1.0 倍。岩芯饼化现象表明，圆饼愈薄，σ_1 值愈大，这种情况也可以作为估计最大主应力值的参考。

5.2.2.3　高应力区存在的估计

在我国和世界其他地区，都出现过用正常应力场无法解释的现象，而确定为有高应力区存在。

A　高应力区存在的表现

在不同性质的岩体中，高应力引起的围岩变形和破坏是不一样的。

在坚硬、脆性、刚性大、结构完整的岩体中，在高应力作用下岩体变形很小，并以变形能的形式积累起来。一旦岩体被钻孔或工作面揭露时，积蓄的应变能突然释放，造成岩芯或岩体脆性断裂现象，如：

（1）岩芯饼化；

（2）巷道围岩表面脱皮剥落，巷道断面扩大；

（3）岩射，岩块或岩片自岩体表面弹射出来；

（4）岩爆，一定规模的岩体瞬时抛出。

在软岩或裂隙发育的岩体中开挖巷道时，围岩变形大、变形速度快、持续时间久。例如，金川矿某中段巷道在穿越断层时，一个月内变形达 23cm，巷道断面平均日收敛 0.79cm，经过一段时间，终因破坏严重而停用。

B   高应力产生的原因

国内外学者从地质及开采方法等方面研究了高应力产生的原因，认为：

（1）岩体中有较高的初始应力，这是埋深大或构造应力大的缘故；

（2）地质构造运动形成局部残余封闭的高应力区，如地质褶皱轴部顶端和底部就可能存在封闭应力（图 5-7）；再如大断裂附近也可能有高应力存在。

（3）开采活动引起的应力集中。

例如，采矿中留有的孤立矿柱或半岛矿柱都是承受高应力的结构；又如，采掘顺序不合理，造成滞后的工作面附近岩体处于高应力之中等。

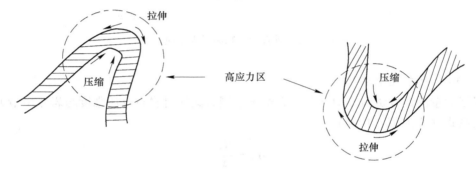

图 5-7   构造运动形成的局部高应力区

C   高应力大小的估计

岩体中的高应力可以通过岩体应力测量获得应力值，也可以根据观察到的破坏现象做出应力大小的估计。

某矿区的应力测试结果表明，在发生岩射、剥落、岩芯饼化的地点，最大主应力在 50~140MPa 之间。在该矿区距地表埋深 100~600m 处，岩体为均质整体结构，岩石和岩体单轴抗压强度为 140~180MPa 的条件下，高应力区最大主应力 σ_1 和岩石抗压强度 R_c 之间的关系与高应力现象的联系如下：

（1）当 $\sigma_1 \leqslant 0.3R_c$ 时，不出现岩射和剥层现象；

（2）当 $\sigma_1 \leqslant 0.5 \sim 0.8R_c$ 时，出现岩射和岩层剥落现象；

（3）当 $\sigma_1 > 0.8R_c$ 时，将出现剧烈的岩射和岩爆。

因此，根据高应力区的破坏现象，可以估计出高应力值。

5.2.3   估算地应力的其他方法

与空芯包体法、扁千斤顶法和水压致裂法相比，利用应力测量的原始数据进行地应力的估算相对较为容易，也很有价值。这种地应力估算方法包括钻孔破裂分析法、Kaiser 效应应力历史测量分析法和差应变曲线分析或变形率分析法。当然，估算地应力还可以使用数值反分析方法。

钻孔破裂分析法的依据是，钻孔附近的应力状态足以引起钻孔边界周围在最不利位置发生的压剪破坏。假设主应力方向与钻孔轴向平行，且平面内垂直于钻孔轴向的主应力场是各向异性的，则基于孔周应力的分布公式能够快速估算出钻孔影响区范围外的原岩应力的方向。

差应变曲线分析法（Roegiers，1989）或变形率分析法（Villaescusa 等，2002）的基本原理与 Kaiser 效应测量岩样的近期应力历史的原理相似。当岩芯从地下钻孔中采集出来，法向应力的松弛会使得微裂隙张开。从较大岩芯中钻取内芯并施加轴向荷载，可从轴向的法向应力-应变曲线斜率的明显变化来判断裂纹重新闭合的法向力。假定岩芯闭合过程结束时，施加的法向应力在数值上与法向地应力相当。如果确定了岩芯在 6 个相互独立方向的裂纹闭合压力，就如同 Kaiser 效应测量地应力方法一样，我们则能够利用测得的应力数据估计主应力场的大小和方向。

反分析法的基本原理是通过原位地应力现场测试较为准确地获得初始地应力场，但是大部分的测试因场地、经费等因素不能进行，且测试结果较难反映整个矿区初始地应力场的分布规律。因此，为获得较为可信的初始地应力场，通常是在一定实测地应力资料的基础上，结合工程区地质条件，利用数值分析方法开展区域应力场反演，以获得准确且范围较广的地应力分布特征。

地应力的反演分析方法通常有以下几种方式：

（1）侧压系数法：岩体中水平与垂直应力的比值为侧压系数，浅部侧压系数较大，深部侧压系数持续减小。考虑水平应力及构造应力共同作用，其中自重应力为垂直分量，自重应力与侧压系数的乘积即为水平分量，通过反分析可得到侧压力系数。

（2）边界荷载调整法：反演计算中不断调整模型边界的荷载大小及方向，使得观测点处的计算值与实测值误差最小，以此来获得地应力的大小和方向。

（3）数学回归方法：建立自重应力与构造应力的多种线性组合回归方程，依托地应力实测资料，采用统计学方法使线性方程方差最小，从而得到最优解，即岩体初始应力场分布规律。

（4）函数趋势分析方法：主要包括应力函数和位移函数法。两种分析方法都是采用函数形式来分别表示岩体中各点（自变量为点坐标）的应力和位移大小，根据最小二乘法求出应力函数和位移函数的表达式，之后可得出计算模型边界的应力和位移大小，通过反演与计算，使应力计算值与现场实测值相互对应，从而得到整个地应力场的分布规律。

对于数学回归方法，其步骤是：

（1）根据地质和岩石工程条件建立教学模型，以设定的初始自重和构造应力作用于模型边界；

（2）模型进行计算分区，用有限元法求解出计算点上的应力，作为基本初始应力条件；

（3）用多元回归分析法，绘出各测点观测值与计算值的回归系数估计值，根据最小二乘法对误差做出估计；

（4）根据估计的误差调整最初设定的初始地应力，得到新的初始应力，然后求解，把计算结果与现场观测结果进行对比，如果两者误差在给定范围内，则所得的应力场数据可认为是最终结果。

　　大量的研究表明，一次反演得到的初始地应力场因受原位地应力数据少、反演区域大等因素影响与现场实际情况往往存在一定的误差。因此，为获得更为准确的初始地应力场分布规律，国内外学者依据工程施工过程中的位移、应力等相关信息，以一次反演得到的初始地应力场为基础，采取某种计算模式或者数学理论开展二次地应力场的反演分析，以期获得更能反映工程实际的初始应力场。

5.3　地应力与工程稳定性

视频：初始应力
与工程稳定性

　　在存在较大的构造应力或高应力地区，岩石工程往往破坏严重，维护困难。本节从控制或改善初始应力影响的观点出发，介绍维护工程稳定性的方法。

5.3.1　提升巷道稳定性的方法

5.3.1.1　合理布置巷道位置

A　使巷道轴线与岩体中最大主应力方向一致

　　理论研究指出，在水平构造应力是岩体中的最大主应力，且巷道轴线与构造应力方向平行的情况下，巷道顶板中点的环向应力 σ_θ 要比巷道轴线与构造应力垂直时同一位置的环向应力 σ_θ 小 $1/2 \sim 2/3$，而且后者的帮上会出现很大拉应力，如图5-8所示。

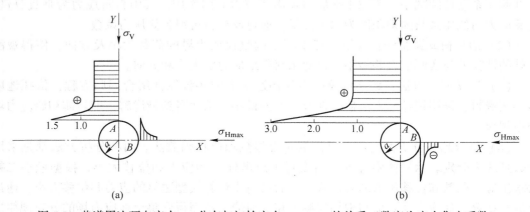

图5-8　巷道周边环向应力 σ_θ 分布与初始应力 σ_V、σ_H 的关系（数字为应力集中系数）

（a）巷道轴线与最大水平构造应力 σ_{Hmax} 平行时周边环向应力 σ_θ 分布；

（b）巷道轴线与最大水平构造应力 σ_{Hmax} 垂直时周边环向应力 σ_θ 分布

a—巷道半径；A—顶板中点；B—两帮中点；

⊕—压应力；⊖—拉应力

　　工程实践证明，理论分析是正确的。如我国某矿区1250中段西风井石门，当设计的石门轴线方向与水平最大主应力垂直时，施工非常困难，两帮侧压大、片冒频繁，顶板冒落有的高达7~8m，成巷后巷道仍然剧烈变形，并已返修3次。返修过程中曾用过多种支护形式，如用预制块直墙半圆拱、钢筋混凝土马蹄形拱、花岗岩料石全断面支护等多种形式支护，均无法控制破坏与变形，曾将 2.5m 宽的巷道挤得只剩 1.7m 左右。

后来将巷道轴线方向调整到与水平最大主应力方向一致，此外在施工中采用风镐掘进，尽量减小松动圈范围，巷道掘进才比较顺利，成巷后也比较稳定。

B　相邻巷道应减少应力叠加

理论研究表明，处在构造应力 σ_{Hmax} 为主岩体中的两条巷道，它们横断面上的周边应力 σ_θ 分布如图 5-9 所示。当两条巷道中心连线与 σ_{Hmax} 垂直，又靠得很近时，σ_θ 叠加的结果使间柱上应力很大。当两条巷道中心连线与 σ_{Hmax} 方向一致时，两巷道间柱上应力很小，有利于巷道稳定。

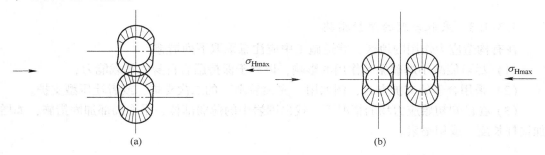

(a)　　　　　　　　　　　　　　　　(b)

图 5-9　两条巷道相互位置对周边环向应力 σ_θ 分布的影响

(a) 两条巷道中心连线与 σ_{Hmax} 方向垂直；(b) 两条巷道中心连线与 σ_{Hmax} 方向平行

此外，相连接的两条巷道，应从应力较小的方向接近。图 5-10 所示为处在构造应力 σ_{Hmax} 作用下的溜井及联络巷道。可以看出，联络巷道从 X 方向与溜井连接比从 Y 方向与溜井连接有利，可避免高应力叠加，易于施工和维护。

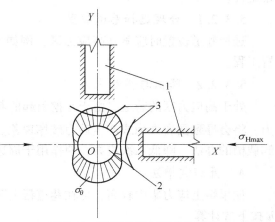

图 5-10　联络巷道与溜井的连接

1—联络巷道；2—溜井；3—联络巷道前方的周边应力；

σ_θ—溜井周边的环向应力时周边环向应力 σ_θ 分布

5.3.1.2　正确选择巷道断面形状

当初始应力场的水平应力 σ_H 大于垂直应力 σ_V 时，巷道宽高比应与应力比相等，即

$$\frac{\sigma_H}{\sigma_V} = \frac{a}{b} \qquad (5-7)$$

并使巷道长轴与 σ_H 方向一致。这种情况下的巷道周边环向应力 σ_θ 处处相等，围岩受力均匀，巷道稳定性好，如图 5-10 所示。

工程实践证实了选择断面形状的重要性。例如某矿区 1250 中段西副井尾车巷道，穿过石墨片岩的断层破碎带，曾采用两种断面进行对比。一种是预制直墙半圆拱断面，其高宽比为 1∶0.93（图 5-11）；另一种是预制块支护的似椭圆形断面，其高宽化为 1∶2。经过一年，前者边墙内鼓，断面变小，而后者几乎没有变化。图 5-12 所示为似椭圆形巷道，它既具备椭圆形巷道优点，又便于施工。

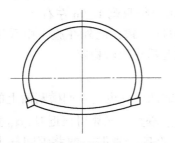

图 5-11　椭圆形巷道合理尺寸比

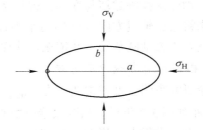

图 5-12　似椭圆形巷道断面

5.3.1.3　采取合理的维护措施

在有构造应力作用的地区，巷道施工中应注意采取下列措施：

（1）尽可能减小爆破振动作用的影响，以利于保持围岩自身的承载能力；

（2）采用合理的支护方式，例如用"先柔后刚"的二次支护，或者让压型支护。

（3）在已知初始应力场的情况下，找出围岩中的薄弱部位，采取局部加固措施，如增加锚杆长度，或用锚索。

5.3.2　巷道稳定性维护方法

处在高应力区中的岩石工程，主要采取控制围岩应力增高或释放应力的办法来维护其稳定性。

5.3.2.1　合理选择巷道位置

选择巷道位置时应避开高应力区，例如不在具有局部残余应力的褶皱顶（底）部设置工程。

5.3.2.2　降低与释放应力

处于高应力区的巷道，由于开挖引起的巷道周边二次应力 σ_θ 将几倍于原岩中的高应力，将会导致围岩失稳或产生动力破坏现象。在这种情况下，可采用在围岩中打钻孔、开卸载槽的办法，降低二次应力，使作用于周边的高应力移到岩体深部。

A　开卸载槽法

如果帮上应力集中较高，可在巷道帮上开凿一个槽。为了不造成巷道破坏，卸载槽高 h 按下式计算

$$h = 5r_0 \frac{\gamma H}{E} \tag{5-8}$$

式中　r_0——巷道半径，m；

　　　γ——巷道上覆盖岩层容重，N/m³；

　　　H——巷道埋深，m；

　　　E——巷道周边岩石的弹性模量，MPa。

卸载槽的深度和长度以不影响巷道围岩稳定为限来选取。

由于卸载槽的存在，围岩变形能力增大，使巷道周围应力发生有利于稳定的变化，应

力峰值移入岩体深处，如图 5-13 所示；而且帮上的卸载槽也缓解了顶板上的应力集中（图 5-13 上 0—Ⅰ 截面）。

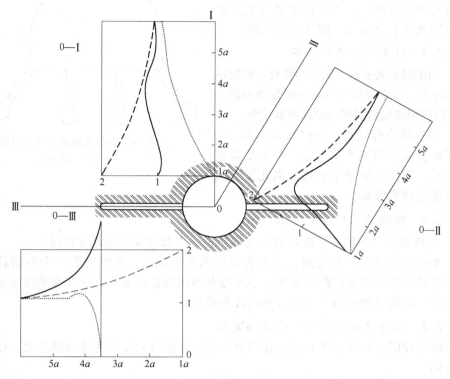

图 5-13　卸压槽及三个截面上的应力分布（虚线表示没有卸载槽时巷道截面上环向应力分布）

σ_θ—卸压后各截面上的环向应力分布；σ_r—卸压后各截面上的径向应力分布；

a—巷道半径；$1a \sim 5a$—距离；0—Ⅰ、0—Ⅱ、0—Ⅲ—巷道周边 3 个截面

B　打钻孔卸载法

向巷道两帮各打一排钻孔，钻孔间距按下式确定

$$L = \frac{0.78 K_n d^2}{5 r_0 \dfrac{\gamma H}{E} + d(K_n - 1)} \tag{5-9}$$

式中　d——钻孔直径，m；

　　　K_n——岩石松散系数；

　　　L——钻孔间距，m；

其余符号与式（5-8）相同。

这样的间距可以保证孔间岩石被压碎，并充满钻孔之中，形成一个填满碎石的卸载槽，因此也有与卸载槽相同的作用。这种方法比开卸载槽简单，但巷道埋深度应较大，有足够的应力使孔间岩石破碎，否则卸载效果不好。

C　松动爆破释放高应力法

如果巷道底板有高应力，使底鼓严重，可在底板打孔进行药壶松动爆破，使应力释

放，如图 5-14 所示。底板应力的部分解除，可使顶、帮上的应力缓解。使用这种方法应慎重，爆破范围要控制。如果底板松动后造成积水加剧或导致地下水涌入，则是不适宜的。

5.3.2.3　改变围岩力学性质

（1）向围岩表面喷水，使岩体软化、刚度减小、变形增大，岩体中积蓄的能量慢慢地释放出来，从而减少因高应力引起的破坏现象发生。

（2）向岩体中打钻孔，并注入高压水。一方面高压水在钻孔周围产生裂隙，有利于高应力释放；另一方面水软化了岩体，弱化了它的性质，可使高应力缓解。

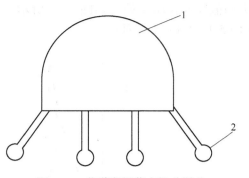

图 5-14　巷道底板药壶松动爆破
1—巷道；2—药壶孔

5.3.2.4　改进开采顺序和方法

（1）合理安排开采顺序，改进岩石工程布置，尽量避免形成孤立矿柱。

（2）处在高应力区中的巷道，施工宜采用两次掘进法。通常先掘一个断面较小的超前导坑，在其中架设可缩性临时支架，小断面巷道周围岩体变形、破坏形成减压区，经过一段时间后，再将已卸载的导坑刷大到设计断面尺寸。

5.3.2.5　选择合理的断面形状及高宽比

在实际应用时，往往需要采用上述综合措施，才能达到控制或减缓高应力、维护巷道稳定的目的。

初始应力场及其对工程稳定性的影响是复杂的、多方面的。本章探讨的问题虽然主要针对矿山巷道，但其原则和方法也同样适用于其他岩石工程。

岩体应力测量可以给出局部点上的观测值，但离散性往往较大，基于经验的各种估计法只是为满足工程应用需要的粗略判断。岩体中真实的初始应力场如何，怎样控制它仍然是岩石力学学科中的根本问题之一。

5.3.3　工程实例

某矿Ⅴ号矿体-580m 中段回采采用进路式上向水平分层充填采矿法，留设了 6m 厚的顶柱。该顶柱的标高在-530~536m 之间。根据采场的高度、长度和矿石的密度，计算出-580m 中段顶柱的矿石量为 258829t。其中矿柱的平均品位为 4.85g/t，根据采场的矿石量和品位可以计算出-580m 中段顶柱所含金的质量为 1255.3kg，回收顶柱具有较好的经济效益。

按照前期地应力测试的结果，在-580m 中段最大地应力（水平方向）达到 27MPa 左右，而且矿柱较为破碎，裂隙发育，稳固性比较差。矿柱上部为人工假顶，在人工假顶之上为上个中段的充填矿房。无论是人工假顶，还是其上的充填体，由于施工质量难以考证等原因，其强度和刚度都比较低，存在很大的安全风险。如果贸然回采顶柱，受采动的影响，如果人工假顶发生破断，将引起上部充填体的垮落，进而会对人员和设备的安全构成威胁，并引起矿量损失贫化。因而，实现-580m 中段顶柱安全回采是该矿山面临的一个重要技术难题，对于后续其他中段的矿柱回收也有借鉴意义。本节介绍该矿Ⅴ号矿体-580m 中段回采方案选择的实例，以期说明在考虑地应力的基础上进行采场布置对于安全开采的重要性。

5.3.3.1 地应力方向

根据其他科研单位对该矿地应力的现场实测，该矿-205~-410m 水平的最大主应力方向和本区构造应力场最大主应力方向较为吻合。最大主应力方向沿 SE~NW 方向（N45°W 左右），最大主应力和最小主应力方向接近于水平方向，垂直主应力方向接近垂直方向。主应力方向与该矿 V 号矿体-536m 水平的关系图如图 5-15 所示。

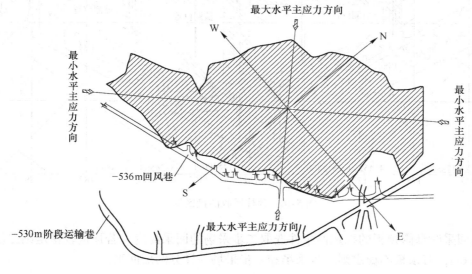

图 5-15 某矿顶柱矿体分布及地应力方向

5.3.3.2 盘区划分

考虑顶柱的矿石品位分布，根据矿体的形状和尺寸，沿走向（图 5-16 中的水平方向）布置一个间柱，其宽度为 6m，把矿体划分成面积相近的 2 个区域；在垂直矿体走向方向上，根据岩石力学分析留设 3 个间柱，以承担顶柱回采后来自上下盘围岩的水平地应力，而且该地应力为最大主应力。根据矿体的几何形态和品位分布，确定 3 个间柱留设在勘探线 176、182、185 位置，宽度分别为 10m、15m 和 10m。三个间柱将顶柱矿体被划分为 4 个盘区，即 173 盘区、177 盘区、181 盘区、185 盘区，如图 5-16 所示。

5.3.3.3 采矿方法选择

初选采用上向进路充填采矿法回采顶柱，但进路可以沿矿体走向布置，也可以垂直于矿体走向布置。

A 方案一：上向进路充填采矿法（沿矿体走向布置进路）

由于该矿在 V 号矿体-530m 中段回采时，采场进路是垂直于矿体走向布置的，因而-580m 中段顶柱上面的人工假顶和配筋也是垂直于矿体走向布置的。为了保证人工假顶不整体冒落或折断，在-580m 中段顶柱回采时沿矿体走向布置采场，使下面的采空区和人工假顶成十字交叉状，这样有利于确保假顶的安全。

按此设计思路，采场方向沿矿体走向方向，长度为 20~35m，宽 5m。盘区及采场布置如图 5-17 所示。一步采场分两层回采，第一层高 3~3.5m，第二层高 2.5~3m，根据一

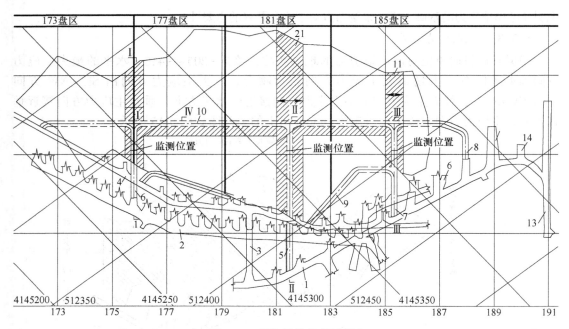

图 5-16　顶柱回收的盘区划分

步采场回采时暴露顶板的稳定性条件选取二步采场的回采高度。若顶板较稳定则二步采场一次采 6m，若顶板不稳定则二步采场和一步采场一样分两层回采。

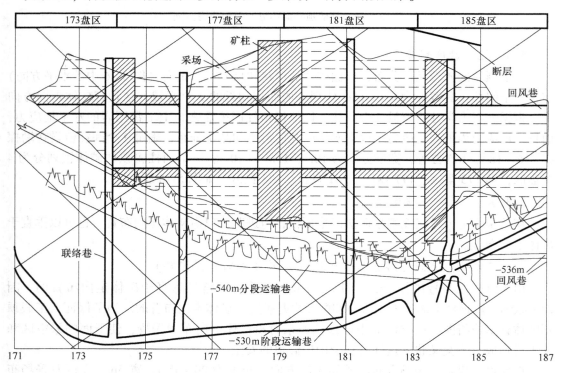

图 5-17　方案一盘区及采场布置

B 方案二：上向进路充填采矿法（垂直于矿体走向布置进路）

根据图 5-15 所示的地应力方向，由于顶部和底部的采场都已经充填而充填体的刚度有限，则在矿柱中必然有地应力的集中部位。通过地应力回归公式计算出地应力，最大主应力为垂直于矿体（-580 中段的顶柱）的走向方向。通过现场的调查，发现该矿 V 号矿体在开采过程中，凡是与矿体走向平行的巷道（如图 5-17 中的分段运输巷道），变形破坏比较严重，支护强度都非常高；而与矿体走向垂直的巷道（如图 5-17 中的穿脉巷道），稳定性相对比较好。因此，应该尽量避免巷道与最大主应力方向垂直。因此，此方案的设计就是依据这一理论，采场进路沿垂直于矿体走向布置。

采场进路方向垂直矿体走向方向布置，长度为盘区的长度，为了提高安全性，进路宽 5m。盘区及采场布置如图 5-18 所示。

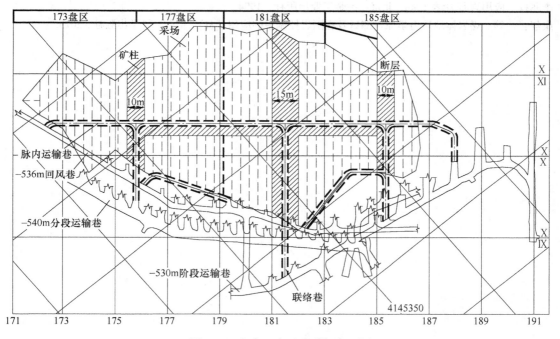

图 5-18　方案 2 盘区及采场布置图

我们对两种采场进路布置方案进行了数值模拟，结果表明，方案二能够最大限度地提高了进路的稳定性。后续试验采场的监测数据也证实了这一点。

思 考 题

5-1 岩体中的初始应力场有哪些分布规律？

5-2 巷道中高应力区存在哪些表现，如何进行有效维护？

5-3 如何测试地应力的大小？

5-4 岩体中高应力区存在会有哪些表现，如何进行有效利用和控制？

5-5 画图说明圆形巷道在双向压应力作用下巷道周边应力和破坏区分布与侧压系数有何关系。

5-6 如何根据地应力大小来估算发生岩爆的可能性？

参 考 文 献

Brady B H，Brown E T. 地下采矿岩石力学 ［M］. 3 版，2006. 佘诗刚，朱万成，赵文，等译. 北京：科学出版社，2011.

Roegiers J C. Elements of rock mechanics ［J］. Reservoir Stimulation（M. J. Economides，K. G. Nolte），2. 1-2. 21. Prentice-Hall：Englewood Cliffs，New Jersey，1989.

Stacey T R，Page C H. Practical handbook for underground rock mechanics ［M］. Clausthal-Zellerfeld，Germany：Trans Tech Publications，1986.

Villaescusa E，Seto M，Baird G. Stress measurements from oriented core ［J］. Int J Rock Mech Min Sci，2002，39（5）：603~615.

蔡美峰，何满潮，刘东燕. 岩石力学与工程 ［M］. 北京：科学出版社，2002.

李兆权. 应用岩石力学 ［M］. 北京：冶金工业出版社，1994.

康红普，等. 煤岩体地质力学原位测试及在围岩控制中的应用 ［M］. 北京：科学出版社，2013.

6 岩石力学数值分析方法

弹性力学给出了固体变形、应力和位移之间关系的控制方程，即平衡微分方程、几何方程和物理方程（简称为三大方程）。对于圆形和椭圆形巷道，如果问题可以简化成二维平面问题，可以通过对三大方程进行求解得到巷道周边的应力和位移解。但即使是这种简单的二维几何形状、边界条件和本构关系，应力和位移的表达式和求解过程也是相当复杂的。

如果把岩石视为弹性介质，则可以按照弹性力学的方法来求解岩石力学问题。岩体是一种天然的地质材料，它具有非均质、非连续、非线性以及复杂的加卸载条件和边界条件，这使得弹性或者塑性力学的条件不再适用，即便假定是适用的，也无法用解析方法简单地求解。在理论模型的基础上，数值计算方法具有较广泛的适用性。数值计算方法以岩石力学的基本理论为基础，它不仅能考虑岩体的复杂力学与结构特性，而且也可以很方便地分析各种边值问题和施工过程，并对工程响应进行预测。对于岩石力学与工程问题的数值分析，还应考虑岩体中的节理、裂隙等各种不连续面及其随工程活动和时间的变化。此外，利用工程现场的实测位移和变形等数据，进行数值反分析来获取岩体的物理力学参数，也是数值计算的有效应用之一。随着计算机技术的发展，岩石力学数值分析方法对于解决采矿工程问题的优势变得更加突出。

6.1 数值分析方法概述

数值分析方法的共同特点是，将带有边值条件的常微分方程或偏微分方程离散为线性代数方程组，采用适当的求解方法解方程组，获得基本未知量，进而根据几何方程和物理方程，求出研究范围内的其他未知量。弹性力学的三大方程是数值分析的基础。对于塑性和黏性的小变形问题，只是物理方程有所不同；如果考虑固体的大变形，则需要改变几何方程。对于静力学问题和动力学问题，实际上平衡方程会有所不同。

从数学力学基础来看，岩石力学数值分析方法可以分为两类：微分法与积分法。微分法中把问题域划分（离散）成单元。微分法的一种解题方法可以是基于对控制方程的数值近似，这就是经典的有限差分法的做法；也可以用另一种方法——有限元法，对单元位移和应力的连续性进行近似，然后实现对三大方程的离散化求解。

积分法的特点是用牵引力和位移等变量的边界值来给定问题并进行求解。边界元法就是这类方法，由于只对问题的边界进行定义和离散，该方法有效地把问题的维数降低一维，与微分法相比，大大提高了计算效率。

微分法和积分法在问题表述上的差异造成了它们各自的基本特点和处理方面的优点与不足。例如，有限元法可以很方便地处理材料非线性和非均匀性，但区域的外部边界的定义则是任意的，而且在整个域内会出现离散误差。边界元法能正确地模拟远场边界条件，使离散误差局限于问题的边界附近，并保证应力与位移在整个介质内完全连续变化，但这种方法最适合于线性及均匀材料，而非线性或非均匀介质材料破坏了边界元解法固有的简明性。

目前较为常用的数值分析方法有有限元法、边界元法、有限差分法、加权余量法、离散元法、刚体元法、不连续变形分析（DDA）方法、流形元方法等，其中前四种方法是基于连续介质力学的方法，随后的三种方法是基于非连续介质力学的方法，而最后一种方法则具有这两大类方法的共性特征，可以实现从连续到非连续的数值分析。

6.2 连续介质力学数值方法

连续介质力学数值方法在工程实际中应用广泛。任何问题总可以找到数值解，数值计算的基本思想是以偏微分方程的近似解来代替其真解，只要近似解与真解足够接近，就可以把近似解作为问题的解，并满足足够的精度。

数值计算的基本流程：（1）用一组（形式上）简单函数 Ψ_i 的线性组合来表示微分形式控制方程的近似解，线性组合的系数就是一组待定系数 C_i；（2）建立一种考虑微分方程和边界条件的关于真解 Φ 和近似解 $\overline{\Phi}$ 间误差的目标函数 F；（3）用适当的算法使该目标函数最小化，在最小化的过程中确定待定系数，从而也就得到了问题的近似解。

数学上，构成目标函数的方法很多，不同的构成方法形成了不同的数值解法，结构分析中最常见的是加权余量法和变分法。

有限元方法（FEM）的基础是变分原理或加权余量法，其基本求解思想是把计算域划分为有限个互不重叠的单元，在每个单元内，选择一些合适的节点作为求解函数的插值点，将微分方程中的变量改写成由各变量或其导数的节点值与所选用的插值函数组成的线性表达式，借助于变分原理或加权余量法，将微分方程离散求解。有限元方法最早应用于结构力学，后来随着计算机的发展慢慢用于流体力学的数值模拟中。有限元法基于最小总势能变分原理，使其能方便地处理各种非线性问题，灵活地模拟岩土工程中复杂的施工过程，因而成为岩石力学领域中应用最广泛的数值分析方法。

有限差分方法（FDM）是计算机数值模拟最早采用的方法，至今仍被广泛运用。该方法将求解域划分为差分网格，用有限个网格节点代替连续的求解域。有限差分法以Taylor 级数展开等方法，把控制方程中的导数用网格节点上的函数值的差商代替进行离散，从而建立以网格节点上的值为未知数的代数方程组。该方法是一种直接将微分问题变为代数问题的近似数值解法，数学概念直观、表达简单，是发展较早且比较成熟的数值方法。有限差分法是将问题的基本方程和边界条件以简单、直观的差分形式来表述，使其更易于在工程实际中应用。尤其是近年来 FLAC 程序在国内外的广泛应用，使得有限差分法在解决岩石力学问题时重获新生。

边界单元法（BEM）将所研究问题的偏微分方程设法转换为在边界上定义的边界积分方程，然后将边界积分方程离散化为只含有边界结点未知量的代数方程组，解此方程组可得边界结点上的未知量，并可由此进一步求得所研究区域中的未知量。它除了能处理有限元法所适应的大部分问题外，还能处理有限元法不易解决的无限域问题，广泛应用于各种场问题（应力场、电磁场、流场、热传导场）的计算中，特别对于隧道与地下工程常遇到的无限（深埋隧道）或半无限（浅埋隧道）域的应力场和位移场的计算，边界元法有其独特的优势。边界元法以表述拜特（Betti）互等定理的积分方程为基础，建立直接法的基本方程，并基于叠加原理建立间接法的总体方程。因其前处理工作量少、能有效模拟运场效应而普遍应用于无界域或半无界域问题的求解。

6.3　非连续介质力学数值方法

离散元法（discrete element method，DEM）是 20 世纪 70 年代由 Cundall 首先提出的，起源于分子动力学，最初用于岩石力学的研究。离散元法把研究对象分离为刚性元素的集合，使每个元素满足牛顿第二定律，用中心差分的方法求解各元素的运动方程，得到研究对象的整体运动形态；适用于模拟离散颗粒组合体在准静态或动态条件下的变形及破坏过程，应用领域主要包括岩石、土力学、脆性材料加工、粉体压实、散体颗粒输送等。离散元法按其单元类型可分为颗粒离散元和块体离散元。

流形元法（numerical manifold method，NMM）是石根华（1999）应用流形的覆盖技术建立的一种把有限元法、非连续变形分析方法和解析方法包含在内的全新的统一计算方法。这种方法以拓扑学中的拓扑流形和微分流形为基础，在分析域内建立可相互重叠、相交的数学覆盖和覆盖材料全域的物理覆盖，在每一个物理覆盖上建立独立的位移函数（覆盖函数），将所有覆盖上的独立覆盖函数加权求和，即可得到总体位移函数。然后，根据总势能最小原理，建立可以用于处理包括非连续和连续介质的耦合问题、小变形、大位移、大变形等多种问题的求解格式。它是一种具有一般形式的通用数值分析方法，有限元法和不连续变形分析法（DDA）都可以看作是它的特例。由于流形方法可在统一的理论框架下处理连续与非连续变形的计算分析问题，较之于有限元方法更适合于开裂模拟；但由于受网格连接与单元划分的限制，流形方法在工程尺度开裂计算上仍较为困难。

6.4　有　限　元　法

有限元方法广泛应用于结构分析、热分析、磁场分析、流体分析以及多物理场耦合分析等相关理论与工程问题中，岩石力学相关应力场和变形场的求解属于结构分析的一部分。在本节中，以计算给定边界条件下围岩弹性变形和应力分布为例，阐述有限元方法基本原理和实施过程。这类问题求解的基本未知量（节点自由度）是节点位移，其他如应变、应力和反力可通过节点位移导出。

6.4.1　位移模式

有限元求解的过程与解方程的思路相似，首先假设待求未知量即节点位移，利用单元节点的位移和节点坐标，以节点位移插值的形式表达单元内任一点的位移，即构造位移函数；然后利用弹性力学的理论，通过对位移函数求导数表达单元内任意一点的应变，利用物理方程求得应力，再利用虚功原理（节点力做功等于内部储存的应变能）建立单元节点位移和单元节点力之间的方程，最后按一定规则合成待求解问题的总体刚度矩阵，建立所有节点位移和外部载荷之间的关系，求得问题的解。因此，合理的构造位移模式（即位移函数）是有限元分析的关键。

有限单元的位移模式必须满足下面三个条件：（1）位移模式必须包含单元的刚体位移；（2）位移模式必须包含单元的常量应变；（3）位移模式在单元中必须连续，且相邻单元之间的位移必须协调。

有限元位移模式在节点上的值要等于节点位移，所采用的位移函数必须满足收敛准则。单元内任一点的位移常表示为坐标的幂函数，即采用多项式的位移模式，遵从低阶到高阶构造、唯一确定性的基本原则。多项式函数可以保持各向同性，不偏离某一坐标方向，又便于积分和微分，使有限元公式简单、直观，很容易满足收敛准则。

绝大多数幂函数可以用泰勒（Taylor）级数展开，根据需要取前几项即可逼近真实的位移函数解，如式（6-1）所示。

$$U(x, y, z) = \alpha_0 + \alpha_1 x + \alpha_2 y + \alpha_3 z + O(xy, yz, zx, x^2, y^2, z^2, \cdots) \tag{6-1}$$

例如，对于四节点的四面体单元取前四项就可以构造位移函数的一个近似解。

位移模式也可以表示成单元节点位移的插值形式：

$$U = \sum_{i=0}^{n} N_i u_i \tag{6-2}$$

$$V = \sum_{i=0}^{n} N_i v_i \tag{6-3}$$

$$W = \sum_{i=0}^{n} N_i w_i \tag{6-4}$$

式中　　U，V，W——单元内部三个坐标方向的位移函数；

　　　　　　n——单元的节点个数；

　　　　　　N_i——单元节点 i 的形函数；

　u_i，v_i，w_i——单元节点 i 的位移。

形函数 N 与位移函数是同阶次的。虽然形函数也是坐标的函数，但本质上形函数是一个权重系数，表示插值时节点位移对单元内任一点位移的贡献。形函数具备如下性质：

（1）在单元任一点上所有形函数的和为 1，即

$$\sum_{i=0}^{n} N_i = 1 \tag{6-5}$$

（2）形函数在本身节点上其值为 1，在其他节点上其值为 0；

（3）当点位于单元的边或面上时，位移函数仅与构成单元的边或面的节点的形函数有关，即在其他节点上形函数其值为 0。

6.4.2　常见单元类型的位移模式

常用单元类型有三节点三角形单元、六节点三角形单元、四节点四边形单元、双线性矩形单元、八节点等参单元、四面体常应变单元、四面体等参数单元、八节点六面体单元、八节点六面体等参单元、二十节点六面体等参单元等，见表 6-1。

表 6-1　常用单元的类型及位移模式

单　　元	节点自由度	每个单元的自由度数目	位移模式
三节点三角形单元	u, v	6	完全的线性多项式： $u = \alpha_1 + \alpha_2 x + \alpha_3 y$ $v = \alpha_4 + \alpha_5 x + \alpha_6 y$
六节点三角形单元	u, v	12	完全的二次多项式： $u = \alpha_1 + \alpha_2 x + \alpha_3 y + \alpha_4 x^2 + \alpha_5 xy + \alpha_6 y^2$ $v = \alpha_7 + \alpha_8 x + \alpha_9 y + \alpha_{10} x^2 + \alpha_{11} xy + \alpha_{12} y^2$
四节点矩形单元	u, v	8	不完全的二次多项式（双线性多项式）： $u = \alpha_1 + \alpha_2 x + \alpha_3 y + \alpha_4 xy$ $v = \alpha_5 + \alpha_6 x + \alpha_7 y + \alpha_8 xy$
四节点等参单元	u, v	8	$u = \sum_{i=1}^{4} N_i u_i$ $v = \sum_{i=1}^{4} n_i v_i$
八节点等参单元	u, v	16	$u = \sum_{i=1}^{8} N_i u_i$ $v = \sum_{i=1}^{8} N_i v_I$
九节点等参单元	u, v	18	$u = \sum_{i=1}^{9} N_i u_i$ $v = \sum_{i=1}^{9} N_i v_i$
四节点四面体单元	u, v, w	12	$u = a_1 + a_2 x + a_3 y + a_4 z$ $v = a_5 + a_6 x + a_7 y + a_8 z$ $w = a_9 + a_{10} x + a_{11} y + a_{12} z$
八节点六面体单元	u, v, w	24	$u(x, y, z) = a_0 + a_1 x + a_2 y + a_3 z + a_4 xy + a_5 yz + a_6 zx + a_7 xyz$ $v(x, y, z) = b_0 + b_1 x + b_2 y + b_3 z + b_4 xy + b_5 yz + b_6 zx + b_7 xyz$ $w(x, y, z) = c_0 + c_1 x + c_2 y + c_3 z + c_4 xy + c_5 yz + c_6 zx + c_7 xyz$

6.4.3 有限元分析——以三角形单元为例

将求解域划分为三角形单元网格，各部分之间用有限个点相连，每个部分称为一个三角形单元，连接点称为节点。如图6-1所示，三角形单元节点编号为 i、j、k。

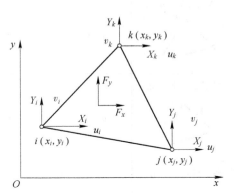

节点 i 的位移记为：

$$\delta_i = \{\delta_i\} = \begin{bmatrix} u_i & v_i \end{bmatrix}^T \tag{6-6}$$

单元节点的位移记为：

$$\delta^e = \begin{bmatrix} \delta_i^T & \delta_j^T & \delta_k^T \end{bmatrix}^T \tag{6-7}$$

节点 i 的节点力记为：

$$R_i = \{R_i\} = \begin{bmatrix} X_i & Y_i \end{bmatrix}^T \tag{6-8}$$

单元节点力记为：

$$R^e = \begin{bmatrix} R_i^T & R_j^T & R_k^T \end{bmatrix}^T \tag{6-9}$$

图 6-1 三角形单元示意图

体力记为：

$$F^e = \begin{bmatrix} F_x & F_y \end{bmatrix}^T \tag{6-10}$$

6.4.3.1 位移模式构建

根据位移模式构建原则，三角形单元的位移模式为：

$$u = \alpha_1 + \alpha_2 x + \alpha_3 y \tag{6-11}$$

$$v = \alpha_4 + \alpha_5 x + \alpha_6 y \tag{6-12}$$

根据位移模式的性质，代入节点坐标得：

$$u_i = \alpha_1 + \alpha_2 x_i + \alpha_3 y_i \tag{6-13}$$

$$u_j = \alpha_1 + \alpha_2 x_j + \alpha_3 y_j \tag{6-14}$$

$$u_k = \alpha_1 + \alpha_2 x_k + \alpha_3 y_k \tag{6-15}$$

$$v_i = \alpha_4 + \alpha_5 x_i + \alpha_6 y_i \tag{6-16}$$

$$v_j = \alpha_4 + \alpha_5 x_j + \alpha_6 y_j \tag{6-17}$$

$$v_k = \alpha_4 + \alpha_5 x_k + \alpha_6 y_k \tag{6-18}$$

利用线性代数的克莱姆法则求得位移模式的6个系数分别为：

$$\alpha_1 = \frac{1}{2\Delta} \begin{vmatrix} u_i & x_i & y_i \\ u_j & x_j & y_j \\ u_k & x_k & y_k \end{vmatrix}, \qquad \alpha_2 = \frac{1}{2\Delta} \begin{vmatrix} 1 & u_i & y_i \\ 1 & u_j & y_j \\ 1 & u_k & y_k \end{vmatrix}, \qquad \alpha_3 = \frac{1}{2\Delta} \begin{vmatrix} 1 & x_i & u_i \\ 1 & x_j & u_j \\ 1 & x_k & u_k \end{vmatrix}$$

$$\alpha_4 = \frac{1}{2\Delta} \begin{vmatrix} v_i & x_i & y_i \\ v_j & x_j & y_j \\ v_k & x_k & y_k \end{vmatrix}, \qquad \alpha_5 = \frac{1}{2\Delta} \begin{vmatrix} 1 & v_i & y_i \\ 1 & v_j & y_j \\ 1 & v_k & y_k \end{vmatrix}, \qquad \alpha_6 = \frac{1}{2\Delta} \begin{vmatrix} 1 & x_i & v_i \\ 1 & x_j & v_j \\ 1 & x_k & v_k \end{vmatrix}$$

式中，2Δ 为方程系数矩阵的行列式，即

$$2\Delta = \begin{vmatrix} 1 & x_i & y_i \\ 1 & x_j & y_j \\ 1 & x_k & y_k \end{vmatrix}$$

将行列式在节点位移所在列展开，则6个系数可以写成：

$$\begin{cases} \alpha_1 = \dfrac{1}{2\Delta} \sum_{k=i,j,m} a_k u_k \\[2mm] \alpha_2 = \dfrac{1}{2\Delta} \sum_{k=i,j,m} b_k u_k \\[2mm] \alpha_3 = \dfrac{1}{2\Delta} \sum_{k=i,j,m} c_k u_k \end{cases}$$

$$\begin{cases} \alpha_4 = \dfrac{1}{2\Delta} \sum_{k=i,j,m} a_k v_k \\[2mm] \alpha_5 = \dfrac{1}{2\Delta} \sum_{k=i,j,m} b_k v_k \\[2mm] \alpha_6 = \dfrac{1}{2\Delta} \sum_{k=i,j,m} c_k v_k \end{cases}$$

将如上两式代入位移模式式（6-11）可得：

$$u = \alpha_1 + \alpha_2 x + \alpha_3 y$$

$$= \frac{1}{2\Delta} \sum_{k=i,j,m} a_k u_k + \frac{1}{2\Delta} \sum_{k=i,j,m} b_k u_k \cdot x + \frac{1}{2\Delta} \sum_{k=i,j,m} c_k u_k \cdot y$$

$$= \frac{1}{2\Delta} [(a_i + b_i x + c_i y) u_i + (a_j + b_j x + c_j y) u_j + (a_k + b_k x + c_k y) u_k] \qquad (6\text{-}19)$$

同样可得：

$$v = \frac{1}{2\Delta} [(a_i + b_i x + c_i y) v_i + (a_j + b_j x + c_j y) v_j + (a_k + b_k x + c_k y) v_k] \qquad (6\text{-}20)$$

式中，a、b、c 等系数可利用如下行列式求代数余子式求出：

$$\begin{vmatrix} a_i & a_j & a_k \\ b_i & b_j & b_k \\ c_i & c_j & c_k \end{vmatrix} \Rightarrow \begin{vmatrix} 1 & 1 & 1 \\ x_i & x_j & x_k \\ y_i & y_j & y_k \end{vmatrix} \qquad (6\text{-}21)$$

如对照左侧求第一列的代数余子式，则可得：

$$a_i = \begin{vmatrix} x_j & y_j \\ x_k & y_k \end{vmatrix}, \quad b_i = - \begin{vmatrix} 1 & y_j \\ 1 & y_k \end{vmatrix}, \quad c_i = \begin{vmatrix} 1 & x_j \\ 1 & x_k \end{vmatrix}$$

式（6-19）及式（6-20）中节点位移前的系数项

$$N_i = \frac{1}{2\Delta} (a_i + b_i x + c_i y) \quad (i, j, k) \qquad (6\text{-}22)$$

称为形函数。因此，位移函数还可以写成如下形式：

$$u = N_i u_i + N_j u_j + N_k u_k = \sum N_i u_i \qquad (6\text{-}23)$$

$$v = N_i v_i + N_j v_j + N_k v_k = \sum N_i v_i \qquad (6\text{-}24)$$

采用矩阵形式，则单元任一点的位移为

$$\{ d \} = \begin{Bmatrix} u \\ v \end{Bmatrix} = [N_i I \quad N_j I \quad N_k I] \{ \delta \}^e = [N] \{ \delta \}^e \qquad (6\text{-}25)$$

式中，I 为二阶单位阵；$[N]$ 为形函数矩阵。

6.4.3.2 单元刚度矩阵

选定位移函数后，根据几何方程，建立单元内任一点的应变 $\{\varepsilon\}$ 与单元节点位移 $\{\delta\}^e$ 之间的关系：

$$\{\varepsilon\} = [B]\{\delta\}^e \tag{6-26}$$

$$\boldsymbol{B}(x,\ y) = [\partial]\boldsymbol{N} = \begin{bmatrix} \dfrac{\partial}{\partial x} & 0 \\ 0 & \dfrac{\partial}{\partial y} \\ \dfrac{\partial}{\partial y} & \dfrac{\partial}{\partial x} \end{bmatrix} \begin{bmatrix} N_1 & 0 & N_2 & 0 & N_3 & 0 \\ 0 & N_1 & 0 & N_2 & 0 & N_3 \end{bmatrix} \tag{6-27}$$

$$\boldsymbol{B}(x,\ y) = \frac{1}{2\Delta} \begin{bmatrix} b_1 & 0 & b_2 & 0 & b_3 & 0 \\ 0 & c_1 & 0 & c_2 & 0 & c_3 \\ c_1 & b_1 & c_2 & b_2 & c_3 & b_3 \end{bmatrix} = \begin{bmatrix} \boldsymbol{B}_1 & \boldsymbol{B}_2 & \boldsymbol{B}_3 \end{bmatrix} \tag{6-28}$$

式中，$[B]$ 称为应变转换矩阵（几何矩阵）。

根据物理方程，可建立单元内任一点的应力与单元节点位移之间的关系

$$\{\boldsymbol{\sigma}\} = [D]\{\varepsilon\} \Rightarrow \{\boldsymbol{\sigma}\} = [D][B]\{\delta\}^e = [S]\{\delta\}^e \tag{6-29}$$

式中，$[D]$ 为弹性矩阵；$[S]$ 称为应力转换矩阵。

对于平面应力问题，弹性矩阵为：

$$[D] = \frac{E}{1-\mu^2} \begin{bmatrix} 1 & \mu & 0 \\ \mu & 1 & 0 \\ 0 & 0 & \dfrac{1-\mu}{2} \end{bmatrix} \tag{6-30}$$

对于平面应变问题，弹性矩阵为：

$$[D] = \frac{E(1-\mu)}{(1+\mu)(1-2\mu)} \begin{bmatrix} 1 & \dfrac{\mu}{1-\mu} & 0 \\ \dfrac{\mu}{1-\mu} & 1 & 0 \\ 0 & 0 & \dfrac{1-2\mu}{2(1-\mu)} \end{bmatrix} \tag{6-31}$$

利用虚功原理，即单元节点力做的功等于单元内部储存的应变能，能够建立单元节点力 $\{R\}^e$ 和单元节点位移 $\{\delta\}^e$ 之间的关系。

节点虚位移为：

$$\{\delta^*\}^e = [\delta u_i \quad \delta v_i \quad \delta u_j \quad \delta v_j \quad \delta u_k \quad \delta v_k]^T \tag{6-32}$$

单元内任一点虚位移（用插值形式表示）：

$$\{d^*\} = [N]\{\delta^*\}^e \tag{6-33}$$

单元内虚应变：

$$\{\varepsilon^*\} = [B]\{\delta^*\}^e \tag{6-34}$$

内力虚功，也即储存的应变能：

$$\delta U = \iint \{\varepsilon^*\}^T\{\boldsymbol{\sigma}\} t\mathrm{d}x\mathrm{d}y = (\{\delta^*\}^e)^T \left(\iint [B]^T[D][B]t\mathrm{d}x\mathrm{d}y\right)\{\delta\}^e \tag{6-35}$$

式中，t 为单元的厚度（平面问题可取值为 1）。

外力虚功：

$$\delta W = (\{\delta^*\}^e)^T \{R\}^e \tag{6-36}$$

根据虚功原理 $\delta W = \delta U$，则有

$$\{R\}^e = \left(\iint [B]^T [D][B] t \mathrm{d}x \mathrm{d}y \right) \{\delta\}^e \tag{6-37}$$

$$\{R\}^e = [k]\{\delta\}^e \tag{6-38}$$

式中，$[k]$ 为单元刚度矩阵，即

$$[k] = \iint [B]^T [D][B] t \mathrm{d}x \mathrm{d}y \Rightarrow [k] = [B]^T [D][B] t \Delta \tag{6-39}$$

式中，Δ 为单元面积。

对三角形单元，其刚度矩阵具体内容为：

$$[k] = \frac{1}{2\Delta} \frac{1}{2\Delta} \frac{E}{1-\mu^2} t\Delta
\begin{bmatrix} b_i & 0 & c_i \\ 0 & c_i & b_i \\ b_j & 0 & c_j \\ 0 & c_j & b_j \\ b_k & 0 & c_k \\ 0 & c_k & b_k \end{bmatrix}
\begin{bmatrix} 1 & \mu & 0 \\ \mu & 1 & 0 \\ 0 & 0 & \dfrac{1-\mu}{2} \end{bmatrix}
\begin{bmatrix} b_i & 0 & b_j & 0 & b_k & 0 \\ 0 & c_i & 0 & c_j & 0 & c_k \\ c_i & b_i & c_j & b_j & c_k & b_k \end{bmatrix}$$

$$\tag{6-40}$$

单元刚度矩阵是一个对称矩阵。单元刚度矩阵中第 i 列的元素表示第 i 号位移为一单位值（$u_i = 1$，其他为 0）时引起的 6 个节点力。单元刚度矩阵中的每一个元素称为刚度系数，刚度系数表示一个力。

单元的形函数矩阵 $[N]$、应变转换矩阵 $[B]$、应力转换矩阵 $[S]$、单元刚度矩阵 $[k]$ 等在有限元分析中具有极其重要的地位。对于不同的单元类型，分析的方法和步骤以及公式的形式完全类似，只是形函数矩阵 $[N]$、应变转换矩阵 $[B]$、应力转换矩阵 $[S]$、单元刚度矩阵 $[k]$ 的具体内容有所不同。

6.4.3.3 边界条件和初始条件移置

A 载荷移置

有限元求解的未知量是节点上的位移，因此单元上所受外力（如面力、体力等）必须移置到节点上。移置原则是虚功等效原则，也即外力作用做的虚功等于节点等效力做的虚功。在线性位移模式下，虚功等效和静力等效是一致的，因此作用在单元上的荷载可以按简单的静力等效原则移置到节点上。对于非线性位移模式，就必须按虚功等效的原则进行移置。

单元节点等效力：

$$\{R\}^e = \begin{bmatrix} X_i & Y_i & X_j & Y_j & X_m & Y_m \end{bmatrix}^T \tag{6-41}$$

单元内虚位移：

$$\{d^*\} = [N]\{\delta^*\}^e \tag{6-42}$$

单元节点等效力虚功和外力所做虚功相等，即

$$(\{\delta^*\})^T \{R\}^e = \{d^*\}^T \{G\} + \int \{d^*\}^T \{q\} t \mathrm{d}s + \iint \{d^*\}^T \{p\} t \mathrm{d}x \mathrm{d}y \tag{6-43}$$

$$\{R\}^e = \{F\}^e + \{Q\}^e + \{P\}^e \tag{6-44}$$

则

集中力的等效结点力 $\qquad \{F\}^e = [N]^T\{G\}$ (6-45)

表面力的等效结点力 $\qquad \{Q\}^e = \int [N]^T\{q\}\,t\mathrm{d}s$ (6-46)

体积力的等效结点力 $\qquad \{P\}^e = \iint [N]^T\{p\}\,t\mathrm{d}x\mathrm{d}y$ (6-47)

式中，$[N]$ 为外力作用点处的形函数。

例如，三角形单元中受自重作用的体积力移置如图 6-2 所示。

等效节点力移置公式如下式所示：

$$\{P\}^e = \iint [N]^T\{p\}\,t\mathrm{d}x\mathrm{d}y \tag{6-48}$$

当单元上仅有自重作用时，有

$$\{g\} = [0 \quad -\gamma]^T \tag{6-49}$$

则由上式得

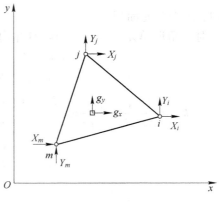

图 6-2　分布体力的等效移置

$$[R]^e = \iint \begin{bmatrix} N_i & 0 \\ 0 & N_i \\ N_j & 0 \\ 0 & N_j \\ N_m & 0 \\ 0 & N_m \end{bmatrix} \begin{Bmatrix} 0 \\ -\gamma \end{Bmatrix} t\mathrm{d}x\mathrm{d}y$$

$$= -\gamma t \iint [0 \quad N_i \quad 0 \quad N_j \quad 0 \quad N_m]^T \mathrm{d}x\mathrm{d}y \tag{6-50}$$

将面积坐标 $L_i = N_i$，$L_j = N_j$，$L_k = N_k$ 代入三角形重心坐标可得 $N_i = N_j = N_k = 1/3$，则

$$[R]^e = -\gamma t\Delta \left[0, \ \frac{1}{3}, \ 0, \ \frac{1}{3}, \ 0, \ \frac{1}{3}\right] \tag{6-51}$$

B　位移边界条件

在实际工程中的结构都是受到约束的，约束的作用是使实际结构消除刚体位移。在有限元分析中，为了使结构的整体平衡方程有确定的唯一解，必须将约束条件引入总刚度矩阵中去，这就是通常所说的约束处理，即位移边界条件处理。常用的主要有三种方法。

a　主对角元置 1 法

对于结构整体平衡方程式（6-52）：

$$\begin{bmatrix} K_{11} & K_{12} & \cdots & K_{1i} & \cdots & K_{1n} \\ K_{21} & K_{22} & \cdots & K_{2i} & \cdots & K_{2n} \\ \vdots & \vdots & \vdots & \vdots & \vdots & \vdots \\ K_{i1} & K_{i2} & \cdots & K_{ii} & \cdots & K_{in} \\ \vdots & \vdots & \vdots & \vdots & \vdots & \vdots \\ K_{n1} & K_{n2} & \cdots & K_{ni} & \cdots & K_{nn} \end{bmatrix} \cdot \begin{Bmatrix} \delta_1 \\ \delta_2 \\ \vdots \\ \delta_i \\ \vdots \\ \delta_n \end{Bmatrix} = \begin{Bmatrix} F_1 \\ F_2 \\ \vdots \\ F_i \\ \vdots \\ F_n \end{Bmatrix} \tag{6-52}$$

若 $\delta_i = d_0$ 已知，则可将总刚度矩阵 $[K]$ 中第 i 行的主对角元 K_{ii} 改写成 1，将 i 行及 j

列 ($j = 1$, 2, $\cdots$; $j \neq i$) 的其他元素都改写为零，而右端项改写成

$$F_i = D_0 \tag{6-53}$$

$$F_j = F_j - K_{ji}d_0 (j = 1, 2, \cdots; j \neq i) \tag{6-54}$$

$$\sum_{\substack{j=1 \\ j \neq i}}^{n} K_{ij}\delta_j + K_{ii}\delta_i = F_i \tag{6-55}$$

$$\delta_i = d_0 \tag{6-56}$$

b 主对角元乘大数法

设节点位移 $\delta_i = d_0$ 是已知的，以主对角元乘大数法进行约束处理，是将刚度矩阵 $[K]$ 中的第 i 行主对角元 K_{ii} 乘以一个相当大的数，一般乘以 $10^{12} \sim 10^{20}$，即取

$$\overline{K}_{ii} = K_{ii} \times (10^{12} \sim 10^{20}) \tag{6-57}$$

同时将右端荷载列阵中的 F_i 改写为 $\overline{K}_{ii}d_0$，这样，第 i 个方程就变成

$$\sum_{\substack{j=1 \\ j \neq i}}^{n} K_{ij}\delta_j + \overline{K}_{ii}\delta_i = \overline{K}_{ii}d_0 \tag{6-58}$$

上式中由于 δ_j 的量级不大，因此 $\sum\limits_{\substack{j=1 \\ j \neq i}}^{n} K_{ij}\delta_j$ 的数值比 $\overline{K}_{ii}$ 小得多，将它们略去可得

$$\overline{K}_{ii}\delta_i = \overline{K}_{ii}d_0 \tag{6-59}$$

$$\delta_i \approx d_0 \tag{6-60}$$

这种方法的优点在于不改变式（6-52）中 $[K]$ 的排列次序，计算机程序较简单，只是解是近似的。为了提高精度，可以加大乘数，由于各种机器的字长限制，所允许的乘数也不相同，若某问题的总刚元素很大，乘子也很大，这样处理就可能导致计算溢出，即计算的几个量相乘起来，超过了计算机允许的最大数，使计算归于失败。

c 重排方程编号的约束处理方法

重排方程编号的约束处理方法（又称划行划列法）与前述两种方法不同的是，在组合总刚前对总刚度矩阵 $[K]$ 进行预处理，即事先将与已知零位移有关的方程去掉，然后对方程即节点位移未知量重新进行编号，最后按此新的节点位移未知量编号进行结构总刚度方程的组集与求解。这种约束处理方法不仅可大大节省内存，而且可减少计算工作量，从而加快运算速度。

6.4.3.4 总刚度矩阵合成

A 单元定位向量 IEW (6)

单元刚度矩阵元素的行号 i 和列号 j 是单元刚度矩阵元素本身的下标（局部码），所有单元的单元刚度矩阵的局部码都是相同的，对于三角形单元均为 1~6。单元刚度矩阵元素下标的另一种编码是总体码，即单元刚度矩阵元素在总刚中的行、列号。对于不同的单元，单元刚度矩阵元素的总体码是不相同的。单元刚度矩阵元素的总体码由单元定位向量确定。

单元的定位向量用数组 IEW (6) 表示。单元定位向量是按单元节点编号由各节点的未知量编号组成的。单元定位向量的作用是确定单元刚度矩阵元素在总刚度 $[K]$ 中的位置，确定单元节点位移列向量 $\{\delta\}^e$ 在整个结构节点位移列向量 $\{\Delta\}$ 中的位置，确定单

元节点力向量 $\{F\}^e$ 在整个结构节点力向量 $\{F\}$ 中的位置。

　　B　组合总刚

　　任何节点的平衡都要求在节点处施加的外力与等效节点内力的合力相平衡。在公共节点上，围绕该公共节点的单元刚度矩阵相应元素相加。于是，只要考虑各个单元的连接，就可以进行总刚度矩阵 $[K]$ 的组合，最后得到组合体的总体方程

$$[K]\{\Delta\} = \{F\} \tag{6-61}$$

　　解总体方程（6-61）可以得到节点位移向量 $\{\Delta\}$，然后每个单元的应力状态可以利用方程（6-29）直接从有关的节点位移来计算。

　　总刚度矩阵是一个稀疏矩阵，该矩阵的绝大多数元素都是零，非零元素只占很小一部分。这是因为在总刚度矩阵中，只有相关节点未知量对应的行和列才是非零元素，不是相关节点未知量就不会在该节点产生节点力，因而反映在总刚度矩阵中是零元素。相关节点未知量是指凡与未知量 i 在同一单元内的未知量，而凡是未知量 i 的相关未知量所在的节点均称为相关节点。

6.4.4　有限元分析软件

　　基于有限元分析（FEA）算法编制的软件，即为有限元分析软件。通常，根据软件的适用范围，可以将之分为专业有限元软件和大型通用有限元软件。经过了几十年的发展和完善，各种专用的和通用的有限元软件已经使有限元方法转化为社会生产力。有限元分析软件目前最流行的有 ABAQUS、ANSYS、MSC 三种，这三种软件基本功能都类似。另外，还有这几年兴起的 COMSOL Multiphysics、RFPA 等。这里值得提及的是 RFPA（rock failure process analysis）软件，区别于其他的有限元分析软件，RFPA 是国内首个具有自主知识产权、能够实现岩石破裂过程分析的软件系统。

　　岩石破裂过程分析系统（rock failure process analysis），是基于弹性损伤模型和有限元方法开发的一个模拟岩石破裂过程的数值模拟工具。唐春安（1997，2000，2003，2004）提出了岩石细观单元强度满足某个正态统计分布的假设，认为细观非均匀性是造成准脆性材料宏观非线性的根本原因，用统计损伤的本构关系考虑了岩石材料的非均匀性和缺陷分布的随机性。此后，基于"脆性破裂孕育在小变形之中"的深刻认识，唐教授课题组提出了基于小变形和大位移原理的岩石破裂全过程分析学术思想：

　　（1）通过引入"数学结构连续"而"物理结构不连续"的单元破坏等效算法，将复杂的非连续介质破裂问题"转化"成简单的连续介质力学问题；

　　（2）通过考虑细观介质的非均匀性，将复杂的宏观非线性变形问题"转化"成简单的细观线性力学问题；

　　（3）通过实施宏观结构的精细数值模拟，将复杂的断裂力学问题"转化"成简单的损伤力学问题，使得复杂岩石破裂过程问题的数值分析成为可能。

　　基于如上三个"转化"，唐春安原创研发了具有自主知识产权的岩石破裂过程分析 RFPA（rock failure process analysis）新方法，实现了岩石破裂全过程的数值模拟，并推广应用于混凝土等材料损伤破坏的研究。RFPA 的创新型主要体现在以下几个方面：

　　（1）在岩石破裂过程数值分析中，基于"岩石变形破裂过程的非线性源于岩石介质的非均匀性"这一发现，考虑了岩石材料具有非均匀性这一本质特征，为从本质上认识

岩石类介质的非线性渐进破坏过程提供了新的学术思路。证实了在考虑介质非均匀性的前提下，细观层次上采用简单的损伤力学本构关系，足以描述岩石在宏观层次上的非线性变形行为和复杂破坏现象。

（2）突破了传统有限元方法在处理非均匀介质裂纹扩展问题中的局限性，引入了"物理结构不连续"而"数学结构连续"的单元破坏近似算法，从根本上避免了增量加载算法在材料强度"峰后"可能造成"数学不稳定"的求解不收敛问题，该方法更易于分析裂纹萌生、扩展、贯通的过程，实现了非均匀、非连续介质从连续变形到非连续破坏过程的数值模拟。

（3）提出了岩石破坏过程中渗流-损伤、热传导-损伤、动态载荷-损伤、蠕变-损伤演化过程耦合方程，建立了流体（水、气）渗流、温度、动态载荷、蠕变等因素诱发岩石破裂过程的数值分析方法，揭示了岩石类材料热破坏、渗流导致破坏、动态破坏及其蠕变破坏的力学机理。

（4）原创研发了具有自主知识产权的岩石破裂过程分析 RFPA^{2D}、RFPA^{3D} 大型数值模拟软件，提出了岩石破坏演化过程迭代计算的高性能并行计算算法，突破了亿级自由度的解题规模，实现了滑坡、岩层移动、顶板垮落、突水乃至含瓦斯煤岩突出等岩体工程灾害的数值模拟，为岩体动力灾害的机理研究和工程稳定性分析提供了一个数值模拟工具（软件著作权登记号：990111），是我国岩石力学界第一套具有自主版权的岩石破裂过程分析系统。

（5）把强度折减方法、离心加载技术嵌入岩石破坏过程数值模型和 RFPA 系统中，实现了 RFPA 系统在岩石破裂过程强度折减与离心加载技术研究中的应用；基于数字图像表征技术实现了岩体结构面分布的表征，为 RFPA 系统进行非均匀岩石和节理岩体的数值建模提供了重要的手段。

（6）建立基于教育部支持的中国网格计划（ChinaGrid）的岩石破裂过程分析 RFPA 系统，为岩体工程灾害分析服务。在教育部中国网格计划的支持下，岩石破裂过程分析教学软件系统在 2004 年就作为唯一岩土工程类软件入选教育部中国网格计划 ChinaGrid 项目。基于网格计算技术，该软件系统已成功移植到公共支撑平台 CGSP（ChinaGrid Support Platform）和校园网格平台之上，在高性能计算机运算环境下突破了亿级自由度的解题规模，是迄今为止我国岩土工程界解题规模最大、版权自主的大规模数值分析系统。

RFPA 已经广泛应用于岩石破裂过程机制、岩石裂纹扩展、岩石损伤过程流固耦合等方面的数值模拟研究，同时也用于岩爆、突水、边坡失稳、地表沉陷、煤与瓦斯突出等采矿工程问题研究。

6.5 边 界 元 法

视频：RFPA 有限

元模拟——多矿

柱连锁失稳

下面我们只讨论承受初始应力的无限弹性体中的等截面硐室情况。图 6-3（a）所示为在承受 x 方向单轴应力 p_{xx} 的介质中，拟开挖的硐室表面 S 的迹线。表面上任何一点开挖前的荷载状态由牵引力 $t'_x(S)$ 定义。当 S 内部的介质挖去之后，硐室表面不受牵引力作用，如图 6-3（b）所示。如果在无穷远处应力为零的介质中作用表面牵引力 $t'_x(S)$，与图 6-3（a）所示的牵引力大小相等，方向相反，上述条件就能满足，需要的诱导牵引力的分布如图6-3（c）所示。将图6-3（a）和（c）叠加，应力介质的内表面就没有牵引力作用了。由此可以得出结论，如果建立一种求解图6-3（c）问题的方法，那么，实际问题（图6-3（b））的解就可立即求出。因此，下面就讨论开挖引起的牵引力、位移、应力以及连续介质中特定表面诱导牵引力条件的求解方法。

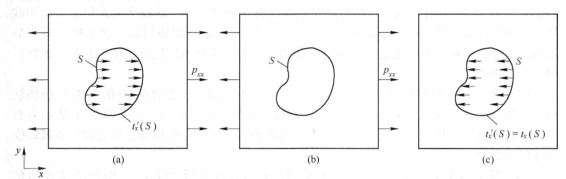

图6-3　叠加法表明巷道的形成在力学上等价于在连续介质表面引入一组拉力

对于承受一般双轴应力的介质，表面 S 上任何一点诱导牵引力可分解为 $t_x(S)$ 和 $t_y(S)$ 两个分量，如图6-4（a）所示。在建立边界元解法时，要求对表面 S 进行离散，并用代数方法进行描述，找到满足边界 S 上的外加诱导牵引力条件的方法。

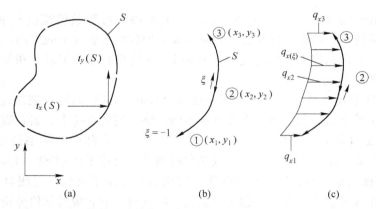

图6-4　用于推导二阶等参间接边界元公式的表面单元及荷载分布

表面 S 的几何条件可以很方便地利用 S 上的一组节点（或称配置点）在总体坐标系 xy 中的位置坐标来表示。S 面上一个有代表性的边界单元由 3 个相邻的节点构成，如图6-4（b）所示。表面单元的全部几何条件可以通过这些节点位置坐标之间的适当插值来近似。图6-4（b）定义了单元的内部坐标 ξ，在单元内部，$-1 \leqslant \xi \leqslant 1$。考虑单元节点1、2、3，假设定义一组函数：

$$N_1 = -\frac{1}{2}\xi(1 - \xi)$$
$$N_2 = 1 - \xi^2 \qquad\qquad (6\text{-}62)$$
$$N_3 = \frac{1}{2}\xi(1 + \xi)$$

这组函数的性质是，每个函数都在某个特定的节点取 1，在其他两个节点上则为零。因此，它们可用于单元几何形状的下列插值公式：

$$x(\xi) = x_1 N_1 + x_2 N_2 + x_3 N_3 = \sum x_a N_a$$

$$y(\xi) = \sum y_a N_a \tag{6-63}$$

可以看出，插值函数式（6-62）的性质保证了对于 $\xi = -1$、0、1，方程（6-63）可以分别给出节点 1、2、3 的位置坐标，而且方程（6-62）和式（6-63）可以看作是定义了一种从单元局部坐标 ξ 到总体坐标系 xy 的变换。

众所周知，在寻求图 6-4（a）提出的边界值问题的解时，表面 S 外部介质中应力与位移的分布由表面 S 上的条件可以被唯一地确定（Love，1944）。因此，如果能建立某种方法，使得在 S 上产生的牵引力分布与已知的外加分布相同，那么实际上问题的解就得到了。例如，假设 x 和 y 方向的线荷载奇异点为连续分布 $q_x(S)$、$q_y(S)$，它们分布在连续介质的表面 S 上。利用单位线荷载问题产生的应力分量的解以及在任意点 i 处 S 的切线已知的条件，可以确定 x、y 方向的牵引力分量 T_{xi}^x、T_{xi}^y 及 T_{yi}^x、T_{yi}^y。当点 i 是表面上的节点时，为了满足 S 上的已知条件，必须满足下列条件：

$$\int_S [q_x(S) T_{xi}^x + q_y(S) T_{xi}^y] \mathrm{d}S = t_{xi}$$

$$\int_S [q_x(S) T_{yi}^x + q_y(S) T_{yi}^y] \mathrm{d}S = t_{yi} \tag{6-64}$$

方程（6-64）的离散化要求虚拟荷载沿表面的分布 $q_x(S)$、$q_y(S)$ 用它们的节点值来表示。假设对任一单元，插值函数式（6-62）也可以用来定义虚拟荷载相对于单元内部坐标 ξ 的分布，即

$$q_x(\xi) = q_{x1} N_1 + q_{x2} N_2 + q_{x3} N_3 = \sum q_{xa} N_a$$

$$q_y(\xi) = \sum q_{ya} N_a \tag{6-65}$$

则方程（6-64）离散后可以写为

$$\sum_{j=1}^n \int_{S_e} [q_x(S) T_{xi}^x + q_y(S) T_{xi}^y] \mathrm{d}S = t_{xi} \tag{6-66}$$

$$\sum_{j=1}^n \int_{S_e} [q_x(S) T_{yi}^x + q_y(S) T_{yi}^y] \mathrm{d}S = t_{yi} \tag{6-67}$$

式中，n 是边界元的数目，每个面积分的值都在每个边界元 j 的区间 S_e^j 上进行计算。

考虑一个单元，其上的一个面积分可以表示为

$$\int_{S_e} [q_x(S) T_{xi}^x + q_y(S) T_{xi}^y] \mathrm{d}S = \sum q_{xa} \int_{-1}^1 N_a(\xi) T_{xi}^x(\xi) \frac{\mathrm{d}S}{\mathrm{d}\xi} \mathrm{d}\xi + \sum q_{ya} \int_{-1}^1 N_a(\xi) T_{xi}^y(\xi) \frac{\mathrm{d}S}{\mathrm{d}\xi} \mathrm{d}\xi \tag{6-68}$$

方程式（6-68）定义的插值函数（N）与核函数（T）之积分可以方便地用标准高斯求积法计算。用方程式（6-68）对方程式（6-66）和式（6-67）的所有组成部分进行计算，可以发现，对于 m 个边界节点，有

$$\sum_{j=1}^{n}\left(q_{xj}T_x^{x*}+q_{yj}T_x^{y*}\right)=t_{xi}$$

$$\sum_{j=1}^{n}\left(q_{xj}T_y^{x*}+q_{yj}T_y^{y*}\right)=t_{yi}$$

(6-69)

其中，T_x^{x*} 等变量是各个插值函数积分的结果；对于每个单元的端部节点，T_x^{x*} 等变量等于与相邻单元相对应的积分的和。对于全部 m 个边界节点都建立类似式（6-69）的方程以后，可以把它们重新写成以下形式：

$$\left[T^*\right]\left[q\right]=\left[t\right] \tag{6-70}$$

方程（6-70）表示有 $2m$ 个未知数的 $2m$ 个方程，未知数是虚拟边界荷载强度的节点值。

一旦方程（6-70）对节点荷载强度的向量解出以后，问题的其他未知数就容易计算了。例如，节点位移，或介质中内点 i 的位移，可以由下式确定：

$$u_{xi}=\int_S\left[q_x(S)U_{xi}^x+q_y(S)U_{xi}^y\right]\mathrm{d}S$$

$$u_{yi}=\int_S\left[q_x(S)U_{yi}^x+q_y(S)U_{yi}^y\right]\mathrm{d}S$$

(6-71)

类似地，介质中内点 i 的应力分量为

$$\sigma_{xxi}=\int_S\left[q_x(S)\sigma_{xxi}^x+q_y(S)\sigma_{xxi}^y\right]\mathrm{d}S$$

$$\sigma_{yyi}=\int_S\left[q_x(S)\sigma_{yyi}^x+q_y(S)\sigma_{yyi}^y\right]\mathrm{d}S$$

$$\sigma_{xyi}=\int_S\left[q_x(S)\sigma_{xyi}^x+q_y(S)\sigma_{xyi}^y\right]\mathrm{d}S$$

(6-72)

在方程式（6-71）和式（6-72）中，U_{xi}^x、σ_{xxi}^x、U_{xi}^y、σ_{xxi}^y 等是 x、y 方向的单位线荷载引起的位移和应力。方程式（6-71）和式（6-72）可以利用方程式（6-66）~式（6-68）定义的方法来离散，得到的所有积分都可以用标准求积法进行计算。

在建立方程式（6-64）、式（6-71）、式（6-72）时，已经隐含地使用了叠加原理。因此，这一方法可以用于介质的线性弹性性态，或至少是分段线性弹性性态。因为单元几何条件和虚拟荷载的变化都采用二阶插值函数（方程式（6-62））表示，所以这一方法又可叫做二阶等参边界元法。

为了满足外加边界条件，在解题过程中引入了虚拟荷载分布 $q_x(S)$、$q_y(S)$，因此这一方法被称为边界元法的间接法。直接法的算法源于节点位移 $[u]$ 和牵引力 $[t]$ 之间的一种关系，这种关系基于 Betti 的功的互等定量（Love，1944），这种方法的表述也是等参的，单元几何条件、表面牵引力和位移均相对单元的内部坐标呈二次变化。

边界元法作为一种数值计算方法，其应用要通过计算程序来实现。这种计算程序作为应用软件，是随着边界元方法的发展而发展的。20 世纪 70 年代以后，随着边界元法国际会议在世界各地逐年举行，陆续有边界元法应用软件的新成果问世。1982 年第四届边界元法国际会议上，英国南安普敦大学的 Danson 介绍了他们研制的边界元分析程序包BEASY，它是国际上第一个边界元的大型软件。1985 年以来，边界元技术国际会议在世界各地举行，它着重于边界元计算技术的研究和应用，包括工程应用、计算技术和工业应

用等，这对边界元应用软件的发展起到促进作用。现在，边界元法应用软件已由原来的解决单一问题的计算程序向具有前后处理功能、解决多种问题的边界元程序包发展。已经形成的程序包有 BEASY（英国）、CA. ST. OR（法国）、BETSY（德国）、SURFES（日本）、EZBEA（美国）、BESMAP（中国）等。目前，应用于岩土领域的商业软件主要有Examine3D、MAP3D 等，主要用于分析地下岩石开挖引起的应力应变变化等。但是，目前边界元程序包无论在质量上还是数量上均与有限元法程序包的发展有一定的差距。要想使边界元法像有限元法那样得到广泛应用，还必须发展各种各样的高质量通用程序包。

6.6　离　散　元　法

　　边界元法和有限元法都广泛地用于地下巷道设计，经修改后，这两种方法都可以处理介质不连续问题，诸如穿过岩体的断层、剪切区等。但是，由于推导解题方法时所采用的分析原则，任何非弹性位移都被限制在弹性的数量级范围内。在某些现场，采矿巷道周围岩体的性质受到散布于岩体中的不连续面控制，如图 6-5 所示。这是因为不连续面的刚度（即力/位移）可能大大低于完整岩石的刚度。在这种情况下，块体的弹性性质可以忽略而视为刚体。Cundall（1971）阐述的离散元法最先把不连续岩体作为准刚性块体的集合体来处理，这些块体通过可变形的节理相互作用，

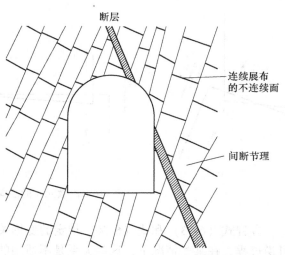

图 6-5　洞周性态受离散岩块所控制的岩体

节理的刚度是可定义的，这就是我们现在要讨论的方法。这个方法是从 Southwell（1940）描述的常规松弛法和 Otter 等人（1966）阐述的动力松弛法发展起来的。离散元法的算法是建立在力-位移定律和运动定律的基础上的。力-位移定律规定刚性岩块之间的相互作用，运动定律确定由于不平衡力引起的岩块的位移。

6.6.1　力-位移定律

　　其把构成节理组合体的块体看作是刚性的，就是说，块体的几何形状不受块间接触力的影响。因此认为组合体的变形是由节理变形引起的，正是系统的这一性质使得组合体在平衡力系作用下静定。从直觉上讲，节理的切向变形很可能比其法向变形大得多。

　　确定块体间的接触引起的法向力时，假设块体边界发生假想的重叠 δ_n，如图 6-6（a）所示，那么当假设如下的线性力-位移定律时，就可以计算法向接触力：

$$F_n = K_n \delta_n \tag{6-73}$$

式中　K_n——节理的法向刚度。

　　当两个块体表面的位置几乎平行并且成一线时（图 6-6（b）），假设在两个接触点发

生相互作用，则可用方程式（6-73）确定它们的接触力。诚然，这种相互作用的两点模式的现实可能性尚有待进一步探讨，但是，当岩块的初始变形匹配平衡条件受到扰动后，接触点的数目很小，这种可能性是很大的。这些接触点的位置也不大可能是影响节理的剪切变形。

方程式（6-73）表明块体间的法向接触力由块体的相对空间位置唯一决定。但是，切向接触力在任何阶段都取决于接触点所经历的变形路径，因此必须计算岩块的增量剪切位移，然后用它们确定两个块体间的增量剪切力。图 6-6（c）所示的剪切位移增量 δ_s、剪切力增量 ΔF_s 由下式确定：

$$\Delta F_s = K_s \delta_s \tag{6-74}$$

式中 K_s ——节理剪切刚度。

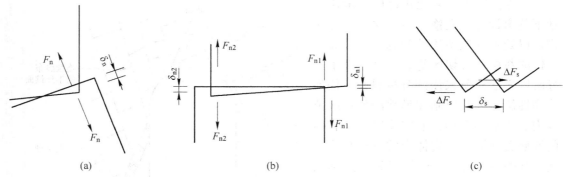

图 6-6   离散元间的法向与切向作用方式

方程式（6-73）和式（6-74）规定的变形关系是弹性的，因为它们描述的是无耗散的可逆过程。在某些情况下，这些关系是不适用的。例如，当节理张开时，块体表面的法向力与切向力就消失。如果在某一阶段，作用在接触点的剪力 F_s 超过了最大摩擦阻力（对于无黏结力的表面，最大摩擦阻力为 $F_n \tan\phi$），则发生滑动，剪力取极限值 $F_n \tan\phi$。因此，不管用什么算法处理，在每一个法向和切向位移增量的计算之后，都必须计算总剪力。如果剪力大于极限摩擦阻力，则需重新建立节理的弹性变形条件。

6.6.2 运动定律

方程式（6-73）和式（6-74）表明作用在块体上的一组力是如何通过块体与相邻块体的相对位置确定的。对于每个块体，这些力都可以合成为合力和力矩。根据牛顿的运动第二定律，可以确定块体形心的平动以及块体绕形心的转动，即对 x 方向，有

$$\ddot{u}_x = \frac{F_x}{m} \tag{6-75}$$

式中 $\ddot{u}_x$ ——块体形心沿 x 方向的加速度；

         F_x ——块体 x 方向的合力；

         m ——块体质量。

块体形心的平动可以通过方程（6-75）用数值积分方法确定。设时间增量 Δt 已选定，即可确定在这段时间内块体的平动。块体的速度和平动近似等于

$$\dot{u}_x(t_1) = \dot{u}(t_0) + \ddot{u}_x \Delta t$$

$$u_x(t_1) = u_x(t_0) + \dot{u}_x \Delta t$$

对于块体在 y 方向的平动及块体的转动，容易建立类似的表达式。

6.6.3 计算方法

从概念上和算法上讲，离散元法是这里所讨论的最简单的分析方法。在它的计算过程中，为取得满意的结果，对一些问题需要慎重处理：第一，积分运动定律的时间步长不能随意选取，Δt 取值过大会引起数值的不稳定；第二，对于力学上稳定的块体组合，上述动力松弛法没有系统能量耗散机制，在计算中表现为对时间积分的过程中块体不断振动，因此必须引入阻尼机制，以消除块体移动到平衡位置时的弹性应变能，通常是采用黏性阻尼。然后，用时间步长迭代所控制的一系列位移增量来计算块体的运动。要达到块体组合体的平衡，可能需要进行几千个时间步长的迭代。

6.6.4 离散元软件

目前开发离散元商用程序最有名的公司要属由离散元思想首创者 Cundall 加盟的 ITASCA 国际工程咨询公司开发的二维 UDEC（universal distinct element code）和三维 3DEC（3-dimensional distinct element code）块体离散元程序，主要用于模拟节理岩石或离散块体岩石在准静或动载条件下力学过程及采矿过程的工程问题。该公司开发的 PFC2D 和 PFC3D（particle flow code in 2/3 dimensions）则分别为基于二维圆盘单元和三维圆球颗粒单元的离散元程序，它主要用于模拟大量颗粒元的非线性相互作用下的总体流动和材料的混合，含破损累计导致的破裂、动态破坏和地震响应等问题。Thornton 的研究组研制了 GRANULE 程序，可进行包括不同形状的干、湿颗粒结块的碰撞-破裂规律研究，离散本构关系的细观力学分析，料仓料斗卸料规律研究等。

国内离散元软件的开发起步较晚，但随着离散元方法研究的升温，也出现了许多用于岩土领域的块体离散元分析软件，例如 2D-Block、中国科学院与极道成然公司联合开发的 GDEM 以及基于 GPU 矩阵计算法和三维接触算法的离散元软件 MatDEM 等。

6.7　有限差分法

视频：MatDEM
离散元——
滑坡模拟

连续体的动力松弛法和有限差分法在可变形岩体中分析应力和变形有着悠久的历史，起源于 Southwell（1940）和 Otter 等（1966）的研究成果。Itasca 公司在 2003 年开发了 FLAC 与 FLAC3D 程序，这些程序已经在开挖工程、支护和加固设计中得到广泛应用。

FLAC（连续介质快速拉格朗日分析）旨在分析连续介质，或者含有极稀疏节理的介质问题。FLAC 和 FLAC3D 是详细的有限差分方法解决问题域的典型程序，需要考虑初始和边界条件以及介质的本构方程。一个详细的程序，是指未知的问题可以直接通过已知的量，按照每个差分方程的步骤逐步确定。这种做法的优点是，不需要形成大型矩阵，减少了对计算机内存的要求，局部复杂行为（如应变软化）不会导致数值不稳定，并且解决了迭代求解过程在达到平衡前会消耗过多计算时间的缺点。考虑二维的简单情况，一个有限差分方案是将一个整体划分成方便的组，即任意形状的四边形区，如图6-7（a）所示。对于每个代表域，基于运动方程和岩石的本构方程建立差分方程，将来自网格点或节点的邻近区域的部分质量组集成为集中质量，如图6-7（b）所示，用一个程序在每一个网格点计算不平衡力，这提供了构建和整合运动方程的起始点。Gauss Divergence 定理是该方法确定不平衡网格力的依据。关于应力和面力，需要的定理形式为

$$\frac{\partial \sigma_{ij}}{\partial x_i} = \lim_{A \to 0} \int_s \sigma_{ij} n_j \mathrm{d}S \quad (i,\ j = 1,\ 2) \tag{6-76}$$

式中 x_i——组件的位置分量；

  σ_{ij}——组成部分应力分量；

   A——曲面 S 的面积；

  $\mathrm{d}S$——增量表面轮廓弧长；

  n_j——$\mathrm{d}S$ 的对外正常单元。

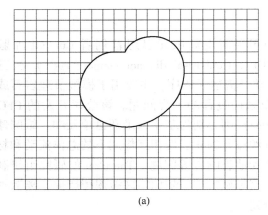
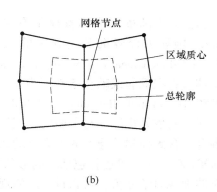

图6-7 有限差分网格与典型格点围线积分

（a）有限差分网格示意图；（b）典型区域网格点围线积分

对式（6-76）的右边进行数值逼近，以得到节点上的作用力，这涉及作用力矢量在线性或平面面积上乘积的求和。

运动微分方程为

$$\rho \frac{\partial \dot{u}_i}{\partial t} = \frac{\partial \sigma_{ij}}{\partial x_i} + \rho g_i \tag{6-77}$$

式中 $\dot{u}_i$——网格点的速率；

  g_i——i 坐标方向组成的重力加速度分量。

将上式代入式（6-76）可得

$$\frac{\partial \dot{u}_i}{\partial t} = \frac{1}{m} \int_S \sigma_{ij} n_j \mathrm{d}S + g_i \tag{6-78}$$

其中，$m = \rho A$，ρ 表示密度。

如果一个力 F_i 应用到相应的网格点，例如，反作用力是通过加固或协调块体间的接

触力而产生的，则式（6-78）变为

$$\frac{\partial \dot{u}_i}{\partial t} = \frac{1}{m}\left(F_i + \int_S \sigma_{ij} n_j \mathrm{d}S\right) + g_i$$

$$= \frac{1}{m} R_i + g_i \tag{6-79}$$

式中，R_i 是指在网格点上产生的力（非平衡）。

方程式（6-79）指出，在某网格点加速度可以通过对面力在围绕网格点进行积分并与局部内力求和获得的作用力、集中局部质量和局部重力加速度精确地计算出来。

当求出一个网格点加速度后，中间差分方程可以用来计算一段间隔时间 Δt 后网格点的速度和位移：

$$\dot{u}_i(t + \Delta t/2) = \dot{u}_i(t - \Delta t/2) + \left(\frac{R_i}{m} + g_i\right)\Delta t \tag{6-80}$$

$$u_i(t + \Delta t) = u_i(t) + u_i(t - \Delta t) \tag{6-81}$$

当对准静态问题进行分析时，黏性阻尼关系包括方程式（6-80）和式（6-81）可以提高收敛速度。应力状态变化的计算持续通过应变增量的计算及其本构方程来完成。应变增量可直接通过速度梯度直接求得。由高斯散度定理，有

$$\frac{\partial \dot{u}_i}{\partial x_j} = 1/A \int_S \dot{u}_i n_j \mathrm{d}S \tag{6-82}$$

式（6-82）右边可以认为是围绕一个网格点多边形边界轮廓的求和，然后应变增量可以用式（6-83）确定：

$$\Delta \varepsilon_{ij} = \frac{1}{2}\left(\frac{\partial \dot{u}_i}{\partial x_j} + \frac{\partial \dot{u}_j}{\partial x_i}\right)\Delta t \tag{6-83}$$

最后，再计算时间间隔 Δt，应力增量可以由当前的应力、应变增量和材料常数 k_α 通过适当的本构函数求得，即

$$\Delta \sigma_{ij} = f(\Delta \varepsilon_{ij}, \sigma_{ij}, k_\alpha) \tag{6-84}$$

式中，函数 f 的选择形式可能代表各向同性或横观各向同性弹性、莫尔-库仑塑性、Hoek-Brown 屈服、应变软化或通过无处不在节点定义的各向异性塑性。

数值方法的实施就是通过加载的一系列时间步长 Δt，按照顺序求解式（6-76）~式（6-84）。因此，该解决方案的步骤本质是基于时间的控制方程在配位点产生位移和应力。该程序的一个优点是在描述支护和加固单元所产生的力时比较容易处理，或者可以在分析中融入流体的流动阻力。

FLAC 在岩石工程设计和岩石变形基础研究中得到了广泛应用，主要适用于模拟计算地质材料和岩土工程的力学行为，特别是材料达到屈服极限后产生的塑性流动。材料通过单元和区域进行表示，根据计算对象的形状构成相应的网格。每个单元在外载荷和边界约束条件下，按照约定的线性或非线性应力-应变关系产生力学响应。由于 FLAC 主要是为岩土工程应用而开发的岩土力学计算程序，程序中包括了反映岩土材料力学效应的特殊计算功能，因此可以计算岩土类材料的高度非线性（包括应变硬化/软化）、不可逆剪切破坏和压密、黏弹（蠕变）、孔隙介质的渗流-应力耦合、温度-应力耦合以及动力学行为等。

FLAC 程序设有多种本构模型：（1）各向同性弹性材料模型；（2）横观各向同性弹性材料模型；（3）莫尔-库仑弹塑性材料模型；（4）应变软化/硬化塑性材料模型；（5）双屈服塑性材料模型；（6）遍布节理材料模型；（7）空单元模型，用来模拟岩土体开挖。

FLAC 设有界面单元，可以模拟断层、节理和摩擦边界的滑动、张开和闭合行为。支护结构，如衬砌、储杆、可缩性支架或板壳等与围岩的相互作用也可以在 FLAC 程序中进行模拟。此外，程序允许输入多种材料类型，亦可在计算过程中改变某个局部的材料参数，增强了程序使用的灵活性，极大地方便了在计算上的处理。同时，使用者也可根据需要在 FLAC 中创建自己的本构模型，进行各种特殊修正和补充。

6.8 数值流形元法

视频：FLAC 有限
差分模拟——
单轴压缩

早期对岩体的变形问题仅使用简单的块体理论解决，通过将其视为刚性体结构，运用理论力学进行受力分析，来判断其是否稳定。这种方法虽然简单且易于操作，但会带来很大的误差，具有明显的力学缺陷。有限元法产生以来，产生了许多解决此类问题的数值方法，其中，非连续变形分析方法是较为先进的方法，能够解决岩土工程中非连续变形等复杂问题。该方法通过节理裂隙把结构面切割成大小不一的块体，运用动力学和静力学的方法对其进行分析，基于最小势能原理，把接触问题和块体本身的变形问题整合到同一个矩阵中进行求解。然而非连续变形分析方法是以单个块体参与计算，无法精确得到块体内部的应力应变分布情况。

数值流形元法（numerical manifold method，NMM）是石根华在块体理论和非连续变形分析的基础上于 1992 年提出的基于流形覆盖技术的先进数值方法，是具有有限元法、非连续变形分析方法和解析法优点的全新的统一计算方法。"流形"一词来源于拓扑流形和微分流形，这里的数值流形是指总体函数在覆盖基础上定义的，且只分段积分，在接触界面不连续。通过采用有限覆盖技术，借助相互重叠、相交的数学网格和物理网格将系统进行离散，物理覆盖是数学网格对物理网格的再剖分。任意物理覆盖上的位移函数通过权函数整合为总体位移函数，并利用最小势能原理对系统进行平衡，解决了连续和非连续介质的接触、碰撞等多种问题。

6.8.1 有限覆盖技术

数学网格是数值流形元法中的基本网格，在计算之初就已经确定，不能更改，它定义了近似解的精度，网格密度越大，计算精度越高，但计算效率也会有一定的影响；而物理网格是指材料的节理面、裂隙、边界以及不同材料区域等的集合体，其作用是定义数值流形方法的积分域。数值流形方法的物理覆盖系统就是由数学网格和物理网格组合而成。

图 6-8 所示为一个复杂的网格。其中细线为三节点三角形单元，组成了数值流形元法的数学网格；粗线是物理网格，代表了材料体的物理边界和不连续裂缝，由物理网格和数学网格重叠覆盖的区域即为流形元。

对于非连续变形分析，材料体由许多块体组成，每个块体既是数学网格，也是物理网格，网格之间相互不重叠，所以，非连续变形分析是数值流形元法的完全不连续的情况；对于有限元法，材料体则全部由数学网格划分而成，没有物理网格，所以，有限元法则是

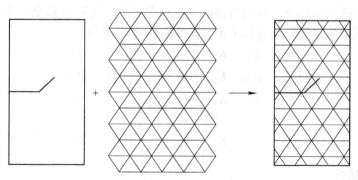

图 6-8 数值流形元法不同覆盖系统示意图

数值流形元法的完全连续的情况。因此非连续变形分析法和有限元法都是数值流形元法的极端情况。

6.8.2 数值流形元法基本方程

在数值流形元法中，每一个物理覆盖单独定义一个覆盖位移函数，而总体位移函数由局部位移函数整合而成，每一条节理裂隙两边函数是不连续的。一般性的总体位移函数，能够适合连续或不连续材料的广泛变化。

规定物理覆盖 U_i 上的覆盖函数为 $u_i(x)$，通过加权平均来构建权函数 $w_i(x)$，它是每一个覆盖函数 $u_i(x)$ 对所有含 x 的物理覆盖 U_i 取的百分数，并用 $w_i(x)$ 和 $u_i(x)$ 定义总体函数

$$u(x) = \sum_{i=1}^{n} w_i(x) u_i(x) \tag{6-85}$$

对于每一个单元体，3 个节点（$u_{e(i)}$，$v_{e(i)}$）取不同的权函数，其和为 1：

$$\sum_{j=1}^{3} w_{e(j)}(x, y) = 1 \tag{6-86}$$

经数学网格和物理网格分割后的物理覆盖数为 n，节点为 m，因为每个物理覆盖有 $2m$ 个自由度，则每个覆盖共有 $2m$ 个未知数。将所有势能相加后得总势能为

$$\Pi = \frac{1}{2} \begin{pmatrix} D_1^T & D_2^T & D_3^T & \cdots & D_n^T \end{pmatrix} \begin{bmatrix} K_{11} & K_{12} & K_{13} & \cdots & K_{1n} \\ K_{21} & K_{22} & K_{23} & \cdots & K_{2n} \\ K_{31} & K_{32} & K_{33} & \cdots & K_{3n} \\ \vdots & \vdots & \vdots & \ddots & \vdots \\ K_{n1} & K_{n2} & K_{n3} & \cdots & K_{nn} \end{bmatrix} \begin{Bmatrix} D_1 \\ D_2 \\ D_3 \\ \vdots \\ D_n \end{Bmatrix} +$$

$$\begin{pmatrix} D_1^T & D_2^T & D_3^T & \cdots & D_n^T \end{pmatrix} \begin{Bmatrix} F_1 \\ F_2 \\ F_3 \\ \vdots \\ F_n \end{Bmatrix} + C \tag{6-87}$$

其中，总势能包括应变势能、初应力势能、点荷载势能、体荷载势能、惯性力势能等。通过最小势能原理对总势能方程进行平衡，求得总刚度矩阵为

$$
\begin{bmatrix}
K_{11} & K_{12} & K_{13} & \cdots & K_{1n} \\
K_{21} & K_{22} & K_{23} & \cdots & K_{2n} \\
K_{31} & K_{32} & K_{33} & \cdots & K_{3n} \\
\vdots & \vdots & \vdots & \ddots & \vdots \\
K_{n1} & K_{n2} & K_{n3} & \cdots & K_{nn}
\end{bmatrix}
\begin{Bmatrix}
D_1 \\ D_2 \\ D_3 \\ \vdots \\ D_n
\end{Bmatrix}
=
\begin{Bmatrix}
F_1 \\ F_2 \\ F_3 \\ \vdots \\ F_n
\end{Bmatrix}
\tag{6-88}
$$

6.8.3　单纯形积分

数值流形元法与有限元法在求解积分方程时有很大差别。有限元法的求解对象为连续体，划分的网格也是相对简单的多边形，但对于非连续体以及复杂形状的块体，有限元法并不能很好地对其进行求解。数值流形方法借用单纯形积分，将复杂的形状分解为一般形状单纯形，并对其进行求和，如图 6-9 示。

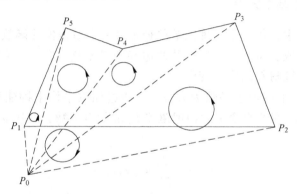

图 6-9　单纯形积分的正负面积

二维单纯形积分定义为

$$
\int_{P_0P_1P_2} f(x,\ y)D(x,\ y) = \mathrm{sign}(J)\iint_{P_0P_1P_2} f(x,\ y)\,\mathrm{d}x\mathrm{d}y
\tag{6-89}
$$

如图 6-9 所示，已知多边形 $P_1P_2P_3P_4P_5P_6$，其中 $P_6 = P_1$，这样有 P_i 从 ox 向 oy 同一方向转动。对于点 P_0，$P_0P_1P_2$、$P_0P_2P_3$、$P_0P_3P_4$、$P_0P_4P_5$ 及 $P_0P_5P_1$ 的代数和构成了多边形的面积 $A = P_0P_1P_2 + P_0P_2P_3 + P_0P_3P_4 + P_0P_4P_5 + P_0P_5P_1$。

设 $P_0 = (0,\ 0)$，则

$$
A = \frac{1}{2}\sum_{i=1}^{5}
\begin{vmatrix}
1 & 0 & 0 \\
1 & x_i & y_i \\
1 & x_{i+1} & y_{i+1}
\end{vmatrix}
= \frac{1}{2}\sum_{i=1}^{5}
\begin{vmatrix}
x_i & y_i \\
x_{i+1} & y_{i+1}
\end{vmatrix}
\tag{6-90}
$$

从式（6-90）可知，多边形 $P_1P_2P_3P_4P_5P_6$ 的面积 A 可用边界顶点的坐标表示。因此，如果一个多边形由 n 条边组成，那么它的面积则需进行（$2n+1$）次相乘的计算。

6.8.4　数值模拟分析过程

本节的数值模拟过程包括模型建立（前处理）、数值流形算法计算以及生成各种后处

理结果等三个主要部分。前处理和数值计算部分全部基于数值流形算法，所有程序用 Matlab 语言编写完成，整个程序是在 Matlab2016 环境下运行，具有良好的用户界面，可以非常方便地编写程序；后处理部分是在程序中编写相应代码，获得相应的应力、应变、位移等数据和云图，再将该数据按照 Tecplot 软件所要求的数据格式进行设计，最终后处理的结果在 Tecplot 软件上实现。

当该数值方法在静力作用下进行材料的变形分析时，材料在应力加载过程中，利用弹性有限元算法进行应力分析，通过总刚度矩阵和受力矩阵，分别求得每个单元节点的位移、应力和应变，最终得到所有单元的应力场和节点的位移场。在进行材料蠕变变形分析时，恒定外力提供时效变形的弹性应变，蠕变的黏塑性应变由蠕变本构方程产生，利用该方法可研究材料时效变形问题。

该数值方法还可以通过设置虚拟裂纹来实现模型局部损伤计算。假定数值模型中每一个单元中心都含有一条足够小的虚拟裂纹，对虚拟裂纹的长度和倾角进行随机分布，并且虚拟裂纹的扩展遵循亚临界裂纹扩展准则。此处虚裂纹有两个作用，当虚裂纹的扩展未达到程序所设定的阈值（由模型尺寸和网格密度决定）时，虚裂纹在扩展中不会对其所在单元进行细分，但虚裂纹扩展长度与阈值之间的比值会作为损伤值，对该单元进行损伤，从而达到对模型的软化，最终求得试件整体损伤；当虚裂纹长度达到阈值时，则利用数值流形元法，将此虚裂纹转化为实裂纹，并对所在单元进行细分和切割，该实裂纹类比为材料体内的节理与裂隙，裂纹面之间可进行接触和摩擦计算。

NMM 接触算法：在进行接触计算时，该算法将块体的边界和裂纹两侧的边当作接触面，而边界以及裂纹的顶点则被认为是顶角。接触问题的基础为以下的嵌入不等式

$$\begin{vmatrix} 1 & x_1 + u_1 & y_1 + v_1 \\ 1 & x_2 + u_2 & y_2 + v_2 \\ 1 & x_3 + u_3 & y_3 + v_3 \end{vmatrix} < 0 \tag{6-91}$$

在式（6-91）中，如果接触边为闭合接触，则用"="代替"<"，程序中会在接触面之间增加刚性弹簧来执行此式。

根据摩擦定律有

$$\begin{cases} F < N\tan\varphi + C, \ 剪切刚性弹簧 \\ F = N\tan\varphi + C, \ 摩擦弹簧 \end{cases} \tag{6-92}$$

接触弹簧的刚度设定要合理，若刚度太小，则嵌入距离太大，使得闭合接触不能转移到下一步，材料中的应力可能降低，沿裂缝和边界的变形可能有误；若刚度过大，联立方程可能接近线性相关或病态，导致解的误差可能是不可接受的，迭代不收敛以及接触位移不正确。

6.8.5 数值流形元法的应用

由于广义开尔文体模型在模拟蠕变变形过程中只能呈现蠕变第一阶段和第二阶段的变形特征，无法模拟出蠕变第三阶段加速变形过程，因此，在此基础之上推导出改进西原体蠕变模型来实现蠕变第三阶段变形。

传统西原模型由博格斯模型和宾汉姆模型串联而成，因为宾汉姆模型只能反映岩石试

件在常应力作用下的黏性变形过程，应变率最终稳定在恒定值，因此需用非线性黏性元件来代替宾汉姆模型中的线性黏性元件来表达加速蠕变过程。改进的西原模型如图 6-10 所示。

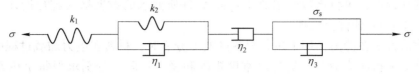

图 6-10　改进西原体模型

通过与红砂岩单轴压缩蠕变试验数据进行对比来验证数值流形元法蠕变程序的准确性。图 6-11 所示分别为红砂岩单轴压缩应力-应变曲线和蠕变分级加载（28.03MPa、33.63MPa、39.24MPa、44.84MPa 和 50.45MPa）试验曲线，从曲线中可以得到岩石试件的单轴抗压强度为 58.37MPa，弹性模量为 9.37GPa，泊松比为 0.14。数值模型如图 6-12 所示，试件被物理覆盖划分为 236 个块体，试件底部固定，顶部进行分级加载。

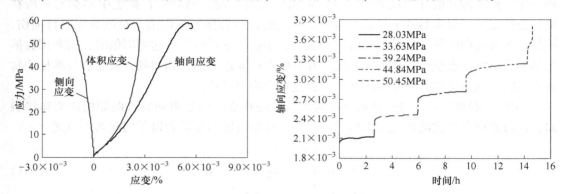

图 6-11　红砂岩单轴压缩应力-应变曲线和蠕变分级加载曲线

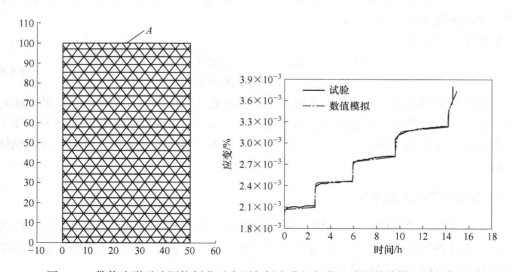

图 6-12　数值流形元法网格划分示意图与蠕变分级加载试验与数值模拟对比曲线

数值模拟与试验结果对比如图 6-12 所示，对比两条曲线可以发现该程序能够很好地模拟实验过程，且能很好地控制实验误差。试验结果和模拟结果误差分析见表 6-2。

表 6-2 应变模拟结果与试验结果对比

轴压/MPa	极限应变		相对误差/%
	NMM 计算结果	试验值	
28.03	0.00209	0.00213	1.9
33.63	0.00262	0.00246	6.1
39.24	0.00281	0.00282	0.35
44.84	0.00322	0.00323	0.3

从误差分析来看，五组试验平均误差为 2.15%，模拟结果与试验结果吻合较好，个别组的误差偏大，可能是由于岩石试件的非均匀性以及独特性，使得物理模型的参数与试件参数有一定的差别，导致了相对误差较大。但总体来看，误差还是在允许范围之内的，因此该数值流形元法蠕变程序能够很好地模拟岩石试件的蠕变变形过程。

视频：流形元
模拟——
单轴压缩

思 考 题

6-1 目前常用的数值分析方法有哪些？

6-2 什么是连续介质力学数值方法和非连续介质力学方法？

6-3 有限元法的位移函数或位移模式是什么？

6-4 简述有限元法求解岩石力学问题的步骤。

6-5 阐述有限元法和有限差分法的基本原理及区别。

6-6 为什么国产有限元软件 RFPA 能够有效模拟再现岩石的破裂过程？

6-7 离散元法是建立在哪两个定律基础上的？

6-8 简述数值流形元法中的有限覆盖技术。

参 考 文 献

Cundall P A. A computer model for simulating progressive large-scale movements in blocky rock systems [J]. Proc. int. symp. on Rock Fracture, 1971, 1 (ii-b): 8~11.

Love A E H. A treatise on the mathematical theory of elasticity [M]. 4th ed. New York: Dover publications, 1944.

Otter J. Dynamic relaxation compared with other iterative finite difference methods [J]. Nuclear Engineering & Design, 1966, 3 (1): 183~185.

Southwell R V. Relaxation methods in engineering science: a treatise on approximate computation [M]. Univ. Press, 1940.

Tang C. Numerical simulation of progressive rock failure and associated seismicity [J]. International Journal of Rock Mechanics and Mining Sciences, 1997, 34 (2): 249~261.

Tang C A, Liu H, Lee P K K, et al. Numerical studies of the influence of microstructure on rock failure in uniaxial compression: Part Ⅰ [J]. International Journal of Rock Mechanics and Mining Sciences, 2000, 37

（4）：555~569.

Zhu W C, Tang C A. Micromechanical model for simulating the fracture process of rock ［J］. Rock Mechanics and Rock Engineering, 2004, 37（1）：25~56.

石根华. 数值流形方法与非连续变形分析 ［M］. 裴觉民，译. 北京：清华大学出版社, 1999.

唐春安，王述红，傅宇方. 岩石破裂过程数值试验 ［M］. 北京：科学出版社, 2003.

唐春安，赵文. 岩石破裂全过程分析软件系统 RFPA2D ［J］. 岩石力学与工程学报, 1997, 16：507~508.

7 围岩状态及其检测与监测

所谓围岩，是指地下工程周围的岩体，是地质体的一部分。在研究岩体稳定性时，不但要考虑围岩的物理力学性质，还要考虑它所处的地质环境。围岩与其外围的地质体没有天然的界线，而是根据分析地下工程稳定性的需要人为划分出来的一部分地质体。因此，实际上不应有确定的定量标准，因为对于不同的地质和工程条件，围岩所包含的范围也不同。

围岩状态是指岩石开挖过程中周围岩体产生的应力、应变、位移、损伤和破坏等状态，以及它们所经历的力学过程。随着开挖（或开采）的推进，巷道或者采场围岩的状态是随着空间和时间在不断变化的，是空间和时间的函数。研究围岩状态的目的在于探讨不支护条件下巷道（或其他岩石工程）的稳定性，为工程岩体稳定性分析及选择合理支护方式提供依据。

围岩稳定性与岩石工程稳定性是既有联系又有区别的两个概念。围岩稳定性是岩石工程稳定性的基础，而工程稳定性除与围岩有关以外，还受工程维护方法的影响。

本章介绍围岩状态及其检测与监测方法。

7.1 围岩中的应力

处在一定应力场中的岩体，在其中进行开挖或者开采过程中，必然引起应力场重新分布，形成围岩的二次应力场，它决定着围岩稳定状况。

视频：围岩中的应力

围岩应力状态取决于初始应力场、岩体性质、工程断面形状和尺寸、邻近工程的影响、开挖方法及时间等因素。下面介绍分析计算围岩应力的一些成果，利用它来正确估计围岩稳定性，指导工程实际。

7.1.1 各向同性岩体中巷道围岩应力

部分岩体可看作是均质各向同性介质。这类岩体在不同初始应力条件下，圆形断面形状的不支护巷道周围应力分布可以给出理论解。在侧压力系数（水平地应力与垂直地应力之比）$\lambda = 1$ 的情况下，圆形巷道周围应力解，按弹性理论轴对称平面问题处理，有

$$\left. \begin{array}{l} \sigma_r = p\left(1 - \dfrac{a^2}{r^2}\right) \\[3mm] \sigma_\theta = p\left(1 + \dfrac{a^2}{r^2}\right) \end{array} \right\} \tag{7-1}$$

式中　　σ_r ——径向应力分量，MPa；

　　　　σ_θ ——环向应力分量，MPa；

　　　　p ——初始地应力值，MPa；

　　a——巷道半径，m；

　　r——研究点与巷道中心的距离，m。

　　当 $r=a$ 时，在巷道周边上有 $\sigma_r = 0$，$\sigma_\theta = 2p$。

　　如果 $\lambda \neq 1$，巷道周边环向应力 σ_θ 为

$$\sigma_\theta = p[(1+\lambda) + 2(1-\lambda)\cos 2\theta] \tag{7-2}$$

　　因此，对于圆形巷道，巷道周边的切向应力取决于侧压力系数，这部分内容在第 5 章已有介绍。

　　对于其他巷道形状产生的应力集中，可用椭圆巷道为例加以说明。设 a 为椭圆水平半轴，b 为垂直半轴，则巷道周边点上的应力分布可由弹性力学得到：

$$\sigma_r = 0, \qquad \tau_{r\theta} = 0$$

$$\sigma_\theta = \sigma_v\left[\frac{(1+\lambda)(1-m^2) + 2(1-\lambda)(1-m) - 4(1-\lambda)\sin^2\theta}{1+m^2-2m+4m\sin^2\theta}\right] = \sigma_1 \tag{7-3}$$

式中，θ 为以水平轴为母轴的极坐标角度，且 $m = \dfrac{a-b}{a+b}$。

　　在巷道两侧的腰点上 $\theta = 0°$，以此代入式（7-3），可得 $\sigma_\theta = \sigma_v\left(1-\lambda+2\dfrac{a}{b}\right)$；在顶点上 $\theta = 90°$，这时 $\sigma_\theta = \sigma_v\left(\lambda - 1 + 2\lambda\dfrac{b}{a}\right)$。$\sigma_\theta$ 在腰点与顶点之间单调地改变，其何时出现负值（拉伸应力）取决于侧压力系数 λ 及轴比 a/b。

　　图 7-1 所示为几个典型侧压力系数 λ 条件下椭圆形巷道周边环向应力的分布情况。如果取 $a/b = \lambda$，则 σ_θ 的表达式为 $\sigma_\theta = \sigma_v(1+\lambda) = \sigma_v\left(1+\dfrac{a}{b}\right)$，此式说明，当轴比 a/b 等于侧压力系数 λ 时，巷道周边将出现均匀分布、数值为 $\sigma_v(1+\lambda)$ 的切向压应力，不会出现拉应力。由于岩石抗压强度远大于抗拉强度，故巷道周边不出现拉应力，这意味着围岩比较稳定。应用这一结论，若 $\sigma_h = 0.5\sigma_v$，则应使椭圆巷道宽为高的一半（即 $a = 0.5b$）；若 $\sigma_h = 2\sigma_v$，则应使椭圆巷道宽为高度的 2 倍（即 $a = 2b$）；若 $\lambda = 1$，则应使 $a = b$，即采用圆形断面设计。

　　对于均质各向同性介质圆形巷道，甚至是椭圆形巷道，可以给出围岩应力的理论解。但对于大部分巷道断面形状，一般难以得到巷道周边应力分布的理论解。这种情况下，除了理论计算之外，可利用数值计算方法获得巷道周边的应力分布图和应力集中系数，来描述巷道周围的应力场。当然，如果考虑围岩是各向异性，围岩发生了损伤等条件，数值求解过程会变得异常复杂，还需要发展针对性的数值计算模型。

　　为了便于在工程中进行断面形状选择，可按图 7-2 提供的断面形状给定常数 A 和 B，计算出巷道顶板中点和两帮中点处最大环向应力，并做出比较。

　　顶板中点最大环向应力为

$$\sigma_{\theta(1)} = \sigma_v(A\lambda - 1) \tag{7-4}$$

　　两帮中点最大环向应力为

$$\sigma_{\theta(2)} = \sigma_v(B - \lambda) \tag{7-5}$$

式中　σ_v——初始应力场的垂直应力分量，$\sigma_v = \gamma H$；

λ ——侧压系数；

H ——巷道的埋深，m。

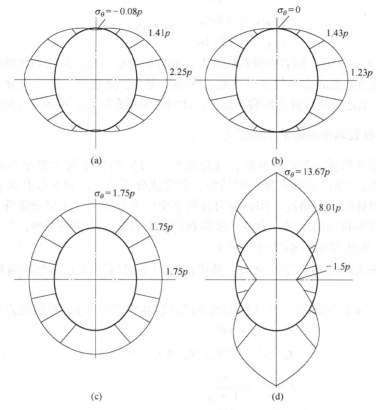

图 7-1 椭圆形巷道周边环向应力的分布

(a) $\lambda = 0.25$ ；(b) $\lambda = 0.27$ ；(c) $\lambda = 0.75$ ；(d) $\lambda = 4.0$

例如，开挖一个正方形巷道，为了解它在不同初始应力场中的围岩稳定状况，可从图 7-2 中查得形状常数 $A = B = 1.9$。

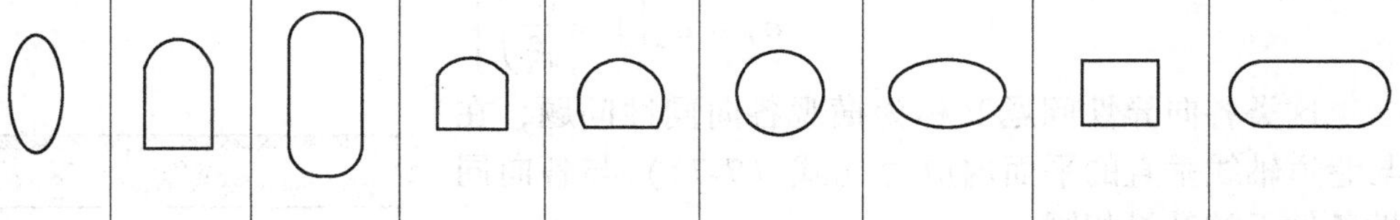

图形									
A	5.0	4.0	3.9	3.2	3.1	3.0	2.0	1.9	1.8
B	2.0	1.5	1.8	2.3	2.7	3.0	5.0	1.9	3.9

图 7-2 不同断面的形状常数（李兆权，1994）

当 $\lambda = 0.5$ 时
$$\begin{cases} \sigma_{\theta(1)} = -0.05\sigma_v \quad (\textit{存在拉应力}) \\ \sigma_{\theta(2)} = 1.4\sigma_v \end{cases}$$

当 $\lambda = 1$ 时
$$\begin{cases} \sigma_{\theta(1)} = 0.9\sigma_{\mathrm{v}} \\ \sigma_{\theta(2)} = 0.9\sigma_{\mathrm{v}} \end{cases}$$

当 $\lambda = 2$ 时
$$\begin{cases} \sigma_{\theta(1)} = 2.8\sigma_{\mathrm{v}} \\ \sigma_{\theta(2)} = -0.1\sigma_{\mathrm{v}} \end{cases} \text{（存在拉应力）}$$

可以看出，$\lambda = 1$ 时，围岩中没有拉应力，围岩受力状态要比其他两种情况好。需要指出，如果初始应力分量的方向与巷道断面对称轴不重合，则巷道周围应力分布将是非对称的、不规则的，上述分析计算方法将不适用。此时可采用有限元、边界元等数值解法求解。

7.1.2   各向异性岩体中巷道的围岩应力

多数岩体是非均质、各向异性的，这是因为：（1）岩体中有大量结构面（层理、节理、裂隙）存在。（2）岩石本身组织结构、矿物成分不均一，岩石往往也含有一些微裂隙；如果考虑岩体的实际情况，围岩应力分析会变得十分复杂，大部分条件下是难以解决的。这里给出几种特殊的情况，有益于加深我们对围岩应力状态的了解。

7.1.2.1   层状岩体中巷道周围应力

层状岩体是天然的各向异性介质，其中的岩石工程周围应力分布有两种比较简单的情形。

（1）当巷道垂直层理方向时（例如水平层状岩体中的竖井），初始应力场为

$$\sigma_z = \sigma_{\mathrm{v}} = \gamma H$$
$$\sigma_x = \sigma_y = \lambda\sigma_{\mathrm{v}}, \quad \tau_{xy} = \tau_{yz} = \tau_{zx} = 0 \tag{7-6}$$
$$\lambda = \frac{E}{E_1} \times \frac{\mu_1}{1-\mu}$$

式中 E，μ——分别为平行层理方向弹性模量、泊松比；

E_1，μ_1——分别为垂直层理方向弹性模量、泊松比。

这种情况下，与巷道轴线相垂直的平面内，围岩应力为

$$\left.\begin{aligned} \sigma_{\mathrm{r}} &= \sigma_x\left(1 - \frac{a^2}{r^2}\right) \\ \sigma_\theta &= \sigma_x\left(1 + \frac{a^2}{r^2}\right) \end{aligned}\right\} \tag{7-7}$$

这类各向异性问题又称为横观各向同性问题，在与巷道轴线垂直的平面内应力（式（7-7））与各向同性条件下的结果相同。

（2）当水平巷道横轴平行于岩体层理面时，如层状岩体中的平巷，巷道周围的力学过程较复杂。为了简化，设初始应力场为均匀的（$\lambda = 1$），如图 7-3 所示。如果假设巷道在变形过程中与巷道轴线垂直的断面仍是平面，则这个问题可以给出理论解。当然，这种假设实际上是难以满足的。应根据层状岩体的物理方程和边界条件，选择适合的应力函数，代入平衡微

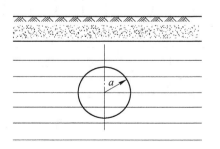

图 7-3   水平层状岩体中圆形平巷
（李兆权，1994）

分方程中，解出巷道周边环向应力表达式。

在水平轴上（$\theta = 0$），相当于侧帮的中点处，应力为

$$\sigma_\theta = p\left(1 + \frac{\beta - 1}{\alpha}\right) \tag{7-8}$$

在垂直轴上（$\theta = \dfrac{\pi}{2}$），相当于顶板中点处，应力为

$$\sigma_\theta = p(1 + \beta - \alpha) \tag{7-9}$$

如上两式中

$$\alpha = \sqrt{\frac{E_r}{E_\theta}}, \qquad \beta = \sqrt{2\left(\sqrt{\frac{E_r}{E_\theta}} - \mu_{r\theta} + \frac{E_r}{G_{r\theta}}\right)}$$

$$E_r = \frac{E}{1 - \mu^2}, \qquad E_\theta = \frac{E_1}{1 - \dfrac{E}{E_1}\mu^2}$$

$$\mu_{r\theta} = \frac{E}{E_1} - \frac{\mu_1}{1 - \mu}, \qquad G_{r\theta} = \frac{E_r}{2(1 + \mu)}$$

例7-1 若岩体的参数满足 $E/E_1 = 1.5$，$\mu = 0.375$，$\mu_1 = 0.2$，求在 $\lambda = 1$ 时圆形巷道顶板和帮上中点处的应力。

解：根据前述公式计算出 E_r、E_θ、$\mu_{r\theta}$ 和 $G_{r\theta}$，算得 $\alpha = 1.3$，$\beta = 2.57$。用式（7-8）和式（7-9）求得特征点上的应力。计算结果与均质各向同性岩体在 $E/E_1 = 1$，$\mu = \mu_1 = 0.375$ 时同一点上的计算应力的对比见表7-1。

表7-1　各向异性和各向同性岩体中巷道周边的应力集中系数

巷道周边点	各向异性岩体应力集中系数	各向同性岩体应力集中系数
帮上中点	2.21	2.0
顶板中点	2.27	2.0

由此可见，在各向异性岩体中，巷道周边的应力要高于各向同性时的应力。这里需要说明：以上仅讨论了两个特征点，而层面处的应力可能更高些。这说明各向异性对于围岩应力状态的影响是非常显著的。

7.1.2.2　岩石性质上各向异性影响

岩石在受压和受拉时，往往具有不同的应变特征，表现在物理性质上为各向异性，并影响到围岩应力场。设 E_c 为压缩状态时岩石的弹性模量，E_p 为拉伸状态时岩石的弹性模量，μ 为压缩时岩石的泊松比。当处在 $\lambda = 1$ 应力场中，圆形巷道周围应力按轴对称平面应变问题解时，得到下列应力分量

$$\left.\begin{array}{l} \sigma_r = \sigma_v\left(1 - \dfrac{1}{r^{1+\xi}}\right) \\[2mm] \sigma_\theta = \sigma_v\left(1 + \xi\dfrac{1}{r^{1+\xi}}\right) \end{array}\right\} \tag{7-10}$$

$$\xi = \frac{E_c/E_p - \mu^2}{1 - \mu^2} \geq 1$$

例 7-2　有一圆形巷道，在 $\lambda = 1$ 情况下，若岩体在物理性质上为各向异性，且有 $E_c/E_p =$ 2.5，$\mu = 0.5$，求 $r = a$、$2a$、$4a$、$6a$ 各点上的应力，并与各向同性岩体（$E_c/E_p = 1$）进行比较。

解：用式（7-10）计算出各点应力，结果见表 7-2。

表 7-2　岩体各向异性对巷道围岩应力分布的影响

与巷道中心距	$E_c/E_p = 1$		$E_c/E_p = 2$		$E_c/E_p = 5$	
	应力集中系数		应力集中系数		应力集中系数	
	σ_r	σ_θ	σ_r	σ_θ	σ_r	σ_θ
1	0.00	2.00	0.00	2.53	0.00	3.53
2	0.75	1.25	0.92	1.26	0.93	1.07
4	0.94	1.06	0.97	1.05	0.99	1.01
5	0.97	1.03	0.98	1.02	1.00	1.00

从表 7-2 中可以看出，随着 E_c/E_p 比值增大，周边应力集中更为明显，这种情况在节理发育岩体中是不能忽视的；其次，周边应力集中越大，向围岩深处收敛越快，在 $6a$ 处与初始应力基本相同。

7.1.2.3　人为裂隙产生后围岩中的应力

在开采活动中，岩体经受凿岩爆破施工的强烈作用，在巷道周围形成裂隙区，也称之为松动圈或开挖损伤区（excavation-damaged zone，EDZ）。在裂隙区内岩体的性质发生变化，弹性模量和强度降低，渗透系数提高，并表现出损伤后的变形特征。围岩出现损伤时，σ_θ 分布与均质各向同性完整岩体有很大的不同，最大的 σ_θ 应力集中从围岩表面移向岩体深处，如图 7-4 所示。考虑岩石本身所具有的非线性，计算出的巷道周边应力集中程度降低，围岩位移增大。从缓解应力集中的角度讲，这种高应力向深部转移对于维护巷道稳定是有益的。但这种损伤也必然带来巷道围岩的弱化，变形能力增强，很多情况下变形过大是不允许的，也无形中增加了支护的投入。

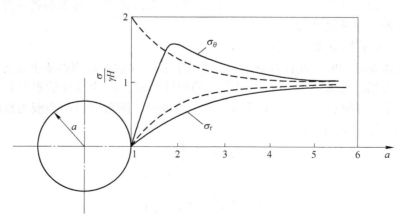

图 7-4　巷道周边存在损伤区时的围岩应力分布（李兆权，1994）
（虚线为完整岩体，实线为损伤岩体）

7.1.3　受邻近巷道影响的围岩应力

在矿山，很多巷道相连接或彼此靠得很近，理论研究和生产实践证明，处在相互影响范围内的巷道周围应力，还与邻近巷道的数目、断面形状和尺寸、巷道的空间布置及间柱尺寸等因素有关。

在弹性体中，两条平行的圆形巷道，在初始应力场一定的情况下，随着巷道中心距离的靠近，相邻一侧围岩中的环向应力增加很快，其应力值可用应力叠加法估算。

图 7-5（a）所示为两个平行的圆形巷道之间间柱的初始应力。图 7-5（b）横坐标为间柱宽（两巷道间距）与巷道半径之比，纵坐标为巷道周边 A 点的应力集中系数。

从图中可以看出，在初始应力的 $\lambda = 0.25$ 时，垂直地应力分量大于水平地应力分量，且与巷道中心线垂直。A 点的应力集中系数最大为 4。随着 l/a 增大，应力集中系数减小。

如果初始应力场中水平应力分量大（$1 < \lambda < 3$），且巷道中心线与最大主应力方向一致，则 A 点应力集中进一步降低。但是，λ 过大，例如 $\lambda = 10$，则 A 点出现拉应力集中，随着两条巷道靠近，拉应力集中会降低。这是因为两条巷道靠近后相当于连成了一个椭圆，长轴与 σ_1 方向一致，整体的承载性能更好。相反，两条巷道加大间距后，相互影响可以忽略不计，像单一圆孔处在上述的应力场中，所以拉应力会增高。

需要指出，当两个邻近巷道断面相差很大时，例如采场与其附近的采准巷道相比较，大断面对小断面的影响大，而小断面巷道对大断面巷道的影响可以忽略。

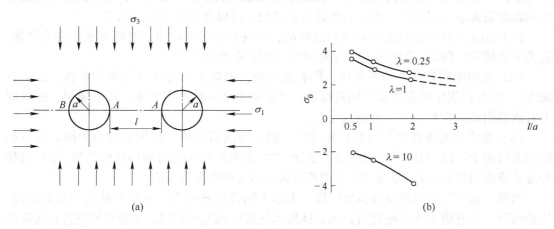

(a)　　　　　　　　　　　　　　(b)

图 7-5　两平行巷道间岩柱上应力（李兆权，1994）

（a）圆形平行巷道；（b）A 点应力集中系数

7.1.4　巷道不平整周边对围岩应力的影响

前述的有关应力分析计算及应力分布规律，都是针对光滑巷道周边（或称为设计周边）得出的。实际上，由于爆破施工引起断面轮廓的超欠挖，构成了不平整的巷道周边。理论研究指出，巷道周边不平整产生了附加应力集中，多集聚在超挖部位，对围岩稳定性影响显著。

前人假设不平整周边形状为旋轮线，按弹性理论推导出不平整周边引起的附加应力集中系数的计算公式，把附加应力集中系数乘以光滑周边的应力值就是不平整周边时的应力。

附加应力集中系数计算公式：

$$K_f = \frac{1 + \dfrac{l_1}{2R_0}(m-1)}{1 - \dfrac{l_1}{2R_0}(m-1)}$$

(7-11)

$$R_0 = a + \frac{l_1}{2}$$

式中 l_1——由设计周边算起的超欠挖深度，m；

R_0——从巷道中心至 l_1 中点的圆周半径，m，即 $R_0 = a + l_1/2$（a 为巷道半径）；

K_f——附加应力集中系数；

m——超欠挖数目，可用巷道掘进时周边眼数代替。

由此可见，这种超欠挖引起的应力集中，是引起巷道周边损伤区发展的一个因素，为消除不平整周边的影响，现场应采用光面爆破施工技术。

7.1.5 围岩二次应力场的特征

以上，我们探讨了巷道开挖后围岩处在弹性阶段的二次应力场及各种因素对二次应力场的影响。如果围岩进入塑性变形或损伤破坏阶段，围岩应力还会发生变化，如果考虑时间因素，则围岩应力状态问题将变为黏性流变问题。从工程应用角度，按弹性体中孔洞应力问题来研究巷道周围的二次应力场是有意义的，可以得出以下几点认识：

（1）围岩二次应力场的形成是有过程的，并受多种因素影响。有的因素使应力增加，有的又会使应力降低，因此用分析法很难给出围岩的真实应力。

（2）在影响围岩应力的因素中，既有确定的，也有非确定的（如非均质性、施工方法等），因此围岩中的应力具有随机性质，并服从于某一种概率分布。严格地说，围岩应力只能是指某一条件、某一时刻的应力。

（3）按简化的弹性力学模型计算的应力值，是围岩中可能出现的应力上限。这方面的成果可用于：1）对围岩应力状态的估计；2）判断围岩中应力集中区的位置；3）选择合理巷道断面形状；4）布置地下工程及改善巷道支护效果等方面。

当然，这不是说只停留在弹性阶段，不用去结合岩石的真实性质开展进一步的研究。恰恰相反，只有更深入地研究岩石和岩体的天然属性及工程表现，才能得到更符合实际的研究结果。

7.2 巷道破坏模式

巷道的破坏是指巷道围岩的片帮、冒顶、底鼓、垮塌、大量收缩及错动等现象。巷道开挖改变了围岩的应力状态并提供了发生破坏的自由空间。一些巷道建成后能够长期保持自稳而不发生破坏，另一些巷道则必须予以人工支撑或者加固才能保持稳定，更有甚者，有些巷道即便支护也会发生破坏。

经验和理论分析表明，巷道围岩的破坏模式主要取决于巷道围岩的赋存条件和采动影响，尤其是围岩的岩体结构，而岩体结构则取决于地质界面的切割程度和切割方式。根据岩体结构的不同，巷道的破坏模式可归结为以下几种类型。

7.2.1　松散体的拱形塌落

如果顶板岩石松散破碎，则巷道顶板可能冒落成拱，这类破坏在宽度较大的浅埋巷道及穿过断层或破碎带的深埋巷道中较为常见，如图 7-6 所示。

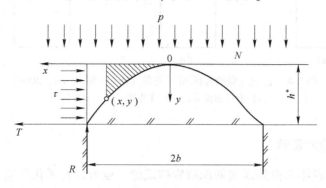

图 7-6　冒落拱的几何形状及受力条件

p—冒落拱轴线上的均布围岩自重应力；N—冒落拱拱顶截面上的轴力；

T—冒落拱拱脚处围岩的水平推力；R—冒落拱拱脚处围岩的竖向反力；

h^*—冒落拱矢高；b—冒落拱的半跨度；τ—冒落拱轴线摩擦阻力集度的水平分量

7.2.2　层状岩体的弯曲和离层

如果巷道顶板由结合力弱的薄岩层组成，当开挖体宽度足够大时，顶板可出现显著弯曲甚至折断和塌落。如果弯曲变形向上发展，会导致多层弯曲，离层和多层塌落。如图 7-7所示，这种情况在煤矿等层状矿床开采时比较常见。

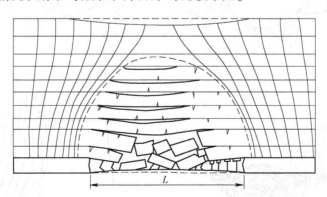

图 7-7　煤矿开采引起的岩层的弯曲和离层

7.2.3　节理岩体中的岩块滑塌

在岩质坚固、节理发育的岩体中，以块体滑塌的方式发生破坏可见于各种开挖深度的条件。如图 7-8 所示，滑塌体由地质不连续面与开挖临空面共同切割岩体面形成。

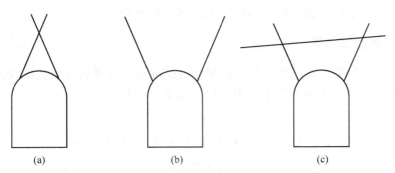

图 7-8　巷道及潜滑体的相互关系（Brady 和 Brown，2006）

（a）有界非椎体；（b）无界体；（c）有界体

7.2.4　软弱岩体的大变形

大部分的软弱岩体是由低强度的泥质岩构成的，也可以将风化严重、结构破碎但仍保持着完整性、而整体强度及刚度较低的硬质岩石构成的岩体，归在这类岩体中。

这类岩体因开挖巷道而诱发的变形通常比硬岩大几倍甚至数十倍，此外必须重视这类岩体中富含有黏土矿物的夹层。某些黏土矿物如蒙脱石、伊利石的性能很不稳定，当它们遇水后，体积膨胀，会对围岩产生附加的膨胀压力，甚至会自身迅速崩解，如图 7-9 所示。这种情况下围岩支护会遇到很大的困难，值得特别注意。

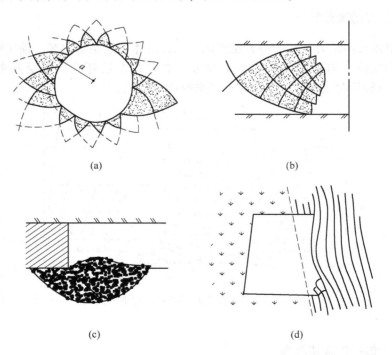

图 7-9　软岩巷道的几种破坏模式

（a）全面收敛；（b）两帮挤出；（c）底鼓；（d）侧帮变形剥落

7.2.5 坚硬岩体的脆性破坏

在坚硬致密、节理不发育岩体中，即使开挖深度超过千米的巷道也可能不需支护而自稳。然而，如果破坏发生，轻则表现为局部的周边破裂，突然的片落，如图 7-10（a）所示；重则表现为大段巷道的岩爆（图 7-10（b）），也可表现为顶板垮落或底鼓等。

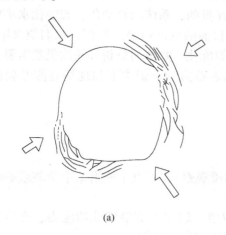

（a）　　　　　　　　　　　　　　（b）

图 7-10　硬岩的应力破坏
（a）片帮和掉渣；（b）岩爆后的巷道

7.3　岩体状态监测概述

7.3.1 岩体状态监测的目的

监测是对工程结构的监视，既可用肉眼，也可借助仪器设备。就一般的岩石力学范畴而言，监测的主要目的如下：

（1）测定和预测区域的岩体赋存环境参数，如地应力、地表和地下水、地温等参数及分布情况，用以判定岩体赋存环境对于工程稳定性带来的影响，为工程设计和施工提供重要的参数。

（2）测定岩体物理力学参数，如岩石和结构面的基本物理力学参数，判断岩体结构特征，在此基础上可以进行岩体质量分级，确定岩体的物理力学参数，为岩体工程设计和施工提供参数和依据。

（3）测定围岩状态参数，认清开挖或开采条件下围岩状态的变化，了解各种地压控制措施（如锚杆、喷射混凝土、注浆等）的有效性，为预测围岩稳定性提供重要的参考数据。

（4）为岩体力学计算分析提供基础输入数据，同时通过计算结果与现场监测结果的对比，校核各种假定、计算模型以及设计中所使用的各种岩体参数和支护参数的合理性，为更好地分析预测提供参数保证。

通过监测检验岩体的活动，并据此调整整体设计或采取补救措施也是同等重要的。岩体是一种特别复杂的介质，开挖以前很难准确地预测其工程特性；同时用于预测不同采矿方法中岩体动态的模型也是基于各种假定和简化的理想模型，因而，校核设计计算中所作预测的准确性是非常必要的。监测矿山巷道围岩的变化情况是矿山岩石力学研究的重要内容之一。它提供设计所需的反馈信息，在很多情况下，采场设计主要是基于监测试验巷道或实际采场所获得的资料，而很少依赖于采掘前的设计计算。

现代大型地下矿山的监测系统是非常复杂而昂贵的，系统的自动化、智能化水平也在不断提升，基于云平台的在线智能化监测系统是目前的发展趋势。然而，我们应当牢记，无论监测设备如何先进，获取数据如何便利化和智能化，数据的分析和解读仍然需要在工程岩体力学分析的基础上进行。因此，工程师的岩石力学知识水平和现场监测经验的积累，对于现场监测数据的分析特别重要。

7.3.2 岩体状态监测的内容

矿山开采过程中的监测内容包括以下几项：

（1）开挖边界岩石的破裂和结构面滑移（肉眼观察），垂直于或沿单个节理或裂隙面的错动；

（2）开挖边界上两点间的相对位移或相对收敛，岩体内部沿钻孔的应力、变形和位移，岩体内部沿钻孔轴向的倾斜度变化，地下水位、压力和流量；

（3）支护构件（如钢支撑、金属支架、岩石锚杆、锚索和喷射混凝土等）中的荷载和变形；

（4）充填体中的应力和水压力、充填体的沉降，以及这些参数随充填材料配比和充填时间的变化；

（5）围岩的微震活动性、波的传播速度、微破裂定位和震源机制分析；

（6）地表位移或沉降。

从上述内容可以看出，虽然监测内容很广，但只有两个基本物理量，即位移和压力可以直接测量，测定岩体内部的位移比较困难，因此，我们通常是测试开挖边界上两点的相对位移或收敛值。

力和应力的"测定"需要根据所测得的位移、应变和压力数据，利用数学模型和材料特性（如弹性常数）计算获得。通常，人们宁愿选用可直接测定的参数，而不选用以测量值作为输入数据通过数学模型计算出来的参数，因为涉及的参数越多，测试结果中引入的误差就越多，测试结果的不确定性也就越大。

7.3.3 岩体状态监测的仪器选择

为了实现监测目的，主要条件之一就是正确选择仪器的性能及使用条件。仪器选择的条件主要有：

（1）仪器选择中最重要的要求是仪器的可靠性和稳定性。仪器固有的可靠性是最简易、在安装的环境中最持久、对所在的条件敏感性最小、并能保持良好的运行性能。同时，选择不易受施工干扰和人为破坏的，不易受水、灰尘、热或地下水化学过程损坏的传感器。

（2）选择仪器应考虑工程的规模和重要性、服务年限、地质条件、结构形式、施工和运行方式等因素。

（3）仪器应有足够的准确性，而且具有耐久性、可重复使用性、校正的一致以及足够的可靠性。对与仪器工作相关的结构和基础性的参数要有充分的估算。

（4）所选择的仪器要经济，并易于安装埋设、保养、检测和更换元件，同时易于实现自动化监测。

（5）仪器安装与监测现场的施工干扰应最少，并考虑测读数据时的安全稳定性。仪器安装不应对所监测区域参数产生影响。

（6）对不同仪器方案做经济评价时，应比较其采购、标准、安装、维护、监测和数据处理等因素的总投资。

7.4 围岩应力监测

视频：围岩应力检测

由于用分析法计算围岩应力很困难，所以人们寄希望于采用现场测试法直接测出围岩应力，这叫作应力的检测。同时，我们更希望能够跟踪测试围岩应力随采动过程的变化，这称为应力的监测。第 5 章介绍了原岩应力的测量，本节介绍的围岩应力测量，实际是监测受到采动影响时围岩应力的变化。与原岩应力测试相比，采动应力的监测有如下特点（康红普等，2013）：（1）测试时间比较长，要贯穿采动影响的整个周期。应力监测时间越长，对于监测仪器的稳定性要求越高，因为仪器要在潮湿、有灰尘、温度变化大等恶劣条件下长期工作。（2）受到采动过程的影响，应力的变化可能比较剧烈，仪器的布点、量程的选择等，都要考虑监测数据的可靠性和代表性。（3）对于不能直接监测应力的情况，如果是通过位移、应变等反算应力，则在应力-应变关系中应充分考虑围岩的损伤、大变形、流变性、非线性及温度效应等，但这样往往会使得计算公式过于复杂、参数过多而影响监测方法的实用性和精度。

表 7-3 列出了几种采动应力的监测方法（Amadei 和 Stephansson，1997）。针对测试仪器的选择，我们首先要弄清需要测量的位置和目的。为了进行围岩稳定性判别，需知道巷道周边应力。但是，由于围岩表面破坏严重、部分应力已释放，而且做不到及时安设仪器，所以用目前的测试手段很难测出周边应力。为了掌握围岩应力变化，控制围岩状态，首先应选择可在钻孔内进行长期、稳定测量的方法。有些方法既可以用于原岩应力测试也可以用于采动应力监测。有些仪器是为专门监测应力变化而设计的，且很多只能监测一个方向的应力变化。其次，要对待测工程的围岩应力分布有初步认识和了解，弄清楚哪个部位有拉应力、哪个部位有压应力，并对应力方向作出估计，并依据这些来确定测点位置、选择适当的仪器设备。最后，要了解各种测试方法和仪器的使用条件和可靠性，不能盲目使用。

影响采动应力监测仪器可靠性的因素主要有三个方面（康红普等，2013）：（1）仪器的刚度与岩石刚度的比值；（2）黏结剂的刚度与岩石刚度的比值；（3）对于在钻孔中使用的仪器，仪器的直径与钻孔直径的比值。这几个方面在测试时必须要考虑。实际上，在现场测试中因测试仪器选择不当、测点设置不合理，或者测试工作组织不完善，尤其是结果分析解释不合理，都可能导致测试失败，达不到预期目的。

表 7-3　采动应力监测方法（Amadei 和 Stephansson，1997）

监测方法分类	具体测量方法名称
变形计法	USBM 变形计
	CSIRO Yoke 变形计
应变计法	CSIR 三轴应变计
	ANZI 三轴应变计
	门塞式孔底应变计
刚性包体法	刚性空心应力计
	压磁应力计
	光弹应力计
	振弦应力计
	球形包体应力计
空心包体法	CSIRO 空心包体应变计
扁千斤顶与液压钻孔应力法	扁千斤顶
	液压钻孔应力计

相关著作（康红普等，2013）中已对各种测试方法进行了介绍，一些测试手册（林宗元，2005）中也有详细的介绍。几个常用的方法包括振弦式包体应力计、液压盒、锚杆测力计和声波法。

7.4.1　振弦式包体应力计

在钻孔中安设包体式应力计，当围岩应力变化时，可由应力计测出应力值。使用这种方法须满足两个条件：

（1）包体式应力计与测试点岩石的刚度要匹配，否则不能传递真实的应力。研究得知，当应力计的有效弹性模量大于岩石弹性模量 5 倍以上时，包体式应力计特别有效，此时不需进行应力计标定或修正，可直接用于应力测量。当应力计的弹性模量与岩石大致相等时，需要在相同测试环境中做仪器标定试验。

（2）要尽可能满足应力计与孔壁接触条件的要求。目前，包体式应力计有波茨应力计、油压式应力计、压磁式应力计、振弦式应力计等多种。图 7-11 所示为一振弦式包体应力计的横断面。另有电路块和引出电缆置于应力计内。这种应力计长约 0.3m，共有 4 个与图 7-11 所示的相同的测试断面，使 4 个断面的钨丝振弦互成 90°。每根弦可测得一个应力分量，根据三根弦上的测试结果，可确定主应力大小和方向。

应力计中传力体是钢制实体，它决定着应力计的有效弹性模量。围岩应力通过它使弦内应力发生变化，进而使振动频率改变，振弦在磁场中的振荡转换成电信号，由频率仪接收并记录。应力计外壳是带有锥度的圆筒，可使应力计楔紧在钻孔内，并获得初始安装应力，保证仪器正常工作。

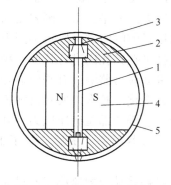

图 7-11　振弦式包体应力计
1—振弦；2—传力体；
3—弦夹头；4—磁钢；5—外壳

此种应力计有效弹性模量较高，可直接量测出应力变化，而且很灵敏。但应力计与孔壁周围的边界条件难以满足，有待进一步改进。

7.4.2 液压盒

液压盒是用来测量岩石、充填体和喷射混凝土等材料中正应力变化的装置。它也可以用于两种材料界面正应力的监测，例如岩石和喷射混凝土界面间正应力的变化的测试。液压盒实际就是由两块钢板绕外围焊接而形成的密闭容器，然后在盒中注入脱气流体，通常为液压油。垂直于盒子表面的压力增加会引起盒内液压的相应增加，内部的液体通过一根短管与一个电阻计或者振弦式压力传感器相连，它们将压力转化为电信号，电信号传送到终端安置在传感器中的热敏电阻可以测出环境温度的变化，并根据变化对结果进行修正。电子压力传感器的应用消除了早先液压盒对液压管的依赖。

如图 7-12 所示，液压盒被放置在开挖岩石的表面和喷射混凝土之间，切向的液压盒一般黏结在预应力钢筋或其他形式的支护上，以便它们能镶嵌在混凝土中。液压盒也可放置于混凝土衬砌中。随着混凝土的收缩，两者会逐渐分离，同时因为液压管存在弯曲力，又会迫使液压盒与混凝土紧密结合，从而保证能及时准确地测出周围应力的增加。要获得比较准确的垂直应力，必须保证液压盒的刚度与周围材料的刚度相当，如果盒的刚度比周围环境大，它测量的结果会偏大；反之也会得到相反的结果。

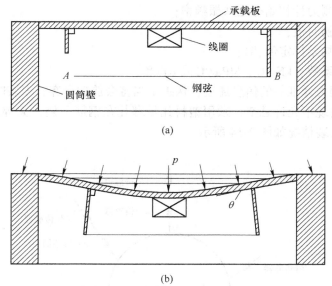

图 7-12 液压盒结构及测试原理示意图
（a）受力前；（b）受力后

7.4.3 锚杆测力计

振弦式锚杆测力计用于测量围岩中锚杆的锚固力、拉拔力等。该种仪器应用振弦原理，把一根钢弦张拉在两端的钢块（或钢板）上，钢块（或钢板）焊接（或其他方法）固定在锚杆上，锚杆的变形（即应变）引起两端钢件的互相移动，从而使得钢弦的张力改变，可用电磁线圈激振钢弦并通过测量钢弦的共振频率测出钢弦的张力。锚杆测力计通过焊接或螺纹连接等方式与锚杆连接，然后安装在钻孔中。每根锚杆可以安装多个锚杆测力计，采用螺纹连接的方式连接，如图 7-13 所示。

振弦式锚杆测力计的组成原理如下：

（1）振弦式锚杆测力计由弹性圆筒、密封壳体、信号传输电缆、振弦及电磁线圈等组成。

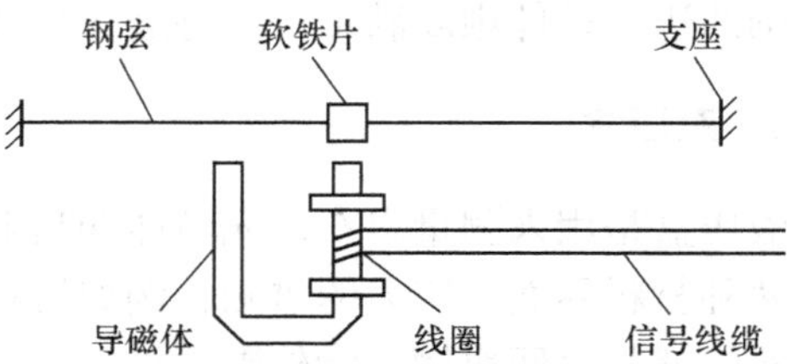

图 7-13　振弦式锚杆测力计

（2）工作原理：当被测载荷作用在锚杆测力计上，将引起弹性圆筒的变形并传递给振弦，转变成振弦应力的变化，从而改变振弦的振动频率。通过电磁线圈激振钢弦并测量其振动频率，频率信号经电缆传输至振弦式读数仪上，即可测读出频率值，从而计算出作用在锚索测力计的载荷值。

（3）计算方法

$$F = K(f_i^2 - f_0^2) + b(T_i^2 - T_0^2) \tag{7-12}$$

式中　F——测力计所受载荷，kN；

　　　K——标定系数；

　　　f_i——锚杆测力计瞬时共振频率；

　　　f_0——锚杆测力计初始标定共振频率；

　　　T_i——温度初时值，℃；

　　　T_0——温度初始标定值，℃；

　　　b——温度系数，kN/℃、MPa/℃或 $\mu\varepsilon$/℃。

电缆是锚杆测力计唯一的信息通道，保护不当将会前功尽弃，安装时必须做好电缆保护工作。安装中电缆不允许悬空，须用塑料扎带绑扎在钢筋下侧，关键部位应加保护管，锚杆应力计现场安装情况如图 7-14 所示。

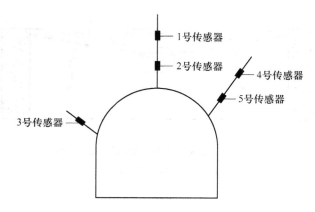

图 7-14　锚杆测力计现场布设示意图

7.4.4　声波法

当超声波（也是一种弹性波）在岩石中传播时，其速度与岩石密度、弹性特征、岩石结构等因素有关，岩石弹性特征的变化又取决于岩石上作用的应力。因此，测试声波速度，可以估计岩石的应力状态。

这种方法需要在围岩中打两个平行钻孔，相距 0.5~1.5m，孔深依据需要确定。在一个孔中安装发射探头，另一个孔中安装接收探头，并分别与声波仪相连，如图 7-15 所示。

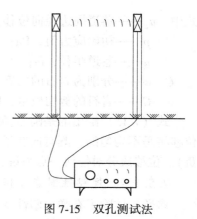

图 7-15 双孔测试法

测试之前，在实验室内做岩块试验，求得应力和相对声速增量（Δv）之间的关系，同时确定校准系数 K_T：

$$K_T = \frac{\Delta v}{\sigma}$$

$$\Delta v = \frac{V_{p1} - V_{p0}}{V_{p0}}$$

$$(7-13)$$

式中，V_{p1} 和 V_{p0} 分别为岩块上有应力作用和无应力作用时的声速。

通过直接在岩体中测得的声速，计算出岩体内声速变化量与 V_{p0} 的比值 ΔV_m：

$$\Delta V_m = \frac{V_{pm} - V_{p0}}{V_{p0}} \tag{7-14}$$

式中，V_{pm} 为岩体内的声速。用 ΔV_m 和 K_T，按式（7-13）计算出应力 σ。

这种方法比较简单，但受岩体中结构面的干扰很大，弹性波遇到大的结构面会发生绕射、吸收等现象，使测得的声速大大减小，影响应力计算与分析，有待寻求新的解决办法。

7.5 围岩变形（位移）监测

视频：围岩变形

巷道开挖后，在围岩中应力调整的同时，将出现围岩变形，与围岩应力相比，变形是易量测的宏观物理量。在工程上，没有必要区分不同的变形成分，而都以量测位移来了解和掌握围岩的稳定状况。

7.5.1 围岩位移的分析计算

利用弹性力学、塑性力学和流变学理论可以给出简单类型的巷道围岩位移问题的解析解。测试数据的分析必须在一定的模型基础上进行，这样才可以用该模型预测围岩变形的发展。

7.5.1.1 弹塑性围岩位移

当围岩应力达到岩石强度条件，部分围岩进入塑性变形阶段时，围岩位移包含弹性位移和塑性位移。如果用分析法解各向同性岩体，在 $\lambda = 1$ 条件下，圆形巷道围岩的弹塑性位移属于复合介质轴对称平面应变问题。

对于不支护巷道来说，巷道周边位移已有下列表达式：

$$u_a = \frac{a\sin\varphi(p + C\cot\varphi)}{2G}\left[\frac{(p + C\cot\varphi)(1 - \sin\varphi)}{C\cot\varphi}\right]^{\frac{1-\sin\varphi}{\sin\varphi}} \tag{7-15}$$

式中　u_a——巷道周边径向位移，m；

　　　　p——初始应力值，Pa；

　　　　a——巷道半径，m；

　　C，φ——分别为岩石的内聚力（Pa）和内摩擦角，rad；

　　　　G——岩石的剪切模量，Pa。

式（7-15）给出的是围岩径向位移量的值。如果侧压力系数 $\lambda \neq 1$，则巷道周边各点位移将是不均匀的，既有向巷道内的位移（通常视为正），也有向围岩方向的位移（为负）。位移成分对任何一点来说，既有径向的，也有环向的。

7.5.1.2　弹黏性围岩位移

多数岩体除了有弹、塑性变形外，还有随时间增长的流变变形。当围岩应力小于屈服极限时，围岩只发生弹性变形及此变形随时间的变化，称为岩石力学的弹黏性问题。已有的弹黏性围岩位移解析解目前仅限于较简单的轴对称问题。

设巷道断面为圆形，围岩为各向同性体，侧压力系数 $\lambda = 1$，围岩的流变模型为改进的凯尔文体，则其蠕变方程为

$$\varepsilon = \frac{\sigma}{E_1} + \frac{\sigma}{E_2}(1 - e^{-\frac{E_2}{\eta}t}) \tag{7-16}$$

式中　E_1——模型中弹簧1的弹性模量，Pa；

　　　　E_2——模型中弹簧2的弹性模量，Pa；

　　　　η——模型中黏性元件的黏滞系数，Pa·s；

　　　　σ——应力，Pa；

　　　　t——时间，s。

在不支护情况下，围岩中应力按式（7-16）计算。围岩应力引起的相对应变，由广义虎克定律推导出环向应变 ε_θ 的蠕变表达式后，再根据轴对称平面问题几何方程中 $u = \gamma\varepsilon_\theta$ 的关系计算。

最后可解得围岩径向位移为

$$u = \frac{pa^2}{2G_\infty r}(1 - e^{\frac{G}{\eta}t}) + \frac{pa^2}{2G_0 r}e^{-\frac{G}{\eta}t}$$

$$= \frac{pa^2}{2r}\left[\left(\frac{1}{G_0} - \frac{1}{G_\infty}\right)e^{-\frac{G}{\eta}t} + \frac{1}{G_\infty}\right] \tag{7-17}$$

式中　p——初始应力值，Pa；

　　　　a——圆形巷道半径，m；

　　G_0——岩体瞬时剪切模量，Pa，与 E_1 相对应；

　　G_∞——岩体长期剪切模量，Pa，与 E_1、E_2 相对应，$G_\infty = G$。

在 $r = a$ 处，巷道周边位移 u_a 为

$$u_a = \frac{pa}{2}\left[\left(\frac{1}{G_0} - \frac{1}{G_\infty}\right)e^{-\frac{G}{\eta}t} + \frac{1}{G_\infty}\right] \tag{7-18}$$

可以看出，巷道周边位移随时间呈指数变化，可用位移-时间曲线来表示，如图 7-16 所示。

巷道开挖后的瞬时位移，即 $t=0$ 时

$$(u_a)_0 = \frac{pa}{2G_0} \tag{7-19}$$

巷道周边最终位移，即 $t \to \infty$ 时

$$(u_a)_\infty = \frac{pa}{2G_\infty} \tag{7-20}$$

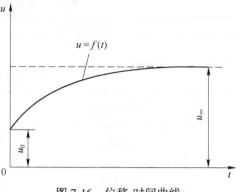

图 7-16　位移-时间曲线

在现场位移测量中，不可能测到开挖后瞬时周边位移 $(u_a)_0$，实际量测的是周边相对位移中流变成分，所以相对位移 u'_a 为

$$u'_a = u_a - (u_a)_0 = \frac{pa}{2}\left(\frac{1}{G_\infty} - \frac{1}{G_0}\right)\left[1 - \exp\left(-\frac{G}{\eta}t\right)\right] \tag{7-21}$$

以上关于围岩位移的分析研究，使我们认识到：

（1）尽管问题被简化成了经典的固体力学问题，用来研究岩体也有局限性，但是揭示出的位移规律还是有指导作用的，可用于与实际测量结果的对比。

（2）围岩位移场取决于初始应力、岩石性质、岩体结构、巷道断面尺寸等多个因素。实际的围岩位移还与岩体非均质性、施工方法等因素有关。理论分析证实，在考虑围岩非均质性、人工裂隙影响之后，围岩位移有可能增大 50%，这方面问题仍需要进一步探索。

（3）对工程有意义的是围岩位移随时间的变化规律。如果围岩应力超过岩石屈服极限，进入塑性变形阶段，围岩又具有流变性，则属于岩石力学中的弹塑黏性问题。目前，这类问题的理论解释很困难，往往要利用有限元等数值方法求解。

7.5.2　位移测量方法简述

现场位移测量是了解围岩状态、评价支护效果的重要手段。位移监测方法见表 7-4。常用的测试方法主要有两种：

（1）表面位移测量。表面位移测量又称表面收敛测量，用收敛计测取两测点间的尺寸变化，再计算出每个测点的位移量及其随时间的变化规律。

这种方法测试简便、应用广泛，但仅限于对围岩表面状态的了解。

（2）深孔位移测量。为了测出围岩内部点的位移，可在围岩钻孔中安装多点位移计。一般深孔，只能测得相对位移，如果孔深超过应力影响范围，即 $(3\sim5)a$，则可求得各点上的绝对位移量。

这种方法可以获得较多的围岩信息，便于分析结果，但测试工作量较大。

7.5.3　收敛测量

收敛或开挖边界上两点间相对位移，是最常用的地下工程测量对象。测量方法多种多样，如钢尺、可伸缩的杆等，它们被牢固地固定在岩石表面上的两点之间，通过百分表、测微计或电测装置如 LVDT，获取两点相对位移读数。

表 7-4 位移监测方法（Windsor，1993）

变形测量技术			测量位置	测量方法	测量灵敏度
观测技术		GPS	E	M	M
		陆上观测	E	M	M
		电子测距和自动观测	E	A	M
仪器技术	位移测量仪	轴向的	B/F	O	L
		剪切的	B/F	O	L
	收敛计	钢丝/磁带式	F	M	M
		棒式	F	M/A	M
	应变计	电阻应变计	B	A	H
		振弦式应变计	B	A	H
	节理测量仪	玻璃板	F	M	M
		插脚阵列	F	M/A	M
		应变片	B	A	H
		接近传感器	F	A	H
		光纤仪	B	A	H
		电位计	B/F	A	H
	伸长计 固定式伸长计	钢丝/棒式	B	M/A	H
		参考点感测仪	B	M/A	H
		应变感测仪	B	M	H
	便携式伸长计	磁电簧片式	B	M	H
		磁电振荡式	B	M	H
		滑动测微计	B	M	H
	测斜仪	固定式测斜仪	B	A	H
		便携式测斜仪	B	M	H
		挠度计	B	A	H
		伸长计-测斜仪	B	M	H
		伸长计-挠度计	B	M	H

注：F—岩体表面，B—钻孔，E—出露，M—人工，A—自动，O—观测，L—低，M—中，H—高。

钢尺收敛计是用于测量两点间相对距离的一种便携式仪器，由百分表、钢尺、恒力弹簧、挂钩、调节螺母等组成，如图 7-17 所示。仪器结构简单、操作方便、体积小、重量轻，可用来测量地下硐室、采场、巷道对应的墙体间的微小变化，也可以用于监测结构与支承的变形。

钢尺收敛计的精度可以达到 0.01mm，但是读数时存在人为造成的误差。一般选用三点布线式测量，所测内容可为顶板沉降和两帮收敛值。在所选择的点处钻孔，然后用水泥卷把带有钢环的锚头（图 7-18 所示）固定。选点时要注意，两帮的点要在一条水平线上，顶板上的点要在巷道的中心位置，三个环的位置要在一个平面上。

读数时先将收敛计表盘读数调到 25~30 之间，然后把收敛计的两个挂钩挂到两个环上，收紧钢尺，把收敛计上的钢针插入钢尺的小孔内，转动调节螺母，使收敛计上的两条线对齐，然后开始读数。

计算方法：每个观测面均按三角形的方式布置 3 个观测点 A、B、C（图 7-19），*AB*

图 7-17　钢尺收敛计

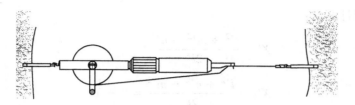

图 7-18　收敛计测点示意图

线近似水平，A、B 测点距底板标高为 $1.2 \sim 1.3\mathrm{m}$。ABC 平面垂直于巷道轴线。根据收敛测量资料可以确定各点的位移、位移速度、位移曲线等变形特征。

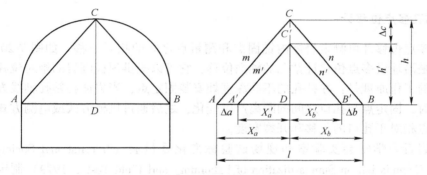

图 7-19　收敛计原理示意图

当同一测试断面内的 3 条基线（AB、BC、AC）构成闭合三角形，且 A、B 两点的位移在 AB 连线上，C 点的位移与 AB 连线垂直时，设

$AB = l$，$AC = m$，$BC = n$，$AD = X_a$，$BD = X_b$，$CD = h$；

$A'B' = l'$，$A'C' = m'$，$B'C' = n'$，$A'D' = X_a'$，$B'D' = X_b'$，$C'D' = h'$

由图 7-19 可知，A、B、C 三点的位移为：

$$\Delta_a = X_a - X_a'$$

$$\Delta_b = X_b - X_b'$$

$$\Delta_c = h - h'$$

$$\begin{cases} X_a^2 + h^2 = m^2 \\ X_b^2 + h^2 = n^2 \\ X_a + X_b = l \end{cases} \tag{7-22}$$

由式（7-22）可以得出：

$$X_a = \frac{l^2 + m^2 - n^2}{2l}$$

$$X_b = \frac{l^2 + n^2 - m^2}{2l} = l - X_a \qquad (7\text{-}23)$$

$$h = \sqrt{m^2 - X_a^2} = \sqrt{n^2 - X_b^2}$$

同样的方法可以计算出：

$$X'_a = \frac{l'^2 + m'^2 - n'^2}{2l'}$$

$$X'_b = \frac{l'^2 + n'^2 - m'^2}{2l'} = l' - X'_a \qquad (7\text{-}24)$$

$$h' = \sqrt{m'^2 - X_a'^2} = \sqrt{n'^2 - X_b'^2}$$

通过上面这些公式就可以计算得到 A、B、C 三点的位移，进而可以计算出两帮的收敛量 $\Delta_a + \Delta_b$ 和顶板的沉降量 Δ_c。

7.5.4　钻孔多点位移计

钻孔多点位移计可测定岩体内锚固点和测量点之间的相对位移。如图 7-20 所示，观测的参数是沿埋设多点位移计钻孔的轴向位移，它可以提供顶板围岩的绝对位移分布。多点位移计的工作原理是：在钻孔的不同深度处安装固定点，当岩体在钻孔轴线方向发生变形或开裂时，固定点与孔口之间的距离产生变化，之后通过机械方式或电测方式测出钻孔中各固定点相对于孔口的位移和开裂宽度。

国际岩石力学学会实验室和现场试验标准化委员会（International Society for Rock Mechanics Commission on Standardization of Laboratory and Field Tests，1979）制定了用钻孔位移计监测岩体位移的建议方法。钻孔多点位移计能测定钻孔中不同深度处几个点之间的相对位移，因而它可以测定较大范围岩体中的位移分布。多点位移计主要用来观测采场和巷道顶板的位移沉降，以实现对顶板稳定性的评价。通过多点位移计监测多个测点的位移变化量和位移变化速度，以位移值突然加大、位移变化速度突然加快作为危险情况发生的判断依据。

图 7-20 所示为钻孔多点位移计安装示意图。在空区顶板岩体的巷道中向采空区钻凿观测钻孔，可以获得空区顶板的相对沉降、顶板岩体开裂破坏情况、顶板岩体的冒落情况。目前常用的多点位移计主要分为机械式多点位移计和振弦式多点位移计。

7.5.4.1　机械式多点位移计

机械式多点位移计可作为单点和多点使用，可根据需要在 6 点以内任意组合。4 点以内（含 4 点）成孔直径只需 ≥40mm，4 点以上成孔直径需 ≥60mm 方可方便安装，对分层沉降的钻孔直径应大于 100mm。该仪器无传感器，用插入数显百分表测量。

A　仪器组成

机械式多点位移计主要由外筒、机测平台、支杆、机测螺帽和机测百分表等组成（图 7-21），外筒供安装固定机测支杆、机测平台、连接传递杆、固定端点等使用。

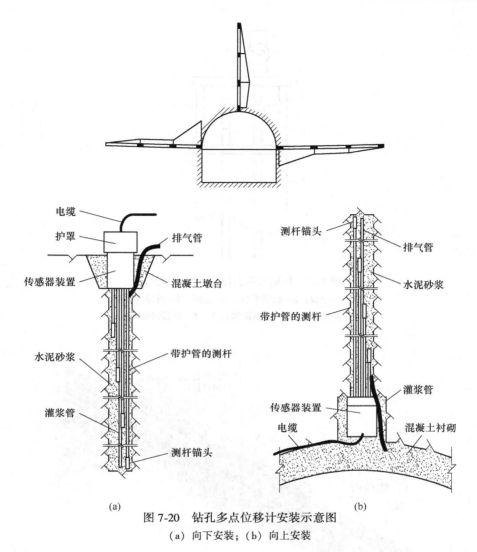

(a)　　　　　　　　　　　　　(b)

图 7-20　钻孔多点位移计安装示意图

（a）向下安装；（b）向上安装

B　计算方法

$$\Delta L = L_i - L_0 \tag{7-25}$$

式中　ΔL——位移量，mm；

L_i——实时读数，mm；

L_0——初始读数，mm。

位移计安装结束时的读数定为初始读数"L_0"，每次测读前都应将百分表调零。根据该仪器的安装测读方向确定计算结果"ΔL"。ΔL 为正值时，两点间距离减小；为负值时，二点间距离增大。

7.5.4.2　振弦式多点位移计

振弦式多点位移计可作为单点和多点使用，可根据需要在 6 点以内任意组合。4 点以内（含 4 点）成孔直径只需≥40mm，4 点以上测孔直径只需≥60mm 即可方便安装。仪器带有机测（插入百分表测量）功能，如图 7-22 所示。

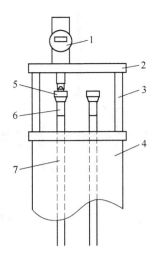

图 7-21   机械式多点位移计原理示意图
1—数字百分表；2—机测平台；3—支杆；4—外筒（主体）；
5—机测螺帽；6—不锈钢加长杆；7—不锈钢传递杆

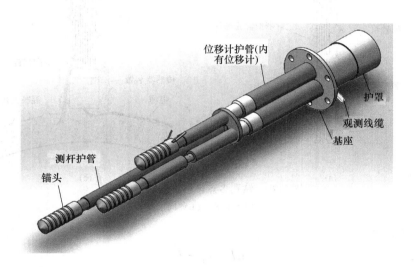

图 7-22   振弦式多点位移计示意图

A   仪器组成

振弦式多点位移计传感器是振弦式高性能位移传感器，它由不锈钢拉杆、外壳和电缆组成，内部装有振弦、激振线圈、高性能弹簧等。

B   计算方法

$$L = K(f_i^2 - f_0^2) + b(T_i^2 - T_0^2) \tag{7-26}$$

式中 L——位移量，mm；

K——标定系数；

f_i——瞬时共振频率，Hz；

f_0——初始标定共振频率，Hz；

T_i——温度实时值，℃；

T_0——温度初始标定值，℃；

b——温度系数，mm/℃。

当 "L" 为正值时位移计工作在拉伸状态，两点间距离减小；为负值时，位移计工作在压缩状态，两点间距离增大。

7.5.5 位移测试结果应用

对测试结果进行分析，可以得到以下几类参数。

7.5.5.1 围岩位移分布

根据测试结果可绘出观测断面内围岩位移分布状况。一般规律是围岩表面位移最大，深部位移小，而且围岩位移场是不均匀的，各方向上相差较大。

7.5.5.2 围岩位移过程

围岩位移变化过程可以说明围岩稳定过程，根据测试数据可以整理出位移与时间关系，图 7-23 所示为某一深孔上各测点的位移与时间曲线。

可以看出，各点位移都经历了急剧增长，然后缓慢变化到稳定的过程。但它们各自经历的时间不一样，深部测点很快趋于稳定，愈靠近围岩表面，趋于稳定所需时间愈久，这是没有支护时的情形。如果巷道有支护，则表面处的位移进入稳定的时间将提前。

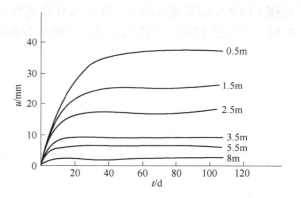

图 7-23 某一深孔测点上位移与时间曲线

（测点距孔口深度为 0.5m、1.5m、

2.5m、3.5m、5.5m 和 8m）

7.5.5.3 围岩位移参数

除了用图表示位移场以外，还可以用位移量、位移变化速度、位移稳定时间等物理量来说明，这些物理量被称为位移参数。

位移量大小是表示围岩状态的重要参数，是选择支护时必不可少的数据。

位移变化速度，是指单位时间内位移变化量，它反映着围岩动态变化性质。不同位移阶段是不一样的，有初始位移速度、稳定位移速度、位移加速度之分别。

位移稳定时间，是指从围岩产生位移到不变化或趋于平稳的总时间，它反映围岩建立新的稳定平衡的能力。

在岩石工程设计与工程施工管理方面，围岩位移测试结果可用于下列几方面：

（1）选择支护。大量实测资料表明，不同岩体中围岩位移量相差很大，少的几毫米，多的 200～300mm。显然，支护形式必须与围岩变形情况相适应，才能发挥出支护效果。

（2）确定二次支护时间。在使用新奥法或监控施工法时，支护分次施工，以求取得最佳支护效果。通常，二次支护时间选在围岩已基本稳定阶段，在位移上就是趋于平稳阶段。

（3）掌握围岩动态。根据位移测试提供的围岩位移变化范围，确定围岩松动区的尺寸。

（4）作为围岩稳定性的判别依据。在围岩稳定性动态分级法中，位移稳定时间可作为分级指标之一。

7.5.6　滑动测微计

滑动测微计是监测沿某一钻孔的应变分布的高精度便携式仪器。

滑动测微计用于确定在岩石、混凝土和土中沿某一测线的应变和轴向位移的全部分布情况。在混凝土坝中可用其观测由于水位变化、温度变化和混凝土收缩所产生荷载作用，可以测试矿山巷道围岩的变形，如图 7-24 所示为某测点的布置示意图。

7.5.6.1　结构形式

图 7-25 所示为滑动测微计的外形图。该仪器由探头、电缆、绞线盘和测读仪组成。将探头的 2 个测头做成球面，探头内设有线性位移传感器（LVDT）。电缆为加强的测量电缆，可长达 100m，配有绞线盘。测读仪为多用途读数和数据采集装置。

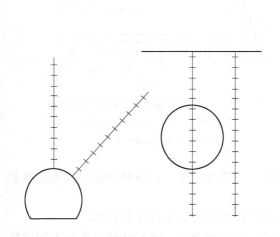

图 7-24　滑动测微计测点布置（李光煜，1998）

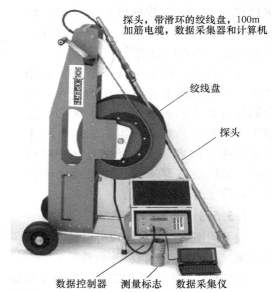

图 7-25　滑动测微计外形图（李光煜，1998）

该仪器配有用因瓦合金制造的便携式标定架，应随时检查仪器功能和标定探头，以保证仪器的长期稳定性和精度。探头和标定架都带有温度传感器，其温度均可在显示器上显示。

7.5.6.2　工作原理和测量方法

将滑动式测微计探头插入钻孔的套管中，并在间距为 1.0m 的两测标间一步步移动。在滑移位置，探头可沿套管从一个测标滑到另一个测标。使用导杆，旋转探头 45° 到达测试位置，向后拉紧加强电缆，利用锥面-球面原理，使探头的 2 个测头在相邻 2 个测标间张紧，探头中传感器被触发，并将测试数据通过电缆传到测读装置上。周围介质（岩石或混凝土）的变形会引起测标产生相对位移。因此，滑动测微计能对某测线的应变或轴向位移进行高精度测量。滑动测微计的测量原理如图 7-26 所示。

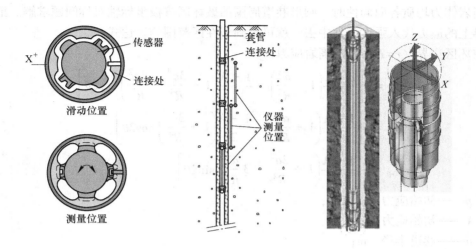

图 7-26　滑动测微计的测量原理（李光煜，1998）

用 HPVC 保护套管将做成锥面的金属测标连接起来，测标间距为 1.0m，牢固地浇注在直径为 100mm 的钻孔或任何混凝土中预制的管状空间中。

在垂直或显著倾斜的测量套管中，当深度不超过 30m 时，可以只用导杆把探头引入测量位置并把它拉紧进行测量，自上而下和自下而上各测试一次；深度超过 30m 时，要用绞线盘和加强电缆把探头放入孔和张紧，探头就位仍用导杆，然后进行数据的读取。如果测量套管是水平的或稍稍倾斜的，则不用绞线盘也可测量长达 100m 钻孔的量测。

7.6　围岩破坏区检测

视频：围岩
破坏区检测

7.6.1　围岩破坏区

当巷道围岩应力达到岩石强度条件，围岩发生损伤破坏（或塑性变形），并逐渐形成破坏区（或塑性变形区）。它是围岩被扰动范围内与地压显现最直接相关的部分，在不支护情况下，破坏区内的岩石有可能全部或部分塌落。破坏区具有以下性质：

（1）破坏区发生、发展将引起围岩二次应力场的再一次调整。

（2）破坏区最大的部位出现在巷道周边，处在与初始应力场的最大应力分量相垂直的方位上。

（3）破坏区内岩石裂隙发育，承载能力减小，岩体变形模量降低，变形能力增加。

研究破坏区位置、破坏区范围大小以及控制破坏区扩展的方法，是地压理论与实践所要解决的关键问题之一。

7.6.2　破坏区尺寸确定

围岩破坏区形成的时间短则 3~5 天，长则 2~3 个月。它的尺寸取决于初始应力场、岩石性质、岩体结构、巷道断面形状和尺寸以及时间等因素。

7.6.2.1 整体岩体中的分析计算法

当岩体为均质各向同性时，圆形巷道周围的破坏区按极坐标轴对称问题求解。把破坏区边界上的应力代入强度条件中去，就可得到塑性区范围的表达式。

破坏区边界（$r=R$）上的围岩应力为

$$\begin{cases} \sigma_r = p\left[\dfrac{1+\lambda}{2}\left(1-\dfrac{a^2}{R^2}\right) - \dfrac{1-\lambda}{2}\left(1+\dfrac{3a^4}{R^4}-\dfrac{4a^2}{R^2}\right)\cos2\theta\right] \\[2mm] \sigma_\theta = p\left[\dfrac{1+\lambda}{2}\left(1+\dfrac{a^2}{R^2}\right) + \dfrac{1-\lambda}{2}\left(1+\dfrac{3a^4}{R^4}\right)\cos2\theta\right] \\[2mm] \tau_{r\theta} = p\left[\dfrac{1-\lambda}{2}\left(1+\dfrac{2a^2}{R^2}-3\dfrac{a^4}{R^4}\right)\sin2\theta\right] \end{cases} \tag{7-27}$$

式中　p——初始应力值，MPa；

　　　λ——初始应力比；

　　　a——巷道半径，m；

　　　R——破坏区半径，m。

按岩石的莫尔-库仑强度条件，在极坐标系中有

$$\left(\frac{\sigma_r-\sigma_\theta}{2}\right)^2 + \tau_{r\theta}^2 = \left(\frac{\sigma_r+\sigma_\theta}{2}+C\cot\varphi\right)^2\sin\varphi \tag{7-28}$$

把式（7-27）代入式（7-28）中，得到 R 与 θ 的关系，并给出破坏区边界。

当 $\lambda=1$ 时，破坏区半径为

$$R = \frac{a}{\sqrt{\left(1+\dfrac{c}{\gamma H}\cot\varphi\right)\sin\varphi}} \tag{7-29}$$

式中，$\gamma H = p$。

7.6.2.2 层状岩体中分析计算法

假设层状岩体中有一圆形巷道，结构面倾角为 β，沿结构面发生破坏的条件符合莫尔-库仑强度条件。此时，结构面上的法向应力 σ 和切向应力 τ 分别为

$$\begin{cases} \sigma = \dfrac{1}{2}(\sigma_\theta+\sigma_r) + \dfrac{1}{2}(\sigma_\theta-\sigma_r)\cos2\beta - \tau_{r\theta}\sin2\beta \\[2mm] \tau = \dfrac{1}{2}(\sigma_\theta-\sigma_r)\sin2\beta + \tau_{r\theta}\cos2\beta \end{cases} \tag{7-30}$$

把式（7-30）代入 $\tau = \sigma\tan\varphi_j + C_j$ 之中，可得

$$(\sigma_\theta+\sigma_r)\tan\varphi_j - A(\sigma_\theta-\sigma_r) = 2B\tau_{r\theta} - 2C_j \tag{7-31}$$

式中，$A = \sin2\beta - \cos2\beta\tan\varphi_j$；$B = \cos2\beta + \sin2\beta\tan\varphi_j$。

在破坏区边界上应力仍按式（7-27）计算，在 $\lambda=1$ 时，$\tau_{r\theta}=0$，最后得到

$$R = \frac{a}{\sqrt{\dfrac{\tan\varphi_j + C_j/p}{\sin2\beta - \cos2\beta\tan\varphi_j}}} \tag{7-32}$$

式中，C_j、φ_j为结构面上的内聚力和内摩擦角。

由式（7-32）可见，破坏区半径随结构面倾角不同而异，这是一种近似计算法，实际情形比较复杂。大量实践证实，在层状和块状岩体中，破坏区尺寸和形状受结构面控制。

例如，在水平层状岩体中，巷道顶板岩层折断、离层、冒落呈近似三角形（图7-27（a））；在急倾斜岩层中，两帮岩层折断，破坏区主要在两帮（图7-27（b））；在倾斜岩层中，巷道断面内沿岩层倾斜上方最易冒落（图7-27（c））。

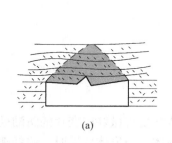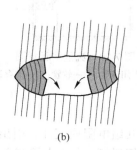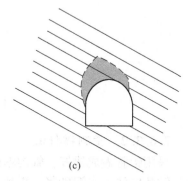

(a)　　　　　　　　　(b)　　　　　　　　　(c)

图 7-27　不同围岩中的破坏区

又如，当两组以上结构面与巷道临空面成不利组合时，破坏区的形状将如图7-28所示。

需要指出，在采动影响或有爆破载荷作用的情况下，围岩破坏区范围还将扩大。

7.6.3　破坏区检测方法

由于分析计算法的局限性，所以确定围岩破坏区范围的最好方法是实测。这方面的测试方法有声波法、深孔位移测量法、流量法、量测锚杆法等。前两种方法可见前文。

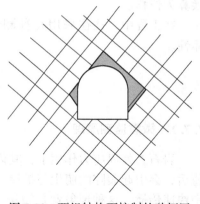

图 7-28　两组结构面控制的破坏区

7.6.3.1　流量法

流量法是根据破坏区内裂隙发育，岩石的渗透性将比原岩体的渗透性增加数倍，通过在钻孔中充入设定压力的压缩空气，测定压力变化来确定围岩破坏区深度的方法。

测试装置由带有压力表的储存器、连接软管和密闭装置等组成。在测试地点垂直岩壁钻一个直径为40~50mm、深3m左右的孔，孔中装入密闭装置来封闭一般钻孔。把软管接到储存器上，如图7-29所示。

由孔底向孔外逐次改变测试位置，观测储存器上压力降数值。当漏失量与原岩的一致时，就是破坏区的界面，由此得到破坏区尺寸。如果用两个平行钻孔，还可测知破坏区内岩石被破坏的程度。

流量法的优点是测试方法简单；缺点是若裂隙与钻孔轴向一致则密封非常困难，岩层中如果含水也将影响试验数据的分析。

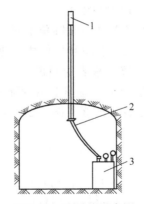

图 7-29　流量块示意图

1—密闭装置；2—软管；3—储存器

7.6.3.2　量测锚杆法

采用铝管做成锚杆，管内粘贴几组电阻应变片，引出导线并妥善做好应变片的防潮处理。钻孔内注入水泥砂浆，再插入铝锚杆，使其与孔壁黏成一体。当岩体变形时，锚杆随之变形，管内应变片变化，用应变仪可测得各点的应变量，画出沿钻孔的应变分布图，或换算为位移。

在工程中，往往采用几种测试方法联合监测破坏区，以利于对比和评价测试的可靠性。

7.7　围岩微震监测

7.7.1　微震监测原理

岩石在外界应力作用下，其内部将产生局部弹性能集中现象，当能量积聚到某一临界值后，会引起裂隙的萌生与扩展，伴随着弹性波或应力波的释放，应力波在周围岩体介质中快速传播，这种现象就是微震（microseismic，MS）。一般情况下，微震信号的强度很弱，人耳不能直接听到，需要借助灵敏的电子仪器来监测。微震和声发射间的主要区别为弹性波振动振幅及频率不同，微震波的振幅更大、频率更低。人耳可听得见的声波频率介于 20Hz~20kHz 之间，地震波的频率较低。由采矿而产生的微震频率从不到 1Hz 到 10kHz 以上，如图 7-30 所示。

李俊平（1996）、姜福兴（2002）、李庶林等（2004）、窦林名（1999）、唐春安等（2008）、冯夏庭等（2011）介绍了微震监测系统的一些实例。矿山微震监测技术的应用已有数十年的历史，国内外目前已进入了广泛应用阶段。20 世纪 20 年代末，Mainka 在波兰西里西亚建立了第一个真正的微震监测台网。至 20 世纪 80 年代，微震监测技术已在国外的深井金属矿山全面推广应用。目前，该技术在南非、美国、加拿大和澳大利亚的深井金属矿山得到了广泛应用，在深井地压监测方面取得了良好效果。微震监测技术已成为深井矿山地压监测预报的最主要的高新技术，实现了深井矿山地压灾害监测的自动化、信息化和智能化，代表了深井地压监测的发展方向。

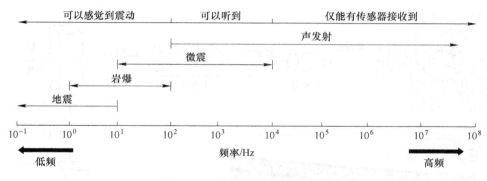

图 7-30　不同频率波信号示意图

我国微震监测技术发展相对较晚。1959 年，北京门头沟矿首次安装中科院地球物理所研制的 581 微震仪监测冲击地压活动。自 1984 年开始，国内的门头沟、房山等煤矿矿山曾陆续引进了波兰 SAK-SYLOK 地音-微震监测系统，但由于种种原因，均没有坚持连续监测。2000 年以后，国内金属矿山开始引进国外微震监测系统，同时中国学者也开始了新一代矿山微震监测系统的自主研发。2010 年，中国国家安全监管总局出台了在金属非金属地下矿山须安装安全避险"六大系统"的规定，微震监测技术作为可满足"六大系统"中地压监测监控系统相关要求的有力工具已逐渐在国内矿山中开始推广应用。

微震设备的研发涉及多学科技术的综合应用，包括岩石力学、采矿工程、通信技术、信号分析技术、电子技术及软件工程等。目前，国内外用于矿山地压微震监测设备的生产厂家较少，技术成熟并实现产业化生产的厂家主要有加拿大 ESG、南非 ISSI、波兰矿山研究院（SOS 微震监测系统）、英国 ASC、美国 MicroSeismic 等。

在国内微震监测系统研发方面，具有代表性的有北京科技大学、北京矿冶科技集团、中国科学院武汉岩土力学研究所、煤炭科工集团等单位研发的微震监测系统，这些国产微震监测系统已在双鸭山等矿区、锦屏二级水电站等工程中应用并取得良好的效果。

根据矿山现场的实际监测结果可以看出，岩体微震信号具有以下比较明显的特征：（1）信号是随机、非周期性的；（2）信号频率范围很宽，上限可高达几千赫兹甚至更高；（3）信号波形差异较大，震级与能量悬殊；（4）振幅随传播距离的增大而迅速衰减。

以 ESG 微震监测系统为例，其工作流程是通过安装在岩体内的微震传感器接收由岩体介质传输过来的原始微震信号然后将其转变为电信号，电信号通过信号传输线缆传输到微震信号采集仪，该仪器将电信号转变为数字信号并传给数据采集计算机，数据采集计算机可对数字化的微震信号进行初步处理，比如对微震波进行滤波去噪、对微震事件的空间位置进行定位。由于数据采集计算机通常位于采场或巷道内，不方便技术人员查看及操作，所以通常在远离采矿活动的办公区设置一台远程分析计算机，通过数据采集计算机将微震信号及初步处理结果传送给远程分析计算机，以便技术人员进行数据的查看及进一步分析。微震监测系统工作原理如图 7-31 所示。

由于微震事件的位置、能量等参数与岩石中破裂面产生的位置及尺度息息相关，所以微震监测是一种重要的岩体完整性及稳定性评价手段。基于不同的监测范围和不同的监测

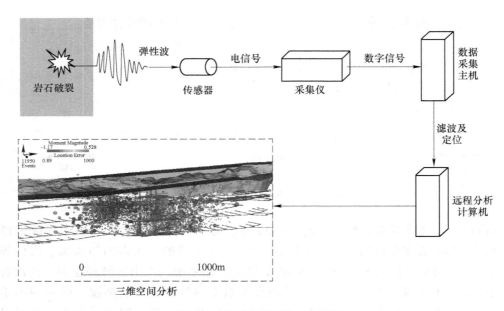

图 7-31　微震监测系统工作原理

目的，微震监测在开采中应用很广泛。

视频：石人沟
铁矿微震
监测案例

7.7.2　微震监测数据

利用微震数据表征岩体稳定性的机理很复杂，岩体声发射与微震监测技术通过对信号波形的分析，获取其内含信息，以帮助人们对岩体稳定性做出恰当的判断和预测。针对这类信号特征，一般主要记录与分析下列具有统计性质的量：

（1）事件率（频度），指单位时间内微震事件数，单位为次/min，是用微震活动评价岩体状态时最常用的参数。对于一个突发型信号，经过包络检波后，波形超过预置的电压值形成一个矩形脉冲，这样的一个矩形脉冲叫作一个事件，这些事件脉冲数就是事件计数，计数的累计则称为事件总数。

（2）能率，指单位时间内微震能量之和，能量分析是针对仪器输出的信号进行的。事件变化率和能率变化，反映了岩体状态的变化速度。

（3）振幅分布，指单位时间内微震事件振幅分布情况，振幅分布又称幅度分布，被认为是可以更多地反映微震源信息的一种处理方法。振幅是指微震波形的峰值振幅，根据设定的阈值可将一个事件划分为小事件或大事件。

（4）频率分布，指微震波中不同频率成分对应的幅值或比例。

微震信号的特征取决于震源性质、所经岩体性质及监测点到震源的距离等。基本参数与岩体的稳定状态密切相关，可反映岩体的破坏现状。事件率和频率等的变化反映岩体变形和破坏过程；振幅分布与能率大小，主要反映岩体变形和破坏范围。岩体处于稳定状态时，事件率等参数很低，且变化不大，一旦受外界干扰，岩体开始发生破坏，微震活动随之增加，事件率等参数也相应升高，发生岩爆之前，微震活动增加明显，而在临近发生岩爆时，微震活动频数反而减少，即出现平静期现象；岩体内部应力重新趋于平衡状态时，其数值也随之降低。

应用微震技术进行岩体失稳破坏预测预警，我们所关心的是岩体是否发生破坏，乃至可能引发地压现象的位置、时间及剧烈程度，其中对微震源进行精确定位是岩体失稳破坏预警的关键技术之一。

监测定位原理为：震源周围以一定的网度布置一定数量的传感器，组成传感器阵列，当监测区域体内出现微震信号时，传感器即刻拾取信号，并将这种物理量转换为电压量或电荷量，通过多点同步数据采集测定各传感器接收到该信号的时刻，连同各传感器坐标及所测波速代入方程组求解，即可确定微震源的时空参数，达到定位之目的。

微地震事件的记录可用图 7-32 表示，图中 M 为震源。首先确定可能发生地质灾害点，假设 S_1、S_2、S_3、S_4 为测点，可分别在巷道中这 4 处置放传感器，以测量某个微震事件释放的微震波到达该测点的时间。假定微震事件到测点的岩层均质，则微震波的传播速度是一定值，一般在 $3 \sim 5 \text{m/ms}$ 左右，可由爆破实测确定。由于 S_1、S_2、S_3、S_4 点到 M 点的距离不同，因此 P 波、S 波到达 S_1、S_2、S_3、S_4 点的时刻也不同，利用弹性波到达 S_1、S_2、S_3、S_4 点的时间差和 S_1、S_2、S_3、S_4 点的相对距离，求解一个四未知数的二次方程组（式（7-33）），根据实际情况去掉不合理的根，就可得到 M 点的位置坐标，从而确定该次微震事件的地点。

$$(X_i - X_o)^2 + (Y_i - Y_o)^2 + (Z_i - Z_o)^2 = V_i^2 \times (T_i - T_o)^2 \quad (i = 1, 2, \cdots, N)$$

$$(7\text{-}33)$$

式中　X_i，Y_i，Z_i——分别为第 i 个传感器的 x、y、z 坐标；

　　　　　　V_i——第 i 个探头测得的波速；

　　　　　　T_i——到时；

　　X_o，Y_o，Z_o——分别为震源位置；

　　　　　　T_o——岩石破裂发生时刻。

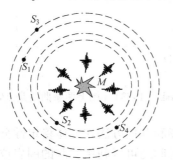
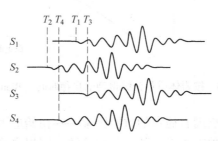

图 7-32　传感器接收到裂纹产生的微震波示意图

7.8　围岩的自稳能力

围岩自稳能力是围岩稳定程度的综合反映，是工程技术人员最关心的一个指标。围岩自稳能力可用围岩自稳时间，或者用定性描述的方法来说明。

7.8.1 围岩自稳时间

围岩自稳时间也叫暴露面稳定时间，是指在不支护的情况下，围岩维持其自身状态不发生过大变形、不破坏的最长时间。自稳时间愈长，说明其稳定性愈好，自稳时间与岩石性质、围岩暴露面积和工程跨度有关。

围岩自稳时间的确定主要是借助于经验方法。Bieniawski（1973）、Barton（1974）都曾依据统计资料给出了工程最大跨度与岩石性质和自稳时间三者关系的图表。图 7-33 所示为 Bieniawski（1973）提出的基于岩体质量分级的自稳时间确定方法，按照岩体质量和开挖工程跨度，就可以从图上估计出围岩的自稳时间。由图 7-33 可以看出，在一定岩石质量条件下，由两条曲线限定了工程跨度的估算范围。例如，岩石质量评分值 RMR = 40 时，由上曲线查得不支护时的极限跨度为 5.8m，超过这个值会立即垮落；由下曲线查得对应的不支护跨度为 1.2m，小于这个值会长期稳定，那么工程跨度处在 1.2~5.8m 之间时，从表上查得围岩自稳时间为 20h~2d。

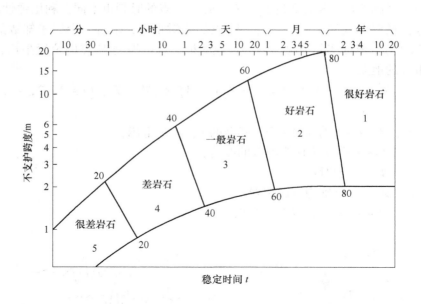

图 7-33　按岩体质量分级得到的自稳时间（Bieniawski，1973）（图上两条曲线是 RMR 值）

由于影响围岩稳定的重要因素——初始应力场和开挖方法在岩体稳定性分级中没有考虑，所以这种方法是一种近似估算法。围岩自稳时间还可以利用实测的围岩位移稳定时间来估算。

围岩位移稳定时间表示围岩建立新的平衡的能力。位移稳定时间短，说明围岩自稳能力强；反之，则说明自稳能力差。因此，从物理概念上讲，位移稳定时间与围岩自稳时间 T 是具有相反趋势的，可表示成某种函数关系 $T = f(t)$，具体关系可根据测试统计资料建立。

7.8.2 围岩自稳特征

绝大多数地下岩体工程，从开挖起就趋于自行建立新的平衡，如果不能维持平衡，则会发生局部破坏释放部分应变能，如果应变能释放可以稳定地进行，则围岩短期是稳定的；如果所要释放能量过大，无法即刻平稳地释放，则有可能诱发岩爆、塌方等灾害。深孔位移测试证实，这种新平衡建立过程总是从深部围岩开始，逐渐扩至工程围岩表面，是在一定的时间内完成的。当然，岩体有些情况下不能自行建立新平衡，表明自稳能力很差，有可能发生岩爆、塌方等灾害。

根据现场测试资料可知，在不同岩体中，巷道围岩自稳过程及其表现是不一样的。

（1）在整体结构岩体中，岩石比较坚硬时，其自稳时间较长，围岩位移量仅几个毫米，位移稳定时间短（几天到十几天），说明围岩很快建立了新的平衡。多数情况下，围岩破坏范围小于 0.2m。

（2）在层状结构岩体中，如果是巨厚或中厚的坚硬岩层，其自稳特征与整体岩体相近，如果是薄层或软硬互层，不同方向上的围岩位移差异较大，位移量从几毫米到十几毫米，位移稳定时间从十几天到几十天，围岩破坏范围 0.2~1.0m。

（3）在块状结构岩体中，围岩在应力调整过程中围岩内块体将发生转动、滑移或挤压，反映在位移测试上，初期位移变化大。围岩位移量属毫米级，位移稳定时间约十几天或更长些，围岩破坏从个别块体失稳开始，有可能引发小规模塌方，围岩破坏范围受结构面控制。

（4）在碎裂结构岩体中，围岩内岩体应力和变形会经历较长期的变动过程。据金川矿巷道径向位移测试资料，在节理发育的岩体中，从巷道周边开始向围岩深处交替出现松弛区（向巷道内位移）和压密区（向巷道外位移），而且随时间 t_1、t_2、t_3 的不同时刻它们的范围在改变，如图 7-34 所示。这是因为受到节理的影响，位移方向发生变化，靠近巷道表面位移速度大，表现出松弛特性；在围岩深处，位移速度小，移动空间小，而表现出压密特性。一般情况，这类围岩位移量较大，可达几厘米至十几厘米。位移稳定时间几十天，围岩破坏范围可达 0.5~1.0m。

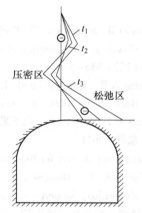

图 7-34 碎裂围岩内的松弛区与压密区

（5）在散体结构岩体中，岩石松软破碎，围岩中应力调整时间长，并有较复杂的动态调整过程。围岩位移可达几十厘米，围岩破坏范围大于 1m，自稳能力很差，甚至无自稳能力。

以上关于围岩自稳过程和表现的研究，对支护理论和实践都是有意义的。

7.8.3 提高围岩自稳能力的方法

对岩石工程来说，维护其稳定性，除了支护措施外，提高围岩自稳能力也是一种重要措施，有时比支护更有效、更经济。主要方法有以下几种：

（1）减少围岩破坏。采用少扰动的施工方法，如用隧道掘进机（TBM）开挖巷道，采用光面爆破施工法等。

（2）注浆加固。采用向围岩中注入水泥浆或其他化学浆液的办法，使浆液在围岩裂隙中起到黏结作用，提高围岩的强度，此法适用于碎裂结构岩体和部分散体结构岩体。

　　围岩力学过程中表现出的位移量大小、破坏区尺寸以及自稳时间等，是表征围岩状态的物理量，称为围岩状态参数。在工程界，确定围岩状态参数是极其重要的。正如前述，围岩状态参数可用简化模型的分析计算或现场测试的方法确定，这些方法都有一定局限性或不完善。对已积累的大量现场测试资料进行统计分析，寻求围岩状态参数的内在规律性，用于对围岩状态的预测，是一种很有发展前途的解决问题的方法。

思 考 题

7-1 什么叫围岩应力？哪些因素会使围岩应力增加？哪些因素会使围岩应力降低？

7-2 在距地表 400m 处的石灰岩中拟开挖一条巷道，石灰岩的单轴抗压强度 R_c = 40MPa，抗拉强度 R_t = 4MPa。

　　（1）试估计初始应力大小；

　　（2）从椭圆形、圆形、正方形、拱形、矩形断面中选出合理的断面形状。

7-3 围岩自稳能力是如何表现的，怎样提高围岩自稳能力？

7-4 围岩破坏区是怎样形成的，它有什么性质？

7-5 微震监测的意义何在？如何根据微震监测结果评价围岩的稳定性？

参 考 文 献

Amadei B，Stephansson O. Rock stress and its measurement ［M］. London：Chapman & Hall, 1997：361~385.

Bieniawski Z T Engineering classification of jointed rock masses ［J］. Trans S Afr Inst, Civ Engrs, 1973, 15（12）：335~344.

Barton N R，Lien R，Lunde J. Engineering classification of rock masses for the design of tunnel support ［J］. Rock Mech，1974, 6（4）：189~239.

Brady B H，Brown E T. 地下采矿岩石力学 ［M］. 3 版，2006. 佘诗刚，朱万成，赵文，等译. 北京：科学出版社，2011.

International Society for Rock Mechanics Commission on Standardization of Laboratory and Field Tests, 1979.

Windsor C R，Thompson A G. Rock Reinforcement-Technology，Testing，Design and Evaluation ［J］. Excavation，Support and Monitoring，1993：451~484.

陈炳瑞，冯夏庭，曾雄辉，等. 深埋隧洞 TBM 掘进微震实时监测与特征分析 ［J］. 岩石力学与工程学报，2011, 30（2）：275~283.

康红普，等. 煤岩体地质力学原位测试及在围岩控制中的应用 ［M］. 北京：科学出版社，2013.

林宗元. 岩土工程试验监测手册 ［M］. 北京：中国建筑工业出版社，2005.

李光煜，罗凤利，栗萍，等. 中国井下采煤机的发展历史及发展方向 ［C］//机械技术史——第一届中日机械技术史国际学术会议论文集，1998：584~588.

李俊平，李典文. 加拿大自动声发射/微震源定位技术 ［J］. 世界采矿快报，1996（24）：14~16.

窦林名. 多功能一体化微震系统 ［J］. 煤矿设计，1999（6）：43~45.

姜福兴. 微震监测技术在矿井岩层破裂监测中的应用 ［J］. 岩土工程学报，2002（2）：147~149.

李庶林. 我国金属矿山首套微震监测系统建成并投入使用 ［J］. 岩石力学与工程学报，2004（13）：2156.

李兆权. 应用岩石力学 ［M］. 北京：冶金工业出版社，1994.

张省军，唐春安，王在泉. 矿山注浆堵水帷幕稳定性监测方法的研究与进展 ［J］. 金属矿山，2008（9）：84~86, 162.

8 岩石动力学与围岩动态稳定性

在采矿生产中，钻爆法是破岩、落矿的主要手段，因此围岩经常受到动态载荷的作用。炸药爆炸将岩石破碎，同时产生振动波在岩体中传播，会影响邻近巷道或其他工程的稳定性。岩体也许不会在动荷载的一次作用下就发生宏观破坏，但这些应力波的多次扰动却会在微观-细观尺度上引起围岩的累积性损伤加剧与局部应力环境的逐步恶化，最终可成为大规模破坏的诱因。例如，崩落采矿法中的电耙道或回采进路受到频繁的爆炸动载作用，经常由于爆破振动而发生失稳；露天边坡受到爆破振动的影响，边坡岩石的爆破损伤使得围岩不断弱化，爆破振动有时甚至成为滑坡的诱因。因此，动载作用下岩石的损伤与破裂问题已引起科研工作者的高度重视。

本章介绍了岩石中的应力波、应力波诱致的岩石破裂、岩石动力学实验、爆破破岩机理，分析了爆破振动效应，概述了动载作用下巷道围岩的稳定性。

8.1　岩石中的应力波

固体介质在外部载荷作用下将会改变其原有的形状和原来的运动状态，同时介质内部各部分之间的相互作用力也随之发生变化，这体现了固体介质对于外部载荷的响应。根据引起介质响应的不同，可将载荷分为静态载荷和动态载荷。固体的静力学理论研究的是处于静力平衡状态下固体介质的力学特性，是以忽略介质微元体的惯性作用为前提。所以静力载荷是指载荷数值随时间无显著变化的载荷，即加载速度比较慢的时候，才是适用和正确的。动载荷的定义已在 1.2.4.3 节阐述。

8.1.1　弹性体的振动和弹性波

在动态载荷作用下，首先受力的这部分介质质点与相邻介质质点之间发生了相对运动（即固体介质的变形），在受到相邻质点所给予的作用力（应力）的同时也给相邻质点以反作用力，因而使它们先后离开了平衡位置而运动起来。不过，由于介质质点具有惯性，因而相邻介质质点的运动滞后于受扰动质点。依此类推，外载荷在表面上所引起的扰动就这样在介质中逐渐由近及远传播出去，形成了应力波。在弹性体中，扰动是借助质点间的弹性与惯性依次传播的，这种波即是弹性波。

由于实际的物体总是有边界的，当扰动到达边界时，将要和边界发生相互作用而产生反射，从而使得物体在扰动的传播方向上移动。由于扰动在其边界上来回反射，从而使得整个物体呈现出在其平衡位置附近的一种周期性的振荡现象，该现象称为弹性体的振动。弹性波和弹性体的振动之间存在着本质的内在联系，这两种现象的形成有着相同的机制，它们都是由介质的弹性和惯性两个基本性质决定的。弹性性质有使发生了位移的质点恢复到原来平衡位置的作用，而运动质点的惯性有使当前的运动状态持续下去的作用，或者说弹性是储能的要素，惯性是维持动能的表征。正是由于这两种特性的存在，系统的能量才能得以维持和传递，外部的扰动才能激发起弹性波和弹性体的振动。弹性波的传播和弹性体的振动，实际上可以看作是同一个物理问题的不同表现形式。扰动一开始总是以行波的方式将能量传播出去，而当物体有界时，由于行波的来回反射，最终使物体趋于定常的运动状态，即表现为振动现象。弹性体的振动是波动过程的一种特殊表现形式，并不意味着波动过程已经消失。在实际的弹性动力学问题中，有时候需要考察波动过程，有时则对振动现象更感兴趣。相应于这两种情况，在数学上对动力响应的解答常分别采用波动解和振动解。

8.1.2 岩石中应力波的分类

炸药在爆炸过程中释放出来的爆炸能，部分用于破碎岩石，部分转换为应力波在岩体中传播，引起岩体中质点振动。爆炸产生的应力波不只有一种，多种波往往并存出现。一般有如下常见的几种：

视频：四种应力波波动图

（1）纵波（或称无旋波和体积波，在地学中被称为 P 波），在无限或半无限介质中，它们被称为"膨胀"波。这种波的特点是传播方向和质点的振动方向平行。若是压缩波，它们之间同向；若是拉伸波，它们之间反向。

（2）横波（或称剪切波、畸变波或等容波，在地学中被称为 S 波），该类波质点的振动方向与波的传播方向垂直。剪切波只能引起材料形状的改变，不引起纵向应变，因此它不引起材料密度的改变。在 S 波传播过程中，质点的振动又分为垂直分量和水平分量。与垂直分量对应的部分又称为 SV 波，与水平分量对应的波为 SH 波。由于 SV 波和 SH 波是按质点振动方向分类的偏向波，因而其传播速度与 S 波的传播速度相同。

（3）表面波。在各向同性无限弹性介质内部只能传播两种类型的波，即纵波和横波。然而，当介质中存在不连续面或者表面时，就形成了表面波。表面波并不像体波那样直接发生于波源，而是在介质界面或表面处由体波扰动产生的次级弹性波。表面波的存在是瑞利（英国物理学家 Lord Rayleigh）首先提出来的。根据介质不连续面和表面力学特征的不同，存在着不同形式的表面波。最为常见的是瑞利表面波，又称为 R 波。R 波是由纵波与质点位移垂直于表面的横波叠加形成的。R 波沿介质表面传播，而质点是在与波前进方向相垂直的面内振动。

（4）界面波（斯通利（Stoneley）波）。不同性能的两个半无限介质相接触，在它们界面会形成这种特殊波。

（5）层状介质中的波（勒夫（Love）波）。Love（英国数学家 Augustus Love）用数学分析证明了如果半空间表面覆盖有一层不同的物质时可能存在着一种 SH 波，它被人命名为 Love 波。在固体表面有一层不同介质的薄层时，薄层中可以传播这种纯剪切变形的Love 波，它的质点振动方向平行于薄层而垂直于传播方向。许多地震观测资料都表明在自由面存在 Love 波。在地学中，这种波是非常重要的。

岩石爆破中的波动源或是圆柱状的，或是集中的，即长度和直径的比值很小。后一类药包可以近似地看作球形源。球形源和圆柱形源，由于其对称性，可产生球形或柱面状传播的膨胀波。当然,这只是一种近似处理。

应力波与岩石性质、炸药种类、药包形状和结构等因素有关。岩石的种类、组成、孔隙性、含水率等都影响应力波波速。岩石结构致密、含水量高、应力波波速高。用岩石纵波波速与密度之乘积表示的声阻比,对波的传播特性有决定性作用。在施加的动载荷相同的条件下,岩石声阻比越小,质点速度越大,在声阻比差别很大的岩体中,质点速度变化大。

岩石硬,应力波的正压作用时间短;岩石软,则正压作用时间长。而正压作用时间越长,质点位移越大。在同一种岩石中,不同品种炸药爆炸时,岩石质点速度、正压作用时间、质点位移都有很大差别。炸药威力越大,上述应力波参数也越大,采用球形药包爆炸产生的应力波参数要比柱形药包的小。

由上述可知,应力波受多种因素影响,在岩体中实际传播的应力波是由多个简单波形叠加形成的,为了探讨应力波传播规律,首先要研究简单波形的传播特征。

8.1.3 杆中的一维纵波

平面压缩波在无限长杆中传播,当波长比杆的直径大得多时,在与波的传播方向相垂直的截面,其应力分布是均匀的,此时可以把其简化成为杆中的一维波。如图 8-1 (a) 所示,波沿杆向右传播,引起杆上任意一点的瞬间纵向位移 $u_x(t)$。要确定瞬间运动的性质以及有关的瞬时应力状态,必须考虑与质点运动有关的惯性效应。图 8-1 (b) 所示为杆上一个质量为 dM 的单元受到一个纵向加速度 $\ddot{u}_x(t)$。

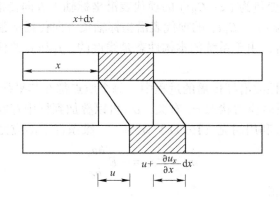

(a)

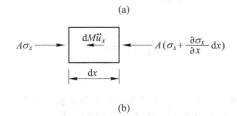

(b)

图 8-1　杆中一维纵波分析问题的定义及单元体

要考虑单元的动态位移，必须引入达朗贝尔（d'Alembert）惯性力，其方向与运动方向相反，大小为 $\mathrm{d}M\ddot{u}_x$。引入这个力以后，作用在单元上的力就可以作为平衡力系处理，即

$$\sigma_x A - \mathrm{d}M\ddot{u}_x - \left(\sigma_x + \frac{\partial \sigma_x}{\partial x}\mathrm{d}x\right)A = 0 \tag{8-1}$$

式中，A——杆的横截面面积，m^2；

σ_x——x 方向的应力，MPa。

因为 $\mathrm{d}M = \rho A \mathrm{d}x$，$\rho$ 是介质密度，并且有

$$\frac{\partial \sigma_x}{\partial x} = \frac{\partial}{\partial x}(E\varepsilon_x) = -E\frac{\partial^2 u_x}{\partial x^2}$$

故式（8-1）成为

$$\frac{\partial^2 u_x}{\partial t^2} = \frac{E}{\rho}\frac{\partial^2 u_x}{\partial x^2} \tag{8-2}$$

式（8-2）是杆的质点运动微分方程，或称杆的波动方程。方程的通解具有下述形式：

$$u_x = f_1(x - C_\mathrm{B}t) + f_2(x + C_\mathrm{B}t) \tag{8-3}$$

这里函数 f_1 和 f_2 的形式由初始条件，即由波产生的方式来确定。通过求导数，不难看出，只要 C_B 按式（8-4）定义，u_x 的表达式就满足式（8-2）

$$C_\mathrm{B} = \sqrt{E/\rho} \tag{8-4}$$

式中，C_B 为杆中的波速，表示扰动沿杆传播的速度。

式（8-3）中，自变量为 $(x - C_\mathrm{B}t)$ 的项代表沿坐标轴正方向传播的波，即向前传播的波，即顺波；自变量为 $(x + C_\mathrm{B}t)$ 的项代表沿坐标轴负方向传播的波，称为逆波。函数 f_1 和 f_2 都是波动方程的解，由于系统的本构性态是线性的，f_1 和 f_2 的任何线性组合都满足控制方程（8-2）。

式（8-3）表示弹性波沿杆传播的过程中，每个质点都在其平衡位置附近做瞬时运动。质点的瞬时速度 v 与瞬时应力状态 σ_x 有关，σ_x 可以叠加到杆中存在的任何静应力上。对于单轴纵向应力问题，利用胡克（Hooke）定律，一维条件下动应力与动应变关系为：

$$\sigma_x = E\varepsilon_x = -E\frac{\partial u_x}{\partial x}$$

将式（8-3）代入得

$$\sigma_x = -E[f_1'(x - C_\mathrm{B}t) + f_2'(x + C_\mathrm{B}t)]$$

质点瞬时速度定义为

$$\dot{u}_x = v = \frac{\partial u_x}{\partial t}$$

将式（8-3）代入得出

$$v = (-C_\mathrm{B})f_1'(x - C_\mathrm{B}t) + C_\mathrm{B}f_2'(x + C_\mathrm{B}t) \tag{8-5}$$

对于顺波，式（8-4）和式（8-5）的有关分量与式（8-3）组合在一起，可得到

$$v = C_\mathrm{B}\frac{\sigma_x}{E} = \frac{\sigma_x}{\rho C_\mathrm{B}} \quad \text{或} \quad \sigma_x = \rho C_\mathrm{B}v \tag{8-6}$$

因此，波通过一点所引起的动态纵向应力正比于该点的瞬时质点速度。式（8-6）中的量 ρC_B 称为介质的特征阻抗。对于逆波，容易得出

$$\sigma_x = -\rho C_B v \tag{8-7}$$

这里需要说明的是，以上杆中的一维波假设是当压缩波长比杆的径向尺寸在数量级上大很多时提出的。但实际上，当引起杆纵向变形时，由于三维效应，可能同时产生彼此间有互相作用的纵向弹性振动和径向弹性振动。由于纵波产生拉伸和压缩，使横向尺寸变化，从而引起径向振动，而径向变形是自由产生的，故沿杆能够形成伸长波。此时，径向的扩张引起作用于轴向上的弹性力减小，于是与无限介质中的传播速度比起来，应力波在杆中的传播速度减小了。因此，当波长与杆的径向尺寸是同一个数量级时，这种三维效应的影响是必须要考虑的。

8.1.4 应力波的界面效应

当应力波传播途中遇到断层、层面、节理、裂隙时，应力波的其中一部分发生折射或绕射，另一部分反射，并都以波的形式表现出来。原有的应力波发生衰减或传播特性受到干扰，其影响程度取决于层面数目、层内介质性质等因素。

当入射波（纵波、横波）到达自由边界时，将产生反射波，其波形和传播方向取决于入射波参数、传入方向与界面的夹角以及岩石性质。纵波为压缩波时，反射波为拉应力波，并以拉应力作用到自由边界表面。

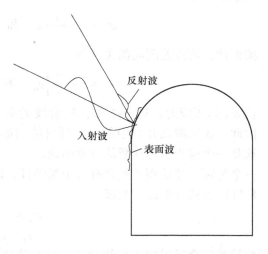

图 8-2　入射波、反射波和表面波

入射波在自由表面还会产生一种衍射波如瑞利波（表面波），它能引起巷道周边变形。图 8-2 所示为入射纵波在巷道表面产生的反射波和瑞利波示意图。

当弹性波垂直于界面入射时，不发生波形的改变。如图 8-3 所示。等截面杆由材料性质不同的两部分组成，用下标 1 和 2 表示。介质中向前的入射波遇到界面，一部分继续传播，形成介质 2 中的向前传播的透射波；另一部分被反射，形成介质 1 中的向后传播的反射波。需要确定的是向前传播的波与反射波中纵向应力的相对大小。

设向前入射波的纵向应力与质点速度分别定义为 σ_0 和 v_0，透射波与反射波的对应量大小分别为 σ_t、v_t 和 σ_r、v_r。两种介质的特征阻抗比定义为

$$n = \rho_2 C_2 / \rho_1 C_1 \tag{8-8}$$

在杆的两部分之间的分界面上，应当满足的条件是纵向应力、位移和质点速度的连续性。这些连续条件可以表示为

$$\sigma_0 + \sigma_r = \sigma_t \tag{8-9}$$

$$v_0 + v_r = v_t \tag{8-10}$$

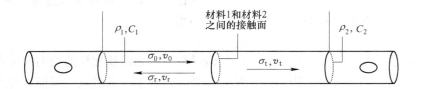

图 8-3　在一根由两个部分组成的杆中，纵波的传播与反射

用式（8-6）和式（8-7）表示入射波、反射波和透射波的应力和速度的关系，则式（8-10）可化为

$$\frac{\sigma_0}{\rho_1 C_1} - \frac{\sigma_r}{\rho_1 C_1} = \frac{\sigma_t}{\rho_2 C_2}$$

利用式（8-9）有

$$\frac{\sigma_0}{\rho_1 C_1} - \frac{\sigma_r}{\rho_1 C_1} = \frac{\sigma_0 + \sigma_r}{\rho_2 C_2}$$

经整理，得

$$\sigma_r = \frac{n-1}{n+1}\sigma_0 \quad 和 \quad \sigma_t = \frac{2n}{n+1}\sigma_0 \tag{8-11}$$

类似地，质点速度间的关系为

$$v_r = -\frac{n-1}{n+1}v_0 \quad 和 \quad v_t = \frac{2}{n+1}v_0 \tag{8-12}$$

设 σ_0 为压应力。当 $n>1$ 时，反射波的应力是压应力；当 $n<1$ 时，反射波引起拉应力。因此，压缩波在介质中的内反射可能引起拉应力。由于岩体的抗拉强度比较低，因此，这是一个应当引起注意的重要结论。

一个特别有趣的例子是具有自由端的杆，即组合杆中 $\rho_2 = C_2 = 0$ 的情况。这时 $n=0$，式（8-11）和式（8-12）变成

$$\sigma_r = -\sigma_0 \tag{8-13}$$
$$v_r = v_0 \tag{8-14}$$

即压缩脉冲完全反射成为拉伸脉冲，反射脉冲的质点运动方向就是脉冲原先（向前）传播的方向。这种情形，通常称为自由端反射。压缩脉冲由于自由端反射产生拉应力这一事实为岩石表面在爆破过程中产生碎块剥落现象提供了一种机理上的解释。

另外一种特殊的情形是第二种介质完全是一种刚体，即 $n = \rho_2 C_2 / \rho_1 C_1 = \infty$，由式（8-11）可得 $\sigma_t = 2\sigma_0$，$\sigma_r = \sigma_0$，表明刚体上的透射应力将为入射应力的 2 倍，而反射应力就等于入射应力，这种情形通常称为固定端反射。

8.2　应力波诱致的岩石破裂

爆破开挖地下硐室和工程基础、防护工程设计、地球物理勘探及地震研究等，都涉及应力波在岩石中的传播及其诱致动态破裂的基本规律。

视频：爆破震动作用下围岩变形和破坏

因此，岩石中的应力波传播及其诱致的岩石破裂过程一直是岩石动力学的重要研究课题。本节介绍几种由应力波诱致的常见破裂形式。

8.2.1 剥落破裂

视频：岩杆
两段剥落

剥落破裂是由于高强度的瞬间压缩应力波在自由面反射成为拉伸应力波，并通过与压缩入射应力波叠加导致的拉伸破裂。这种破裂最早是1914 年由霍布金森在研究爆炸效应时观察到的，所以也被称为霍布金森破裂。这种瞬间应力波既可以通过引爆介质表面安放的炸药产生，还可以利用超高速冲击，或对某一个表面突然施加能量产生。下面以平面波产生剥落为例，对剥落现象予以说明。

图 8-4 所示为应力峰值为 σ_m、波长为 λ 的三角形波，从左至右向自由面入射，经反射并与入射波叠加的整个过程。图 8-4（b）为已经反射 1/3 波长的瞬间，可以看出反射波前向左运动并与入射应力波的部分进行叠加，其合成的拉伸应力为 CD 段。图 8-4（c）所示为应力波一半反射时，净拉应力 σ_e 等于入射压缩应力波的峰值。在此之前，若合成拉伸应力大于或等于材料的动态抗拉强度 σ_{td}，即 $\sigma_e \geqslant \sigma_{td}$，则材料发生剥落；若不发生剥落，则入射应力波继续传播，并与反射的拉伸应力波进行叠加，在应力波有 2/3 部分反射时的波形如图 8-4（d）所示。

由此可见，剥落是由于即将来到但尚未反射的入射压缩波与已经反射并且转变为拉伸波的部分之间在靠近自由面附近直接相互叠加的结果。

如果将应力波作用表示为时间的函数 $\sigma(t)$，并设反射开始的时刻为 $t = 0$，则反射应力波传播至自由面 δ 处的净拉应力是

$$\sigma_e = \sigma(0) - \sigma(2\delta/C_0) \tag{8-15}$$

式中，C_0 为波速。

对于如图 8-4 所示的三角形应力波，$\sigma(t)$ 的表达式为

$$\sigma = \sigma_m(1 - C_0 t/\lambda) \tag{8-16}$$

式中　λ——波长；

　　　σ_m——应力波峰值。

由此可见，三角形应力波在自由面反射后出现剥落的条件为

$$|\sigma_m| \geqslant \sigma_{td} \tag{8-17}$$

如果 $|\sigma_m| = \sigma_{td}$，则图 8-4（c）为正好要发生剥落的时刻，此时剥落片的厚度为 $\delta = \lambda/2$；如果 $|\sigma_m| > \sigma_{td}$，则根据式（8-16）和式（8-17）可知首次剥落的裂片厚度 δ_1 为

$$\delta_1 = \frac{\lambda}{2} \frac{\sigma_{td}}{\sigma_m} \tag{8-18}$$

首次发生剥落的时间 t_1 为

$$t_1 = \frac{\delta_1}{C_0} = \frac{\lambda}{2C_0} \frac{\sigma_{td}}{\sigma_m} \tag{8-19}$$

由动量守恒定律可计算出首次剥落片的飞离速度 v_1 为

$$v_1 = \frac{1}{\rho_0 \delta_1} \int_0^{\frac{2\delta_1}{C_0}} \sigma_m \left(1 - \frac{C_0 t}{\lambda}\right) dt = \frac{2\sigma_m - \sigma_{td}}{\rho_0 C_0} \tag{8-20}$$

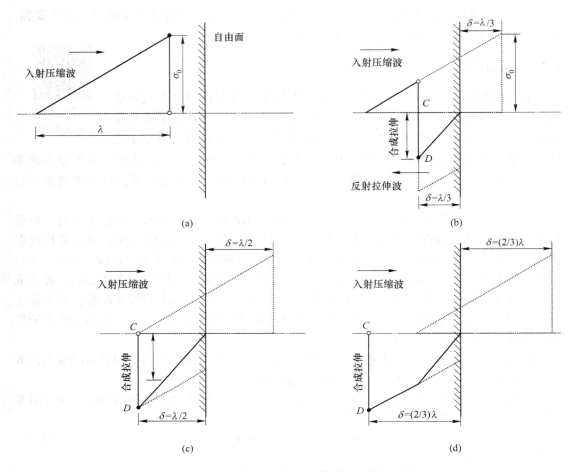

图 8-4　三角波从自由表面反射时的应力叠加图

　　首次剥落后，应力波未反射的剩余部分将在由剥落形成的新自由面发生反射，并可能发生第二次剥落。如果 σ_m 足够大，则将会发生多次剥落。发生 n 次剥落的应力波峰值条件为：

$$n\sigma_{td} \leqslant |\sigma_m| < (n+1)\sigma_{td} \tag{8-21}$$

　　图 8-5 所示为当 $|\sigma_m| = 4\sigma_{td}$ 时，应力波在自由面反射后产生的剥落情况。当波尾距离自由面为 $3\lambda/4$（λ 为波长）时，反射波抵达距自由面 $\lambda/8$ 处，此时与入射波叠加后其合成拉伸应力等于介质的抗拉强度（剥落强度、抗裂强度）σ_{td}，因此介质在此处发生第一次剥落，剥落段的厚度为 $\lambda/8$，此时的压缩波应力峰值降低至 $3\sigma_m/4$。这时入射波在新的自由面还要发生反射，如图 8-5（c）所示。当这次反射波达到距新的自由面 $\lambda/8$（即距原自由面 $\lambda/4$）处，此时合成拉应力再次等于 σ_{td}，故第二次产生剥落，其厚度依然为 $\lambda/8$。同理，反射波在距原来自由面 $3\lambda/8$ 处产生第三次剥落（图 8-5(d)）。此时，剩余段压缩应力波的峰值为 $\sigma_m/4$，故仍可在距离原自由面 $\lambda/2$ 处产生第四次剥落。

　　如果介质本身的抗拉强度高，则反射波将不受阻碍地仍在介质中传播，其波形毫不改变，介质也不受任何损坏。然而，岩石类介质的抗拉强度远低于抗压强度，因此入射波在自由面反射后形成的拉伸应力，经常使介质发生拉伸破裂（剥落破裂）。由于介质产生剥落及裂缝，在剥落段势必陷进了一段波形而俘获一部分能量，使介质中的波形也发生了相应的改变。

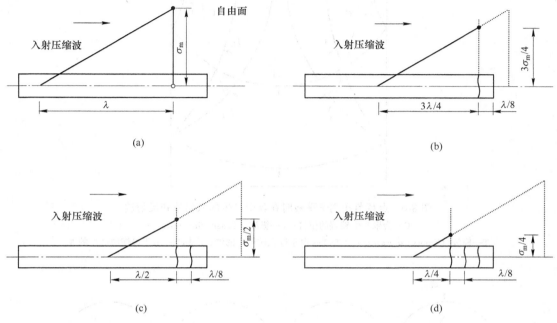

图 8-5　三角波在抗剥落强度 $\sigma_{td} = \sigma_m/4$ 的介质中引起的剥落

8.2.2　会聚效应造成的破裂（宋守志，1989）

以上谈到的剥落破裂实际上是由于平面波在自由面反射引起的。但是，一般在结构中应力状态比较复杂，再加之应力波于固体介质边界的反射，所以有必要研究更为复杂的应力波在材料中传播时引起的剥落。其中，会聚效应引起的破裂是比较常见的情况。

当一般形式的波传播到自由面或两种介质的交界处时即会产生新波。按照波的传播特性，将引起反射和折射，这时一般存在着五种波前：入射波、反射的膨胀波与剪切波以及折射的膨胀波和剪切波。这些新波本身之间或者他们与母波之间发生干涉，往往会造成局部的应力集中，这种现象称为会聚效应。由于会聚效应引起的应力集中也常诱致材料的破裂。

图 8-6 所示为点载荷作用于平板时在其中产生的入射波和反射波。其中，L 为纵波，T 为横波，L_L 为纵波在自由边界反射后形成的纵波，T_T 为横波在自由边界反射后形成的横波，T_L 为纵波在自由面反射形成的横波。虚线 C 表示了由于 T_L 和 T_T 的叠加导致应力集中而引起的裂纹。由此可见，前节所述的剥落可以视为是由于入射压缩母波（纵波）和反射纵波之间发生干涉（引起会聚效应）所引起的破裂。

如图 8-7 所示，当点载荷作用于球面上时，入射波向下传播，由于它继续反射，造成在反射波前的好几个尖点的发展。这几个波前的几个尖点，应力集中比较强烈。靠近载荷作用点的对面，其应力集中最为强烈，故在此诱发破裂，该破裂向上进行延伸。

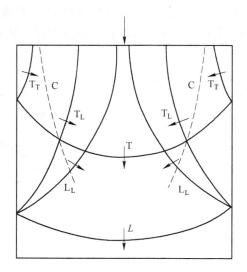

图 8-6　点载荷作用于平板时在其中产生的入射波和反射波

C—会聚产生破裂的位置；L—纵波（Longitudinal waves）；

T—横波（Transverse waves）；下标 L—由于母纵波产生的波；下标 T—由于母横波产生的波

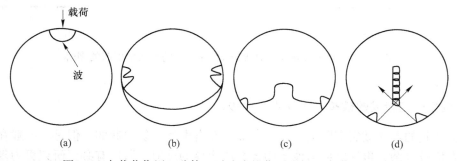

图 8-7　点载荷作用于球体上时造成的曲面反射及其诱发的破裂

　　图 8-8 所示为一个圆柱体在点载荷作用时产生的中央破裂。圆柱体对轴向破裂特别敏感，因为在这种受载情况下反射波是向圆柱中心线收敛的，并导致极高的垂直轴线方向的拉伸应力，从而引起沿轴线方向的破裂。

　　由此可见，由于介质条件（例如形状、强度、弹性模量等）、应力波波形和作用方向等因素的影响，固体介质中应力波诱致的破裂是极其复杂的。同时，岩石在冲击载荷作用下的破坏模式也比较复杂，主要有压剪破坏、拉应力破坏、拉应变破坏及卸载破坏。但是，上述四种破坏很难单独出现，往往都是两种或两种以上的破坏形式同时出现。实际中岩石存在大量节理、裂隙、孔洞、裂纹等缺陷，而这些岩石缺陷对应力波的破岩作用产生着极大的影响。应力波作用于岩石类含原生裂纹材料，会使原生裂纹扩展、贯通，形成裂纹分布带；应力波与岩石中的缺陷相遇，会产生波的反射及折射，在裂纹尖端还会出现衍射；应力波在裂纹处会引起应力场变化，尤其在裂纹尖端出现应力场骤增，岩石破裂是局部应力集中所致。

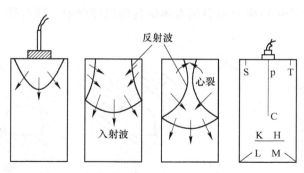

图 8-8　点载荷（应力波）引起圆柱的破裂

8.2.3　应力波作用下的围岩破坏类型

8.2.3.1　环向裂隙与剥层破坏

在整体结构岩体中，爆炸应力波（压缩波）在巷道表面产生反射拉伸波，并以拉应力形式作用到自由表面。当应力的峰值超过岩石抗拉强度时，形成沿巷道轴向方向的纵裂隙和平行巷道周边的环向裂隙，它们往往相互交切，表现出剥层破坏，如图 8-9 所示。围岩中的裂隙发育程度及剥层破坏的规模，取决于炸药量及爆心距等因素。

8.2.3.2　块体滑落

在块体结构岩体中，应力波使块体界面上结构面张开，并以附加的惯性力作用到块体上，促使块体滑落。

8.2.3.3　围岩破坏区

爆破对围岩自由表面状态的影响与岩体原有裂隙特征有密切关系。依据岩体结构，巷道与岩层在空间上的相对位置以及应力波传入方向的不同，巷道围岩破坏区会出现不同形态。

在沿脉巷道中，当应力波垂直于岩层走向时，破坏区在应力波传入方向最大，像是被"拉长"了，如图 8-10（a）所示；当应力波沿岩层倾斜方向传入时，破坏区也是沿应力波方向被"拉长"，但破坏区宽度比前者大，如图 8-10（b）所示。

对于穿脉巷道，多数情况下其围岩破坏区小于相同条件下的沿脉巷道，如图 8-10（c）所示。

围岩破坏从爆破方向开始，扩展到巷道周围的其他区域。在巷道遭受不同方向的爆破作用情况下，例如无底柱分段崩落法中的回采进路，围岩破坏区的形状和尺寸将随着爆破方向和次数、时间过程而变化。

尽管爆破振动作用表现为短瞬的、局部的，但它对整个围岩稳定性的影响是不容忽视的，特别是对采准巷道来说更为重要。在评价这类巷道围岩稳定性时，应把静载和动载效应结合起来分析。

动载与静载满足局部叠加原理。也就是说，即使局部静应力集中不足以导致岩体破裂，与爆破有关的动态应力叠加也可能足以导致岩体破裂。原因可归结为以下三种：动静应力相加可能超过岩体强度；弱面上法向应力的减小，降低了潜在破裂面上的抗剪力并有可能导致滑动；可能产生拉应力而引起岩体结构的局部松弛。所有这一切都可能使采场周边围岩状态恶化。

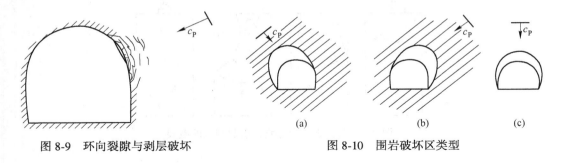

图 8-9　环向裂隙与剥层破坏　　　　图 8-10　围岩破坏区类型

8.2.4　岩石动态破裂的数值算例

这里用 RFPA-Dynamics 开展岩杆中剥落破裂的数值模拟。RFPA 是模拟岩石破裂过程分析程序，有关该程序的动力学版本 RFPA-Dynamics 在相关文献（朱万成等，2013）中都有介绍。

本算例以均匀材料的杆为研究对象，在其上表面施加三角形的压缩应力波 p（计算模型如图 8-11（a）所示），压缩应力波形如图 8-11（b）所示，下表面为自由。杆试样是均匀各向同性的，材料参数见表 8-2。

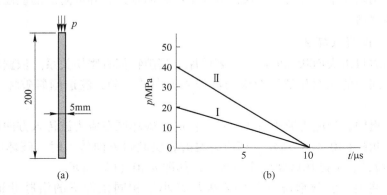

图 8-11　计算杆剥落的力学模型

（a）试样及加载方式；（b）施加的应力波

表 8-2　杆的材料参数

弹性模量 E	单轴抗压强度 σ_c	抗拉强度 σ_t	密度 ρ
60GPa	200MPa	19MPa	2500kg/m³

为了研究应力波的不同幅值对于试样剥落的影响，当分别输入图中 Ⅰ 和 Ⅱ 两种入射应力波时，把试样简化为平面应力问题进行数值模拟。这里暂且不考虑应变率对于单元强度的影响，即假定单元的静态强度等于动态强度。

图 8-12 所示为两个不同加载方案下试样的剥落破裂过程。从图 8-12（a）可以看出应力波以一定的速度从试样的上端往下传递的过程。时间 $t = 40\mu s$ 时，压缩应力波到达了试样的底端，然后在底端的自由面反射成为等绝对值大小的拉伸波。由于试样的抗拉强度为 19MPa，而该应力波 I 经反射后的幅值仍然为 20MPa，在该模拟中，均匀岩石杆发生剥落的峰值应力与岩石的静态单轴抗拉强度是相同的。因此，试样在距离试样底端 23mm 处被拉断。此后，试样中剩余的应力波仍然在试样中传播，仍然可在破裂面处发生自由端反射，但由于应力的大小不足以达到岩石强度，故不再产生新的剥落破裂。

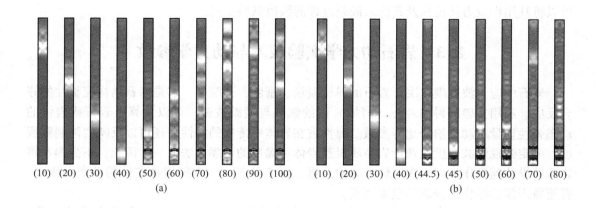

图 8-12　均匀试样在不同幅值应力波作用下的剥落破裂
（RFPA-Dynamics 的计算结果，括号中的数字表示时间，单位为 μs）
（a）应力波 I；（b）应力波 II

当施加应力波的幅值增加到 40MPa 时，反射后拉伸应力波的幅值也是 40MPa，该数值大于杆试样抗拉强度的 2 倍。当 $t = 44.5ms$ 时在距离试样下端 12mm 处发生首次破裂。发生首次破裂后，剩余的应力波在新的自由面发生反射，在 $t = 50ms$ 时，在距离试样底部自由面 25mm 处再度发生破裂，最终形成如图 8-12（b）所示的破裂模式。

按照文献（Rinehart，1975）给出的一维应力波分析原理，当图 8-11 中的应力波 I 作用于该参数的均匀一维杆时，可在距离自由面长度为 $\Lambda/2 = 24.5mm$ 处发生第一次剥落（Λ 为应力波在该试样中的一维纵波波长，即 $\Lambda = 10 \times 10^{-6}\sqrt{E_0/\rho} = 49mm$，这里 E_0 为杆的初始弹性模量，ρ 为杆的密度）；对于应力波 II，试样应在距离自由面 $\Lambda/4 = 12.25mm$ 处首先剥落出第一段，然后在 $\Lambda/2 = 24.5mm$ 处剥落出第二段。

数值结果与理论解的比较见表 8-2。由表可见，数值模拟正确地预测了剥落段数，同时剥落位置的误差保持在 6% 之内。所以，数值模拟结果与文献（Rinehart，1975）的理论分析结果在剥落位置上也存在较好的一致。在数值模拟中，杆试样是被假设成为二维平面应力问题，因此，应力波在传播过程中受到左右两个边界的反射和折射，导致试样中的应力波形发生畸变，故而偏离一维应力状态。由于理论解是按照一维波动理论给出的，这可能是数值模拟结果与理论解产生偏差的原因之一。

表 8-2 动态剥落破裂计算结果与理论解的比较

	剥落次数		剥落位置与试样下端的距离		
	理论解	RFPA 数值解	理论解/mm	RFPA 数值解/mm	相对误差/%
应力波 I	1	1	24.5	23	6
应力波 II	2	2	12.25	12	2
			24.5	25	2

用 RFPA-Dynamics 模拟均匀杆试样的剥落破裂过程，通过把数值模拟结果与理论分析结果对比，验证了程序的有效性。对比结果表明，RFPA-Dynamics 模拟结果是正确的，可以将其用作应力波传播及其诱致破裂过程的数值试验工具。

8.3 岩石动力学实验技术与动力学参数

岩石中应力波速度取决于岩石的弹性模量、密度、孔隙率，它是岩石结构完整性的综合反应。利用实验测得的岩石（岩体）内的纵波与横波波速，可以计算出岩石或岩体的动态弹性模量和动态泊松比等参数。弹性波在岩体中传播的特性，还可以反映岩体裂隙程度。测定弹性纵波速度是评价岩体质量及岩体可爆性的可靠方法之一。因此，不少国家将岩石的纵波速度作为岩石爆破性分级的判据。近十几年来，在围岩稳定性的动态分级中，普遍将声波指标作为分级的重要依据。

在动态和静态载荷下，岩石的力学性质随着变形速率（应变率）的变化发生变化，这主要表现在岩石弹性模量、强度等参数的变化，这在岩石动力学中称为岩石强度的应变率依赖性。岩石的动态弹性模量和动态强度都比静态时的值要高。岩石的静态弹性模量和泊松比可以由静态载荷试验获得；岩石的动态弹性模量既可以根据弹性波速与弹性模量及泊松比之间的关系通过测量弹性波速获得，也可以通过用 SHPB 等设备测试岩石在动态载荷作用下的应力-应变关系得到。

8.3.1 SHPB 试验设备及其原理

霍布金森压杆，全称为分段式霍布金森压杆（split Hopkinson pressure bar，SHPB），经过近百年的发展，现已成为材料动力学性质研究的重要工具。近年来，国内外许多学者将分离式霍布金森压杆技术广泛应用于

视频：SHPB
试验原理

岩石动力学性质研究中，对冲击载荷下岩石的力学特性进行了许多研究，取得了许多有益的研究成果，同时也对霍布金森压杆技术提出了改进意见，使得这一技术正日趋完善。如图 8-13 所示，霍布金森压杆由冲击系统、杆件系统和测试系统组成，试样被夹在两个压杆（入射杆和透射杆）之间，在入射杆的一端施加一个冲击载荷产生应力波 $p(t)$，引起弹性应力波在杆中的传播，弹性波通过试件时使试件发生变形及破裂，通过电阻应变片测试入射和透射弹性杆中的应变，在杆保持弹性状态的前提下，可应用一维杆中的应力波理论得到试件中的应变状态。通过把应变片上测试的反射信号和透射信号进行计算机处理，就可以获得不同加载方式下的应力-应变曲线，也可以同时获得包括撞击杆速度、移动距离等其他信息，因而该装置可以用来研究材料动力学性质的应变率敏感性等。

SHPB 技术的巧妙之处在于实现了应力波效应和应变率效应解耦。一方面，对于同时起到冲击加载和动态测量双重作用的入射杆和透射杆，由于始终处于弹性状态，允许忽略应变率效应而只记录应力波的传播，并且只要杆直径小得足以忽略横向惯性效应，就可以用一维应力波的理论来分析；另一方面，对于夹在入射杆和透射杆之间的试样，由于长度足够短，使得应力波在试样两端面间传播所需要的时间与加载总历程相比，小得足可把试样视为处于均匀受力状态，从而忽略试样中的应力波效应而只计算其应变率效应。这样一来，试件力学响应的应变率相关性可以通过弹性杆中应力波传播的信息来确定。对于试样而言，这相当于高应变率下的"准静态"试验；而对于压杆而言，这相当于由杆中波传播信息反推相邻的短试件的本构响应。当然，"杆中一维应力波"假定和"应力/应变沿短试件长度均匀分布"假定，对于能否保证 SHPB 技术在具体应用时试验结果的有效和可靠，也是一种约束。

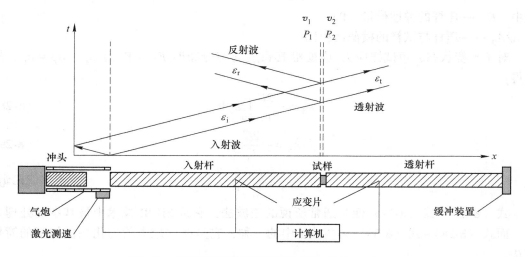

图 8-13　SHPB 试验系统示意图（Xia 和 Wei，2015）

SHPB 技术是建立在两个基本假定基础上的，即：（1）杆中一维应力波传播假定；（2）短试样应力/应变沿其长度均匀分布假定。测试系统记录的入射、反射和透射应变脉冲分别为 ε_i、ε_r 和 ε_t，根据试样与压杆的界面条件，按一维弹性波传播理论可得到表达式

$$u = C \int_0^t \varepsilon \mathrm{d}t \tag{8-22}$$

式中　u——时间 t 的位移，m；

　　　C——弹性纵波速度，m/s；

　　　ε——应变。

入射杆界面上的位移 u_1，不仅包括 X 正方向传播的入射波应变脉冲 ε_i，也包括在 X 负方向传播的反射应变脉冲 ε_r，因此：

$$u_1 = C \int_0^t \varepsilon_i \mathrm{d}t + (-C) \int_0^t \varepsilon_r \mathrm{d}t = C \int_0^t (\varepsilon_i - \varepsilon_r) \, \mathrm{d}t \tag{8-23}$$

类似地，透射杆界面上的位移 u_2 是由透射应变脉冲 ε_t 造成的，因此：

$$u_2 = C \int_0^t \varepsilon_t \mathrm{d}t \tag{8-24}$$

试样中的平均应变 ε_S 为

$$\varepsilon_S = \frac{u_1 - u_2}{l_0} = \frac{C}{l_0} \int_0^t (\varepsilon_i - \varepsilon_r - \varepsilon_t)\,\mathrm{d}t \tag{8-25}$$

式中，l_0 为试样的初始长度，m。

试样中的平均应变率 $\dot{\varepsilon}_S$ 为：

$$\dot{\varepsilon}_S = \frac{\mathrm{d}\varepsilon_S}{\mathrm{d}t} = \frac{C}{l_0}(\varepsilon_i - \varepsilon_r - \varepsilon_t) \tag{8-26}$$

又因试样两端的载荷分别是 $F_1 = EA(\varepsilon_i + \varepsilon_r)$，$F_2 = EA\varepsilon_t$，因此试样中的平均应力 σ_S 为

$$\sigma_S = \frac{EA}{2A_0}(\varepsilon_i + \varepsilon_r + \varepsilon_t) \tag{8-27}$$

式中　E——压杆的弹性模量，Pa；

A/A_0——压杆与试样的横截面积比。

对于平衡状态，短试样应力/应变沿其长度均匀分布时 $F_1 = F_2$ 且 $\varepsilon_i + \varepsilon_r = \varepsilon_t$，故可得：

$$\varepsilon_S = -\frac{2C}{l_0} \int_0^t \varepsilon_r\,\mathrm{d}t \tag{8-28}$$

$$\dot{\varepsilon}_S = -\frac{2C}{l_0}\varepsilon_r \tag{8-29}$$

$$\sigma_S = \frac{EA}{A_0}\varepsilon_t \tag{8-30}$$

式（8-25）~式（8-27）便是通常所说的三波法，它是 SHPB 技术中最基本的处理方法。而式（8-28）~式（8-30）为两波法中的一种，它是在"应力均匀化"前提下的简化方法。

8.3.2　摆锤加载 SHPB 测试技术

SHPB 试验技术两个假定中的短试样应力/应变沿其长度均匀分布假定要求应力波在试样中往返传播几次之后试样中应力达到均匀。通过对 SHPB 试样中应力均匀性的研究，人们提出了利用波形整形器和改变冲头的形状来获得试样中应力均匀性的方法。Naghdabadi 等（2012）利用试验和数值模拟相结合的方法，提出了在 SHPB 试验中设计合适的波形整形器的一般准则。Ramirez 和 Rubio-Gonzalez（2006）基于有限元分析认为入射波上升沿时长有利于减弱波形震荡的影响，实现试样中的应力均匀，研究了波形整形器的材料和尺寸对入射波形的影响。除此之外，不同大小和材质的波形整形器还在弹塑性材料（Frew 等，2005）、软材料（Chen 等，2002）等（Yuan 等，2008；Sedighi 等，2010）的SHPB 试验中得以应用。除了波形整形器技术之外，异形冲头和变截面杆技术也被广泛应用于改变加载波形，以便达到试样中的应力均匀和恒应变率加载。基于反演设计理论、有限元软件 LS-DYNA 和神经网络计算，李夕兵、周子龙等（Li 等，2000；Lok 等，2002；李夕兵等，2005；周子龙等，2009）通过设计特殊形状的冲头获得了较理想的加载波形。刘孝敏和胡时胜（2000）将等截面的 SHPB 装置改成直锥变截面的 SHPB 装置来实现应力

波形的整形。

摆锤加载 SHPB 试验装置作为一种中应变率（$10^0 \sim 10^2 \mathrm{s}^{-1}$）加载试验装置，具有加载应力波易于控制和可重复性好的优点。该装置能够通过调整摆锤的摆角控制锤头的冲击速度，实现中应变率下相同的动态应力波加载，得到的波形可重复性好，并能通过更换不同形状的摆锤锤头，产生所需的不同中等应变率加载波形。

图 8-14 所示为摆锤加载 SHPB 试验装置的示意图，该装置主要由三部分组成：加载装置、杆件系统及数据采集和存储系统。

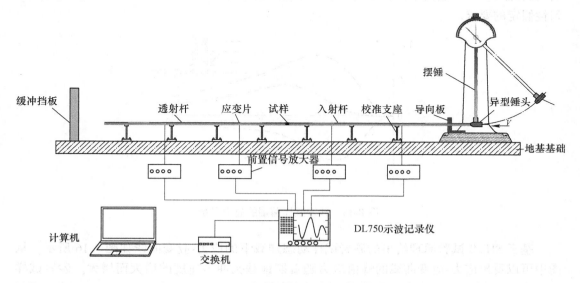

图 8-14 摆锤加载 SHPB 试验装置

SHPB 试验的加载装置要求可控、稳定和可重复性好，目前多数 SHPB 试验装置利用气炮进行加载，通过控制压缩气体的压力控制冲头的速度，但是由于采用气炮加载精确控制冲头冲击入射杆的速度比较困难，因此气炮加载在可重复性方面尚有缺陷。摆锤冲击加载 SHPB 试验装置是利用摆锤锤头冲击入射杆产生入射波，通过改变摆杆的摆角控制锤头冲击入射杆的速度，摆锤的摆角可以通过制动和刻度盘上的刻度进行固定和测定，因此锤头冲击入射杆的冲击速度是可以精确控制的，具有良好的可重复性，同时通过改变锤头形状和摆角可以控制锤头冲击入射杆的速度、加载速率和入射波形。

杆件系统包括入射杆、透射杆、缓冲挡板和校准支座。岩石试样夹在入射杆和透射杆之间。由于应力波是通过贴在入射杆和透射杆上的应变片测得的，因此入射杆和透射杆必须是线弹性和具有高屈服强度。为了保证应力波传播的一维性，入射杆和透射杆必须是直的和可自由移动的，杆和支座之间的摩擦力较小。

数据采集和存储系统包括贴在入射杆和透射杆上的应变片、前置信号放大器、DL750 示波记录仪和微型计算机。每个测点两个应变片对称地贴在入射杆或透射杆的两侧，可以抵消由于锤头和入射杆的偏心撞击产生的弯曲波。由于应变片测得的应变信号通常为毫伏级，因此需要利用信号放大器进行放大，然后由 DL750 示波记录仪采集和记录，最后存储在计算机中。岩石试样的应力、应变和应变率等计算和 SHPB 试验相同。

8.3.2.1　摆锤加载下砂岩动态压缩试验

砂岩试样在破坏前是否满足应力均匀性是检验 SHPB 试验有效性和结果可靠性的基础，是按照 SHPB 试验原理进行数据处理的前提，因此首先对冲击试验中测得的试样两端的应力进行平衡性验证。如图 8-15 所示为不同冲击速度下砂岩试样两端应力平衡验证，图中给出了在入射杆上测得的入射波形（incident）和反射波形（reflected）以及透射杆上测得的透射波形（transmitted）。从图 8-15 中可以看出，随着应力波在砂岩试样中往返传播几次之后，应力达到平衡，表明砂岩试样上的应力近似均匀，满足 SHPB 试验对应力均匀性假定的要求。

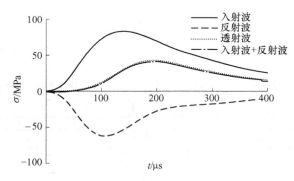

图 8-15　砂岩试样两端的应力平衡

基于 SHPB 试验原理给出的砂岩试样动态加载下的应力-应变曲线如图 8-16 所示，从图中可以看出应力-应变曲线的峰值应力随着摆锤锤头冲击速度的增大而增大。砂岩试样的应力-应变曲线可以分为两种类型：类型 I 为低速（$v=2.0\mathrm{m/s}$ 和 $v=2.5\mathrm{m/s}$）冲击下获得的砂岩应力-应变曲线，类型 II 为较高速度（$v=3.3\mathrm{m/s}$ 和 $v=4.2\mathrm{m/s}$）冲击下获得的砂岩应力-应变曲线。

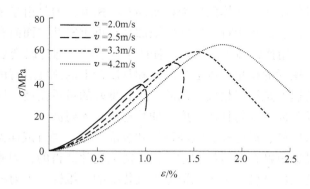

图 8-16　砂岩试样动态压缩的应力-应变曲线

类型 I 和类型 II 的应力-应变曲线在应力峰值之前相似，峰值之后类型 I 中应力卸载到一定值后，试样的总应变出现减小的现象，这是因为在低速冲击下，砂岩试样虽然发生破坏，但是破碎带仅仅存在于砂岩试样的周边，试样的中心部分尚未观察到明显的裂纹，试样还有一定的承载能力，当加载应力小于试样内部存储的弹性能时，试样就会出现小幅度的反弹，导致总应变出现减小的现象。峰值之后类型Ⅱ，由于形成了宏观的破裂面，导致岩石试样承载能力大幅度下降，但是由于摆锤冲击速度较大，加载在砂岩试样上的能量也大，导致试样破碎严重，不再具有承载能力，因此应变会持续增加。

如图 8-17 所示，砂岩试样的动态抗压强度随着应变率的升高而增大，表现出一定的应变率相关性，而且试样破坏时的应变率处于 $10^0 \sim 10^2 s^{-1}$ 范围，为中应变率加载。

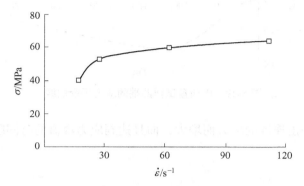

图 8-17　砂岩试样的应变率效应

砂岩试样在不同冲击速度下的破坏模式如图 8-18 所示。当摆锤锤头的冲击速度为 2.0m/s 时，砂岩试样观察不到明显的裂纹，试样没有发生破坏。当摆锤锤头的冲击速度为 2.5m/s 时，在砂岩试样的周边出现剥落破坏，当摆锤锤头的冲击速度为 3.3m/s 时，如图 8-18（c）所示为双锥形破坏。当摆锤锤头冲击速度为 4.2m/s 时，砂岩试样破坏成大小不等的碎块。总体上，随着摆锤锤头冲击速度的增大，施加在岩石试样上的能量增大，砂岩试样越破碎。

(a)　　　　　　　(b)　　　　　　　(c)　　　　　　　(d)

图 8-18　砂岩试样单轴压缩 SHPB 试验中的破坏模式
（a）$v=2.0$m/s；（b）$v=2.5$m/s；（c）$v=3.3$m/s；（d）$v=4.2$m/s

8.3.2.2　摆锤加载下砂岩动态巴西盘试验

如图 8-19 所示为动态巴西盘试验中入射波（incident）、反射波（reflected）和透射波（transmitted），点划线为入射波形和透射波形的叠加。从图 8-19 中可以看出，随着应力波在巴西盘试样中往返传播一段时间之后，巴西盘试样两端的应力近似平衡。

如图 8-20 所示，砂岩试样动态巴西盘试验中摆锤锤头的冲击速度 v_1、v_2、v_3 和 v_4 分别为 1.3m/s、2.0m/s、2.5m/s 和 3.3m/s，从图中可以看出砂岩试样中心点的拉应力峰

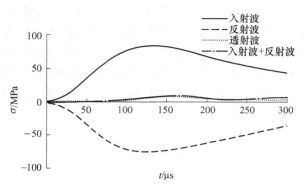

图 8-19　巴西盘试样两端的应力平衡曲线

值都随着摆锤锤头冲击速度的增大而增大，而且达到应力峰值的时间随着冲击速度的增大而减小。

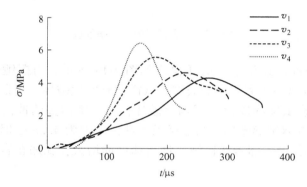

图 8-20　巴西盘试样中心点拉应力-时间曲线

　　如图 8-21 所示为砂岩试样动态抗拉强度和加载率关系曲线。从图 8-21 中可以看出岩石试样的动态抗拉强度随着加载率的增大而增大，表现出一定的加载率相关性。

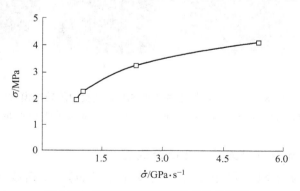

图 8-21　不同加载率下的动态抗拉强度

　　砂岩动态巴西盘试验中试样的破坏模式如图 8-22 所示，总体上砂岩试样最终沿着加载直径方向劈裂成两半，但是当加载速度较大时，在岩石试样和入射杆、透射杆的接触面处出现 V 形破坏区，并且 V 形破坏区面积随着冲击速度的增大而增大，这是因为随着冲击速度的增大在入射杆、透射杆和岩石试样的接触面处的压应力增大，压应力的集中导致试样出现剪切破坏区。

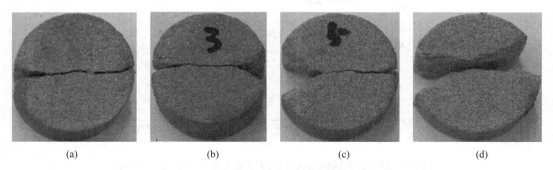

图 8-22　砂岩试样动态巴西盘试验破坏模式

（a）v_1；（b）v_2；（c）v_3；（d）v_4

8.3.3　岩石动力学参数的应变率效应

根据 SHPB 试验所得的动态压缩应力-应变曲线可知，岩石材料的动态弹性模量 E_d 随应变率的增加而略有增加，在测试的应变率范围内应变率与动态强度呈单调增加的关系。

在静态测试中，岩石内部的微细裂纹、晶粒结构的缺陷，以及宏观上的结构弱面等因素，对加载产生的变形都很敏感。然而，当动态测定时，在瞬间过程中，对上述岩石的固有因素反应比较迟钝，或者说根本来不及反应，所以岩石的动态弹性模量比静态弹性模量要高。在实验中发现，岩石越是致密和均匀，其动态和静态的弹性模量越接近。实验表明，同一种岩石，因为其完整性和微观结构不同，岩石的弹性模量比率区别很大。而且，由于岩石中微观及宏观结构构造方面的完整性，使得对采用静态法测定弹性模量的影响比较大，而对动态弹性模量的影响比较小。

Olsson（1991）发表了常温下应变率从 $10^{-6} \sim 10^4/\mathrm{s}$ 时凝灰岩单轴抗压强度的实验结果。如图 8-23 所示，该实验结果表明动态单轴抗压强度（σ_{cd}）与应变率的对数成正比。这种关系表示为：

$$\sigma_{\mathrm{cd}} \propto \begin{cases} \dot{\varepsilon}^{0.007}, & \dot{\varepsilon} \leqslant 76\mathrm{s}^{-1} \\ \dot{\varepsilon}^{0.35}, & \dot{\varepsilon} > 76\mathrm{s}^{-1} \end{cases} \tag{8-31}$$

也就是说，应变率小于某一临界值时，强度随着应变率的变化不大；而当应变率大于该临界值时，强度随着应变率迅速增大。

在动载作用下岩石中的裂纹的扩展速度低于应力波的传播速度，这使岩石试件在完全破坏之前大量的裂纹得以产生并扩展，导致试件在其作用下的破裂程度远远高于静载作用下的破坏。

图 8-24 所示为不同岩石动态抗拉强度增长因子（岩石的动态抗拉强度与静态抗拉强度的比值，记为 DIF）（Lu 等，2010；Zhu 等，2015）随应变率变化的实验结果和数值模拟结果，由图可以看出所有岩石的 DIF 随着拉应变率的增大而增大，表现出一定的应变率

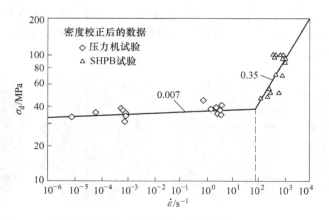

图 8-23   凝灰岩单轴抗压强度的应变率依赖性（Olsson，1991）

相关性，但是每种岩石的 DIF 随应变率的变化不同。

动态加载过程中岩石试样动态强度随应变率的增加可能是因为微裂纹的作用（Huang 等，2002）、细观非均匀性（Cho 等，2003）、热力学作用和宏观黏性（Qi 等，2009）。Zhu（2008）和 Cho 等（2003）认为岩石试样的细观非均匀性对动态强度的应变率效应有影响，且随着材料非均匀性的增大，DIF 值增大。如图 8-24 所示，相同应变率下的油页岩、花岗岩、混凝土、砂岩、大理岩和凝灰岩的动态强度增长因子相差较大，这是因为这些岩石的非均匀相差较大，导致相同应变率下动态强度的增量不一致。

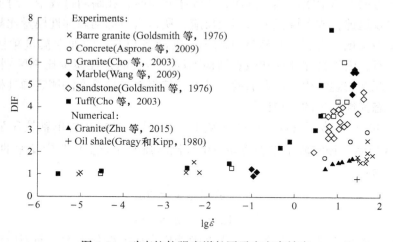

图 8-24   动态抗拉强度增长因子应变率效应

8.4   岩石蠕变-冲击试验

8.4.1   试验设备及方法

如图 8-25 所示，岩石蠕变-冲击试验机由三部分组成，分别是轴向恒载加压系统、冲击扰动系统和数据采集系统。为了能够使轴向载荷维持长期的稳定，轴向恒载加压系统采用了全液压非伺服高精度蠕变稳压系统。冲击扰动利用沿导轨下落的落锤施加，扰动能量的大小由落锤的下落高度和落锤大小控制。数据采集系统包括载荷传感器、应变引伸计、TST3827E 静动态信号测试仪和计算机。

岩石的蠕变-冲击过程中，总载荷 p_c 为轴向蠕变静载 p_{as} 和轴向冲击动载 p_d 之和。当然，蠕变载荷和动载荷不是同时施加的，动态扰动下岩石蠕变试验实际是在常规蠕变进行到一定时间后再施加冲击载荷，常规静态载荷和冲击载荷同时对岩石试样起作用。当轴向冲击载荷 p_d 没有施加时，是单纯的蠕变试验；当轴向静态蠕变载荷没有施加时，则是常规冲击试验。

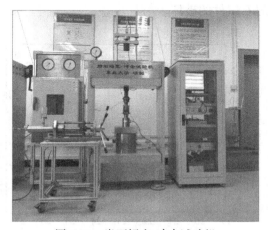

图 8-25　岩石蠕变-冲击试验机

如图 8-26 所示，试验中首先将岩石试件加载到预定的蠕变载荷，待岩石试件蠕变 12h 后，利用落锤施加冲击扰动，冲击扰动完成之后使岩石试件依然在原来预定蠕变应力下进行蠕变变形。冲击扰动每隔 12h 施加一次，以模拟现场每 12h 一次的爆破作业，直至岩石试件发生失稳破坏。

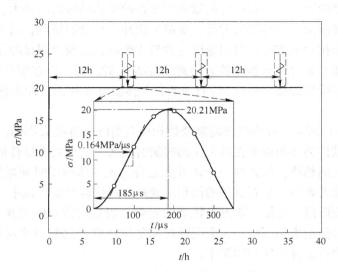

图 8-26　蠕变-冲击试验应力时间曲线

8.4.2　试验结果

按照图 8-26 所示的加载方式，蠕变-冲击试验中选择的蠕变应力为 19.86MPa、23.18MPa、26.49MPa，分别对应岩石试样单轴抗压强度的 60%、70% 和 80%，施加的冲击扰动为 5kg 的落锤从 30cm、40cm 和 50cm 高度落下获得的应力波，应力波的扰动能量为 14.7J、19.6J 和 24.5J。

蠕变-冲击试验中岩石试件的破坏情况如图 8-27 所示。从图中可以看出，受冲击扰动的影响，岩石试件的破坏时间被大大缩减。除 26.49MPa 蠕变应力之外，在其他的蠕变应力水平下，岩石试件的破坏时间随着扰动能量的增大而减小。综上可知，冲击扰动可以加速在蠕变应力作用下的岩石试件的破坏。

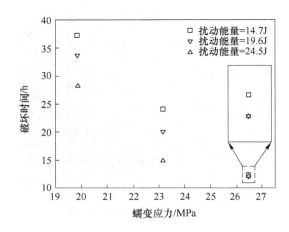

图 8-27　蠕变-冲击试验中岩石试件的破坏时间

以蠕变应力为 19.86MPa，扰动能量为 14.7J 为例对冲击扰动岩石蠕变力学特性的影响进行分析。如图 8-28（a）所示，冲击扰动对蠕变轴向应变曲线有很大影响。受第一次与第二次冲击扰动的影响，岩石试件的轴向应变在冲击扰动时瞬时增大，之后经历减速蠕变阶段与稳定蠕变阶段。值得指出的是，受第三次冲击扰动的影响，岩石试件并没有立即破坏，而是在冲击扰动 1.27h 后以加速蠕变的形式破坏，表现出明显的滞后性。在蠕变应力为 19.86MPa 的蠕变-冲击试验中砂岩的破坏时间为 37.26h，而在蠕变应力为 19.86MPa 的常规蠕变试验中砂岩的破坏时间为 181.40h，与传统蠕变相比，冲击扰动加速了砂岩的破坏。

如图 8-28（b）所示，冲击扰动对蠕变体积应变曲线也有很大影响。受第一次冲击扰动的影响，岩石试件的体积应变在冲击扰动时瞬时增大，之后岩石试件的体积应变随时间的增加表现出增长的趋势，但是在一个转折点之后进入了体积随时间增加而减小的阶段。受第二次动态扰动的影响，岩石试件的体积应变在冲击扰动时瞬时减小，之后经历减速蠕变阶段与稳定蠕变阶段。受第三次冲击扰动的影响，岩石的体积应变在冲击时瞬时减小，之后体积应变随时间的增加而减小，表明随时间的增加膨胀趋势越来越明显。总体来看，冲击扰动加速了岩石试件的体积膨胀率。

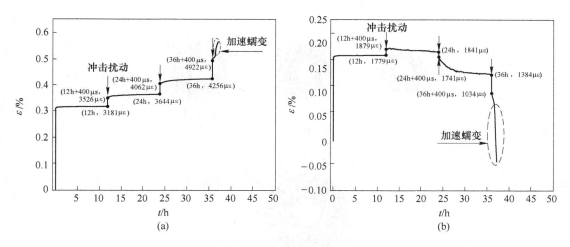

图 8-28　蠕变-冲击试验中应变时间曲线
（a）轴向应变；（b）体积应变

8.5　岩石爆破机理与破坏特征

炸药爆破岩石是一种极其剧烈的过程，目前比较统一的认识是，岩石的破碎是由冲击波和爆生气体膨胀压力综合作用的结果，即两种作用形式在爆破的不同阶段对岩石所起的作用不同。

8.5.1　爆炸应力波和爆生气体压力

这里关于爆破与岩石相互作用的定性论述主要根据 Kutter 和 Fairhurst（1971）的叙述。第一个阶段是爆炸冲击波（应力波）使岩石产生裂隙，并将原始损伤裂隙进一步扩展。如图 8-29（a）~（c）所示，一方面，炸药起爆后，产生的高压粉碎了炮孔周围的岩石，冲击波以 3000~5000m/s 的速度在岩石中传播引起切向拉应力，由此产生的径向裂隙向自由面方向发展，冲击波由炮孔向外扩展到径向裂隙的出现需 1~2ms；另一方面，在该阶段产生的冲击波压力为正值，当冲击波到达自由面后由压缩应力波反射成为拉伸应力波，岩石被拉断，发生片落，此阶段发生在起爆后 10~20ms，该时间取决于爆源与自由面的距离。

随后爆生气体使这些裂隙贯通、扩大形成岩块，脱离母岩，如图 8-29（d）所示。此外，爆炸冲击波对高阻抗的致密、坚硬岩石作用更大，而爆生气体膨胀压力对低阻抗的软弱岩石的破碎效果更佳。这两个阶段，在力学上分别被认为是动态加载阶段和准静态加载阶段。

视频：爆炸产生的应力

8.5.2　爆破作用下岩石的破坏模式

炸药爆炸时，周围岩石受到多种载荷的综合作用，包括冲击波产生和传播引起的动载荷；爆生气体形成的准静态载荷和岩石移动及瞬间应力张弛导致的卸荷。

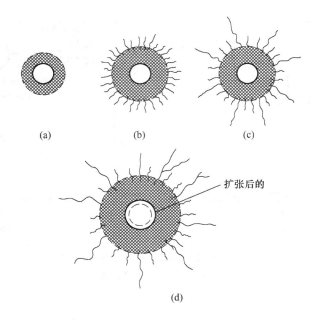

图 8-29　爆炸载荷作用下岩石的破坏过程

（a）、（b）、（c）动荷载；（d）准静态荷载（Kutter 和 Fairhurst，1971）

在爆破的整个过程中，起主要作用的是 5 种破坏模式（于亚伦，2004）：

（1）炮孔周围岩石的压碎；

（2）径向产生裂隙；

（3）卸载引起的岩石内部环状裂隙；

（4）反射拉伸引起的"剥落"和引起径向裂隙的延伸；

（5）爆生气体扩展应变波所产生的裂隙。

无论是冲击应力波引起的拉伸破坏还是爆生气体膨胀诱发的压破坏，就其岩石破坏的力学机理而言，主要仍是拉伸破坏。

在径向裂隙与环向裂隙形成的同时，由于径向应力与切向应力综合作用的结果，还可能在岩样中形成剪切裂隙，这样就在压缩粉碎区周围形成了径向裂隙和环向裂隙互相交错的区域，即裂隙区。

8.5.3　岩石爆破作用的范围

假设岩石为均匀介质，当炸药置于无限均质岩石中爆炸时，在岩石中将形成以炸药为中心的由近及远的不同破坏区域，分别称为粉碎区、裂隙区及弹性振动区。

8.5.3.1　粉碎区（压缩区）

炸药爆炸后，爆轰波和高温、高压爆生气体迅速膨胀形成的冲击波作用在孔壁上，将在岩石中激起冲击波或应力波，其压力高达几万兆帕，温度达 3000℃以上，远远超过岩石的动态抗压强度，致使炮孔周围岩石呈塑性状态，在几毫米到几十毫米的范围内岩石熔融；而后随着温度的急剧下降将岩石粉碎成微细的颗粒，把原来的炮孔扩大成空腔（称为粉碎区)。如果此处岩石为塑性岩石（黏土质岩石、凝灰岩、绿泥岩等），则近区岩石被压缩成致密的、坚固的硬壳空腔（称为压缩区）。由于粉碎区是处于坚固岩石的约束条件下，大多数岩石的动态抗压强度都很大，冲击波的大部分能量已消耗于岩石的塑性变形粉碎和加热等方面，致使冲击波的能量急剧下降，其波阵面的压力很快就下降到不足以粉碎岩石，所以粉碎区半径很小，一般为药包半径的几倍。

8.5.3.2 裂隙区（破裂区）

当冲击波通过粉碎区，继续向外层岩石中传播，随着冲击波传播范围的扩大，岩石单位面积的能流密度降低，冲击波衰减为压缩应力波，其应力已低于岩石的动抗压强度，不能直接压碎岩石。但是，它可使粉碎区外层的岩石遭到强烈的径向压缩，使岩石的质点产生径向位移，因而导致外围岩石层中产生径向扩张和切向拉伸应变。假定在岩石层的单元体上有 A 和 B 两点，它们的距离最初为 x，受到径向压缩后推移到 C 和 D 两点，它们彼此的距离变为 $x+\mathrm{d}x$，这样就产生了切向拉伸应变 $\mathrm{d}x/x$。如果这种切向拉伸应变超过了岩石的动抗拉强度的话，那么在外围的岩石层中就会产生径向裂隙。这种裂隙以 $0.15\sim0.4$ 倍压缩应力波的传播速度向前延伸。当切向拉伸应力小到低于岩石的动抗拉强度时，裂隙便停止向前发展，此时，便会产生与压缩应力波作用方向相反的向心拉伸应力，使岩石质点产生反向的径向移动。当径向拉伸应力超过岩石的动抗拉强度时，在岩石中便会出现环向的裂隙。径向裂隙和环向裂隙的相互交错，可将该区中的岩石割裂成块，如图 8-30 所示，此区域亦称破裂区。

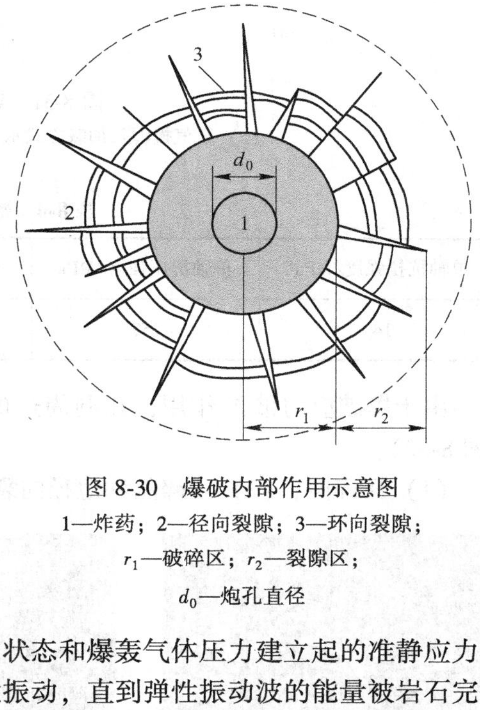

一般说来，岩体内最初形成的裂隙是由应力波造成的，随后爆生气体渗入裂隙起着气楔作用，并在静压作用下，使得应力波形成的裂隙进一步扩大。

图 8-30 爆破内部作用示意图
1—炸药；2—径向裂隙；3—环向裂隙；
r_1—破碎区；r_2—裂隙区；
d_0—炮孔直径

8.5.3.3 弹性振动区

裂隙区以外的岩体中，由应力波引起的应力状态和爆轰气体压力建立起的准静应力场均不足以使岩石破坏，只能引起岩石质点做弹性振动，直到弹性振动波的能量被岩石完全吸收为止，这个区域叫作弹性振动区。振动区内的岩石没有任何破坏，只发生振动，其峰值振动速度随距爆炸中心的距离增大而逐渐减弱，但如果这种爆破振动由于频率和建（构）筑物的固有频率相近容易造成建（构）筑物的破坏。

8.5.4 岩石爆破过程的数值模拟

视频：爆破
模拟结果

如图 8-31（a）所示，模型尺寸采用 6m×6m，中心区开挖一直径为 50mm 的圆洞，加载方式为动态加载，图中的方程表示了应力波的变化函数。模型参数见表 8-4。如图 8-31（b）所示，考虑三种加载波形，当轴向应力波加载率分别为 20MPa/μs、10MPa/μs 和 1.0MPa/μs 时，对应的应力波峰值时间分别为 $t_0 = 5\mu s$，$t_0 = 10\mu s$ 和 $t_0 = 100\mu s$。因此，可以用 t_0 来表示这三种加载波形。

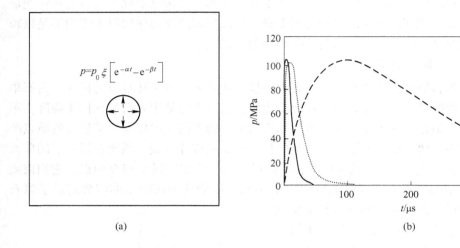

(a)　　　　　　　　　　　　　(b)

图 8-31　爆破孔的数值模型

（a）数值模型及加载方式示意图；（b）应力波加载时间历程曲线

表 8-4　数值模型力学参数

单轴抗拉强度/MPa	单轴抗压强度/MPa	弹性模量/GPa	泊松比	密度/kg·m⁻³
14	157	70	0.2	2650

由于爆破应力波的作用，孔洞周边的裂纹一般会出现如下渐进且稳定的演化过程（图 8-32）：

（1）压碎圈；（2）压碎圈和短径向裂隙；（3）较长的径向裂隙。

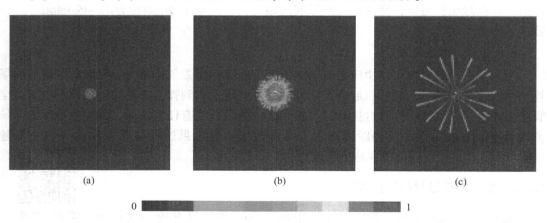

(a)　　　　　　　　　　(b)　　　　　　　　　　(c)

0　　　　　　　　　　　　　　　　　　1

图 8-32　不同加载速率下的破碎模型（Ma 和 An，2008），$p_0 = 100$MPa

（a）20MPa/μs；（b）10MPa/μs；（c）1.0MPa/μs

对图 8-33（a）所示模型假设炮孔压力变化曲线服从 Weibull 分布，该分布可以按照如下分布密度函数来定义：

$$p_g = p_0 \left(\frac{n}{n_0}\right)^{m-1} \exp\left[-\left(\frac{n}{n_0}\right)^m\right] \tag{8-32}$$

式中　n——满足该分布参数（例如加载步等）的数值；

　　　n_0——一个与加载步平均值有关的参数；

　　　m——形状参数，定义了 Weibull 分布密度函数的形状。

我们把 n 和 m 称为气体压力的 Weibull 分布参数。这里选取两个工况（（1）$m=1.1$，（2）$m=1.5$）来模拟爆生气体压力，岩体力学参数见表 8-4。

如图 8-33（a）所示，模型尺寸为 6m×6m，开挖一直径 50mm 的圆孔，简化为平面应变模型。

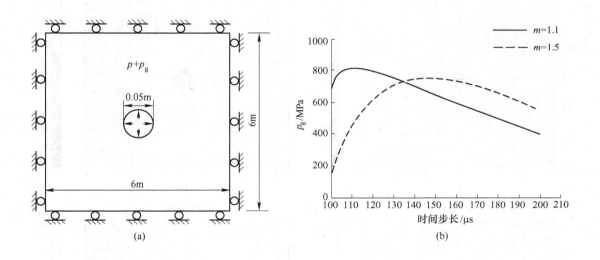

图 8-33　数值模型及加载方式（p_g）

（a）数值模型；（b）加载应力

加载方式为四周施加转动筒约束，孔周围为自由边界。在孔周加载应力波和爆生气体动静组合载荷，在加载应力波时，按照图 8-33（b）时间控制加载，每步时间增量为 1μs，在 $t=100$μs 时开始施加爆生气体压力（图 8-33（b））。

图 8-34 所示为单孔爆破的数值模拟结果，其中 Step 101_00 表示第 101 步加载。从图可以看出爆破应力波作用下孔周形成的压碎区，以及径向裂纹的扩展。在 $t=100$μs 爆破应力波结束其作用，在随后的爆生气体压力作用下，压缩区扩大，径向裂纹继续扩展。数值模拟较好地再现了实验中观测的爆破裂纹生成过程。

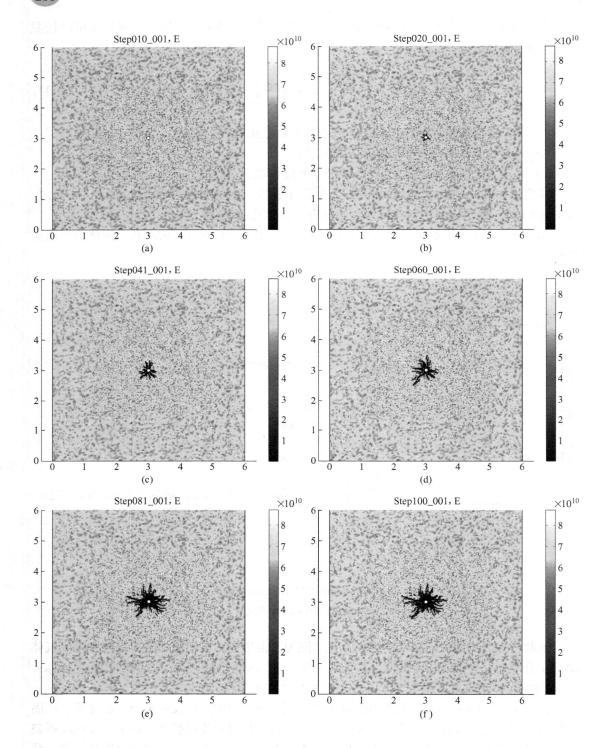

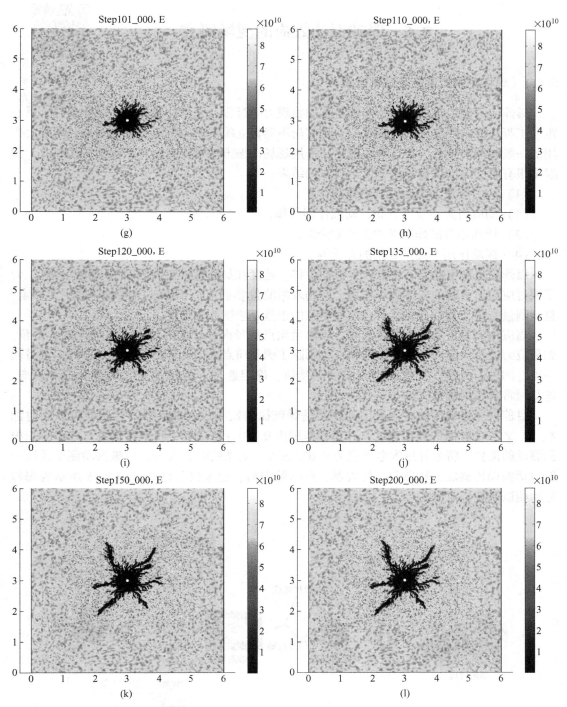

图 8-34 爆炸应力波和爆生气体压力先后作用下单炮孔爆破引起的破裂区数值模拟结果（Zhu 等，2014）

（其中：（a）~（f）为 100μs 内爆破应力波作用，（g）~（l）为爆生气体压力作用）

（a）$t=10$μs；（b）$t=20$μs；（c）$t=41$μs；（d）$t=60$μs；（e）$t=81$μs；

（f）$t=100$μs；（g）Step 101；（h）Step 110；（i）Step 120；（j）Step 135；（k）Step 150；（l）Step 200

8.6　爆破振动效应的现场研究

8.6.1　现场测振的意义及监测设备

视频：爆破震动
效应的现场研究

爆炸应力波的传播是一个非常复杂的物理力学过程，它与地质条件、爆源条件、爆心距、工程边界条件等许多因素有关。目前尚不能建立统一的力学模型来描述这一动应力作用的一般规律和特征。在这种情况下，采用现场测振方法来研究岩石工程的振动效应，无疑是很有意义的，现场测振可以给出下列结果：

（1）应力波波形参数及其衰减规律；

（2）动应力大小及其分布，动载作用规律；

（3）爆炸地震波作用下的工程安全距离；

（4）振动作用下支护效果的评价等。

爆炸应力波引起岩石质点产生振动位移、速度和加速度，它们之间可以相互换算。为了探讨应力波引起的岩体破坏作用，所选取的测量参数应适于反映引起破坏的主要因素，且易测量，便于力学分析，符合这些要求的参数是速度和加速度。

当应力波垂直巷道轴线传入时，可测量质点的径向和环向的速度（或加速度）分量，如果应力波传入方向与巷道轴线斜交，则除了测量质点径向和环向分量之外，还应测量同一点上的轴向分量。根据3个方向的测量值，确定速度（或加速度）的最大值和方向，这是通常采用的测量方法。

目前现场爆破振动监测采用的仪器是爆破振动监测仪，该仪器的传感器可以同时测X、Y、Z三个方向的振动速度，其量程范围为$0.001\sim35\mathrm{cm/s}$，频率范围为$5\sim300\mathrm{Hz}$。根据测试的需要，将采样触发电平设为$0.035\mathrm{cm/s}$，记录的时长为$2\mathrm{s}$。爆破振动测试系统一般包括振动传感器、转换器、放大器、数据处理器、记录仪等设备，图8-35所示为爆破振动测试系统示意图。

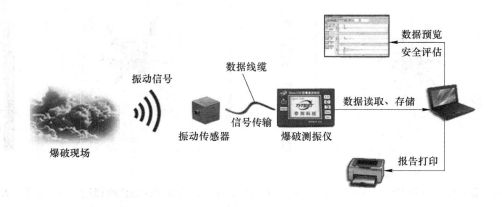

图 8-35　爆破振动测试系统

8.6.2 测振数据分析与应用

利用经现场测试获得的岩石质点振动速度或加速度，进行统计分析，可以得到这些振动参数在岩石介质中的传播衰减规律，反算场地系数。目前常用的数学模型为萨道夫斯基公式：

$$v \text{ 或 } a = K\left(\frac{\sqrt[3]{Q}}{R}\right)^{\alpha} \tag{8-33}$$

式中　Q——爆破炸药量，kg；

　　　R——爆心至测点的距离，m；

　　　K——振速系数，由试验定；

　　　α——衰减指数，由试验定；

　v，a——质点振动速度和加速度。

式（8-33）是一种经验公式，它表示了炸药量、爆心距以及地质条件（在 K 和 α 系数中反映）对测量参数的影响。

实验研究证实，应力波衰减与振动频率有关：频率越高、衰减越快。因此，应力波衰减必然要影响质点振速。分析测试数据，寻求内在规律，可以得到对工程有实际用途的结果。对地下工程来说，现场测振可用于：

（1）确定巷道周边动应力。如果测得作用于巷道周围岩体中某一点的振动速度 v，则作用于该处的动应力为

$$q_{\mathrm{D}} = \gamma v c / g \tag{8-34}$$

式中　q_{D}——动应力，Pa；

　　　c——岩体中弹性波速度，m/s；

　　　v——质点振动速度，m/s；

　　　γ——岩石容重，N/m³；

　　　g——重力加速度，m/s²。

巷道周边的动应力为

$$\sigma_{\mathrm{D}} = K_{\mathrm{D}} q_{\mathrm{D}} \tag{8-35}$$

式中　K_{D}——动应力集中系数；当 $D > \lambda$（D 为巷道直径，λ 为应力波波长）时，取 $K_{\mathrm{D}} = 0.8$；当 $D < \lambda$，且 $0 < D/\lambda < 0.25$ 时，取 $K_{\mathrm{D}} = K_{\mathrm{c}}$，$K_{\mathrm{c}}$ 为静应力集中系数。

（2）评价爆破影响下工程岩体稳定性。有一种观点认为，当围岩质点振速达到岩石临界振速时，围岩就会失稳。

岩石临界振速是根据围岩在动、静载作用下产生的动、静应力之和等于岩体动力强度条件建立起来的，即

$$\sigma = \sigma_{\mathrm{c}} + \sigma_{\mathrm{D}} = R_{\mathrm{D}} \tag{8-36}$$

式中　σ——岩体中总应力，MPa；

　　　σ_{c}——静载（岩体初始应力）作用下产生的应力，MPa；

　　　σ_{D}——动载作用下产生的应力，MPa。

通常，岩体在动载作用下的强度要比静载作用时高，可以用 $R_{\mathrm{D}} = K_{\mathrm{R}} R_{\mathrm{t}}$ 来表示岩体的

动抗拉强度（K_R 为岩石动强度提高系数，一般情况下 K_R 取 $1.1 \sim 1.2$；R_t 为岩石的静抗拉强度）。应该说，动抗拉强度与相同动载的其他强度相比也是最低的。

由式（8-36）可得到岩石临界振动速度为

$$[v] = \frac{(K_R R_t - \sigma_c)g}{K_D \gamma c} \qquad (8-37)$$

式中 c——岩体中波速，m/s，在围岩处在弹性阶段时，取弹性波速，当岩体开始出现裂缝时，取弹性波速之半；

K_D——动应力集中系数，与巷道断面形状有关，按表 8-5 选取；

σ_c——静载作用下巷道周边应力 σ_θ，可取理论计算值。

表 8-5 动应力集中系数 K_D

巷道断面形状	直墙圆拱		圆形	椭圆形	矩形
	拱顶	直墙			
K_D	3.25	2.00	2.90	2.70	4.38

利用式（8-37）可计算出围岩在弹性阶段、出现裂隙、局部冒落以及大面积塌方时的临界振动速度，用于对围岩状态的估计。当实测岩石质点振速 $v \geqslant [v]$ 时，就会出现某种破坏现象；$v < [v]$，则是安全的。

我国长江科学院总结出地下工程岩体质点振动速度与工程破坏状态的关系，见表 8-6。

根据得到的实测质点振速，利用表 8-6 也可以估计围岩稳定状况。

表 8-6 质点振速与地下工程状态

质点振动速度/cm·s⁻¹	地下工程破坏状态
$5.0 \sim 10$	土洞有掉块；未支护松散岩洞有小掉块
$10 \sim 20$	岩体中有裂隙扩展，破碎岩体有掉块
$20 \sim 30$	洞内有大掉块，小规模塌落，岩柱有掉块
$30 \sim 60$	支护出现裂缝；顶板有塌方
$60 \sim 90$	地下建筑物或砌体破裂；硬岩中裂隙扩展严重
>90	地下建筑物严重破坏

（3）确定安全距离。根据振动速度衰减规律及临界振速，可以得出不支护巷道不失稳时的安全距离

$$R = \sqrt[3]{Q}\,(K/[v])^{\frac{1}{\alpha}} \qquad (8-38)$$

式中 Q——齐发爆破时取总药量，分段爆破时取最大分段药量；

α，K——由实测确定。

8.7 回采进路测振实例

为了对现场测振方法建立完整的概念，本节介绍回采进路测振实例。

8.7.1 地质和开采条件

矿体为磁铁矿，上盘围岩为角闪岩，下盘为花岗岩；矿石和岩石的力学参数见表8-7。矿岩中结构面中等发育，矿体被F_{37}、F_{43}、F_{34}、F_{45}等断层切割。

采用无底柱分段崩落法开采，分段高度为10~14m，回采进路间距10m，进路断面为直墙三心拱形，断面尺寸为3.2m×3.2m。大部分进路用喷锚支护，锚杆为ϕ16mm钢筋砂浆锚杆，长1.8m，间距1m×1m，喷层厚度为6cm。

表8-7 主要矿岩性质

矿岩名称	单轴抗压强度 /MPa	抗拉强度 /MPa	弹性模量 /MPa	容重 /kN·m⁻³	声波速度 /m·s⁻¹
磁铁矿	90	3.7	$4.7×10^4$	37.5	4000
闪长岩	134	16	—	27	4500
花岗岩	142	3.2	—	27	5000

用中深孔爆破落矿，孔径ϕ90mm，扇形布置。最小抵抗线为2~2.5m，用电雷管起爆，三段微差爆破；分段最大药量为150kg左右，2号岩石炸药。在-220~-232m水平进行了回采，为了弄清爆破对进路稳定性的影响，曾在-206m水平进行现场测振。

8.7.2 测振方法

8.7.2.1 测试系统

采用由YD-1型加速度计、配备ZK-2型阻抗变换器、GZ-2型测振仪和SC-16光线示波器组成的测试系统，信号传输用四芯屏蔽低噪声电缆。使用前，加速度计要在电液式振动台上进行标定，以确定其频率范围、灵敏度及稳定性。

8.7.2.2 测点布置与安装

根据测试目的，将测点选在-206m水平14号、15号、16号进路的侧帮上，测取径向加速度。爆破地点分别处在-195m和-206m水平，测点在平面上的位置如图8-36所示。测点与爆破断面在立面上的投影如图8-37所示。

在测试地点，在巷道表面钻ϕ40mm、深100mm的孔；用有机玻璃制成绝缘片，然后用膨胀水泥固定在孔中，将YD-1加速度计与绝缘片连接。

8.7.2.3 确定爆心位置

扇形中深孔的爆心坐标，是根据每个孔的药量及重心坐标经计算确定的。

8.7.2.4 起爆

既要测试生产爆破引起的振动效应，又必须保证爆破地点与测试地点之间有足够的安

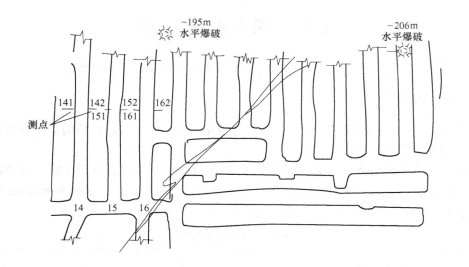

图 8-36　-206m 水平测点布置与爆破地点平面图

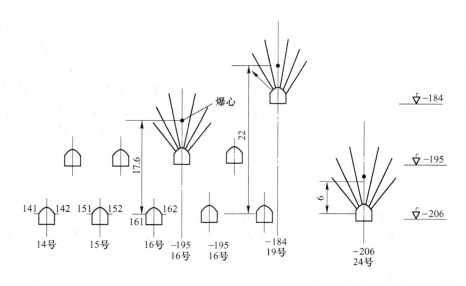

图 8-37　测试进路与爆破进路立面投影示意图

全距离，在这种情况下，实现起爆与记录仪器开动同步是至关重要的。可以提前将测振仪安装到指定位置，设置触发条件，利用电雷管进行起爆。

测试前，要敷设测试线路，检查联线，选择仪器量程。

8.7.3　测试结果与分析

8.7.3.1　应力波波形分析

爆破后，记录到示波纸上的振动波形如图 8-38 所示。

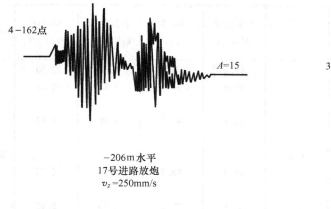

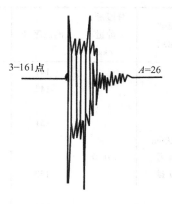

图 8-38　实测振动波形

采用直观分析法，测量主振相及波峰间距，获得分析结果见表 8-8。

表 8-8　波形分析的部分结果

爆破地点	传感器信号	测点序号	原始量程/mV	原单幅峰值/mm	标定量程/mV	换算单幅峰值/mm	灵敏度/mm·m^{-1}·s^2	加速度/m·s^{-2}	波形长度/mm	作用时间/ms	频率/Hz
−195m 16号 21排	6	141	300	14.0	300	14.0	1.34	10.45	11.0	110	500
	5	142	30	28.0	30	28.0	2.17	12.90	15.0	150	
	3	161	300	26.0	300	26.0	1.47	17.64	13.0	130	
	4	162	300	22.0	300	22.0	1.10	20.0	9.0	90	

8.7.3.2　质点加速度衰减规律

采用式（8-33）的加速度衰减方程，经回归分析获得 K 和 α 值，见表 8-9。由此得出经验公式为

$$a = 440 \left(\sqrt[3]{Q}/R \right)^{1.83} \tag{8-39}$$

从表 8-9 可以看出：

（1）炸药量愈大，爆心距愈小，则质点加速度愈大。

（2）迎爆壁一侧（测点 142、152、162）的加速度要大于背爆壁一侧（测点 141、151、161）。

所得观测数据受地质条件影响产生一定偏差是正常的，这是因为应力波传输中遇到孔洞或结构面会发生折射或绕射，并受深孔装药不均匀引起波形变异以及环境湿度的影响。

表 8-9　测试数据回归结果

爆破地点	分段最大药量 /kg	测点序号	高差 /m	平面投影距离/m	爆心距 /m	折算距离 /kg$^{1/3}$·m^{-1}	加速度 /m·s^{-2}	回归结果
-206m 24 号 17 排	131.0	141	6.0	99.8	100	5.08	2.30	$a = 1.93$ $K = 693$ $\gamma = 0.9708$
		142		96.0	96.2	5.28	2.36	
		151		92.5	92.7	5.48	1.87	
		152		88.5	88.7	5.73	2.73	
		161		83.5	83.2	6.10	2.92	
		162		79.0	79.2	6.41	3.64	
-184m 19 号 齐发	50	141	22.0	71.0	75.3	4.89	1.44	$a = 2.03$ $K = 671$ $\gamma = 0.9854$
		142		68.5	71.9	5.12	1.27	
		151		63.5	68.2	5.40	1.63	
		152		61.5	65.3	5.64	1.82	
		161		58.0	62.0	5.94	2.24	
		162		56.0	59.2	6.22	2.42	
-195m 16 号 21 排	151.4	141	17.6	35.5	39.6	13.46	10.45	$a = 2.0$ $K = 600$ $\gamma = 0.9734$
		142		33.0	37.4	14.25	12.90	
		161		24.5	30.2	17.65	17.64	
		162		24.0	29.8	17.89	20.00	

8.7.3.3　测试结果应用

在该矿条件下，最大分段药量 $Q = 150$kg，爆心距 $R = 9.86$m 时，利用式（8-39）预测得进路周边质点最大加速度为 14.4g。

在应力波视为谐波的情况下，质点径向速度为

$$v_r = a/\omega \tag{8-40}$$

式中　ω——振动圆频率，$\omega = 2\pi f$；

　　　a——加速度。

质点动应力可写成

$$\sigma_r = \rho c v_r = \rho c a/(2\pi f) \tag{8-41}$$

当 $a = 14.4$g 时，利用式（8-41）可求得径向动应力

$$\sigma_r = 0.619\text{MPa}$$

此外，在回采进路矿岩稳定性分级中考虑了爆破振动的影响。

8.8　巷道的动态稳定性评价

爆炸、岩爆和地震会引起动态扰动，受该动态扰动影响下的地下巷道稳定性是采矿爆破设计所关心的内容，因为在爆破生产作业时也会涉及对进路巷道和辅助巷道的保护问题。同时，对于其他地下设施而言，当动态荷载可能会影响其运行稳定性时，爆破设计也是感兴趣的内容。这里关心的问题是巷道在动态荷载下的响应模式和破坏类型，以及为避免或缓解破坏所需的设计准则。

突发性动态荷载下巷道的响应模式取决于巷道的静态应力条件以及其对动态荷载的瞬时响应。动态荷载作用下巷道有三种破坏模式：断层滑动、岩体失稳和振动。由振动引起的巷道破坏最为普遍，表现为节理和裂隙的滑动，伴随相应矿块的移位、局部开裂以及岩石表面的剥落。对于衬砌的巷道，可能发生衬砌的裂化、剥落以及开裂。对于采矿工程的巷道而言，由于其埋深等因素，动态荷载的影响比较有限。当然也有例外，比如在有断层错动的位置，巷道受到动态扰动的影响比较显著。

动态扰动导致对巷道的瞬间加载，由此产生的应力状态是动态的。所需考虑的荷载类型取决于应力或速度波形的波长（λ）与巷道直径（D）的比值（λ/D）。当荷载持续时间较短，响应于较小的比值 λ/D 时，巷道的响应为动态的。比值 λ/D 较大，则响响应持续时间较长时，响应可视为静态的。

原生、次生的结构面以及地面强烈振动的持续时间是动荷载下岩石响应的决定性因素。现场条件下，由振动引起的破坏主要是由于节理滑移造成的，巷道的失稳主要是由于节理处切向位移的积累造成的。

为了对动态荷载引起的巷道响应加以分类，Dowding 和 Rozen（1978）将动态破坏定义为三级：无破坏；微破坏，包括新裂纹和少量岩崩；严重破坏，包括重度开裂，大型岩崩和巷道的闭合。峰值速度是与破坏相对应的最恰当的运动参数，因为峰值速度与地面波的峰值瞬时应力直接相关，并且速度的二次幂与动力应变能有关。Dowding 和 Rozen 于 1978 年提出，巷道完整性的观测结果与峰值速度有较好的对应关系，对应于微破坏和严重破坏的速度阈值分别为 200mm/s 和 400mm/s。St John 和 Zahrah（1987）的研究认为上述破坏阈值明显低于大型地下爆破测试中的观测结果。他们认为与间歇式剥落相关的破坏出现于 900mm/s，连续性破坏出现于 1800mm/s。由于这些测试是针对单一爆破的，所以其结果不适宜于矿山巷道，因为这些永久性矿山巷道在其服务期内可能要经受许多次突发性爆破荷载。

总之，更为合适的地下巷道的动态荷载设计，不仅要考虑所有可能动态扰动造成的岩石位移，还要考虑现场条件如岩石结构等。节理岩体的动力学分析也需要考虑到周期性荷载下粗糙度、膨胀性节理的动力学性能，这些问题还有待于进一步的研究。

8.8.1　矿山巷道的动态稳定性要求

与其他岩石工程不同，矿山巷道种类多，要求也不一样。在评价各矿山巷道的稳定性时，应考虑它们的服务年限，依据这一观点，把巷道分成以下几类。

（1）第一类巷道。指井筒或主要硐室，服务年限久，通常与矿山开采年限相一致，这类巷道在整个使用期间不允许围岩或支架有任何变形或破坏。这是一种稳定性要求很高的情况，在评价此种巷道稳定状态时，可从两方面考虑：

1）按强度准则评价围岩稳定性。当动、静载同时作用时，围岩内任一点的动、静应力之和应低于岩体的强度。

2）在有支架时，支架上动、静载不能超过支架承载能力，因此要进行支架承载能力验算。

（2）第二类巷道，包括阶段开拓巷道（阶段井底车场、主要运输巷道），服务年限10年左右，对这类巷道稳定性要求稍低一些，允许围岩或支架出现微裂隙，但不应影响正常使用与安全。

（3）第三类巷道，包括采区（盘区）的运输巷、人行道、通风井、溜井等，服务年限2~5年。对这类巷道稳定性要求可低些，在经受动、静载作用之后，允许在围岩或支架上有裂隙扩展或小的片落，但破坏区有限，在整个服务期间也不会扩大到妨碍正常使用的程度。

（4）第四类巷道，包括切割巷或临时措施巷道等，服务年限小于2年，对其稳定性要求更低些；巷道有局部冒顶或片帮、支架有变形也是允许的，只要在使用期间不危及安全即可。

显然，稳定性要求不一样的巷道，用一种通用的稳定性准则去评价，在经济上是不合理的。

8.8.2 动载作用下的巷道围岩稳定性特征

对矿山巷道来说，在整个服务期间多数要经历载荷的变化。

以采准巷道为例，它通常要经历三个时期。第一个时期是掘进完成到采场生产之前，在远离其他采区的情况下，巷道主要受静载作用，即初始应力场的作用。第二个时期是受采动影响时期，采场生产落矿的爆破振动、采场形成后的支承压力移动，都对巷道稳定性有影响。此期间，巷道经常受静动组合作用。第三个时期是采场生产结束或生产活动移向远处，动载作用消失，但巷道周围残留大量裂隙或累积变形，围岩状态恶化。三个时期的地压显现不同。对生产管理来说，最重要的是第二个时期保持巷道稳定。

静载引起的巷道围岩应力场，取决于巷道埋深、岩石性质、残余构造应力及其他生产因素（如开采空间尺寸、邻近工程影响）等。爆破引起围岩的动应力场与采用的爆破参数、爆心距、巷道尺寸和岩石性质等因素有关，而且应力波传入方向也将影响围岩状态。

经实验研究得知，当应力波传播方向与巷道轴向一致时，巷道周边质点轴向振动速度分量要大于横断面内环向与径向振动速度分量。此时，应力波引起的围岩破坏较轻微；当应力波传播方向与巷道轴向垂直时，巷道断面内径向振速大于环向，更大于沿轴向的分量，围岩破坏较严重。由此看来，评价动、静载作用下巷道的稳定性要比单纯一种荷载作用时要困难得多。

思 考 题

8-1 动态载荷作用下岩石的力学响应与静态载荷作用效果有何不同？

8-2 什么是自由端反射，什么是岩石的剥落强度？

8-3 爆炸产生的应力波有几种，它们受哪些因素的影响？

8-4 何谓岩石质点临界振速，它是根据什么原理计算的？

8-5 在应力波作用下，围岩会发生怎样的破坏？

8-6 摆锤加载 SHPB 测试技术的特点和优势是什么？

8-7 什么是岩石强度的应变率效应，应变率效应的机理是什么？

8-8 岩石爆破损伤过程中，爆破应力波和爆生气体压力是如何作用的？

8-9 爆破振动测试的意义是什么？如何使用爆破测振结果？

8-10 在静、动应力作用下巷道稳定性有什么特性？

参 考 文 献

Asprone D, Cadoni E, Prota A. Experimental analysis on tensile dynamic behavior of existing concrete under high strain rates [J]. ACI Structural Journal, 2009, 106 (1): 106~113.

Chen W, Lu F, Frew D J, et al. Dynamic compression testing of soft materials [J]. Journal of Applied Mechanics Transactions of the ASME, 2002, 69 (3): 214~223.

Cho S H, Ogata Y, Kaneko K. Strain-rate dependency of the dynamic tensile strength of rock [J]. International Journal of Rock Mechanics and Mining Sciences, 2003, 40 (5): 763~777.

Dowding C H, Rozen A. Damage to Rock Tunnels from Earthquake Shaking [J]. Journal of Geotechnical & Geoenvironmental Engineering, 1978, 104 (2): 175~191.

Frew D J, Forrestal M J, Chen W. Pulse shaping techniques for testing elastic-plastic materials with a split Hopkinson pressure bar [J]. Experimental Mechanics, 2005, 45 (2): 186~195.

Goldsmith W, Sackman J L, Ewerts C. Static and dynamic fracture strength of Barre granite [J]. International Journal of Rock Mechanics and Mining Sciences & Geomechanics Abstracts, 1976, 13 (11): 303~309.

Grady D E, Kipp M E. Continuum modelling of explosive fracture in oil shale [J]. International Journal of Rock Mechanics and Mining Sciences & Geomechanics Abstracts, 1980, 17 (3): 147~157.

Huang C Y, Subhash G, Vitton S J. A dynamic damage growth model for uniaxial compressive response of rock aggregates [J]. Mechanics of Materials, 2002, 34: 267~277.

Kutter H K, Fairhurst C. On the fracture process in blasting [J]. International Journal of Rock Mechanics and Mining Sciences, 1971, 8 (3): 181~202.

Li X B, Lok T S, Zhao J, et al. Oscillation elimination in the Hopkinson bar apparatus and resultant complete dynamic stress strain curves for rocks [J]. International Journal of Rock Mechanics & Mining Sciences, 2000, 37: 1055~1060.

Lok T S, Li X B, Liu D, et al. Testing and response of large diameter brittle materials subjected to high strain rate [J]. Journal of Materials in Civil Engineering, 2002, 14 (3): 262~269.

Lu Y B, Li Q M, Ma G W. Numerical investigation of the dynamic compressive strength of rocks based on split Hopkinson pressure bar tests [J]. International Journal of Rock Mechanics and Mining Sciences, 2010, 47: 829~838.

Ma G W, An X M. Numerical simulation of blasting-induced rock fractures [J]. International Journal of Rock

Mechanics & Mining Sciences, 2008, 45: 966~975.

Naghdabadi R, Ashrafi M J, Arghavani J. Experimental and numerical investigation of pulse-shaped split Hopkinson pressure bar test [J]. Materials Science and Engineering A, 2012, 539: 285~293.

Olsson W A. The compressive strength of Tuff as a function of strain rate from 10^{-6} to 10^3/sec [J]. International Journal of Rock Mechanics and Mining Sciences and Geomechanical Abstracts, 1991, 28 (1): 115~118.

Qi C Z, Wang M Y, Qian Q H. Strain rate effects on the strength and fragmentation size of rocks [J]. International Journal of Impact Engineering, 2009, 36: 1355~1364.

Ramirez H, Rubio-Gonzalez C. Finite-element simulation of wave propagation and dispersion in Hopkinson bar test [J]. Materials and Design, 2006, 27: 36~44.

Rinehart J S. Stress transients in solids [M]. New Mexico: Hyper Dynamics, 1975: 203~211.

Sedighi M, Khandaei M, Shokrollahi H. An approach in parametric identification of high strain rate constitutive model using Hopkinson pressure bar test results [J]. Materials Science and Engineering A, 2010, 527: 3521~3528.

St John C M, Zahrah T F. Aseismic design of underground structures [J]. Tunnelling & Underground Space Technology Incorporating Trenchless Technology Research, 1987, 2 (2): 165-197.

Wang Q Z, Li W, Xie H P. Dynamic split tensile test of Flattened Brazilian Disc of rock with SHPB setup [J]. Mechanics of Materials, 2009, 41 (3): 252~260.

Yuan Q L, Li Y L, Li H J, et al. Strain rate-dependent compressive properties of C/C composites [J]. Materials Science and Engineering, 2008, 485: 632~637.

Zhu W C. Numerical modelling of the effect of rock heterogeneity on dynamic tensile strength [J]. Rock Mechanics and Rock Engineering, 2008, 41 (5): 771~779.

Zhu W C, Niu L L, Li S H, et al. Dynamic Brazilian test of rock under intermediate strain rate: pendulum hammer-driven SHPB test and numerical simulation [J]. Rock Mechanics and Rock Engineering, 2015, 48: 1867~1881.

Zhu W C, Wei J, Zhao J, et al. 2D numerical simulation on excavation damaged zone induced by dynamic stress redistribution [J]. Tunnelling and Underground Space Technology, 2014, 43: 315~326.

李夕兵, 周子龙, 王卫华. 运用有限元和神经网络为 SHPB 装置构造理想冲头 [J]. 岩石力学与工程学报, 2005, 24 (23): 4215~4218.

刘孝敏, 胡时胜. 应力脉冲在变截面 SHPB 锥杆中的传播特性 [J]. 爆炸与冲击, 2000 (2): 110~114.

于亚伦. 工程爆破理论与技术 [M]. 北京: 冶金工业出版社, 2004.

周子龙, 李夕兵, 岩小明. 岩石 SHPB 测试中试样恒应变率变形的加载条件 [J]. 岩石力学与工程学报, 2009, 28: 2445~2452.

朱万成, 唐春安, 左宇军. 深部岩体动态损伤与破裂过程 [M]. 北京: 科学出版社, 2013.

9 矿山工程地质灾害预警与防治

在采矿工程的施工、运营过程中，由于地质因素及人为原因引发的突发性灾害事件被称为矿山工程地质灾害。矿山工程地质灾害会造成人员伤亡、设备损失，甚至导致工程失败。任何地质灾害都有其孕育、发生、发展和成灾的规律，但由于成灾环境的复杂性，对这些问题的认识还不够深入，致灾规律尚未被完全掌握，现有的控灾和抑灾方法尚不能满足工程安全的要求。因此，探讨岩石工程中地质灾害发生和发展规律，预测矿山工程地质灾害可能出现的时、空、强（时间、位置、强度）规律，预测灾害的危害程度以及研究灾害监测预警与防治方法等，对矿山的安全生产具有重要意义。

9.1 矿山地质灾害类型

工程地质灾害类型很多，采矿工程中主要涉及滑坡、冒顶片帮、突涌水、岩爆等几种主要的类型。

视频：地质灾害
预报与防治

9.1.1 滑坡

滑坡是指边坡的岩土体受自重作用、地表和地下水活动、雨水浸泡、爆破振动及人工切坡等因素影响，在重力作用下沿着一定的软弱面或者软弱带，整体或者分散地顺坡向下滑动的现象。在露天矿山，滑坡灾害几乎影响着矿山生产的整个过程。据我国 10 个大型露天矿山的统计，不稳定或具有潜在滑坡危险的边坡约占边坡总长度的 20%，个别矿山甚至高达 33%。

视频：地质灾害
之滑坡——
研山铁矿

9.1.1.1 滑坡形成条件

滑坡产生的原因不外乎岩体抗剪强度的降低及下滑力增大两种情况。其中的诱发因素往往使本来处于不稳定状态的斜坡出现滑坡。

矿山滑坡灾害的成因一般包括自然因素和人为因素两大类。

A 自然因素

（1）岩土体性质因素。矿山边坡周围的岩土体的构成成分一般为矿渣或者是风化残积土，这些成分具有密度小、黏性弱的特点，而这种岩土体的特征，使边坡易于压缩和易于溃散，从而引发滑坡病害。

（2）自然灾害因素。矿山边坡受到自然灾害影响也是形成滑坡的一个主要因素，常见的自然灾害包括暴雨和地震。首先，暴雨一方面会冲刷边坡表面，这将对边坡表层和土层内部结构造成破坏，使边坡不稳；另一方面在暴雨作用下，由于矿山边坡自身岩土体的透水性较强，因而暴雨很容易侵蚀边坡造成滑坡病害。其次，地震如果级别较大，就很容易造成边坡崩塌，大的天然地震不但可以产生新滑坡，也可使古滑坡复活；若地震的级别较小，则容易对地质结构形成影响，使边坡岩土层结构有所变化，从而影响边坡的稳定性。

B 人为因素

（1）不合理开采因素。在矿山边坡进行地下开挖，会对矿山边坡形成一定的破坏性，从而造成滑坡问题。这是由于在边坡进行地下开挖时，给坡顶或坡腰增加了较大的荷载力，使下滑力加大；另外坡脚的开挖促使抗滑力降低，都会诱发滑坡现象。

（2）爆破破坏因素。矿山开采时，爆破是一种常见的开挖手段，但是爆破却又存在很大的危险性，爆破的程度如果控制不好，就会使矿山边坡的岩土层结构受到严重性的破坏，从而触发滑坡现象。

（3）开采参数设计因素。露天矿最终帮坡角是重要的边坡结构参数，一方面，提高最终帮坡角可减少剥离量，经济效益十分可观，以南芬露天矿为例，上盘帮坡角增加1°，岩石剥离量可减少1100万吨，经济效益增加2.4亿元。另一方面，最终帮坡角设计的过大，边坡破坏概率和开采难度均增大，就可能造成边坡滑坡的严重安全事故。因此，设计出最优的最终帮坡角，对边坡的稳定性、矿山的生产安全和经济效益具有重大意义。

9.1.1.2 滑坡预测预报

由于滑坡地质过程、形成条件、诱发因素的复杂性、多样性及其变化的随机性、非稳定性，从而导致滑坡动态信息难以捕捉，加之滑坡动态监测技术不成熟和滑坡预测预警理论不完善，滑坡滑动时间的预测预警一直被认为是一项十分困难的前沿课题。此外，滑坡监测费用高、周期长，也是制约滑坡滑动时间预测预警发展的因素之一。

目前，国内外预测滑坡的方法很多，主要集中于前兆现象、经验公式、统计模型、实时监测等几个方面。

A 滑坡变形前兆的现象预测法

与其他灾害相似，滑坡失稳前也会表现出多种宏观先兆，如前缘频繁崩塌、地下水位突然变化、地热异常、地音异常等，这些现象一般出现在临滑前，用于临滑预报十分有用，但它有赖于正确的地质分析和经验判断。

B 监测数据-时间曲线变化趋势判断法

（1）基于变形数据的预测。依据岩土体变形的蠕变（流变）理论，在滑坡变形的不同阶段位移-时间曲线形态不同，处于临滑阶段的位移-时间曲线呈现急剧上升趋势。在对监测资料系统分析的基础上，判断位移变化的加速阶段，按变化趋势在曲线上预测滑坡失稳时刻。该方法是近几十年来滑坡滑动时间预报中最常用的方法。预报效果取决于监测精度，并依赖于正确的地质分析和经验判断。

（2）基于微震数据的预测。以滑坡变形过程中岩体微震监测参数为指标预测滑坡动态，是目前国内外滑坡滑动时间预报研究中的另一热点。岩体临近破坏前微震的频率和幅度都显著增加；破坏以后，达到新的平衡，微震频率和幅度随之减小。因此，采用微震手段进行监测分析，可以了解岩体的软弱部位、应力状态，并预测其稳定性。

（3）基于降水量的预测。降水是滑坡的主要诱发因素。通常雨季或雨季后滑坡发生频繁。降雨可缩短滑坡的演变历程，使处于蠕滑变形阶段的滑坡提前滑动。因此，以降雨量为参数，预报滑坡启动的临界降雨量和降雨强度亦是预测滑坡发生时间的方法之一。

此外，一些新技术如遥感、合成孔径干涉雷达InSAR、三维激光扫描、光纤传感等已应用到滑坡监测领域，监测数据的采集和传输也都实现了不间断、自动化和远程化，监测和预警系统有向智能化发展的趋势。

C 统计模型预测法

统计模型是目前滑坡预测研究中最活跃的领域，其基本原理是以数理统计方法为基础，通过建立滑坡位移-时间关系的数学模型来描述滑坡变形的规律，预测滑坡发生的时间。常见的统计模型有回归模型、灰色理论模型和神经网络模型等。

D 非线性动力学模型预测法

非线性动力学方法包括分叉、混沌、孤立子和符号动力学等。目前，许多学者以非线性动力学理论为基础，建立滑坡孕育过程的非线性动力学模型，进而预测滑坡发生的位置和时间。由于滑坡演变的复杂性及外界环境的多变性，要建立滑坡孕育过程的非线性动力学方程并不容易。

从上述各种方法的有效性来看，滑坡的预测预警还处于探索之中。总体上看，以地质分析、经验判断为主的定性预测以及基于监测资料的趋势性预测仍是当前滑坡滑动时间预测的主要方法。

9.1.1.3 滑坡防治

A 防治原则

（1）以长期防御为主，防御工程与应急抢险工程相结合；应急抢险工程应尽可能与防御工程衔接、配套。

（2）根据危害对象及程度，正确选择并合理安排治理的重点，保证以较少的投入取得较好的治理效益。

（3）生物工程措施与工程措施相结合，治理与管理、开发相结合。工程治理的方法很多，如排水工程、拦挡工程、爆破工程、锚固工程；生物工程治理是指通过喷撒草种、移植草皮等增加植被覆盖，以减少水土流失，削减地表径流和控制松散固体物质补给，进而抑制滑坡。

（4）对于露天矿山边坡滑坡及排土场的滑坡治理原则，则需要同时考虑经济性与安全性两个方面，综合采用多种治理手段，以实现"小滑坡不断、大滑坡不现"的最佳状态。这一滑坡防治原则是露天矿山经济性与安全性的最佳平衡点，有其特殊性，且不同于其他岩石工程的边坡防治原则。

B 防治措施

一般来讲，治理滑坡的方法主要有"砍头""压脚"和"捆腰"三项措施。"砍头"就是用爆破、开挖等手段削减滑坡上部的重量；"压脚"是对滑坡体下部或前缘填方反压，加大坡脚的抗滑阻力；"捆腰"则是利用锚固、灌浆等手段锁定下滑山体。

滑坡的防治措施可归纳为"拦、排、稳、固"四个字。

（1）"拦"即拦挡、拦截，如挡土墙等拦挡工程用以拦截水的渗入。

（2）"排"即排水，包括拦截和旁引可能流入滑坡体内的地表水和地下水，排出滑坡体内的地表和地下水，对必须穿过滑坡区的引水或排水工程做严格的防渗漏处理等。

（3）"稳"即稳坡，包括降低斜坡坡度、斜坡后部削方减重及坡前缘回填压脚，以生物工程和护坡工程来保护边坡等。

（4）"固"即加固，包括采用各种形式的抗滑桩、预应力锚索等，或采用灌浆、注浆加固、焙烧等方法以改变滑带岩土的性质来进行加固，增大滑面的抗滑力。

露天矿山的边坡滑坡防治通常采用多种治理方案同步进行。抚顺西露天矿已有100多年的开采历史，随着矿坑的不断降深，矿坑高陡边坡凸显和局部边坡失稳状况日益加剧。在实地勘探的基础上，对西露天矿南、北帮边坡采取的综合防治措施共包括削坡减重、钻孔注浆及抗滑桩加固坡面、完善排水设施疏干减压、回填压脚、填埋裂缝、整治边坡浮块等多种手段。

9.1.2　冒顶片帮

矿山造成人员伤亡最多的事故就是冒顶片帮，30%的矿井伤亡事故与此有关。冒顶片帮是在矿山采动地压作用下巷道和采场顶板围岩发生冒落和边帮围岩发生破坏的现象。随着掘进和回采向前推进，工作面暴露面积逐渐增大，围岩会由于应力的重分布而发生变形破坏，由于顶板围岩的破坏而造成的顶板冒落就是冒顶，如果冒落的部位在巷道的两帮就叫作片帮。

矿山冒顶片帮常发生于断层破碎带、膨胀岩第四系松散岩层、不整合接触面、侵入岩接触面以及岩体结构面的不利组合地段。冒顶片帮一般包括岩层脱落、块体冒落、不良地层塌落，以及由于采矿和地质结构引起的各种垮塌。在矿山开采或者隧道掘进施工过程中，出现大量岩石冒顶的现象也被称为塌方。特别是矿岩稳定性差的难采矿体及软弱夹层位置，较容易发生较大规模的塌方。

9.1.2.1　冒顶片帮显现的一般规律

（1）冒顶片帮产生的内因和外因。内因：矿岩地质条件不好，围岩破碎，节理、裂隙发育，有裂隙水。外因：采矿方法不合理，采掘顺序不当，凿岩爆破等作业产生的振动，爆破后浮石处理不及时，支护方式不当、支护不及时或支撑力不足等。

（2）大多数情况下，冒落片帮之前都会有前兆，如顶板岩石下沉、支架发出爆裂声、发生折断，顶板岩石发出破裂和撞击声，顶板有岩石碎块掉落及涌水、淋水量增大，巷道壁出现鼓包等现象。少数冒顶片帮无前兆，这是最危险的。这类垮冒是因为岩体中有三组及以上结构面切割的岩体与临空面呈不利组合，如正人字形、斜人字形、正梯形等，对这类冒顶片帮要考虑关键块的滑落。

（3）冒顶规模取决于地应力条件、岩体基本质量、岩体结构、巷道或工作面的跨度及暴露时间等。

9.1.2.2　冒顶片帮防治

冒顶片帮事故的主要致灾因素是地质条件差、安全管理不善、检查不周和疏忽大意、浮石处理不当、缺乏有效支护以及顶板管理不善等。因此，要防止此类事故的发生，必须严格按照相关的安全技术规程，采取针对性的防治对策，主要措施如下：

（1）加强矿山地质管理。设计阶段按要求进行地质勘探，勘探资料完整准确，能全面反映矿岩地质情况，对地质和围岩等级做出准确的判定。通过超前地质工作，可以给出工作面前方可能遇到的断层、软弱岩层的类型、产状、与岩石工程的关系等重要资料。此外，在凿岩机上安装钻孔测速仪，测量钻孔速度，通过随钻获取技术得到围岩的参数。在探明矿山地质变化规律的前提下，尽量避免井巷工程通过矿岩不稳固地段。

（2）加强矿山施工安全管理。

1）施工方法不当是引起冒顶片帮的直接因素。施工前要认真审核设计图纸，对可能

视频：塌方防治

发生冒顶片帮的地段，要有相应预防措施并做好必要的应急预案。根据工期要求、地质条件、人员素质和设备配置等情况，选择合适的施工方法。减少对围岩的扰动，遇到断层应采取浅打眼、少装药、短掘短砌的方法施工。当巷道穿过地下水发育、不良地质段时，通过改变开挖方式，缩小开挖断面，调整支护参数来预防冒顶片帮的发生。

2）加强顶板浮石的检查和处理。对浮石的检查与处理是一项经常性而又非常重要的工作。矿山要选用熟练的工人定期地完成敲帮问顶，在浮石处理前要对顶板进行全面、细致的检查，严禁违章、冒险作业，有条件时采用机械化敲顶设备来处理浮石。

3）提高支护和加固质量。对于顶板不稳固的采场或巷道，要进行及时合理的支护，选择合适的支护方式和支护强度，充分发挥支护体系的作用，控制围岩变形，必要时用超前锚杆过断层，对松散围岩进行注浆，加强围岩的整体性。

4）严格进行地压管理。严格控制采空区暴露面积、暴露时间以及采空区跨度等技术指标，保证矿石在采场稳定期间内回采完毕；同时，对支护后的采场、巷道进行地压监测，防止由于支护结构损坏而引起的冒顶片帮事故。

（3）建立健全安全管理与培训制度。制定严格的安全技术操作规程，建立顶板严格的管理制度，完善顶板管理标准；加强安全教育、培训，提高职工的安全防范意识。

9.1.3　突涌水

突涌水，是地下水大量涌入采场和巷道的现象。突涌水也是地下工程施工与运营中最为常见的地质灾害，而突水的水量更大更具破坏性，常出现在断裂构造带、松散岩体或岩溶发育地段。突发性大量涌水多是由于违规操作或非正常开采引起的，与采矿作业密切相关。受水文地质

视频：涌水、
突水防治

条件影响，有些矿山突水突发性强、规模大、后果严重。例如我国三山岛金矿因有断裂构造与海水相通，局部采场面临被淹的风险；凡口铅锌矿也曾因溶洞水涌入，迫使停产。

9.1.3.1　突涌水的一般规律

A　涌水、突水必有水源

（1）裂隙水赋存于含水层、破碎岩层中，有的与地表径流联通，能得到充足补给，通过调查，可以摸清水源和水量变化规律。

（2）溶洞、老塘积水在岩溶地区，溶洞中储存地下水，在已回采过的旧巷、旧采场中也可能积水。一般来说，这类水源的水量难以估计。有时溶洞中充填岩屑、泥砂，一旦突发，形成泥屑流，危害很大。

B　突水有前兆

在地下工程施工中，如果发现有：（1）涌水突增、水质变化；（2）岩壁"出汗"；（3）工作面空气变冷；（4）凿岩时钎子回弹等现象，就有发生突水的可能，应及时采取安全措施。

9.1.3.2　突涌水防治

A　查明水源

在施工过程中，要自始至终做好水文地质工作，查明可能水源、矿井水与地下水和地表水的补给关系以及涌水通道，为有效预防和先期治理突水提供依据。

B　超前钻探水

为探明水文情况，确切掌握可能造成水灾的水源位置，在施工之前必须进行超前钻探探水。严格做到有疑必探，先探后掘。特别是当巷道接近溶洞、含水断层、含水层、地表水体、被淹井巷、积水老窑等潜在的突水水源时，必须在离可疑水源一定距离处打探水孔。

此外，要加强观测，发现有底鼓、渗水等突水征兆，应立即进行处理，尽可能减少损失。

C　依据出水状况，采取相应治理方法

（1）对于裂隙水，特别是位于江河湖海下的地下工程涌水，应以堵为主，配合导排水。堵水的办法可用地面深孔预注浆或在地下工作面超前注浆。如某矿地处渤海边，海水主要经 F_3 断层补给井下含水带，工程开挖时出现涌水，最大涌水量 $160m^3/h$。此时宜采用注浆堵水，治理水患。

（2）对于溶洞水，由于补给源和岩溶通道发育状况不易被摸清，宜采用多种措施，主要有以下几种：

1）截流：设置截水沟、截水洞等工程，切断岩溶水流向通道。

2）排放：对水量大、静动水压高的水源，宜用泄水洞或打泄水孔进行排放。

3）堵：当溶洞水以漏、小股涌流形式进入开挖空间时，可用注浆办法堵水。

治理涌水夹带大量泥砂的突泥灾害，是很困难的。目前多以围堵为主，并配合其他措施。例如，南岭隧道施工中曾发生岩溶突水涌泥，灾害十分严重。该隧道处于断裂密集、岩溶发育地段，岩溶洞穴内充填着饱满的流塑状稀黏土和水，溶洞贯通性极好。在这种条件下，采取了综合治理方法，用高压劈裂注浆提高充填体的力学强度，用长管棚穿顶支护通过断裂带，用地表深孔注浆堵漏，最终获得成功。

9.1.4　岩爆

岩爆，是处于高应力状态下的脆性围岩的弹性变形能突然释放而产生的岩石破裂、弹出、发声甚至地震等破坏现象。岩爆已成为世界性的地下深井开采中的技术难题之一。之所以难，是因为随着开采深度加大，地压活动及强烈程度趋于显著，并表现出具有瞬间释放大量能量的特点，具有突发性和巨大的破坏性（冯夏庭等，2013）。我国的红透山铜矿、三山岛金矿、锦屏二级水电站引水隧洞均发生过岩爆。

视频：岩爆防治

9.1.4.1　岩爆现象与发生机制

随着水利水电、矿山开采、核废料的地质处置、地下实验室等深部岩体工程建设的不断推进，岩爆问题必将越来越突出。

A　岩爆现象

依据岩爆表现程度，岩爆现象可归纳为以下几种：

轻微岩爆：围岩表面发生开裂、剥层破坏，伴随有噼啪声音发出。

中等烈度岩爆：岩块从岩壁弹射出来，声音较大、较频。

强烈岩爆：围岩局部瞬间崩落，声响强烈，甚至伴随地震和气浪出现。

B　岩爆发生机制

国内外比较一致的看法是，岩体坚硬且脆性大时，会在高应力作用下储存大量弹性应变能，一旦开挖巷道，破坏岩体的平衡状态，围岩中的应力集中就会使围岩产生破坏，在消耗掉部分弹性变形能之后，剩余能量转化为动能，可造成岩石弹射或突然塌崩，这就是岩爆。由此看来，岩爆发生的条件是：

（1）岩层坚硬、性脆、结构很致密，仅有少量密闭构造节理，完整性好，这样有利于能量积聚。这类岩石有花岗岩、石英岩、片麻岩、闪长岩等，而且岩石愈干燥，愈易发生岩爆。

（2）岩层中应力高。这里有两层含意：一是岩体初始应力高，原因在于埋深大或者处在地质构造部位的高应力区。例如南非的 Witwatersrand 在埋深超过 600m 后更频繁地发生岩爆。二是因开挖引起围岩应力集中过大。例如，巷道轴线与初始应力场最大主应力方向垂直，使围岩表面局部应力集中；又如因开采形成的孤立矿柱，或开采顺序不合理引起的局部高应力。

如果把以上两个原因称为岩爆内因，那么开挖爆破产生的动态扰动往往是触发岩爆的外因。统计资料指出，岩爆一般在开挖后几小时或几天内发生，当然也有例外。

9.1.4.2　岩爆预测预警

岩爆不仅破坏地下工程结构，损坏生产设备，而且严重威胁人身安全，国内外许多学者一直致力于岩爆灾害风险评估与预测预警研究。现有的方法大体可分为三类。

A　经验指标法

国内外学者在强度、刚度、断裂损伤、突变、分形和能量等方面提出了众多岩爆倾向性估计指标，如：

（1）地质力学宏观分析法。利用地质力学原理分析区域构造发展史，推断岩体中近代构造应力场，再结合少量岩体应力测量结果，综合判断初始应力场最大主应力方向和量级，以此预测岩爆的可能性。

例如，锦屏二级水电站引水隧洞在勘测阶段利用此法分析判断该工程施工中将会出现岩爆，后来果然被证实（冯夏庭，2013）。

（2）岩石强度与应力对比法。岩爆是围岩应力超过岩体强度而发生的一种脆性破坏现象。因此，人们自然想到用强度应力比来估计发生岩爆的可能性。若把强度应力比定义为岩爆系数 Y，则有

$$Y = \frac{K_v R_c}{K_1 \sigma_1} \tag{9-1}$$

式中　　K_v——岩体完整性系数；

　　　　R_c——岩石单轴抗压强度，MPa；

　　　　K_1——围岩中最大环向应力集中系数；

　　　　σ_1——初始应力场的最大主应力，MPa。

当 $Y \leqslant 1$ 时，就可能发生岩爆。

（3）能量分析法。从岩爆是岩石中能量释放与转换的观点出发，提出了能量冲击性指标 A_{cf} 为岩爆发生判据，该指标是根据岩石在伺服控制试验机上得到的岩石应力应变全

过程曲线，分别计算出峰值强度前后区面积而求得，如图9-1所示。

$$A_{cf} = \frac{A_1}{A_2} \qquad (9-2)$$

式中　A_1——应力应变曲线峰值前所划定的面积，m^2；

　　　　A_2——应力应变曲线峰值后所划定的面积，m^2。

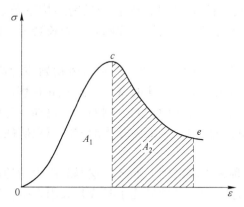

图9-1　能量冲击性指标计算示意图

根据A_{cf}值判别岩爆类型，见表9-1。

表9-1　根据A_{cf}值判别岩爆类型

A_{cf}	岩爆烈度
<1	无岩爆危险
1~2	有岩爆
>2	有严重岩爆

（4）岩爆临界深度预测。在仅考虑岩体自重的情况下，根据弹性力学推导出岩爆发生的临界深度，并用于估计岩爆的可能性（李兆权，1994）。

$$H_{CT} = \frac{0.381(1-\xi)R_c}{(3-4\xi)\gamma} \qquad (9-3)$$

式中　H_{CT}——临界深度，m；

　　　　R_c——岩石单轴抗压强度，MPa；

　　　　γ——岩石容重，N/m^3；

　　　　ξ——系数，依据岩石抗拉强度R_t和巷道周边环向应力σ_θ之比值来确定，见表9-2。

表9-2　R_t/σ_θ与ξ的关系

R_t/σ_θ	≈0	0.25	0.50	0.75	1.0
ξ	0.19	0.29	0.38	0.40	0.42

此外，还有以岩芯饼化程度来估计岩爆的方法。上述各种方法均是从某一个侧面来预测岩爆，必然都有一定局限性。有些学者将单个指标的经验判据综合形成多指标评价和系

统方法，建立了人工神经网络预测、支持向量机分类、模糊数学综合评判、模糊概率风险预测等。基于多指标的岩爆预测工程应用性强，是目前研究的一个热点，仍在不断发展。

B 监测法

在实际工程中，岩爆预测有许多监测方法，包括微重力法、流变法、电磁法、钻屑法、微震法等。

（1）对超大隧道及地下硐室稳定性监测大多采用位移或变形监测等方法。这种监测方法对于软岩或变形较大的岩体是合适的；但是，对于硬岩即脆性岩石结构而言，往往在宏观破坏之前并没有很大的变形或位移显现，只有当岩体结构邻近宏观破坏时才有可能出现大的变形或位移，因此，传统的位移或变形监测手段只能给出岩体结构已经出现宏观破裂及其相关大位移的监测结果，而对岩体内部的微破裂及微破裂演化过程的监测（往往是人类眼睛无法感知的微破裂前兆）却无能为力。

（2）发生岩爆之前，岩体变形使其密度发生变化，可采用微重力法预测岩爆倾向的地带。此外，岩爆发生时岩石的电阻有明显变化，可通过测试岩石的电阻变化来预测岩爆。

（3）由于应力松弛速度取决于岩石力学性质、地质条件、应力集中等因素，当应力松弛速度低、破坏程度高时可能发生岩爆，故可利用流变法根据岩体的松弛速度和破坏程度预测岩爆。

（4）施工过程中，向岩体中打小直径钻孔，经验表明，当有岩爆发生时，钻孔过程中单孔孔深排粉量有异常变化，一般排粉量达到正常值的 2 倍，最大值可以达到正常值的 10 倍。这就是预测岩爆的钻屑法。

（5）由于开挖过程中常伴随着一些气体的释放，如瓦斯、氡气，这些气体的扩散与围岩的状态有关，因此可通过测定气体进行岩爆预测。

（6）通过地质雷达探测围岩结构的发育情况，判断岩体是否完整、是否含有地下水等结构，通过岩体主要结构面与主应力的夹角初步判断岩爆发生的可能性。

（7）作为一种岩体微破裂三维空间监测技术——微震监测技术近十年得到迅猛发展。当岩石中裂纹产生、扩展、摩擦时，内部积聚的能量便以应力波的形式释放，产生微震事件，并通过 P 波和 S 波的形式传播。微震监测系统通过地震检波器或加速度传感器就可以将接收的波形转化成电信号并经数据采集系统转换成数据信号，借助专业化的数据处理软件，就能够实现在三维空间中实时准确地确定岩体中微震事件发生的时间、位置、量级（即时、空、强），从而对岩体受力破坏的活动范围、稳定性及其发展趋势做出定性、定量评价。它不仅可以通过声波分析岩石破裂事件的时间、位置和震级，而且可以连续、实时地监测岩石内部微裂纹的产生和扩展，已得到国内外岩石力学工作者的普遍重视。研究表明微震事件的萌生具有时间、能量的分形特征和空间的分形及成核特征，这说明微震活动存在一定的自相似性，且岩石临近破坏之际微震活动显著变化，噪声读数迅速增加。因此，基于微震活动的演化规律，可为岩爆灾害预测提供理论依据。

C 数值模拟法

近年来，数值模拟已经成为岩土工程师分析工程稳定性的重要方法。采用合理的力学参数、边界条件和本构模型，通过真实的模拟现场地质条件和施工过程，可以通过数值模拟预测岩体的力学响应。根据计算结果，采用合适的评价指标，即可分析评价工程的稳定性。在岩爆倾向性评估中，已提出了多种数值指标，可概括分为两大类：以强度理论为基础的数值指标和以能量为基础的数值指标。

然而其计算结果往往与现实存在很大的差异。原因之一就是工程岩体是带有初始损伤的介质，其内部有大量的节理、裂隙等，想要获得这些损伤信息是极其困难的。此外，工程岩体的边界条件，例如应力场和渗流场等的影响，难以在力学模型中得以正确的反映。如果只进行单一的数值计算分析，其模型及参数的可靠性和适用性缺乏实际物理反馈信息的验证。

因为微震事件和损伤具有一致性，从而可以用微震等监测数据量化岩体损伤，建立现场监测和数值模拟相结合的岩爆灾害分析预测方法。

9.1.4.3 岩爆防治

岩爆防治应从预测预警入手，以防为主，防治结合。总体来讲，岩爆防治方法主要是围岩支护、弱化岩体力学性质、调整围岩应力状态和能量分布三方面的有机结合（冯夏庭等，2013）。

A 设计阶段的防治对策

硐轴线的选择：使硐室相对稳定的受力条件是围岩不产生拉应力、压应力均匀分布和切向压应力最小。在选择轴线方向时应多方面比较选择，以减少高地应力引发的不利因素。

硐室断面形状选择：硐室断面形状一般有圆形、椭圆形、矩形和拱形等。当断面的宽高比等于侧压系数时，可使围岩处于最佳受力状态，此时以选择椭圆断面为好。但从降低工程开挖量和成本的角度，应综合考虑各种因素确定硐室断面形状。

B 施工阶段的防治对策

（1）注意岩爆前兆。像其他地质灾害一样，岩爆发生也有前兆。主要表现在：1）岩壁出现微破裂，可听到劈开的声音；2）钻孔岩芯出现饼化现象。岩饼中间厚（0.5~3cm）、四周薄，断口新鲜，常有剪切擦痕，一般来说，越靠近巷道周边，岩饼越薄。

（2）超前应力解除法。在岩爆危险地带，可采取预切槽法、超前钻孔应力解除法、松动爆破法和水压致裂法等提前释放和转移地应力。

（3）喷水或钻孔注水促进围岩软化。在易发生岩爆地段，爆破后立即向工作面新出露围岩喷水，既可降尘又可增加围岩变形能力，缓释围岩应力，降低岩爆的可能性。

（4）选择合适的开挖方式。岩爆是高应力集中的结果，因此，开挖时可采取分步开挖的方式，人为地给围岩提供一定的变形空间，使其内部的高应力得以缓慢降低，从而达到预防岩爆的目的。

（5）减少岩体暴露的时间和面积。在短进尺、多循环的施工作业过程中，应及时支护，以尽量减少岩体暴露的时间和面积，防止岩爆发生。

（6）岩爆发生时的处理措施。一旦发生岩爆，应彻底停机、避险，对岩爆的发生情况进行详细观察并如实记录，仔细检查工作面、边墙或拱顶，及时处理、加固岩爆发生的地段。

C 合理选择围岩的支护加固措施

对开挖的硐室围岩进行加固或对前方掌子面的岩体进行超前加固，可改善掌子面本身及硐室周边的应力分布状况，使围岩体从单向应力状态变为三向应力状态；同时，围岩加固措施还具有防止岩体弹射和塌落的作用。主要的支护加固措施有：（1）喷混凝土或钢纤维喷混凝土加固；（2）钢筋网喷混凝土加固；（3）周边锚杆加固；（4）格栅钢架加固；（5）必要时可采取超前支护。

9.2　现场监测与数值模拟相结合的灾害预测预警方法

为了实现矿山灾害的预测预警，人们通过现场监测来获取矿山岩体的响应信息，但如何从监测数据中发掘出真正的地质灾害前兆，目前仍然是悬而未决的难题。

在获取矿山现场基本地质条件和监测数据的前提下，目前普遍采用的预测预警方法可大致分为三类：基于理论或经验公式的预测预警方法、基于监测阈值的预测预警方法和基于数理统计与智能算法的预测预警方法。这些基于现场监测数据的预测预警方法尚存在三个方面的不足：其一，未明确致灾过程与演化机制，对从根本上认识灾害的前兆无实质性推动作用；其二，数据质量依赖性强，但矿山现场复杂多变，很难保证数据的全面性、连续性及优质性；其三，现场监测尚无法做到全面覆盖。总之，虽然监测数据中含有灾害孕育的过程信息以及灾害爆发的可能前兆信息，但识别和提取这些信息是相当困难的，基于现场监测的预警方法尚不能完全达到灾害预测预警的目标。

除了上述基于现场监测数据的预测预警方法以外，数值模拟手段也常被用于分析评价矿山灾害发生的可能性。借助于数值模拟方法，人们可以进行岩体损伤致灾过程的分析，在此基础上也可以实现岩体损伤区发展的分析预测，为灾害的预测预警提供了重要的理论与技术支撑。此外，数值模拟方法能够更直观地展示出整个研究区域内的力学响应状态，为解读监测数据和发掘前兆特征提供了理论依据。但数值模拟方法用于灾害预测预警，也存在以下两方面的不足：其一，数值模拟往往对岩体进行简化，模拟的结果往往与现场真实情况有较大差异，使预测预警准确性大打折扣；其二，不能基于时刻变化的现场实际情况进行实时动态的数值模拟，无法满足预警实时性。

如果能将两种方法有效地结合起来，取长补短，可以从很大程度上改善矿山灾害预测预警的效果。作者整合前期在现场监测和数值模拟方法的技术优势，发展形成了现场监测与数值模拟相结合的矿山灾害预测预警方法，以期实现基于监测的模拟和基于模拟的预警，达到有效改善现行矿山灾害预测预警方法的目的。图9-2所示为现场监测与数值模拟相结合的矿山灾害预测预警方法的总体思路，主要分为5个模块：室内试验与理论建模、现场测量与监测、数据集成与数据挖掘、趋势预测与实时预警、警情发布及应急避险。在室内试验及理论建模方面，开展多应变率条件下岩石的损伤与破裂过程试验，建立多应变率（准静态、流变、动态扰动）条件下岩石损伤的力学模型；开展岩石节理的剪切失稳试验，建立节理剪切失稳的本构模型；同时建立两体（矿柱-顶板、围岩-支护、围岩-充填体）相互作用的理论模型，探寻岩石损伤与失稳破裂发生的条件和判据，为预测灾害的发生时间奠定理论基础。在现场测量与监测方面，开展岩体赋存环境（地应力、地下水、地温）的测试；采用物探、摄影测量、钻孔探测等多种手段，进行岩体结构特征的多尺度探测，认识岩体的结构特征；开展围岩变形、应力、微震等响应过程的实时跟踪监测，认识采动引起的围岩响应特征。在数据集成与数据挖掘方面，利用物联网实时传输技术，将多种监测数据实时传输汇集至云平台数据仓库，进行数据的清洗和聚类分析，开展监测数据的挖掘；在云计算的编程环境，研发岩石损伤与破裂的数值模拟软件系统，开展采场围岩损伤及灾害孕育过程的数值模拟。在预测预警方法方面，将监测数据和数值模拟进行融合，利用微震数据表征岩体损伤与参数弱化，开展实时数值模拟分析。基于实时监测数据进行人工智能算法与回归分析，结合实时数值模拟得出的损伤演化规律，可进行围岩变形损伤与破坏的趋势预测。另一方面，现场监测关键指标的结果结合实时数值模拟结果以及专家综合评判，可进行灾害实时预警。同时，借助于虚拟现实系统实现区域模型和数据以及预测预警结果的真三维显示。在预警信息发布及应急避险方面，事先预估可能发生的各种灾害类型、规模，提前制定相应的应急避险方案。当预警判别出现警情时，利用云平台技术实现预警信息的多终端实时发布，及时启动相应的应急避险预案，组织人员设备撤离，避免灾害引起严重后果。

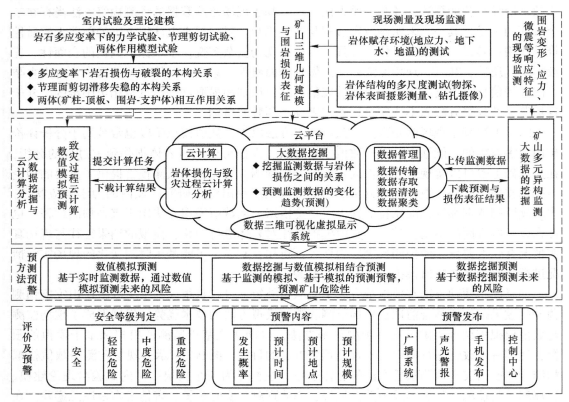

图 9-2　矿山灾害预测预警总体思路

9.3　矿山灾害风险监测预警云平台

9.3.1　云平台设计思路

9.3.1.1　总体设计思路（徐晓冬等，2021）

矿山灾害风险监测预警云平台包含软件和硬件，硬件包含矿山物联网系统、灾害监测系统和数据计算与存储系统；软件包含矿山灾害监测预警指标体系、灾害预测算法、监测预警方法和应用软件系统。

云平台搭建目前已有成熟的计算机技术。最先倡导云计算的公司是谷歌，随之亚马逊将其大规模商业化，之后又陆续出现各种云平台应用服务商。国外提供云平台软硬件的主流厂商有 Oracle、微软、谷歌、亚马逊、IBM、惠普、Sun 等公司。国内的云平台服务商有阿里、百度和华为等大型云服务商，他们都提供了面向社会的云平台服务方案。这些云服务商具有强大的研发能力及足够的技术团队，能够提供更为全面的云平台搭建产品和技术，为用户提供高规格数据中心、高效稳定的计算服务和可靠安全的存储服务。

如图 9-3 所示，我们可以把云平台视为一个具有超强计算、存储能力的"云超人"，阿里云等商业公司为我们提供了"云超人"的躯干，而云大脑是实现预警决策的核心，其内容应该包括实现预警的基本理论、技术、方法和模型等内容，为预警决策提供理论与技术支持。例如，东北大学针对矿山灾害的监测预警建立云平台，是基于现有云服务商提供的服务，研发云平台的大脑和四肢，将通用的云平台研发成为适用于矿山灾害预警的云平台，以实现针对矿山灾害监测预警的云服务。

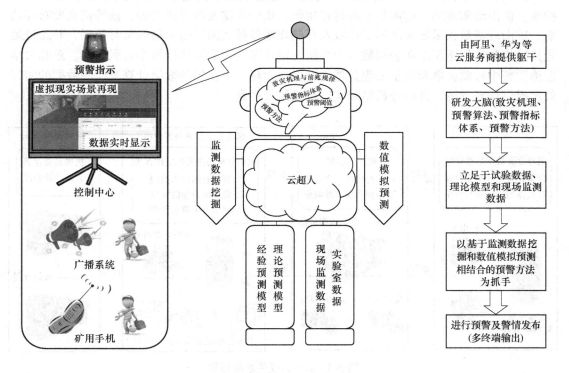

图 9-3 金属矿山灾害风险监测预警平台"云超人"概念模型

对于金属矿山灾害的预警，首要理论问题是矿山动力灾害的多因素耦合致灾机理与前兆规律，从技术层面上是建立采动致灾过程监测预警指标体系与灾害风险评价模型。"云超人"立足于实验室数据和现场监测数据（"右脚"）和理论预测模型与经验预测模型（"左脚"），通过"云超人大脑"中的矿山动力灾害致灾机理指导，获得"云超人左脚"

232

的理论和经验模型，结合"云超人右脚"的数据支持验证模型的正确性和有效性，支撑"云超人"整个躯干；进而以"基于监测数据的挖掘"和"基于数值模拟的预测"为抓手，为"云超人"的大脑决策（预警）提供重要的技术支撑。

由此可见，对于云平台的研发工作，主要分为三部分：第一部分是"云平台大脑"，包含研究矿山动力灾害的致灾机理，建立预警指标体系，提出预警方法；第二部分是"云平台四肢"，包含设计实验室试验，布置现场监测方案，建立理论和经验模型，开展基于监测的模拟和基于模拟的预测研究；第三部分是"云平台躯干"，除了包含阿里云等云资源的租用以外，还应包括监测数据的获取、传输、挖掘和预测的软硬件接口。软硬件接口实现主动定时采集和被动接收接口数据，完成对矿山传感器监控数据的采集、接收、处理、统计和真三维化展示，并在云平台实施灾害预警后，实现预警信息发布和复杂矿山场景的虚拟展示。

9.3.1.2 硬件系统框架

硬件系统主要由四部分组成，分别为矿山现场数据采集系统、矿业公司数据中心服务器、东北大学监测预警中心服务器、阿里云/华为云服务器。

如图 9-4 所示，矿业公司数据中心提供的服务器用于搭建平台的主体框架，实现平台控制，矿山地质观测，监测数据的远程接收、集中存储及可视化查询，预警信息发布等功能。矿山现场数据采集系统用于接收及存储现场各种监测设备采集的实时数据，并通过远程传输将数据发送至矿业公司数据中心服务器及东北大学监测预警中心服务器。东北大学监测预警中心服务器及阿里云服务器为矿山应力场、损伤场的数值计算及监测数据的实时处理提供计算资源，并将分析结果实时反馈给云平台。

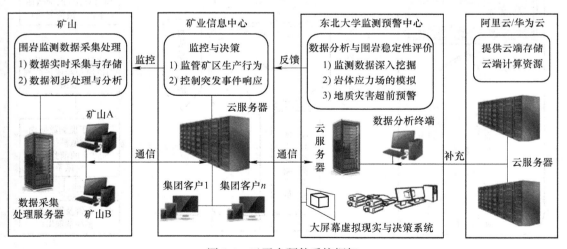

图 9-4　云平台硬件系统框架

9.3.1.3 软件系统框架

云平台软件系统的开发主要包含四部分：第一部分是矿山大数据的获取，第二部分是云平台应用软件系统构建，第三部分是大数据挖掘，第四部分是警情信息发布。

如图 9-5 所示，矿山大数据获取模块通过矿山现场监测获取应力、位移、应变、温度、渗透压力、视电阻率和微震等结构化时序数据，得到数据的时间序列文本；从现场获取爆破振动信号、地质报告、采矿采掘数据和现场勘测数据等半结构化时序数据，从中提取综合影响因素；从理论计算和数值模拟获取应力、应变、位移、损伤等非结构化分析数据。

云平台应用软件系统将这些大数据上传到平台上进行存储、备份和分析，为大数据挖掘提供数据处理平台。通过大数据挖掘和专家系统的诊断进行多参量空间和时间序列分析，获得灾害预警的阈值；基于大数据挖掘各参数的内在联系，建立更加合理的理论模型，发展基于理论分析的潜在风险预判，进而建立临灾甄别防控预案。基于大数据风险预判通过模型展示、数据展示和视频展示发布警情。

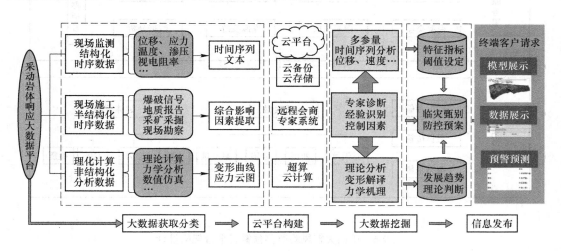

图 9-5　云平台软件系统框架

9.3.1.4　云平台的设计内容

云平台软件系统由 3 层架构而成，包括数据访问层、平台服务层和应用层，具体架构如图 9-6 所示。其中，数据层用于采集、传输及存储矿山地质数据（包括矿山开采现状、岩层分布、矿体分布等）和岩体测试及监测数据（包括岩体结构面分布、位移、微震监测数据）。数据传输基于物联网和无线通信技术，以 HTTP 超文本传输协议、Rsync+Inotify 组合的方式进行。数据存储至云端的 MySQL 关系型数据库。服务层提供数据服务和功能服务，包括数据查询、数据分析及统计、图表生成、三维模型显示及交互控制、矿山地质测量、岩体破坏失稳预警等功能，并行支持上层 Web 端和移动端应用软件的服务调用。应用层通过服务层提供的数据服务、功能服务，实现矿山理论与实测数据、三维模型显示与测量、数据分析与预警信息查看。

依据云平台的设计架构，整合矿山地质力学观测模块、监测数据的可视化查询模块以及岩体破坏失稳的预警及预测模块，基于 Java8 中全新开源的轻量级框架 Spring Boot 搭建矿山岩体破坏失稳预警云平台。云平台的前端基于 FreeMarke 模板引擎通过使用 FTL 标签使用指令来生成复杂的 HTML 页面，并配合 HTML5、JavaScript、JQuery、CSS3、Layui 等开发语言和 JavaScript 框架、UI 模块进行开发。通过 JQuery 实现数据与服务器通信、数据

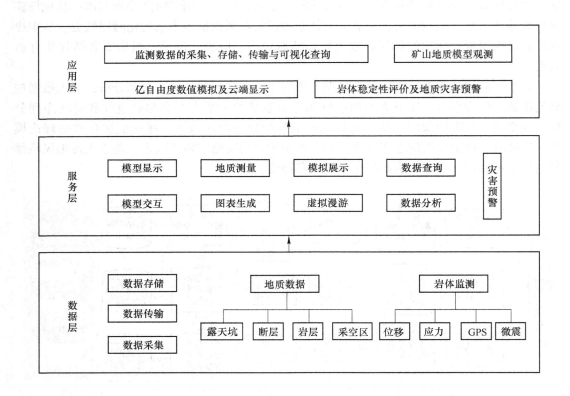

图 9-6 矿山灾害风险监测预警云平台架构设计

的动态刷新和交互，在数据图形展示上采用 Baidu 开源组件 Echarts。后端采用基于 JavaEE 规范的 Spring Framework 框架，系统安全认证采用开源的 Kisso 组件。数据库采用最新的 MySQL 8. x。

云平台主页面见图 9-7。页面为左、中、右式布局。页面左侧由上至下依次为项目列表、案例库、灾害预警方法、报警统计及三级预警指标共 5 个面板，其中，灾害预警方法采用现场监测和数值模拟相结合的决策方法，可跳转至具体矿山页面或后台算法库查看具体的算法信息，预警统计表中的预警信息是将灾害预警方法与三级预警指标相结合并对监测数据实时动态分析的结果；页面中部由上至下依次为时间窗、矿山概览模式切换、2D 地图显示窗，页面右侧为所有矿山的统计信息展示，由上至下依次为矿山类型分析、设备统计及数据量统计 3 部分。

点击项目列表中的相应矿山可切换到矿山详情模式页面，同样为左、中、右式布局，页面左侧数据为所选矿山的报警统计情况及适用于该矿山的三级预警指标体系；页面中部包括 2D 地图显示、报表下载、矿山漫游飞行自动演示、3DGIS 模型展示，其中，3DGIS 模型分别基于 Unity3d、SuperMap 软件开发并进行网络发布，具备地质模型、地质测量及岩体力学参数的可视化功能。页面右侧由两个监测数据可视化查询面板及一个设备统计饼图组成，具备监测数据动态可视化查询的功能。

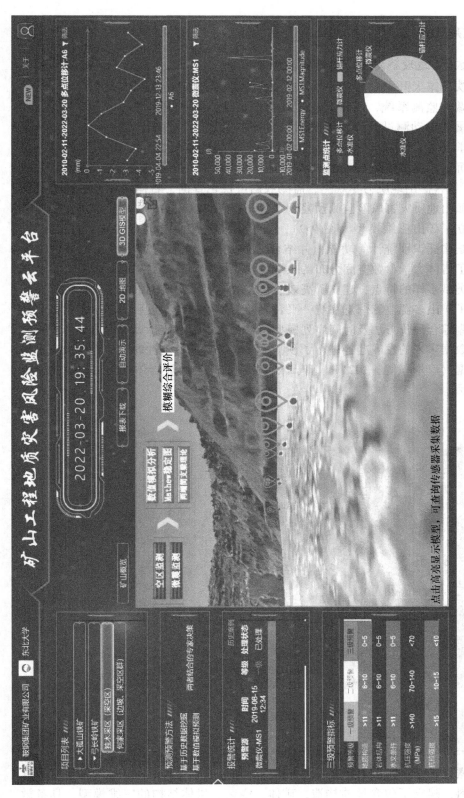

图 9-7 云平台——矿山详情模式

视频：云平台
软件演示

9.3.2　云平台应用案例

9.3.2.1　大孤山边坡稳定性评价及滑坡预警

针对大孤山铁矿露天开采过程中存在的滑坡问题，课题组在大孤山露天边坡布置了微震监测系统，用于监测边坡的稳定性，并利用爆破振动监测仪器进行爆破振动测试，评价爆破活动对边坡稳定性的影响。通过与中国矿业大学（北京）和辽宁科技大学进行合作，将测量机器人、3D 激光扫描、测斜仪、GPS 地表沉降监测、爆破振动测试和微震监测等手段的多源信息进行融合，如图 9-8 所示，搭建了包含矿山地质力学观测、监测数据可视化查询、岩体破坏失稳预警及预测 3 个模块的大孤山地质灾害风险监测预警云平台。首先，以倾斜摄影测量数据、地质钻孔数据为基础建立了矿山三维模型（图 9-9），基于该模型开发了距离测量、面积测量、坡度测量、岩体结构面识别统计等功能，并结合 Hoek-Brown 准则建立了矿山岩体力学参数数据库，实现了岩体力学参数空间分布的三维可视化；然后，针对矿山环境复杂、监测设备及监测数据类型多样的特点，建立了高效、稳定的矿山多源监测数据实时远程传输与存储方法，实现了矿山多源监测信息在统一平台下的可视化查询；最后，基于矿山监测数据，分别应用模糊综合评价方法及时间序列模型，结合大规模数值计算对岩体破坏失稳的风险等级及监测数据未来的发展趋势进行了预测，实现了岩体稳定性评价，为矿山灾害防控提供了决策依据（李斓堃等，2021）。基于微震监测数据的边坡岩体损伤过程数值模拟分析如图 9-10 所示。

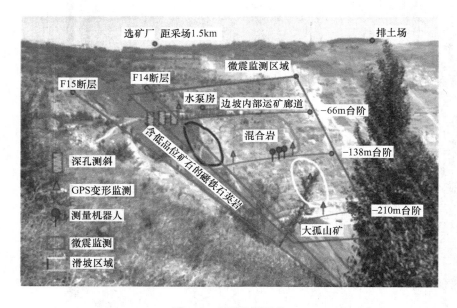

图 9-8　多源监测系统

9.3.2.2　弓长岭采空区顶板稳定性评价

针对弓长岭露天矿采空区带来的灾害防控难题，通过收集弓长岭露天铁矿的监测数据及地质、技术资料，建立了包含地质构造、矿体、空区、岩体结构的三维模型，具备微

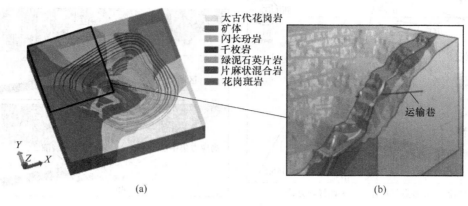

太古代花岗岩
矿体
闪长玢岩
千枚岩
绿泥石英片岩
片麻状混合岩
花岗斑岩

运输巷

（a）　　　　　　　　　　　　　　（b）

图 9-9　大孤山矿区三维几何模型
（a）大孤山三维模型；（b）西北帮三维模型

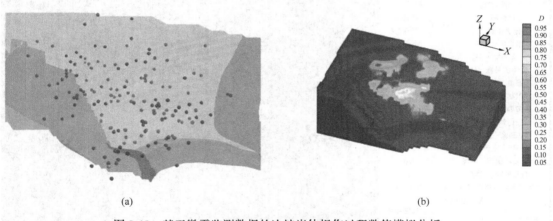

（a）　　　　　　　　　　　　　　（b）

图 9-10　基于微震监测数据的边坡岩体损伤过程数值模拟分析
（a）微震监测数据；（b）岩体损伤演化分析

震、应力、位移等监测数据查询功能的矿山虚拟可视化场景，在空区上构建微震、变形、应力相结合的监测系统（图 9-11），建立了多源监测数据库并实现了高效、稳定的矿山多源监测数据实时远程传输与存储。基于监测数据，利用属性识别理论及时空关联规则结合 Mathew 图表对空区围岩体的变形及失稳风险进行了预测（图 9-12、图 9-13），实现了矿山地质灾害风险的动态评价。基于属性识别理论建立了评价岩体失稳风险的指标体系，搭建了弓长岭铁矿空区灾害风险监测预警云平台（图 9-14），在该平台上实现了矿山三维模型浏览、监测数据实时查询、矿山地质灾害风险的评价与预警功能，为矿山灾害防控提供了决策依据，保证了采场的安全生产。

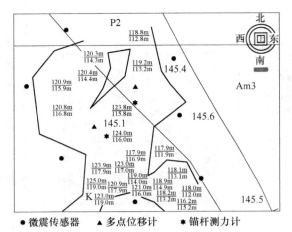

图 9-11　多源监测系统

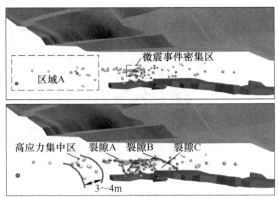

图 9-12　微震监测数据及分析

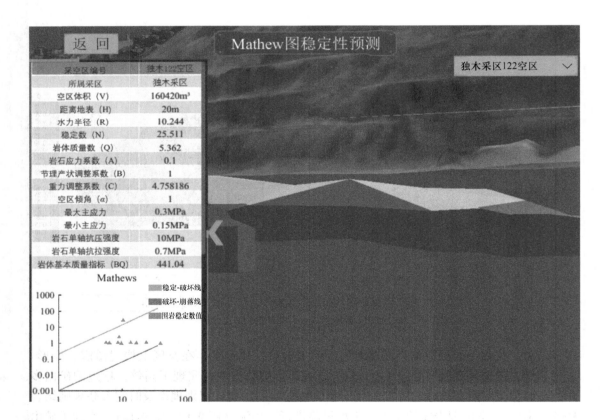

图 9-13　Mathew 图表法预测空区稳定性

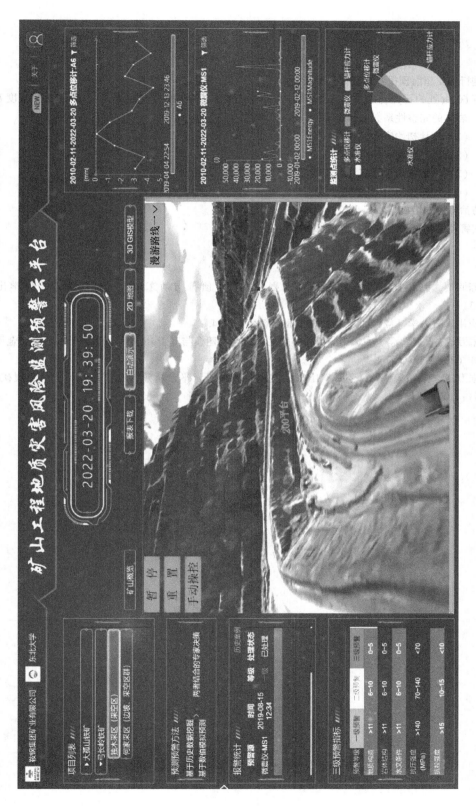

图 9-14　弓长岭铁矿工程地质灾害风险监测预警云平台

思 考 题

9-1 如何进行地质超前预报？它有什么意义？

9-2 在地下 600m 处的石英岩中开挖一条圆形的巷道，石英岩的单轴抗压强度 $R_c = 50$MPa，抗拉强度 $R_t = 3$MPa，岩体的完整性系数 $K_v = 0.6$。

　　试求：（1）估计初始应力大小；

　　　　　（2）巷道顶板和两帮中点的应力；

　　　　　（3）上述两处能否破坏？若破坏属于什么类型？

　　　　　（4）预测发生岩爆的可能性。

9-3 论述防治岩爆的措施。

9-4 矿山灾害监测预警云平台包括哪些部分？

参 考 文 献

冯夏庭，陈炳瑞，张传庆，等．岩爆孕育过程的机制、预警与动态调控 ［M］．北京；科学出版社，2013．

李兆权．应用岩石力学 ［M］．北京：冶金工业出版社，1994．

李澜堃，朱万成，代风，等．大孤山露天矿边坡亿级自由度建模与基于 RFPA[3D] 的数值模拟 ［J］．金属矿山，2021（2）：179~185．

徐晓冬，朱万成，张鹏海，等．金属矿山采动灾害监测预警云平台搭建与初步应用 ［J］．金属矿山，2021（4）：160~171．

10 围岩支护与加固

10.1 概　述

岩体被开挖前，在原始应力场的作用下处于平衡状态，而在开挖以后，开挖岩体所承担的载荷转移到围岩而产生应力集中，最后形成新的应力场；同时，开挖空间的存在使围岩体垮落成为可能。实践证明，虽然大量巷道开挖后能够长期自稳，但另一些巷道必须立即支护才能稳定。岩石工程在开挖后能否自稳，何时支护更为合理，何种支护与加固能够使其稳定性满足工程需求？本章试图为回答这些问题提供原理和方法。

支护是向开挖面施加反向作用力，支护技术和装置包括木结构支护、充填、喷射混凝土、挂钢筋网或者混凝土衬砌；加固是通过锚杆、锚索、注浆等方式维持或者提高岩体的承载力和整体稳定性。围岩支护与加固是维护采掘空间稳定的主要手段，是采掘过程中的重要工艺，与地质条件、回采方法、掘支工艺过程、开挖空间形态和大小等因素紧密相关。

10.2　围岩-支护相互作用分析及其应用

10.2.1　巷道地压控制原理

在地压控制实践中，首要的问题是估算支护的荷载，这是地压理论探讨的中心课题。起初，人们认为巷道上覆岩柱的重量就是支架的荷载，后来在生产实践中发现大多数情况并非如此，有时候即便不采取支护手段巷道围岩也可以保持稳定，有时候只有变形移动，有时候往往只冒落到一定高度即停止冒落。因此，也有学者认为只有冒落区岩体或移动岩体才能施压于支架。根据不同的认识，人们相继提出了各种巷道地压理论。

古典自重理论认为，巷道开挖后，支架必须承担上部岩体的全部重量，显然这只对于浅部松散软弱岩体才有可能，且已为大量的生产实践所证明。松散体理论认为，巷道开挖后，其顶板围岩会形成一定形状的冒落带，该冒落带中的岩体重量就是支架所要承担的压力。这个理论注意到了岩体的裂隙性，认识到地压与岩体结构有关，这是一个进步，但企图用一个简单的系数表述所有岩体的松散性质，是难以做到的。所以，这个理论对于完整坚固的岩体是不适用的，只有符合假设前提的松散岩体，才能适用。

把工程岩体视为连续均质的弹性体，运用弹性理论或者材料力学、结构力学等成熟的固体力学理论来研究地压问题，可以得到完善的数学解析解。但是，大多数岩体不符合这种假设，而且巷道围岩的弹性变形是在临空面暴露后瞬间产生的，任何支架都不可能承受围岩弹性变形所施加的压力；再者，一般围岩的弹性变形不会破坏围岩的稳定性，因此不是地压研究的重点。至于材料力学或结构力学的方法，除个别特殊问题（例如矿柱的强度估算）等，一般也不适用于地压研究。在对实际地压问题进行理论计算时显然要做适当的简化，但是如果把问题简化到不再具有真实性的程度，就往往会产生不可靠甚至错误的结论。

弹塑性理论不但考虑了岩体的力学性质、原岩应力、支架反力和巷道尺寸，还注意到了围岩力学性质从弹性到塑性的转化，显然较之前面几种理论有较大的进步。

通过理论或实测可以给出围岩特性曲线，若用实验的方法求得支架的特性曲线，围岩作用于支架的压力就可确定。如图 10-1 所示，纵坐标（P_i）表示围岩对支架的压力、横坐标（u）表示围岩位移，曲线Ⅰ表示围岩特性曲线，对于一定的岩体地质条件，支架所承受的围岩压力（P_i）与围岩位移（u）呈反比关系；曲线Ⅱ表示支护特征曲线，可由实验方法求得。两条曲线的交点（E）即为支架所承受的围岩压力。

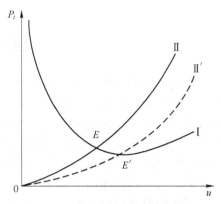

图 10-1　支护与围岩的压力-位移曲线

由此可见，支架压力取决于围岩和支架的力学特性及其相互作用。为了经济而有效地控制地压、维护巷道，必须根据不同的围岩特性设计与之相适应的支架。一般说来，刚性支架适用于刚性围岩，柔性围岩则宜用柔性支架来支护。图 10-1 表明，在一定岩体地质条件下，支架刚度太大，它将承受过大的围岩压力，支架可能发生破坏；柔性过大，支架则不能承受适度的压力，不能支撑围岩保持巷道必要的几何形状，失去了支护的意义。可见支架刚柔度的选择很重要。

正因为弹塑性体理论比弹性理论较全面地考虑了更多的因素，又能用比较简单的数学公式表述巷道地压特性，所以是影响比较广泛、应用较为普遍的巷道地压理论。但实际上，这种理论并没有全面地概括工程岩体的物理力学特性以及其中的应力状态，巷道的几何因素、支护状况以及施工条件也考虑得比较简单，而且这种理论是假设原岩为弹性体介质，巷道围岩由于应力集中使之变为塑性体，实际上有些工程围岩根本不是弹塑性体，这类问题如果求助于弹塑性体理论，则不可能得到满意的结果。

上述理论具有一个共同的基本特性，即将支架看成一种结构体，用以抵抗围岩的压力，阻止围岩向巷道空间移动，维护巷道的稳定安全。于是，从力学上看，是变形移动或冒落的围岩施压于支架，而支架给围岩以反作用力，或者说支架上的压力是围岩变形移动或崩塌的结果。由上述情况可以看出，以往各巷道地压理论的出发点都在于用支架去阻止巷道围岩的变形、移动或崩塌，即围岩是施载体系而支架是承载体系，没有考虑不同地质因素作用下的地应力场对巷道地压活动的影响。后来在实践中发现，这种主动施压、被动承载的观点，并没有揭示支护控制地压的本质。

到了 20 世纪 60 年代，岩石力学界普遍认可了巷道围岩不仅是施压系统，同时也是承载结构，并且强调围岩是承受地压的主要结构。设置人工支护，只是为了改善与提高围岩的自承载能力。同时，学者们不主张把地面结构力学理论直接用于地下工程，因为巷道是在有地应力场作用的岩体中施工，围岩失稳是破裂的介质再破坏的问题。根据这种观点，人们提出了新奥地利隧道工程法（即新奥法），这种控制巷道地压的思想原则被提出后，获得了广泛的欢迎和运用。

10.2.2 约束收敛法

在矿山巷道及隧道施工中，约束收敛法（convergence-confinement method，CCM）被普遍应用于支护结构初期设计。该方法可根据某一支护时机下的巷道变形方便地预测给定支护结构所承担的围岩荷载。它以弹塑性理论为基础，现场监测数据为依据，工程经验为参考，广泛应用于新奥法施工的岩石隧洞。

约束收敛法包括围岩特性曲线（ground reaction curve，GRC）、巷道纵向变形曲线（longitudinal displacement profile，LDP）和支护特征曲线（support reaction curve，SRC）三部分。围岩特性曲线 GRC 描述了平面应变状态下不断增加的巷道收敛位移与不断减小的支护力之间的关系，主要反映围岩不同力学特性和初始地应力的影响。巷道纵向变形曲线 LDP 是研究未支护巷道开挖面的掘进空间效应，用以模拟巷道开挖前进时围岩径向变形沿巷道轴向不断发展，逐渐（而非突然）达到平面应变状态的过程；一般以作用于洞壁且随纵向距离大小不断变化的虚拟支护力来表示变形的渐进发展过程及掘进面空间效应。依据巷道纵向变形曲线就可以确定支护时围岩已发生的前期变形，进而确定约束收敛分析中支护作用的起始位置（即支护时机），也可得到巷道开挖变形后的纵向轮廓。支护特征曲线 SRC 表示支护变形与作用在其上的围岩压力之间的关系。将上述三者进行耦合分析可以为支护结构参数设计以及围岩-支护相互作用分析提供理论基础。

巷道开挖后，围岩将产生变形，以洞壁围岩径向变形 u_0 为横坐标，作用于围岩上的虚拟支护力 p_i 为纵坐标，可以得到表示二者关系的围岩特性曲线（GRC）；由巷道纵向变形曲线（LDP）可以确定支护时围岩已发生的前期变形 u_0，即确定支护作用的起始位置；最后，在同一个坐标平面内绘出支护特征曲线（SRC），围岩特性曲线与支护特征曲线的交点 D，即可作为巷道支护结构设计的依据，如图 10-2 所示。图中 x 为支护距开挖面的

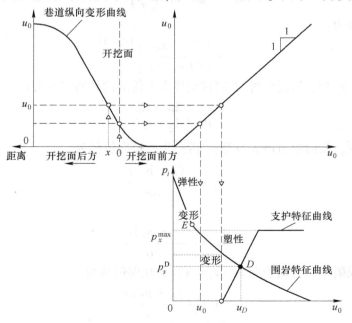

图 10-2 约束收敛法的原理示意图

距离，p_x^{max} 为支护所能提供的最大支护能力，点 E 为围岩弹塑性变形的分界点。交点 D 的纵坐标 p_s^D 即为作用在支护结构上的最终围岩压力，即支护设计压力，也称支护设计载荷，交点 D 的横坐标 u_D 即为围岩的最终稳定变形；此时若支护结构能够保持持续稳定（当不考虑岩石流变时），则可判定巷道稳定；反之，则应当调整支护架设位置或设计参数，重新进行计算分析，直到满足设计要求。

可以看出，巷道约束收敛法是以二维平面应变弹塑性分析的围岩特性曲线和支护特征曲线为基础，结合考虑巷道掘进面空间效应的纵向变形，来模拟和分析巷道三维开挖所引起的围岩应力及位移变化和支护压力等问题。

10.2.3　围岩-支护相互作用弹塑性分析

考虑静水压力作用下轴对称圆形巷道的弹塑性问题，假定岩体服从摩尔-库仑屈服准则，准则中的峰值强度与屈服强度一致，应力-应变特性如图 10-3 所示。应注意的是，伴随着超过峰值之后岩体变形的发展，同时发生扩容。如前所述，弹性的和已破裂的岩石中的极限应力状态可由下式给出：

$$\sigma_1 = b\sigma_3 + C_0 \tag{10-1}$$

及

$$\sigma_1 = d\sigma_3 \tag{10-2}$$

式中，$b = \dfrac{1 + \sin\varphi}{1 - \sin\varphi}$，$C_0 = \dfrac{2c\cos\varphi}{1 - \sin\varphi}$，$d = \dfrac{1 + \sin\varphi^f}{1 - \sin\varphi^f}$，其中 c、φ 分别为弹性围岩的内聚力和内摩擦角；φ^f 为已破裂围岩的内摩擦角。

破坏区内的主应力为：

$$\sigma_3 = \sigma_{rr} = p_i \left(\frac{r}{a}\right)^{(d-1)}$$

及

$$\sigma_1 = \sigma_{\theta\theta} = dp_i \left(\frac{r}{a}\right)^{(d-1)} \tag{10-3}$$

破坏区半径为：

$$r_e = a \left[\frac{2p - C_0}{(1 + b)p_i}\right]^{1/(d-1)} \tag{10-4}$$

在半径 $r = r_e$ 处，通过弹性-破碎带交界面上传送的径向应力为：

$$p_1 = \frac{2p - C_0}{1 + b} \tag{10-5}$$

在弹性区内，径向应力由 p 减至 p_1 所产生的径向位移为

$$u_r = -\frac{(p - p_1)r_e^2}{2Gr}$$

在 $r = r_e$ 处

$$u_r = -\frac{(p - p_1)r_e}{2G}$$

如果未形成破坏区，则洞周处（$r_e = a$）的径向位移为

$$u_i = -\frac{(p - p_1)a}{2G} \tag{10-6}$$

注意，径向位移 u 从洞中心向外为正。

在破坏区内部，对无限小应变以压应变为正，考虑到位移协调条件得出

$$\varepsilon_1 = \varepsilon_{\theta\theta} = -\frac{u}{r} \tag{10-7}$$

及

$$\varepsilon_3 = \varepsilon_{rr} = -\frac{\mathrm{d}u}{\mathrm{d}r} \tag{10-8}$$

假定在破坏区内有

$$\varepsilon_3 = \varepsilon_{3e} - f(\varepsilon_1 - \varepsilon_{1e}) \tag{10-9}$$

式中　ε_{1e}，ε_{3e}——弹塑性边界处的应变；

　　f 是通过试验测得的常数，其定义如图 10-3 所示。

将下式

$$\varepsilon_{1e} = -\varepsilon_{3e} = \frac{p - p_1}{2G} \tag{10-10}$$

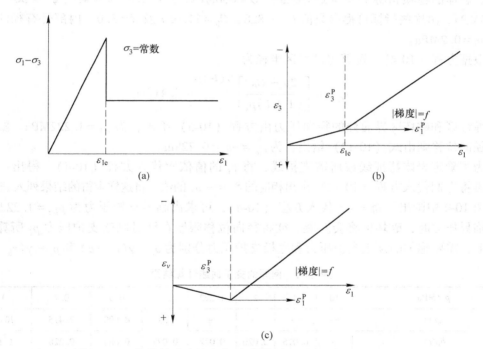

图 10-3　理想化的弹脆性应力-应变模型（Brown 和 Bray，1982）

代入方程（10-9）中并整理，则有

$$\varepsilon_3 = -f\varepsilon_1 - (1 - f)\frac{p - p_1}{2G} \tag{10-11}$$

由方程式（10-7）、式（10-8）及式（10-11）有

$$\frac{\mathrm{d}u}{\mathrm{d}r} = -f\frac{u}{r} + (1 - f)\frac{p - p_1}{2G}$$

此微分方程的解为

$$u = Cr^{-f} + \left[\frac{(1-f)(p-p_1)}{2G(1+f)} \right] r$$

式中，C 是积分常数。

把由方程（10-10）所给定的 $r = r_e$ 处的 ε_1 值代入上式，可求出 C，其解为

$$\frac{u}{r} = -\frac{p-p_1}{G(1+f)} \left[\frac{f-1}{2} + \left(\frac{r_e}{r} \right)^{1+f} \right] \qquad (10\text{-}12)$$

由方程（10-12）可以绘制径向位移（一般用 $\delta_i = -u_i$ 表示）与 $r = a$ 处洞周支护压力 p_i 间的关系曲线。洞顶、侧墙和底板岩石所经受的位移之间的差值可通过如下假定估算：在底板处，支护压力合力为加上去的压力 p_i 减去和破坏区内岩石重量等价的压力 $\gamma(r_e - a)$。在侧墙内，支护压力为 p；顶板内，重力作用在破坏区上，结果使支护压力增加到 $p_i + \gamma(r_e - a)$。

例如，在应力 $p = 10\mathrm{MPa}$ 的静水地应力场的岩体内，开挖一个半径为 $a = 3\mathrm{m}$ 的圆形隧洞。岩体的各项指标为 $\gamma = 25\mathrm{kN/m^3}$，$G = 600\mathrm{MPa}$，$f = 2.0$，$\varphi = 45°$，$\varphi^f = 30°$，$C = 2.414\mathrm{MPa}$。由这些指标可得参数值 $b = 5.828$，$C_0 = 11.657$ 及 $d = 3.0$，内部受有径向支护压力 $p_i = 0.2\mathrm{MPa}$。

根据方程（10-4），可算得破坏区半径为

$$r_e = a \left[\frac{2p - C_0}{(1+b)p_i} \right]^{1/(d-1)} = 7.415\mathrm{m}$$

弹性区和破坏区界面处的径向压力由方程（10-5）给出，为 $p_1 = 1.222\mathrm{MPa}$。隧道周边的径向位移则由式（10-12）给出，为 $\delta_i = -u_i = 0.228\mathrm{m}$。

为了确定岩体特征线或所需支护线，将 p_i 的值依次代入方程（10-4），得出一组 r_e 值，再将它们代入方程（10-12）求出相应的 $\delta_i = -u_i$ 的值。将这样求得的结果列入表10-1，并在图10-4中画出。将 $r_e = a$ 代入方程（10-4），可求出临界支护压力为 $p_{icr} = 1.222\mathrm{MPa}$。低于临界压力时，破坏区将会发展。欲将径向位移限制在针对侧壁支护压力 p_i 所算得的 δ_i 值上，需要施加的顶板支护压力和底板支护压力分别为 $p_i + \gamma(r_e - a)$ 和 $p_i - \gamma(r_e - a)$。

表 10-1　例题的支护曲线计算结果

p_i/MPa	10	4	2	1.222	1.0	0.5	0.2	0.1
r_e/m	—	—	—	—	3.316	4.690	7.415	10.487
δ_i/m	0	0.015	0.020	0.022	0.027	0.063	0.228	0.632
$\gamma(r_e - a)$/MPa	0	0	0	0	0.008	0.042	0.110	0.187
$p_顶 (= p_i + \gamma(r_e - a))$/MPa	10	4	2	1.222	1.008	0.542	0.310	0.287
$p_底 (= p_i - \gamma(r_e - a))$/MPa	10	4	2	1.222	0.992	0.458	0.090	(-0.087)

10.2.4　围岩特性曲线的测量

巷道围岩特性曲线，又称巷道围岩收敛线，简称围岩 $p\text{-}u$ 曲线，是巷道支护反力与巷道周边径向位移的关系曲线。一般认为它不依赖于具体的支护特性，仅与地应力、围岩力学特性和巷道断面有关。

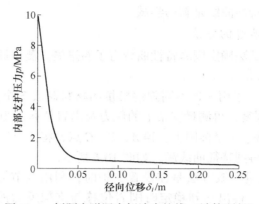

图 10-4　例题中隧洞中侧墙支护线（计算所得）

10.2.4.1　围岩特性曲线及其实测方法

A　围岩特性曲线簇

巷道掘进并架设支架之后，围岩径向位移 u 和支架给围岩的反力 p 之间存在函数关系。用曲线表示，称为围岩特性曲线，简称 $p\text{-}u$ 曲线，如图 10-5 所示。由图可以看出，支架反力 p 大，则围岩位移 u 小，支架控制围岩变形，必受较大荷载；相反，支架反力不足，围岩变形增大。

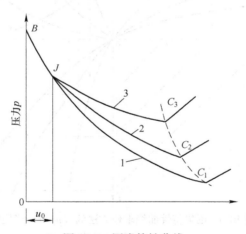

图 10-5　围岩特性曲线

1—t_1 时刻的围岩特性曲线；2—t_2 时刻的围岩特性曲线；3—t_∞ 时刻的围岩特性曲线；

C_1，C_2，C_3—不同时刻的围岩冒落点

表面看来，围岩特性曲线是两个物理量之间的关系，实质上，它是所有决定围岩压力因素的综合反映，这些因素有围岩的力学性质、初始应力的大小、工程断面形状尺寸、施工方法、环境因素影响以及支架性质和时间等，因此，$p\text{-}u$ 曲线可看作是围岩的综合特性。在软岩中，时间效应很突出，$p\text{-}u$ 曲线不是一条，而是随时间不同的曲线簇（图 10-5上的1、2、3），基于这一认识，才能正确选择支架形式，进行支架设计。

目前还难以建立围岩特性曲线簇的方程式。理论上，仅对极简单问题给出过数学表达

式，用实测法获得围岩特性曲线是新的尝试。

　　B　测试围岩特性曲线的方法

　　近年来，用仪器测试法确定围岩特性曲线有了新进展。测试原理分为两类：改变支护刚度和调节支架伸缩量。

　　（1）改变支护刚度。采用 3 种不同弹性模量的材料制成 3 个支架（或钻孔中的内衬管），相当于改变支护刚度，再测量支架上的压力及围岩位移。当压力稳定时，将测得的 3 个支架的 p 和 u 值绘在 p-u 坐标图上，得 A、B、C 点，将 3 点连成曲线，即围岩特性曲线。改变量测时间，可得到特征曲线簇，如图 10-6 所示。

　　（2）调节支护伸缩量。该方法是在设置支护时，利用调节支架与围岩之间的间隙，在支架材料相同条件下，得出达到稳定时围岩位移与支架反力的值，构成图 10-7 中 A、B、C 三点，将 3 点连成曲线，也可获得围岩特性曲线。

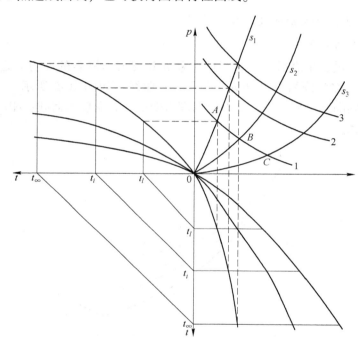

图 10-6　围岩特性曲线求作方法的（p-u-t）诸模图

s_1，s_2，s_3—三种不同支护的特性曲线；

t_l，t_i，t_∞—不同的测量时间；

1，2，3—对应不同时间（t_l、t_i、t_∞）的围岩特性曲线

　　C　现场实测围岩特性曲线

　　在铁法矿务局三台子一井软岩巷道中，选择有代表性的大断面巷道进行试验研究，整个试验段分为 3 个测区，分别用三种不同支护（相当于改变支护刚度）测取位移 u 与压力 p 值，量测方法及特性曲线绘图步骤如下：

　　（1）第一测段长 4m，采用喷锚支护，在其中一排的锚杆上安装锚杆应力计与托盘压力盒以及相应的位移量测基点。量测在围岩与喷层共同作用下锚杆的拉力与托盘压力，换

算成单位面积的支护力 p_1，同时量测巷道位移值 u_1。作图得 $(u\text{-}t)_1$、$(p\text{-}t)_1$ 曲线及支架特性曲线 $(p\text{-}u)_1$，并得到最终稳定点 A，如图 10-8 所示。

　　（2）第二测段长度仍取 4m，与第一测段相邻。该段内采用单一的锚杆支护，不喷射混凝土，按与第一测段相同的方法测出锚杆拉力、托盘压力与巷道位移值，绘出 $(u\text{-}t)_2$，$(p\text{-}t)_2$ 和 $(p\text{-}u)_2$ 曲线，得到最终工作点 B。由于 $(p\text{-}u)_1$ 和 $(p\text{-}u)_2$，都是同一种锚杆特性曲线（试验中均采用楔管式锚杆），因此两者在图 10-8 中应当重合，只是稳定工作点不同（第一测段为 A 点，第二测段为 B 点）。

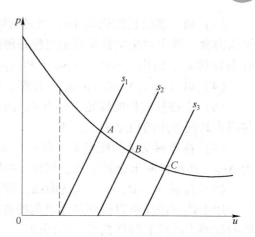

图 10-7　调节支护伸缩量测围岩特性曲线
s_1—与围岩间隙最小的支架特性曲线；
s_2—与围岩间隙介于 s_1、s_3 之间的支架特性曲线；
s_3—与围岩间隙最大的支架特性曲线

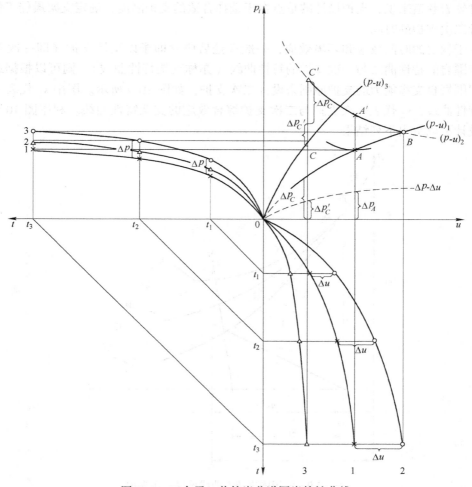

图 10-8　三台子一井软岩巷道围岩特性曲线

（3）第三测段长度仍取 4m，在进行喷锚支护后架设 5 架金属支架，在某一支架上安设压力盒，并在对应位置设置相应位移测试基点。量测喷锚支护与围岩共同作用下的压力 p_3 与位移 u_3，绘出 $(u\text{-}t)_3$、$(p\text{-}t)_3$ 和 $(p\text{-}u)_3$ 曲线，得到稳定工作点 C。

（4）以 $(u_2\text{-}u_1)_i$ 和 $(p_2\text{-}p_1)_i$ 作图，得喷层（相当于柔性支架）特性曲线 $\Delta p\text{-}\Delta u$。

（5）在锚杆支护的稳定工作点 A，加上相应的喷层压力 Δp_A 值，即得到喷锚联合支护与围岩共同作用的稳定工作点 A'。

（6）在金属支架的稳定工作点 C，再加上相应的喷层压力（支护力）$\Delta p'_C$ 和锚杆支护力 Δp_C，即可推断出金属支架、锚杆、喷层三者联合支护下的稳定工作点 C'。

（7）连接 A'、B、C' 三点的曲线，即为巷道达到稳定状态的围岩特性曲线。

用上述方法还可以得到其他时刻的巷道围岩特性曲线。由于岩体具有流变性，所以不同时期测出的围岩特性曲线是不同的。

10.2.4.2　围岩特性曲线的应用

A　用于巷道支护设计

对软岩巷道来说，支护设计的重点在于选择合适的支护刚度，确定支架最佳工作点以及进行二次支护的时间。

由于软岩的时间效应和环境效应，一般开挖后应立即予以柔性支护（即一次支护）。若已知围岩的特性曲线与一次支护的特性曲线（亦称支架特性曲线），则可以根据最大限度利用围岩自支撑能力的支护原则来设计二次支护，如图 10-9 所示。图中 s_1 代表一次支护的特性曲线，s_2 代表一次支护与二次支护综合效应的支架特性曲线。利用图 10-9 进行支护设计可以给出下列结果。

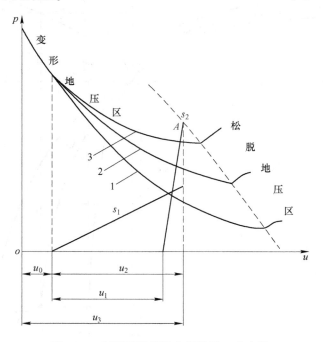

图 10-9　利用围岩特性曲线设计二次支护

（1）确定二次支护时间。这是很重要的技术问题，二次支护过早，不能充分利用围岩本身的自支撑能力；设置过晚，围岩开始松动破坏，就不适宜了。在已知二次支护的力学特性情况下，通过观测围岩位移，可以选择出二次支护的合理时间。从位移测试结果中得到围岩处于基本稳定状态时的位移 u_1，在图 10-9 上表示出二次支护的合理围岩位移值。

（2）选择合适的支护刚度。支护刚度是支架的重要力学参数，从理论上说，假如已知一次支护的刚度 $K(s_1)$ 和前后两次支护综合效应产生的刚度 $K(s_2)$，则二次支护的刚度为

$$K(2) = K(s_2)\varTheta K(s_1) \tag{10-13}$$

式中　$\varTheta$——消除后边的效应。

实际上，支护刚度是和支护材料性质、支架结构尺寸及施工方法都有关的物理量，包括 $K(s_1)$ 和 $K(s_2)$ 在内均很难确定。

（3）确定支架最佳工作点。实际上确定合理二次支护时间和选出合适的支护刚度之后，最佳工作点就确定了。此时，围岩发挥出最大自支撑能力，而支架上所受的载荷又最小。

从图 10-9 还可看出，第一次支护（柔性喷层）的最大径向位移不得小于 u_2，否则喷层支护工作点在到达 A 之前就会发生破坏，迫使二次支护提前，此时处于不利境地。控制一次支护位移量，应从支护断面尺寸、支护材质等方面着手。

B　利用围岩特性曲线进行围岩力学参数的反分析

正如前述，围岩特性曲线是围岩与支架的综合特征的标志。如果把实测得到的围岩特性曲线上确定的支护力 p_i 和围岩位移 u_i 作为已知条件，并代入分析计算用的力学模型中去，就可反算出一些围岩参数，如初始应力、剪切模量等。

C　用于软岩分类

软岩分类是争论不休的问题，从工程应用角度考虑，有人提出以围岩特性曲线形状作为分类的依据，这个问题需进一步研究。

此外，实测的围岩特性曲线还可用于支护效果的评价。

10.3　新奥法简介

新奥法是 1964 年由奥地利 L. V. Labcewicz（腊布希威兹）教授根据本国多年隧道施工经验总结出来的，称为"新奥地利隧道施工法"（new Austrian tunnelling method），简称新奥法（NATM）。新奥法是根据岩体力学和岩体工程地质力学的基本原理制定的，或者说是岩体力学和岩体工程地质力学的新成就用于隧道地压控制的新理论，它的出发点与归宿就是致力于调动围岩的自支撑能力，主要依靠围岩本身维护隧道稳定性，以便获得隧道工程最安全、最经济的效果，它是隧道工程建设与维护的新概念，也是隧道（巷道）地压控制的新理论。

新奥法创始人之一的米勒反复强调，新奥法不是隧道掘进或支护方法，而是隧道工程建设的思想原则。他把这个思想原则归纳为 22 条，主要说明如下几方面问题：

（1）隧道是支护体和围岩的整体化结构物，是一个力学系统。隧道的主要承载部分是围岩，临时支架和永久衬砌只是为了给围岩以约束作用，以求在围岩内部的适当深度建

立起承载圈。新奥法认为围岩既是施载物体又是承载结构，而传统方法却认为围岩仅是施载物体，只有支架才是承载结构。因此，两种方法的支护结构也就不同：新奥法要求支护体与围岩结合成一体，而传统方法的支架与围岩之间有空隙，当中充填碎石甚至保留着空间。

由于承载圈在围岩内部，处于三维应力状态，强度很高，可承受很高应力并处于稳定状态，因此要尽量发挥承载圈的支撑作用。为此，既要让围岩产生收敛变形，以便在恰当的深度形成承载圈，又要使围岩因变形所引起的强度损失最小。这一努力愈有成效，隧道工程的地压控制效果愈好。

以往的隧道施工方法不能控制围岩松动，往往在很深部位才能形成承载圈，其中松动的岩体得不到约束，支架必然要承受很大的压力。

（2）既然主要依靠围岩支撑隧道，在施工过程中就要尽可能地保持岩体抗力（mass resistance）。为此，要尽量防止具有逐渐解体效应的围岩松动或过度变形。围岩的变形或松动会引起它强度的削弱，对于节理岩体尤其严重，因为节理岩体的强度主要取决于岩块之间的摩擦力，岩体一旦松动，这种摩擦力随即消失，岩体强度就大幅下降。为此，一方面要控制隧道开挖的工程扰动力，另一方面要由支护结构来维持稳定性。按传统方法支护，不但支架与围岩接触不好，而且由临时支护到永久支护要经历很长时间，会不可避免地发生围岩松动。

新奥法主张采用喷锚支护，因为喷混凝土既能及时支护，又能使支护体紧密地全部覆盖围岩临空面。

（3）要尽可能避免围岩处于一维或二维应力状态，因为岩石在一维或二维应力状态下的强度，要比在三维应力状态下的强度低得多。巷道开挖以前，岩体处于三维应力状态下，它是稳定的；巷道开挖后，临空面卸载了，改变成为二维或一维应力状态，则可能产生失稳破坏。应采用支护方法给围岩以约束力，使之恢复为三维应力状态，以提高围岩的稳定性。

（4）为了要使围岩产生适当变形又不损坏它的强度，必须保证恰当的支护时间，即要根据围岩性质，在临空面暴露以后的一定时间内完成支护。如图 10-10 所示，若支护得太早或者太迟，支护体要承受较大的压力或者围岩体要经历较大的变形，只有在最佳支护时间完成支护才能使支护体承受压力最小且支护效果最好。合理的支护时间，可按岩体稳定性分级或由实测结果进行确定。

（5）隧道围岩的最佳变形率（$\Delta R/R$），不仅要由支护时间来保证，还要由支护体的力学性质来保证。如图 10-10 所示，支护体要有最佳的刚度，因为刚度太大，支护体要承受很大的围岩压力；相反地，如果支护体柔性太大，支护体将不能抵抗围岩变形，甚至起不到支护围岩的作用。

（6）新奥法主张按静力学观点把隧道视为由围岩承载圈和衬砌共同组成的厚壁圆筒，它同时承受铅垂与水平方向的作用力。衬砌并非主要的承载结构，而是给围岩以均布的约束反力，使之恢复为三维应力状态，从而增大主要承载结构（围岩）的承载能力。既然把隧道视为承受双向压力的厚壁圆筒，不能只有侧墙和拱顶，而是必须封底。除非底板岩层坚硬稳固，它本身可以形成封闭型圆筒。为了提高隧道的稳定性，还应及时敷设仰拱。如果过于匆忙地掘进工作面，则会拖延敷设仰拱的时间，致使顶拱承受很大的纵向弯矩，

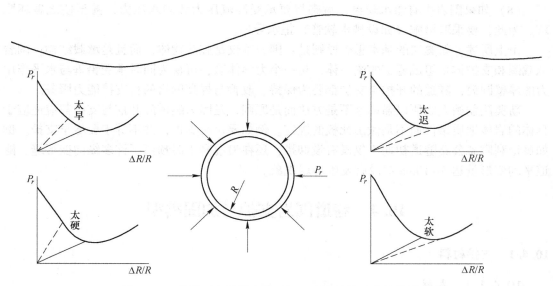

图 10-10 巷道要有最佳支护时机，支护结构要有最佳刚度

及下拱圈的围岩承受很大的压力。

作为厚壁圆筒的各组成部分，围岩与衬砌以及各衬砌层之间都要紧密结合。根据围岩性质，若需进行二次衬砌，则一次衬砌就应达稳定要求，一次衬砌在于提高安全性。图 10-11 (b) 所示为支护与隧道稳定的关系：纵坐标表示围岩变形 (u)，横坐标表示延时 (t)：①为上部导坑开挖时的情况，②为设置边墙时的情况，③为设置仰拱时的情况，④为完成二次衬砌后的情况，显然完成一次衬砌后围岩已趋于稳定。

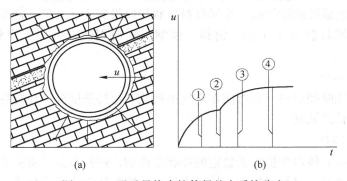

图 10-11 通过最终支护使得整个系统稳定

（7）既然围岩是主要的承载结构，则保护其原有强度是中心任务。从应力扰动的观点看，隧道开挖必然影响围岩的应力状态，削弱其稳定性。因此，隧道掘进时应避免多次扰动，因为每次开挖都要使围岩应力发生重分布，反复的多次扰动，就是在围岩内部反复建立与破坏承载圈，不利于在适当部位形成承载圈。

因此，新奥法认为，要把隧道的开挖循环周期、支护时间、仰拱敷设时间、上部导坑推进长度以及衬砌强度等多方面因素综合起来考虑，把围岩与支护结构作为一个整体来谋求隧道的稳定性。

（8）如果围岩中有渗水现象，衬砌将要承受渗流压力和静水压力，甚至使之破坏脱落。为此，要采取措施（如设排水软管）把水导出。

由上所述，新奥法的基本思想原则是：围岩不仅是施载物体，而且是承载结构；围岩承载圈和支护体是组成隧道的统一体，是一个力学体系，可视为同时承受铅垂与水平作用力的厚壁圆筒；隧道的开挖与支护都要为保持、改善与提高围岩的自支撑能力服务。

新奥法创始人之所以强调这不是方法而是原则，是因为隧道的开挖与支护都应适应于具体的岩体地质条件而不是做出死板的规定。例如要及时支护，并不等于要尽早支护。例如奥地利陶恩公路隧道初期不仅没有设仰拱，还在喷混凝土时预留了许多纵向变形缝，隧道平均变形量达 5~10cm 却没有发生垮塌现象。

10.4　巷道围岩支护与加固类型

10.4.1　支护材料

10.4.1.1　木材

矿井支护的木材称为坑木。常用的坑木有松木、杉木、桦木、榆木和柞木，其中以松木用得最多。木材具有纹理，因此木材的强度在不同方向相差很大，顺纹抗拉强度远大于横纹抗拉强度，顺纹抗压强度也远大于横纹抗压强度。在实际使用时应将木材经防腐处理，以提高坑木的服务年限，从而节省坑木用量。随着国民经济的发展，木材需用量日益增加，在矿井支护中节约坑木和使用坑木代用品，有着重要的意义。

10.4.1.2　金属材料

金属材料强度大，可支撑较大的地压，使用期长，可多次复用，安装容易，耐火性强，必要时也可制成可缩性结构。金属材料虽然初期投资大些，但可回收，总成本还是经济的。常用的金属材料有工字钢、角钢、槽钢、轻便钢轨、矿用工字钢及矿用特殊型钢等。

10.4.1.3　水泥

水泥是水硬性胶凝材料，它除能在空气中硬化和保持强度外，还能在水中硬化，并长期保持和持续增长其强度。

10.4.1.4　锚杆

锚杆是锚固在岩体内维护围岩稳定的杆状结构物。锚杆与其他支护相比，具有支护工艺简单、支护效果好、材料消耗和支护成本低、运输和施工方便等优点。

目前，国内外适用于不同条件、具有不同功能和用途的锚杆有数百种，按锚杆与被锚固岩体的锚固方式大体可分为黏结式、机械式和摩擦式三类；按锚固段的长短可分为端头锚固、全长锚固和加长锚固；按锚杆杆体的工作特性可分为刚性锚杆和可延伸锚杆；根据锚杆强度的大小可分为普通锚杆和高强度（超高强度）锚杆。

单体锚杆主要由锚头（锚固段）、杆体、锚尾（外露段）、托盘等部件组成，是井巷支护中非常重要的支护材料之一。

10.4.1.5　混凝土

混凝土是由水泥、砂子、石子和水所组成。其中砂、石称为骨料，约占混凝土总体积的 70%～80%，主要起骨架作用并能减少胶结材料的干缩。水泥和水拌合成水泥浆包裹骨料表面并填充其空隙，使新拌混凝土具有和易性，利于施工。水泥浆硬化后将骨料胶结成一个坚实的整体。混凝土具有抗压强度大、耐久、防火、阻水等优点，可浇灌成任意形状的构件，所用的砂石可以就地取材；但也存在着抗拉强度低、受拉时变形能力小、容易开裂、自重大等缺点。由于混凝土具有上述特点，因此它不仅是一种重要的建筑材料，也是一种重要的矿井支护材料。

新拌混凝土应具有适于施工的和易性或工作性，以获得良好的浇灌质量。硬化混凝土除应具有能安全承受各种设计荷载要求的强度外，还应当具有在使用环境下及使用期限内保持质量稳定的耐久性。

10.4.2　临时支护

临时支护的形式较多，为了节省坑木和提高效率，经常采用的有金属临时支架和喷锚临时支护等。

10.4.2.1　金属拱形支护

采用石材、混凝土整体式支架的巷道，多在掘进后先架设临时支架，以防止掘进与砌碹之间这一段距离的顶、帮岩石的垮落。临时支架多采用金属拱形支架，使用的材料以 15～18kg/m 的钢轨或其他型钢制作，支架间距一般为 0.8～1.0m。金属拱形临时支架分为无腿的和带腿的两种。

金属拱形无腿临时支架常用的形式如图 10-12 所示。架设时首先在巷道两侧拱基线上方凿 2 个托钩眼，并安上托钩或钢轨橛子，架设拱梁，铺设背板；最后在 2 个拱梁之间安设拉钩和顶柱，使其成为一个整体。这种支架适用于岩层中等稳定、没有侧压的拱形巷道中。

带腿的金属拱形临时支架，是在无腿拱梁上再加装可拆装的棚腿（图 10-13）。这种支架多用在围岩压力较大，顶、帮围岩均不稳定的巷道中。

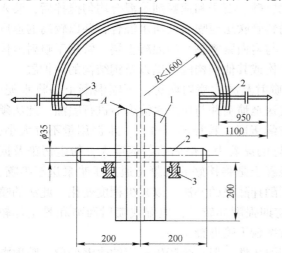

图 10-12　无腿金属临时支架

1—钢轨拱梁；2—托梁；3—钢轨橛子

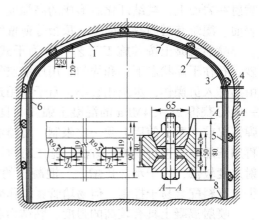

图 10-13　金属拱形带腿临时支架

1—拱梁；2—顶托；3—拱肩；4—铁道橛子；
5—棚腿；6—连接板；7—拉杆；8—棚腿垫板

10.4.2.2　喷锚支护

凡有条件的矿山，在进行巷道临时支护时，都应优先选用喷锚作临时支护，这种临时支护在爆破后应紧跟迎头，及时封闭围岩，防止岩石松动和垮落。其施工方法简单易行，便于实现机械化，且安全可靠，既是临时支护，又可以作为永久支护的一部分（图10-14）。

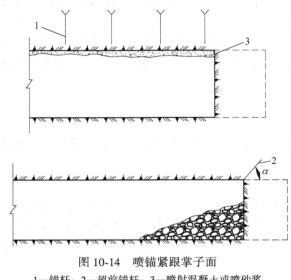

图10-14　喷锚紧跟掌子面

1—锚杆；2—超前锚杆；3—喷射混凝土或喷砂浆

10.4.2.3　喷射混凝土

喷射混凝土技术在世界上已有近百年的历史。它始于奥地利，之后瑞士、德国、法国、瑞典、美国、英国、加拿大及日本等国也相继采用了喷射混凝土技术，我国是从20世纪60年代末在铁路隧道施工中推广新奥法施工时开始采用的。

喷射混凝土是将按一定比例配合的水泥、砂、石子和速凝剂等混合均匀搅拌后，装入喷射机，以压缩空气为动力，使拌合料沿输料管吹送至喷头处与水混合，并以较高的速度喷射在岩面上，凝结硬化后形成的高强度、与岩面紧密黏结的混凝土层。常用于喷射岩体表面、灌筑巷道内衬、墙壁、顶板等薄壁结构或其他结构的衬里以及钢结构的保护层。

喷射混凝土按其施工工艺可分为干式喷射及湿式喷射两种。干喷混凝土是将水泥、砂、石在干燥状态下拌和均匀，用压缩空气送至喷嘴并与压力水混合后进行喷灌。此法须由熟练人员操作，水灰比宜小，石子需用连续级配，粒径不得过大，水泥用量不宜太小，一般可获得28～34MPa的混凝土强度和良好的黏着力；但因喷射速度大，粉尘污染及回弹情况较严重，使用上受一定限制。湿喷混凝土是将拌好的混凝土通过压浆泵送至喷嘴，再用压缩空气进行喷灌的方法。施工时宜用随拌随喷的办法，以减少稠度变化。此法的喷射速度较低，由于水灰比增大，混凝土的初期强度亦较低，但湿式喷射回弹和粉尘都较少；材料配合易于控制，但易堵管，工作效率较干喷混凝土高。

喷射混凝土具有较高的强度、黏结力和耐久性，但它会产生一定的收缩变形。喷射混凝土广泛用于井巷工程中，具有机械化程度高、施工速度快、材料省、成本低、质量好等优点，是一种较好的临时支护形式。喷射混凝土工艺流程如图10-15所示。

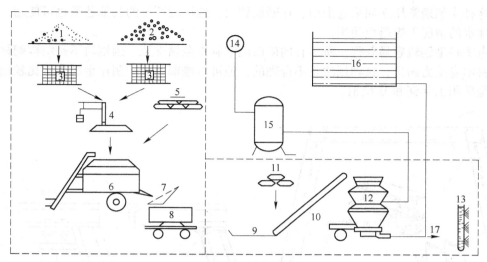

图 10-15 喷射混凝土工艺流程

1—砂子；2—石子；3, 7—筛子；4—计量器；5—水泥；6—搅拌机；8—料车；
9—料盘；10—上料机；11—速凝剂；12—喷射机；13—受喷面；14—压风管；15—风包

10.4.3 永久支护

10.4.3.1 棚子式支护

棚式支架，简称棚子，分为木支架、金属支架和装配式钢筋混凝土预制支架。棚式支架都是间隔式的，不能防止围岩风化。

A 木支架

木支架一般可用于地压不大、巷道服务年限不长、断面较小的采区巷道里，有时也用作巷道掘进中的临时支架。

木支架重量轻，具有一定的强度，加工容易，架设方便，特别适用于多变的地下条件，构造上可以做成有一定刚性的结构，也可以做成具有较大可缩性的结构。当地压突然增大时，木支架还能发出声响信号。所以在采矿工程中用得最早，过去也用得最广泛。其缺点是：强度有限、坑木消耗量大、不能防火、容易腐朽、使用年限短，且不能阻水和防止围岩风化。现在巷道支护中推广的是非木材支架。

B 金属支架

金属支架强度高、体积小、坚固、耐久、防火，在构造上可以制成各种形状的构件，虽然初期投资大，但巷道维修工作量小，并可以回收复用。所以金属支架是一种优良的坑木代用品。

金属支架常用 18~24kg/m 钢轨或 16~20 号工字钢制作。它由两腿一梁构成金属棚子（图 10-16）。梁腿连接要求牢固、简单，拆装方便。图 10-16（b）所示的接头比较简单、方便，但不够牢固，支架稳定性差；图 10-16（a）和图 10-16（c）的接头比较牢固，但拆卸不大方便。棚腿的下端应焊一块钢板或穿有特制的"柱鞋"，以增加承压面积，防止棚腿陷入巷道底板。有时还可以在棚腿下加设垫木，尤其在松软地层中更应如此。

这种支架通常用在回采巷道中，在断面较大、地压较严重的其他巷道也可使用，但在有酸性水的情况下应避免使用。

由于轻型钢轨容易获得，所以有的矿山用它制作金属支架。因钢轨不是结构钢材，就其材料本身受力而言，这种用法是不合理的，但可以修旧利废。制作金属支架比较理想的材料是矿用工字钢和 U 型钢。

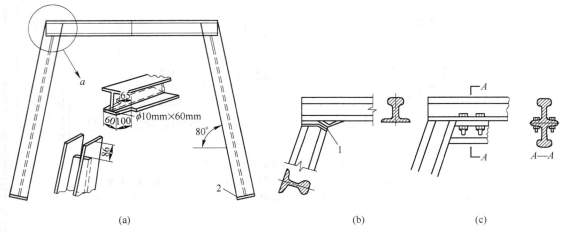

图 10-16   金属支架的构造
1—木垫板；2—钢垫板

矿用工字钢设计合理、受力性能好，它的几何形状适合作金属支架；U 型钢也是一种矿用特殊型钢，适宜制作可缩性金属拱形支架（图 10-17）。

可缩性金属拱形支架由 3 个基本构件组成：一根曲率为 R_1 的弧形拱梁和两根上端带曲率为 R_2 的柱腿。弧形拱梁的两端插入并搭接在柱腿的弯曲部分上，组成一个三心拱。梁腿搭接长度 L 约 300~400mm，该处用 2 个卡箍固定。柱腿下部焊有 180mm×150mm×10mm 的钢板作为地板。支架的可缩性用卡箍的松紧程度来调节和控制。当地压达到某一定限度后，搭接部分相对滑移，支架收缩，从而缓和支架承受的压力。为了加强支架沿巷道轴线方向的稳定性，棚子与棚子之间应用金属拉杆借助螺栓、夹板等互相紧紧拉住，或打入撑柱撑紧。

可缩性金属拱形支架适用于地压大、地压不稳定、围岩变形较大的采区巷道和断层破碎带地段，所支护的巷道断面一般不大于 $12m^2$。

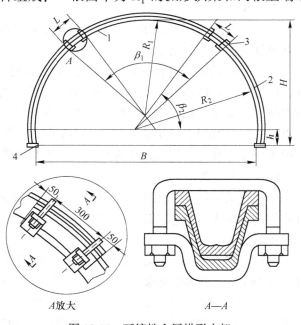

图 10-17   可缩性金属拱形支架
1—拱梁；2—柱腿；3—卡箍；4—垫板

10.4.3.2　石材支护

在拱形巷道中，目前还可采用各种石材支护。支护用的天然石材主要有由石灰岩、砂岩、花岗岩等经过加工制成的料石，人造石材主要是砖、混凝土砌块与整体混凝土等。石材支护的主要形式是直墙拱顶，拱的厚度一般为150~300mm。巷道一般多采用直墙，拱顶压力通过墙传给基础，基础最后把地压传给底板岩石。当支护全为料石砌筑时，墙的厚度与拱厚相等。基础的深度一般为1~2倍的墙厚，一般为250mm；有水沟一侧则需根据水沟深度另定，一般为500mm。由于基础承压较大，所以基础的宽（厚）度比墙加厚100mm左右。

在地压较大或不均匀的地区，在拱顶或墙上会出现拉应力，而砖、石、混凝土等抗拉强度都很小，为了使支护不被破坏，应改用钢筋混凝土支护。

10.4.3.3　混凝土支护

A　混凝土支架的结构特点

由于混凝土（或称现浇混凝土）支架本身是连续的，故对围岩能起到封闭和防止风化的作用。这种支架的主要形式是直墙拱形，即由拱、墙和墙基构成（图10-18）。混凝土支架具有承受压力大、整体性好、防火阻水、通风阻力小等优点，但施工工序多、工期长、成本高。

拱的作用是承受顶压，并将它传给侧墙和两帮。在拱的各断面中主要产生压应力及部分弯曲应力，但在顶压不均匀和不对称的情况下，断面内也会出现剪应力。内力主要是压力，可以充分发挥混凝土抗压强度高而抗拉强度低的特性。

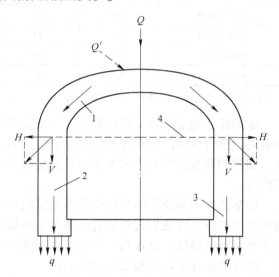

图10-18　混凝土支架的组成及顶压受力传递示意图
1—拱；2—墙；3—墙基；4—拱基线；
Q—顶压；H—横推力；V—竖压力；
q—传给底板的压力；Q'—斜向顶压

拱的厚度取决于巷道的跨度和拱高、岩石的性质以及混凝土本身的强度，可用经验公式计算，更多是查表10-2选取。

表10-2　整体混凝土拱支护厚度　　　　　　　　（mm）

巷道净跨度	$f=3$		$f=4~6$		$f=7~10$	
	拱	壁	拱	壁	拱	壁
<2000						
2100~2300	170	250	170	200		
2400~2700	170	250	170	250		
2800~3000	200	300	170	250		
3100~3300	200	300	200	250		

巷道净跨度	$f=3$		$f=4\sim6$		$f=7\sim10$	
	拱	壁	拱	壁	拱	壁
3400～3700	200	300	200	300		
3800～4000	230	350	230	300		
4100～4300	250	350	250	350		
4400～4700	270	415	250	350		
4800～5000	300	415	270	350	230	300
5100～5300	300	465	270	415	230	300
5400～5700	330	465	300	415	250	300
5800～6000	350	515	300	415	250	350
6100～6300	370	515	330	465	270	350
6400～6700	400	565	330	465	270	350
6800～7000	400	565	350	515	270	350

注：混凝土标号为 C10～C15（10～15MPa）。

　　墙的作用是支承拱和抵抗侧压。一般为直墙，如侧压较大时，也可将其改为曲墙。在拱基处，拱传给墙的荷载是斜向的，由此产生横推力，如果在拱基处没有和围岩充填密实，则拱和墙在横推力作用下很容易变形而失去稳定性。墙厚应大于或等于拱厚，通常等于拱厚。

　　墙基的作用是将墙传来的荷载与自重均匀地传给底板。底板岩石坚硬时，它可以是直墙的延伸部分；底板岩石松软时，墙基必须加宽；有底鼓时，还必须砌底拱。墙基的深度应不小于墙的厚度。靠水沟一侧的墙基深度一般和水沟底板同深，但在底板岩石松软破碎时，墙基要超深水沟底板 150～200mm。

　　采用底拱时，一般底拱的矢高为顶拱矢高的 1/8～1/6，底拱厚度为顶拱厚度的（0.5～0.8）倍。

　　B　混凝土支架的适用条件

　　（1）当围岩十分破碎，用喷锚支护优越性已不显著时；

　　（2）围岩十分不稳定，顶板围岩极易塌落，喷射混凝土喷不上、粘不牢，也不容易钻眼装设锚杆时；

　　（3）大面积淋水或部分涌水处理无效的地区；

　　（4）服务年限长的巷道。

10.4.3.4　锚杆支护

　　锚杆是一种锚固在岩体内部的杆状支架。采用锚杆支护巷道时，先向巷道围岩钻孔，然后在孔内安装和锚固由金属、木材等制成的杆件，用它将围岩加固起来，在巷道周围形成一个稳定的岩石带，使锚杆与围岩起到共同支护作用。但是锚杆不能防止围岩风化，不能防止锚杆与锚杆之间裂隙岩体的剥落，因此，在围岩不稳定的情况下，锚杆往往需要再配合其他措施，如挂金属网、喷水泥砂浆或喷射混凝土等。将锚杆与上述支护加固措施联合起来进行使用称为喷锚或喷锚网联合支护。

由于锚杆支护显著的技术经济优越性，现已发展成为世界各国矿井巷道以及其他地下工程支护的一种主要形式。早在 20 世纪 40 年代，美国、苏联就已在井下巷道使用了锚杆支护，以后在煤矿、金属矿山、水利、隧道以及其他地下工程中迅速得到了发展。几十年来，世界锚杆支护经历了如下发展历程：1945~1950 年，机械式锚杆研究与应用；1950~1960 年，采矿业广泛采用机械式锚杆，并开始对锚杆支护进行系统研究；1960~1970 年，树脂锚杆推出并在矿山得到应用；1970~1980 年，发明管缝式锚杆、胀管式锚杆并应用，研究新的设计方法，长锚索产生；1980~1990 年，混合锚头锚杆、组合锚杆、桁架锚杆、特种锚杆等得到应用，树脂锚固材料得到改进。

我国从 1956 年起开始在煤矿岩巷中使用锚杆支护，至今已有 60 余年的历史。目前，锚喷支护已经成为岩巷支护的主要形式，我国锚杆支护在不断发展中也取得了不少宝贵经验，主要包括单体锚杆支护、锚梁网组合支护、桁架锚杆支护、软岩巷道锚杆支护、深井巷道锚杆支护、沿空巷道锚杆支护，以及可伸长锚杆，电动、风动、液压锚杆钻机，锚杆支护监测仪器，锚杆与金属支架联合支护等。

锚杆种类很多，根据锚杆锚固的长度可划分为集中锚固类锚杆和全长锚固锚杆（表10-3）。集中锚固类锚杆指的是锚杆装置和杆体只有一部分和锚杆孔壁接触的锚杆，包括端头锚固、点锚固、局部药卷锚固的锚杆。全长锚固类锚杆指的是锚固装置或锚杆杆体在全长范围内全部和锚杆孔壁接触的锚杆，包括各种摩擦式锚杆、全长砂浆锚杆、树脂锚杆、水泥锚杆等。

表 10-3　锚　杆　分　类

集中端头锚固方式	机械锚固型	涨壳锚杆
		倒楔锚杆
		微膨胀水泥锚杆
	黏结锚固型	竹锚杆
		树脂锚杆
		水泥锚杆
全长锚固方式	机械锚固型	快硬水泥锚杆
		压缩木锚杆
		普通木锚杆
		管缝式锚杆
		水力膨胀锚杆
全长锚固方式	黏结锚固型	全长树脂锚杆
		全长水泥锚杆
		钢筋砂浆锚杆
		钢丝绳砂浆锚杆

锚杆锚固方式可分为机械锚固型和黏结锚固型。锚固装置或锚杆杆体和锚杆孔壁接触，依靠摩擦阻力起锚固作用的锚杆，属于机械锚固型锚杆；锚杆杆体部分或锚杆杆体全长利用树脂、砂浆、水泥等胶结材料将锚杆杆体和锚杆孔壁黏结、紧贴在一起，靠黏结力

起锚固作用的锚杆，属于黏结锚固型锚杆。

锚杆根据材质不同可分为钢丝绳、钢筋、螺纹钢、玻璃钢、木、竹锚杆等。

10.4.4 注浆加固

注浆法是利用压力将能固化的浆液通过钻孔注入岩土孔隙或建筑物的裂隙中，使其物理力学性能改善的一种方法。注浆法在土木工程的各个领域中，特别是在水电工程、井巷工程及高速公路中得到了广泛的应用，已成为不可缺少的施工方法。

10.4.4.1 注浆法分类

注浆法可以分为以下几类。

A 充填灌浆

充填灌浆用于坑道、隧道背面、构筑物基础下及高速公路下的大空洞以及土体中大孔隙的回填灌浆，其目的在于加固整个土层以及改善土体的稳定性。这种灌浆法主要是使用水泥浆、水泥黏土浆、水泥粉煤灰等粒状材料的混合浆液。一般情况下灌浆压力较小，浆液不能充填细小孔隙，所以止水防渗效果较差。若以高标准止水防渗为目的，灌浆前应结合工程状况、涌水位置、涌水量等条件，选择适当的灌浆方法及灌浆材料。

B 劈裂灌浆和脉动灌浆

劈裂灌浆或脉动灌浆是指在灌浆压力作用下，改变地层的初始应力和强度，引起岩石和土体结构的破坏，使地层中原有的裂隙或空隙张开，把浆液注入渗透性小的地层中，浆液扩散呈脉状分布。

C 基岩裂隙灌浆

基岩中存在的裂隙使整个地层强度变弱或形成涌水通道，在这种裂隙中进行的灌浆称为裂隙灌浆，多用于以止水或加固为目的的岩石坝基防渗和加固以及隧洞、竖井的开掘。

D 渗透灌浆

渗透灌浆是使浆液渗透扩散到土粒的空隙中，凝固后达到土体加固和止水的目的。浆液性能、土体空隙的大小、空隙水、非均质性等方面对浆液渗透扩散有一定的影响，因而也必将影响到灌浆效果。

E 界面灌浆、接缝灌浆和接触灌浆

界面灌浆、接缝灌浆和接触灌浆是指在层面或界面灌浆，向层状土地基或结构界面进行灌浆时，浆液首先进入层面或界面等弱面，形成片状的固结体，从而改善层面或界面的力学性能。

F 混凝土裂隙灌浆

受温度、所承受的荷载、基础的不均匀沉降及施工质量等的影响，所产生的混凝土裂隙和缺陷，往往可通过灌浆进行加固和防渗处理，以恢复结构的整体性。

G 挤密灌浆

当使用高塑性浆液，地基又是细颗粒的软弱土时，灌入地基中的浆液在压力作用下会形成局部的高压区，对周围土体产生挤压力，在灌浆点周围形成压力浆泡，使土体孔隙减小，密实度增加。挤密灌浆主要靠挤压效应来加固土体，固结后的浆液混合物是一个坚硬的压缩性很小的球状体。它可用来调整基础的不均匀沉降，进行基础托换处理，以及在大开挖或隧道开挖时对邻近土体进行加固。

10.4.4.2 注浆材料

灌浆工程中所用的材料由主剂（原材料）、溶剂（水或其他溶剂）及外加剂混合而成。通常所说的灌浆材料是指浆液中的主剂，灌浆材料必须是能固化的材料，其由原材料固结成为结石体的过程如下：

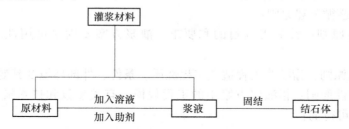

灌浆材料的分类方法很多，习惯上把灌浆原材料分为粒状材料和化学材料两个系统，如下所示。

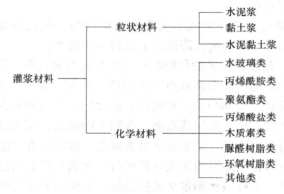

浆液是由主剂、固化剂，以及溶剂、助剂经混合后配成的液体，分为溶液型和悬浊液型两大类。悬浊液型浆液由粒状浆材配制，溶液型浆液由化学浆液配制。浆液中的主剂一般指所使用的主要原材料，工程中常用该原材料名称命名浆液，如水泥、黏土、聚氨酯、环氧浆液等。浆液中固化剂通常也是浆液的必要组分，工程中也常用主剂和固化剂原材料名称共同命名浆液，如水泥水玻璃浆液、水玻璃氯化钙浆液等。浆液中的溶剂往往是稀释剂，主要用来提供浆液的流动性，如水、丙酮等。浆液中的助剂应根据需要加入，可能是一种或数种。助剂根据它的浆液中所起的作用，可分为催化剂、速凝剂、缓凝剂、悬浮剂、流动剂、改性剂等。

对于某种灌浆浆液来说，主剂、固化剂可能是一种或数种，溶剂、助剂或有或无，多根据灌浆材料特性和工程需要确定。

10.4.4.3 注浆原理与方法

灌浆材料在外力作用下渗入岩土的裂隙或孔隙中，一般情况，压力越大，注入的浆液量越多，扩散的距离也就越远。但灌浆材料的渗透性与岩土的孔隙率及孔隙大小、灌浆材料本身的可注性、灌浆的施工方法、地层的非均质、地下水的流动、灌浆材料的时间特性等有关，所以很难使注浆的渗透严格地理论化。

10.4.4.4 注浆设计

为了进行正确的设计，必须对建筑物的地基和结构进行相应的调查，除收集已有的工程地质资料，掌握工程的重要性、建筑物的级别、所处理工程的标准、所在位置及范围外，还应进行现场踏勘，了解环境条件、原材料等其他有关因素，必要时应进行相应的地质勘探、物探，查明主要地质问题。

灌浆方案应遵循下述原则：

（1）功能性原则：针对工程目的和要求，灌浆方案要满足可用性、可靠性等功能要求；

（2）适应性原则：指灌浆工程适应工程性质、条件、外部环境及其变化的程序；

（3）可实施性原则：指灌浆方案中的工程规模、有关参数和技术指标，在目前的技术水平条件下是可行的；

（4）经济性原则：灌浆方案通过技术经济比较、投入产出分析，在满足功能性要求的前提下，工程费用较低，建设单位能够承受，在确定采用方案后尚应采用先进技术，优化灌浆方案，合理使用材料；

（5）环境原则：避免污染环境或最大限度减少污染，包括避免或减少材料的毒性、粉尘、有害气体及析出物、固化物，降低施工过程中的噪声；

（6）安全性原则：指灌浆方案能保障结构和相邻建筑物安全，保证施工人员的安全。

总的来说，功能性原则和适应性原则要求分析工程的重要性、灌浆目的、地质条件、结构的性质与类型、荷载及变形特性、时效性、进度等，以使灌浆方案能因地制宜，满足上述各方面的要求和条件，充分发挥其功能。根据工程性质、灌浆的目的、所处理对象的条件及其他要求可进行方案选择。灌浆方案是否成立，取决于方案能否以最小的投资、最短的工期，使工程在设计使用期限内安全可靠运行，并满足所有的预定功能要求。初步设计可按灌浆目的和标准、工程地质和水文地质条件，从浆材和工艺两方面进行选择。重要工程应进行灌注试验加以验证、调整。

10.4.5 预加固

当井巷开挖完毕之后，现实情况往往是难以提供及时而充分的支护或加固。因此，如果具备适当的条件，在开挖之前预先加固岩体是比较有效和常用的手段。同时，如果能预料到在采矿过程的后期岩石受到较高的应力作用，对围岩施加其他的支护措施也是非常重要的。

在采矿实践中，一般都是用锚杆或钢索进行预先加固，由于它们不具有预应力，所以称为被动锚杆而不是主动锚杆。这种预先加固措施之所以有效，是因为它允许岩体按照一种受控方式变形并利用岩体的自身强度达到限制岩体变形膨胀及松动的目的。这种加固形式的有效性主要取决于加固构件和灌浆之间以及灌浆和岩石之间所达到的黏结程度。

在采矿工程施工中，预先加固措施最先主要是用于分层充填采矿法（Fuller，1981）。如图 10-19 所示，在回采的某个阶段（图 10-19（a）），首先对 3~4 个回采分层进行锚索加固。锚索布置在约 2m 见方的方格上，这个间距可以根据岩体质量调整。如果要抵抗某个特定不连续面上的剪切滑移，锚索则应该与该不连续面呈 20°~40° 的角度安设。如图 10-20（a）所示，锚索也被安装于采场顶板，同时也用于预加固上盘围岩。在分段深孔空场法中对矿体上盘进行预支护对于维护采场稳定性非常重要的。与图 10-20（a）和图 10-20（b）所示的支护方法相比，图 10-20（c）所示的预支护方法可从邻近的平巷中布置扇形的锚索，以实现对上盘围岩更完整的控制。

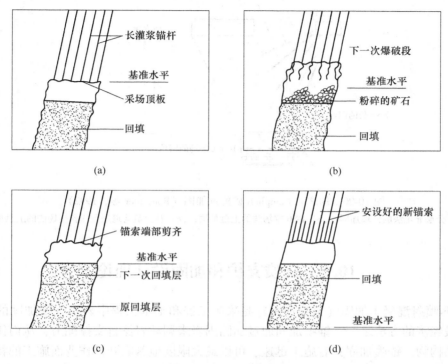

图 10-19　分层充填采矿中锚索预加固的使用

早期矿山应用全长锚固的钢索式灌浆或钢筋束时，由于灌浆材料与钢筋束的黏结遭到破坏，导致变形岩体和钢筋束之间不能传递载荷，所以这种具有很大加固潜力的锚栓系统在许多场合并没有得到充分运用。但是，上述存在的大部分问题目前均已得到很好的解决。

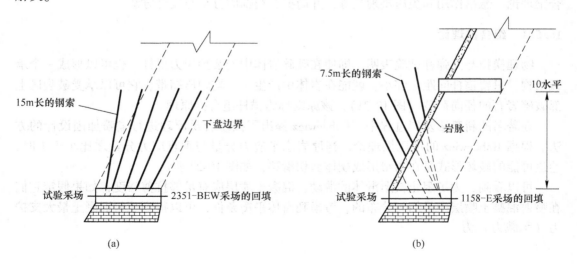

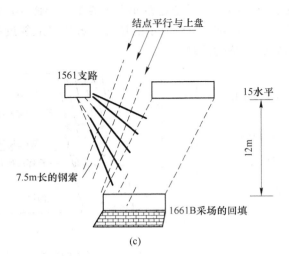

图 10-20　加拿大 Campbell 矿的预加固（Bourchier 等，1992）

（a）分层充填法的回填加固；（b）深孔空场法的上盘加固；（c）从上盘巷道进行深孔空场法的上盘加固

10.5　锚喷支护和加固设计理论

锚杆-喷射混凝土加固（锚喷加固）是采矿工程和土木工程中岩石开挖加固的一种最有效和最经济的方法之一。锚喷加固通过加固围岩来调动岩体自支撑能力，从而使岩体成为承载结构物。锚喷加固具有施工迅速、可以最大限度地紧靠开挖作业面施工的特点。这种及时的加固作用可阻止围岩裂隙的进一步发展和变形的迅速增加，防止岩面因暴露风化而降低强度。另外，迅速喷射的混凝土能与岩面紧密黏结，并很快达到较高强度，因此，与锚入岩体的锚杆一起，可立即实现对围岩变形的阻碍作用，及时提供支护抗力，改善围岩应力状态。由于锚喷加固系统具有较好的变形特征（柔性），因此可以在保持较高支护抗力的同时允许围岩较大变形。本节探讨锚喷加固作用的机理，主要包括组合拱原理、组合梁理论、悬吊作用和免压拱理论等，并简要介绍锚固分析与设计方法。

10.5.1　组合拱理论

物理模拟与光弹性试验表明，即使在破碎岩体中安装预应力锚杆，也可以形成一个承载结构。只要锚杆间距足够小，就能在岩体中产生一个均匀压缩带，它可以承受破裂区上部破碎岩石的径向荷载（图 10-21），该原则称为锚杆组合拱原理。

在著名的新奥法发展过程中，Rabcewicz 提出了按组合拱原理进行锚喷加固设计的方法。根据 Rabcewicz 的承压拱理论，当原岩水平应力分量与垂直应力分量之比小于 1 时，巷道可能的破坏形式是在两帮形成楔体剪切滑移，如图 10-22 所示。

可以看到，为了阻止楔形滑体的滑动，混凝土喷层应有足够抗剪强度，如果假定它们在喷射混凝土喷层中是均匀分布的，考虑到滑体平衡条件，可以得到喷射混凝土最大支护力（承载力）为

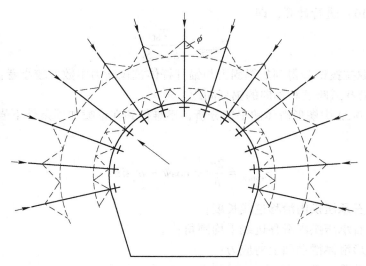

图 10-21 锚杆组合拱原理

$$P_{\text{scmax}} = \frac{2\tau_c t_c}{b\sin\alpha_c} \qquad (10\text{-}14)$$

式中 τ_c——喷射混凝土抗剪强度，通常取为单轴压强度 σ_c 的 $20\%\sim$ 43%，即 $\tau_c = (0.2\sim0.43)\sigma_c$；

     α_c——喷射混凝土剪切破坏角，通常取 $\alpha_c = 30°$；

     t_c——喷层厚度；

     b——楔形滑体在巷道边界出露的宽度，$b = 2r_1\cos\alpha$（r_1 和 α 分别为巷道半径和岩石剪切破坏角，且 $\alpha = 90° - \varphi/2$，其中 φ 为岩石内摩擦角）；

在锚喷加固设计中，金属网的作用是控制喷层中应力分布和限制喷层裂缝扩展，金属网提供的最大支护力可按式 (10-15) 进行计算：

$$P_{\text{smmax}} = \frac{2\tau_m F_m}{b\sin\alpha_m} \qquad (10\text{-}15)$$

式中 τ_m——金属网所用材料抗剪强度；

     F_m——沿巷道轴线方向单位长度金属网横截面积；

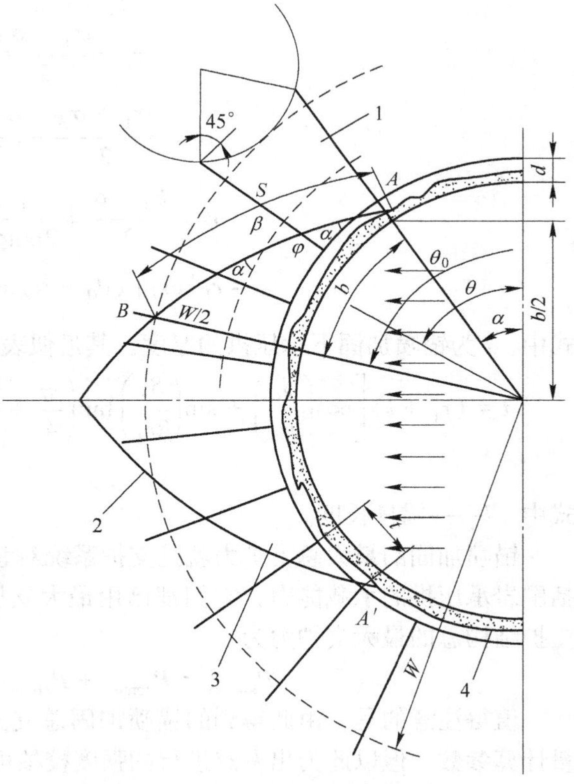

图 10-22 喷层与围岩剪切破坏原理

1—承压拱；2—滑移面迹线；3—楔形滑体；4—混凝土喷层

     α_m——金属网所用材料剪切角。

端部锚固式锚杆的支护作用取决于锚头、垫板和锚杆端部的变形特征，其最大支护力

可按照式（10-16）进行计算，即

$$P_{sbmax} = \frac{T_{bf}}{S_c \cdot S_l}$$　　　　　　　　　（10-16）

式中　　T_{bf}——取拉拔试验得到的锚固力与锚杆杆体抗拉断力中数值较小者；

　　　　S_c，S_l——沿巷道跨度和轴向的锚杆间距。

　　根据对图 10-22 中楔形滑体的平衡分析，不难得到在锚喷加固条件下岩石承压拱自身的最大支护力：

$$P_{srmax} = \frac{2a}{b}(\tau_r \cos\psi - \sigma_r \sin\psi)$$　　　　　　　（10-17）

式中　　a——岩石承压拱内滑移迹线长度；

　　　　ψ——岩石承压拱内滑移迹线平均倾角；

　　　　τ_r——楔形滑体滑动面上剪应力；

　　　　σ_r——滑动面上正应力。

　　式（10-17）中相关参数取值见式（10-18）：

$$\left.\begin{array}{l} \tau_r = \dfrac{\sigma_1 - \sigma_3}{2}\cos\varphi \\[3mm] \sigma_r = \dfrac{\sigma_1 + \sigma_3}{2} - \dfrac{\sigma_1 - \sigma_3}{2}\sin\varphi \\[3mm] \psi = \dfrac{\theta_0 - \alpha}{2} = \dfrac{1}{2\tan\alpha}\ln\left(\dfrac{r_1 + t}{r_1}\right) \\[3mm] a = r_1\{\exp[(\theta_0 - \alpha)\tan\alpha] - 1\}/\sin\alpha \end{array}\right\}$$　　（10-18）

式中，t 为锚喷加固下承压拱的厚度，其近似表达式为

$$t = (r_1 + l)\left[\cos\left(\frac{S_c}{2r_1}\right) + \sin\left(\frac{S_c}{2r_1}\right)\tan\left(\frac{\pi}{4} + \frac{S_c}{2r_1}\right) - \sin\left(\frac{S_c}{2r_1}\right)\Big/\cos\left(\frac{\pi}{4} + \frac{S_c}{2r_1}\right)\right] - r_1$$

（10-19）

式中　　l——锚杆长度。

　　锚喷加固的最大总支护力就是支护系统对巷道围岩施加的径向约束力和支护系统，包括围岩承压拱的承载能力，它们都已用最大支护力表示出来。因此，可以近似得到围岩-支护结构总的最大支护力为

$$P_{swmax} = P_{scmax} + P_{sbmax} + P_{smmax} + P_{srmax}$$　　　　　（10-20）

　　值得注意的是，由此得到的锚喷加固总支护力（即总承载力）并不能作为准确的定量计算参数，但以此为出发点进行的强度校核可以作为锚喷加固设计和施工的重要参考。

10.5.2　组合梁理论

　　对于水平层状地层中的地下工程锚杆加固设计，如果顶板岩层中有比较稳固的岩体可供作为支撑点，应尽量发挥锚杆的悬吊作用。如果在顶板相当距离内不存在稳定岩层，悬吊作用将处于次要地位，锚杆的加固作用可以根据组合梁理论进行分析。此时，端部锚固

式锚杆的夹紧力将增大各岩层间摩擦力，并避免各岩层间的离层现象，从而避免沿岩层面的滑动与分离。当然，锚杆杆体对于增大层面抗剪滑动能力也起到有利作用。对于全长锚固式锚杆，由于黏结剂或管壁摩擦力阻止了顶板岩石离层，且黏结剂与锚杆杆体增大了岩层间抗剪刚度，阻止了岩层水平错动，因此防止了顶板岩石的离层和剪切滑动，如图 10-23所示。因此，锚杆的这种作用也称为摩擦作用。

另外，如果考虑锚杆将各个岩层夹紧组合起来成为一个较厚的"组合梁"，则该梁的最大弯曲应变可表示为：

$$\varepsilon_{\max} = \frac{WL^2}{2Et} \qquad (10\text{-}21)$$

式中　　W——组合梁自重；

　　　　L——组合梁跨度；

　　　　t——组合梁高度；

　　　　E——岩石弹性模量。

图 10-23　层状顶板组合梁

式（10-21）表明，梁的厚度越大，锚固端梁的最大应变值越小。如果记锚固顶板的最大应变为ε_t，未锚固顶板的最大应变为 $\varepsilon_{\mathrm{fu}}$，则锚固作用引起的应变减小为

$$\varepsilon_{\Delta t} = \varepsilon_t - \varepsilon_{\mathrm{fu}} \qquad (10\text{-}22)$$

定义摩擦力引起加固作用的加固系数 RF 为：

$$\mathrm{RF} = \frac{1}{1 + \varepsilon_t / \varepsilon_{\mathrm{fu}}} \qquad (10\text{-}23)$$

此处，比值 $\varepsilon_t / \varepsilon_{\mathrm{fu}}$ 由实验确定：

$$\varepsilon_t / \varepsilon_{\mathrm{fu}} = -0.265 \, (BL)^{-\frac{1}{2}} \left\{ np_1 \left[\frac{l/t - 1}{\gamma} \right] \right\}^{1/3} \qquad (10\text{-}24)$$

式中　　B——锚杆行距；

　　　　l——锚杆长度；

　　　　n——沿跨度锚杆根数。

根据地下工程跨度、组合梁层数、锚杆间距及锚杆预应力和摩擦作用的关系，Panek给出了估计加固系数 RF 的诸模图，如图 10-24 所示。这个加固系数反映了锚杆加固作用产生的地下工程顶板弯曲变形减小量的百分比。例如，加固系数 RF＝2 表示由于安装锚杆将使顶板下沉量减少 1/2，即 50%。

Panek 提出的利用图 10-24 进行锚杆设计的步骤如下：

（1）确定各岩层每分层平均厚度 e，根据岩层性质及厚度等，以保证足够锚固力和锚固端长度为准，选择锚杆长度；

（2）进行锚杆拉拔试验，确定预应力大小；

（3）确定在垂直于地下工程纵轴平面内每环锚杆的根数，如果在沿开挖断面跨度上锚间距 s 中存在可能引起破坏的不连续面，则应按 $s \leqslant 3e$ 的原则调整锚杆间距；

（4）确定沿地下工程纵轴方向锚杆间距 s'，通常，取 $s'＝s$，或使两者在同一数量级；

（5）根据以上参数以及地下工程跨度等数据，由图 10-24 确定锚杆加固系数 RF。如果加固系数不满足设计要求，则重新进行上述过程，直到取得满意结果。

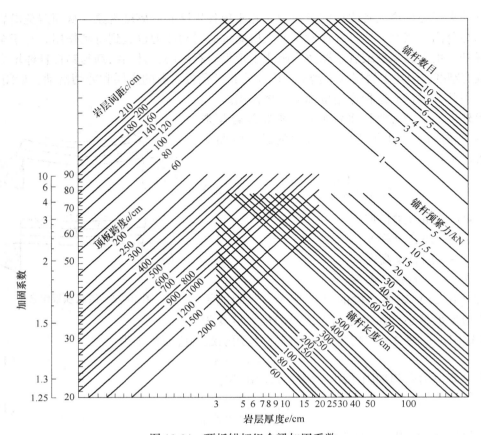

图 10-24 顶板锚杆组合梁加固系数

10.5.3 悬吊作用与免压拱理论

在层状岩体中开挖的巷道，顶板岩层的滑移和分离可能导致顶板的破碎直至冒落；在节理裂隙发育的岩体中开挖巷道，松脱岩块的冒落可能对生产造成主要威胁；在软弱岩层中开挖的巷道，围岩破碎带内不稳定岩块在自重作用下也可能发生冒落。如果锚杆加固系统能够提供足够支护力将松脱顶板或危岩悬吊在稳定岩层中，就能减小和限制地下工程顶板的下沉和离层，或防止不稳定危岩的冒落，这就是锚杆的悬吊作用。

10.5.3.1 冒落带高度与锚杆长度

如果锚杆沿地下工程跨度方向的间距为 s，沿走向的间距为 s'，破碎带高度为 h，破碎带中岩石重量完全由锚杆悬吊在稳定岩层中，则所需锚杆悬吊力为：

$$P_i = f \times h \times \gamma \times s \times s' \qquad (10\text{-}25)$$

式中 γ ——岩石容重；

f ——安全系数，一般取 $1.5 < f < 3$。

如果锚杆沿 2 个正交方向等距布置，则锚杆间距表达式为：

$$s = \sqrt{\frac{P_i}{f \times h \times \gamma}} \qquad (10\text{-}26)$$

通常，根据悬吊作用，锚杆长度按式（10-27）计算：

$$l = l_1 + l_2 + l_3 \tag{10-27}$$

式中　l_1——锚杆外露长度，取决于锚杆类型及构造要求等，一般取 $l_1 = 0.15\text{m}$；

l_2——锚杆有效长度；

l_3——锚杆锚固长度，一般取 $l_3 = 0.3 \sim 0.4\text{m}$，应由拉拔试验确定。

不难看到，在这个设计方法中，关键是如何确定锚杆有效长度，也就是围岩破碎带半径，对于顶板而言，就是冒落带高度 $l_2 = h$。

按照岩石冒落的免压拱理论，地下工程开挖之后，在围岩中将产生应力重新分布现象，当破碎岩石在自重作用下向地下空间移动时，地下工程顶板将形成一个自然平衡的压力拱，在拱上部的岩体处于自然平衡状态，而在拱下部的岩石是处于冒落带中趋于冒落的部分。冒落趋势依赖于岩石物理力学性质和地质条件。

B. M. 莫斯特科夫给出了如下冒落拱高度计算式：

$$h = \frac{e^{m\pi/2 - 1}}{2\sin(\alpha_0/2)} l_0 \tag{10-28}$$

式中　α_0——巷道拱顶中心角；

m——由实测得到的参数，见表10-4。

表 10-4　参数 m

岩　石　特　性	m
很坚硬、裂隙不发育的稳定岩石	$0 \sim 0.05$
坚硬、裂隙少或中等发育岩石	$0.1 \sim 0.15$
中等坚硬、裂隙中等到很发育的风化岩石	$0.2 \sim 0.3$

在对实测资料的统计与分析后，莫氏建立起拱高与拱跨的如下关系式：

$$h = k l_0 \tag{10-29}$$

式中　l_0——巷道压力拱跨度，系数 k 由普氏系数 f 确定，见表10-5。

表 10-5　系数 k

普氏系数 f	系数 k
>15	$0 \sim 0.05$
$14 \sim 10$	$0.05 \sim 0.1$
$9 \sim 7$	$0.1 \sim 0.15$
$6 \sim 5$	$0.15 \sim 0.2$
4	$0.2 \sim 0.3$
$3 \sim 2$	$0.3 \sim 0.4$

对于裂隙极发育、强风化的不稳定岩体，k 值要由模拟试验或现场试验确定。对于初步设计，取表10-6中 k 值乘以1.5；对于在普氏系数 $f = 2 \sim 4$ 的岩体中开挖的巷道，系数 k 应按表10-6修正系数进行修正。

表 10-6 修正系数 k

巷道埋深/m	≤100	250	500
修正系数	1.0	1.3	1.5

10.5.3.2 喷层厚度确定

喷射混凝土的加固作用主要表现为防止岩石表面层风化，改善围岩应力状态，阻止松脱岩块滑落等方面；特别地，喷射混凝土可以填充围岩节理和裂隙等不连续面，补平岩石表面的沟痕，形成一层岩石-混凝土加固圈，并与混凝土喷层的其余部分共同对围岩产生明显加固作用。

对于锚喷加固中的喷层厚度估算，如果假设锚杆组悬吊一块宽度为 $2b$ 的弹性薄板（喷层），喷层上承受冒落带松散岩块的自重荷载，则按照角点支承的弹性薄板在均布荷载作用下弯曲变形应力分析（图 10-25），可得到锚喷加固设计中喷层厚度表达式：

$$d = 0.78 \frac{sE_{sc}}{E_{sc} + E_{rm}} \sqrt{\frac{s\gamma}{2\tan\varphi\sigma_t} \ln \frac{s}{l}} \tag{10-30}$$

式中　s——锚杆间距；

φ——锚杆作用压力锥顶角之半（图 10-22）；其余符号同前。

E_{rm}——岩体弹性模量；

E_{sc}——喷层弹性模量；

σ_t——喷射混凝土设计抗拉强度，未加金属网时可取 $\sigma_t = 1 \sim 1.4\text{MPa}$，加金属网时可取 $\sigma_t = 1.2 \sim 1.6\text{MPa}$。

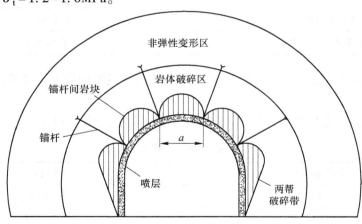

图 10-25　锚喷加固喷层厚度估算

10.6　动态载荷下的支护设计

10.6.1　支护受动载的效应

在爆炸应力波作用下，不同结构形式的矿山巷道支护（支架）在承载能力和支护效果方面将有很大差别。依据对支架破坏情况的宏观现场调查和测试，可以得到对生产有指导意义的认识。

据有关文献资料介绍，在一条长 70m 的坑道中设置 5 个试验段（不支护段、离壁支护段、短锚杆喷网段、长锚杆喷网段、喷锚网段），当附近硐室爆破之后，从坑道中观察破坏情况，结果如图 10-26 所示。

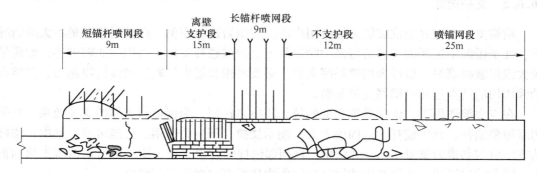

图 10-26　观察巷道纵剖面破坏示意图

在不支护段，围岩破坏严重，两帮比拱顶更甚，冒落下来的岩块为断层和结构面切割成的巨石。

在离壁支护段，支架结构由砖墙、预制混凝土半圆拱组成，支架与围岩之间未充填。爆破后，支架整体移向一侧，拱架坍塌或错动变位，有的半圆拱变成尖顶拱；在每个拱的1/4 部位有与坑道轴线相平行的裂隙，此段支架破坏较严重。

在短锚杆喷网支护段，锚杆为 $\phi20$ 圆钢，楔缝式后注浆，长 $1.8 \sim 2.0m$，锚杆间距 1.5m，钢筋网由 $\phi6$ 圆钢扎成，网距 $25cm \times 25cm$，喷层厚度 $6 \sim 8cm$。在洞口附近的一段，因地质构造复杂，喷层破坏较多，局部冒落高达 4.3m。迎爆壁上裂隙张开 $5 \sim 10cm$，背爆壁出现挤压碎裂带，由喷层中应变测点得到 $1560\mu\varepsilon$ 的压应变，坑道端部的一段用锚喷网支护，因围岩较完整，支护破坏轻微。

长锚杆段处在围岩破碎、裂隙发育的地质条件中。长锚杆为 11m 长的涨壳式预应力锚索，由 6 股钢铰丝组成，预应力达 30t。两长锚索之间加设 $\phi18$ 的短锚杆，其长度为 3m，间距 1.5m，钢筋网也用 $\phi6$ 圆钢扎成，网距 $25cm \times 25cm$，喷层厚度为 $15 \sim 20cm$。爆破后，此段巷道底板上无落石，仅有 4 根长锚索受滑落岩体作用被拉断，其余部分基本完好。

从测试数据中得知，长锚杆喷网段迎爆面的围岩振动加速度径向分量比不支护段的加速度径向分量小 58%，底板振动加速度径向分量比不支护段底板的小 37.5%。图 10-27 所示为不同段中实测的加速度波形。从图中可以看出，在长锚杆段质点加速度幅值偏低，振动高频分量增多，低频成分减少，持续时间缩短。说明经锚杆加固的围岩对应力波起了阻隔和滤波作用，从而使坑道受振动影响减弱。

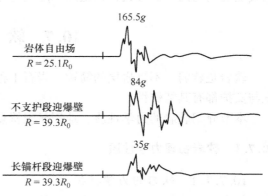

图 10-27　实测加速度波形

这一实例证实，在相同条件下，采用喷锚支护要比其他形式的支护抗震效果好。此外，岩体中有断层或结构面与临空面成不利组合的情况下，围岩因更易感受振动影响而加速失稳。

10.6.2　支护选择

喷锚支护有较好的抗震能力故应用广泛。在围岩比较完整、爆破时炸药量不大的情况下，处于爆源中远区内的巷道可采用喷混凝土支护或锚杆支护。当围岩比较破碎，炸药量较大或爆破频繁时，最好采用喷锚网支护，必要时用长锚索加固以增强抗震能力，并结合动载作用的特点选择喷锚网支护参数。

在应力波作用下，锚杆受到交变的拉、压应力作用，为保证有可靠的支护效果，宜采用摩擦型锚杆。此种锚杆的锚固能力大，能承受拉、压应力作用，性能可靠。其次，锚杆的方向应与巷道岩壁呈 $70° \sim 80°$ 倾角，且相邻锚杆的方向交错，使之均匀承担所支撑的面积。研究结果证明，这种布置的锚杆抗震能力比垂直岩壁布置时要好。

锚杆的数目，在考虑动载作用后，可按悬吊理论计算由式（10-31）确定。

$$N = \frac{K_i L^2 \gamma K_D}{3 f p l_1}, \quad K_D = 1 + \frac{a_{\mathrm{p}}}{g} \tag{10-31}$$

式中　N——锚杆数目；

a_{p}——纵波波前移到围岩非弹性变形区边界处岩石质点加速度；

g——重力加速度；

p——锚杆锚固部分的单位承载能力（依试验定）；

l_1——锚杆锚固部分长度；

f——岩石坚固性系数；

K_i——安全系数，参照巷道类型及服务年限来选取；

L——巷道净宽度；

γ——岩石容重。

在动载作用下，喷层中产生较大的拉、压应变，可导致喷层剥层破坏。为防止这种情况出现，在喷层中可设置钢筋网，其网孔间距应不大于 25cm，用来承受喷层中的应力。在重要的岩石工程中，为了保证在炸药量较大时仍能正常使用，除喷锚网联合支护外，可加设隔震结构的支护形式，以阻隔和降低应力波的作用。

10.7　软　岩　支　护

软岩是软弱、不良岩层的简称。岩石工程遇到软岩往往成为施工管理的难点，软岩地压与支护都有其特殊性。

本节介绍软岩的力学性质、地压显现特点与支护选择等问题。

10.7.1　软岩物理力学性质

10.7.1.1　软岩的力学特征

软岩包括松软、破碎、风化严重的岩体。它们的共同特性，一是软，二是弱。软是指岩石质软，这取决于岩石组成成分的黏土矿物或次生矿物，以及成岩后受到的物理化学作用和风化作用；弱是指岩体结构松散，胶结差，是岩石生成条件与后期构造运动作用的综合反映。

软岩可分为膨胀性软岩和非膨胀性软岩。非膨胀性软岩的特征为强度低、节理发育，具有软化性、崩解性、蚀变性和流变性，它怕水、怕风、怕震动。

软岩的主要性质如下：

（1）岩石强度低。岩石强度低是软岩的基本特征之一。国内外普遍将岩石单轴抗压强度处在 0.5~20MPa 范围内的岩石定为软岩。一些比较典型的软岩，其单轴抗压强度均小于 10MPa，如舒兰矿区的泥岩单轴抗压强度仅有 3.3MPa。

（2）岩石的膨胀性。软岩中的黏土质矿物多为蒙脱石、伊利石和高岭土等。蒙脱石含量高的软岩经风干后，遇水膨胀，产生强大的膨胀压力，对岩石工程危害很大。软岩的膨胀性用膨胀率和膨胀力来表示。

（3）软岩具有明显的时间效应。在单轴压缩条件下，软岩变形增长快，在应力应变曲线上无弹性阶段，而且峰值强度不明显。软岩具有明显的流变性，其变形经历变形急剧增长阶段、等速变形阶段和加速变形阶段，最终出现岩石破坏。软岩流变规律较复杂，它和软岩膨胀性一样往往给工程带来极大危害。

10.7.1.2 软岩巷道状态与稳定过程

在软岩中开挖巷道，围岩稳定状态与在硬岩中明显不同。

（1）围岩变形大，持续时间久。软岩巷道围岩的变形来自巷道四周（包括顶板下沉、底鼓和两帮挤入）。软岩有膨胀性和流变性，决定了变形持续时间久。一般情况下，围岩变形时间要几个月甚至几年才能稳定下来，如果围岩环境条件（如温度、湿度）变化，本来已经稳定下来的变形可能还会继续增大。

（2）围岩松动范围大，形成时间长。在软岩中开挖巷道，扰动了周围岩体。围岩应力达到强度条件（屈服条件）时，一部分岩体形成松动区，软岩中的松动范围一般大于 1m，而且形成松动区的时间往往要 2~3 个月。

（3）围岩稳定过程是复杂的力学过程。观测巷道围岩应变证实，围岩的松动区形成是有过程的，如图 10-28 所示。由蝶形到拱形交替出现，最后才形成稳定的范围。

现场位移测试发现，软岩巷道形成初期，围岩从整体上由一侧移向另一侧，不断地晃动和扭动，最后才达到平衡状态，这种现象在软岩中是较普遍的。

上述两种情况说明，围岩在应力调整和建立新平衡过程中，围岩的力学过程是动态变化的，而这种动态正是由软岩力学特征、地质构造作用、地下水和风化作用

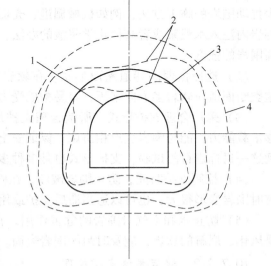

图 10-28　软岩巷道松动圈形成过程示意图
1—巷道原位置；2—蝶形松动圈；3—拱形
松动圈；4—未受扰动的原岩边界

综合决定的。认识围岩动态变化，对岩石工程维护有指导作用。

（4）围岩自稳能力差。软岩自稳时间很短，有的围岩开挖后会立即冒落，表现出毫无自稳能力。

10.7.1.3　软岩巷道地压特点

软岩巷道中围岩作用在支架上的压力属变形地压，有的还可区分为膨胀地压和流变地压。此类地压的特点如下：

（1）地压大，来压快。一般情况下，软岩巷道形成后，立即表现出对支架的作用，而且这种压力随围岩变形增长而增大，如金川二矿区某中段巷道开挖 1~2 天后即产生很大变形，该巷道一个月的收敛量达 230mm，平均日变形量 7.9mm。又如平庄红庙煤矿某回风巷道，开挖后最大日变形量达 74mm，25 天最大收敛量达 400mm。在上述巷道中部架设支架，结果支架上压力发展很快。

（2）四周来压，不仅有顶压、侧压，还有底压。这就决定了应选择全封闭支护形式，并针对不同压力进行控制与管理。例如对于底鼓问题，应分析产生原因，采取疏干积水、解除应力、改变围岩性质等方法来进行控制。

软岩地压值的确定，可用理论分析计算法和现场测试法。目前，理论分析计算由于做了理想化假设，所以有局限性；而现场应力测试，在选择观测方法及数据处理方面，还应进一步做工作。

10.7.2　软岩巷道维护方法

软岩巷道的维护应从两个方面着手：一是增强围岩自稳能力，降低围岩应力；另一种是选择技术性能好、经济合理的支护，以保证巷道在使用期间的稳定性。

10.7.2.1　维护原则和方法

（1）提高围岩自稳能力。目前常用的方法有：1）减少对围岩的扰动破坏。采用尽量少扰动围岩的施工方法，例如机械掘进、光面爆破和预裂爆破等；2）注浆加固。采用向围岩内注入水泥浆或者其他化学浆液的办法，使浆液在围岩裂隙中起到黏结剂的作用，提高围岩的强度。

（2）选择合理的巷道断面形状。在软岩中，采用圆形、椭圆形或马蹄形断面较好，这类断面适应软岩多方向来压，容易构成受力均匀的支架结构。

（3）采用合理支护形式。所谓合理支护形式，是指支护能适应软岩地压特点，有足够承载能力，能与围岩变形相协调，保证安全、成本低的支护。目前支护的研究都是为达到这一目标进行的试验，支护形式也是多种多样的。

（4）控制支护时间，防止围岩破坏。在松软岩层中要求及时支护，控制松动圈扩展。有时围岩变形很大，也可以适当滞后支护或用临时支护，支护时机的选择是很重要的。

（5）防止水和空气对围岩的危害作用。在软岩巷道中应避免底板积水，对于遇空气易风化、崩解的软岩，应及时封闭围岩表面。

10.7.2.2　软岩巷道支护原理

在长期生产实践中，我国矿山在支护方向已积累了丰富经验。支护形式和方法的改进、支护效果的提高，为我国矿山生产提供了有力的保障。已有的软岩巷道支护形式很多，按支护原理划分，有以下三种。

A　与围岩变形相协调的支护原理

这种支护理论的出发点是使支架变形与
围岩变形相适应，在共同协调中达到维护巷
道稳定的目的。若已知围岩特性曲线
（图 10-29 中曲线 $u_a = f(p_b)$），即围岩位移与
地压的关系曲线，则支架力学性质不同，其
上所受的压力将不一样，如图 10-29 所示。

从图中可以看出，支架 b 所受的压力要
小于支架 a 上的压力，因此这类与围岩变形
相协调的支护原理，可由下列 4 个关系式
表示：

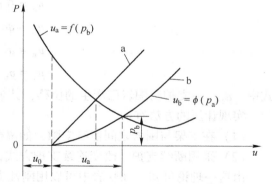

图 10-29　与围岩变形相协调的支护原理
a—刚性支架；b—柔性支架

$$\left.\begin{array}{l} u_a = f(p_b) \\ u_b = \phi(p_a) \\ u_a = u_b \\ p_a = p_b \end{array}\right\} \tag{10-32}$$

式中　u_a——围岩位移；

　　　p_a——围岩对支架作用力；

　　　u_b——支架位移；

　　　p_b——支架对围岩的反作用力。

实现支架变形与围岩变形相协调的方法有：

（1）选择变形大的材料制作支架，如木材支架；

（2）增大支架构件相对变形，如可缩
性金属支架。

按照这个支护理论，在坚硬、变形小
的岩层中，应采用刚性支架（图 10-29 中曲
线 a），在软弱、变形大的岩层中，应采用
柔性（可缩性）支架，调整支架力学性质
是这类支护的关键。

B　让压型支护原理

这类支护的理论认为，若巷道围岩变
形大，支护应避开初期来压猛的势头，为
围岩变形留一个空间，在压力得到缓解之
后，支架再起作用。图 10-30 就相当于围岩

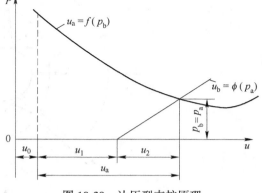

图 10-30　让压型支护原理

变形达到 u_1 以后再进行支护。对支护所具有的性质并不苛求，若用数学关系来表示，围
岩位移与支架的关系为

$$\left.\begin{array}{l} u_{a} = f(p_{b}) \\ u_{b} = \phi(p_{a}) \\ u_{a} = u_{1} + u_{b} \\ p_{a} = p_{b} \end{array}\right\} \qquad (10\text{-}33)$$

式中　u_1——支护前围岩已产生的位移，其余符号同式（10-32）。

实现让压的方法有：

（1）在支架与围岩之间留有空隙，如离壁支护；

（2）采用断续支护，改变连续支护方式，留出让压空间，如条带碹支护。

由这一理论可知，在软岩中可以用刚性支架，问题是要有相应的措施，保证支架在受载后能稳定。此理论的关键是，让压的空间留多大才能保证支架上受载小，又不致围岩冒落。

C　应力控制型支护原理

与上述两种理论不同，这种支护的理论认为，围岩压力表现是围岩应力集中作用的结果。如果把围岩中应力加以释放或转移到岩体深处，以此减缓作用在支架上的压力，同样可取得较好的维护效果。此时支架的作用在于实现应力的过程控制，防止围岩塌落。

实现应力控制的方法有：

（1）弱化围岩。在靠近巷道周边的一部分岩体中打密集钻孔，或开卸载槽，或用松动爆破的方法造成围岩局部弱化，相当于围岩卸载，使围岩应力峰值移向岩体深处，如图 10-31 所示。此时巷道周边环向应力大大减小，形成应力降低区，而深部岩体成为应力升高区（主动承载圈）。

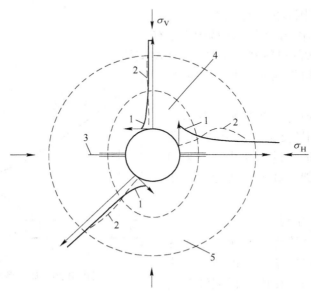

图 10-31　侧帮围岩弱化后巷道围岩应力分布（$\lambda = 1/3$）

1—未弱化巷道周边环向应力；2—弱化巷道周边环向应力；

3—弱化带；4—应力降低区；5—应力升高区

（2）卸压调整。巷道支架上留出围岩挤入的空间，并定期管理，清除挤进岩石。如果岩石不能从预留空间中挤出，造成支架上压力增大，则要向围岩打钻孔促进岩石移动和应力转移。这种主动控制方法，可使支架上压力得到调整和卸载。

使用应力控制理论维护巷道时，对支架本身的力学特性没有特殊要求，但是采用此种方法时要慎重，围岩弱化要适度，不能对围岩自支撑能力影响过大，造成围岩脱落。而在采用主动卸压措施时，应注意围岩性质的变化。应力控制法最适合处于高应力状态下的巷道维护。应力控制理论是新事物，在理论与实践上还有待深入研究。

10.7.3 软岩巷道支护的监测设计方法

巷道支护设计有理论计算法和工程类比法，近年来又发展起一种以现场测试为依据的设计方法，简称监控设计法，并在喷锚支护设计中成功应用。这种方法以测试数据为科学根据，又能适应多变的地质条件和各种施工条件，因此适用性强。

10.7.3.1 现场测量

现场测量是获得围岩和支护信息的手段，是监控设计法的基础。

A 现场测量的目的

（1）掌握围岩动态及支护受力状况，为修正设计提供信息；

（2）预见工程事故与险情；

（3）修正施工方案，保证有经济合理的施工工艺；

（4）积累资料，为改进设计方法、校核理论研究成果提供依据。

B 测量项目与内容

归结起来，现场测试项目包括围岩力学参数测试、围岩位移（表面的和深孔的）测量、支护上压力（或应力）测量以及支护质量检测等。这些项目在一个工程中不一定全用，通常是选择几种，以便相互校验与综合评价。测量应选在有代表性的地段，测量内容分经常性测量和特殊性测量，现以喷锚支护监控设计为例说明如下。

（1）经常性测量内容：

1）巷道内观察围岩性质、断层破碎带性状、支护变形和破坏等情况，并记录下来；

2）测量巷道断面收敛，掌握围岩与支架的动态，有时要测量底鼓；

3）顶板下沉测量用于监测顶板变形，防止发生坍塌；

4）锚杆拉拔试验用于检验支护效果。

（2）特殊测量内容。这是指重大工程或在特殊条件下要深入掌握围岩和支架的动态而增设的一些测量项目。

1）岩性试验，确定岩石的各种力学指标；

2）围岩深部位移测量，用于判断围岩深处的动态，确定围岩松动范围与锚杆长度；

3）锚杆轴向内力测量，目的是了解围岩内应力及松动范围，评价锚杆的工作状态；

4）喷层内应力测定，以检验喷层受力状态，确定喷层厚度；

5）岩体弹性波速度测定，用于确定围岩级别及松动范围。

C 测试断面布置与测试制度

测试断面的位置应根据岩石性质和地质构造情况来确定。在整个测试过程中，观测次数应遵循一定制度。表 10-7 是日本在隧道工程中建议推行的测试准则，供参考。

表 10-7　测试断面布置与测量次数

测量项目		量测断面距离	布　置	量测次数		
				第 0~15 天	第 16~30 天	31 天以后
经常性测量内容	巷道内观察与调查	全长	各开挖面	1 次/天	1 次/天	1 次/天
	巷道断面收敛测量	每 10~50m	水平两测线或六测线	1~2 次/天	1 次/2 天	1 次/周
	顶板下沉测量	每 10~50m	顶拱一点	1~2 次/天	1 次/天	1 次/周
	锚杆拉杆试验	每 50~100m	一个断面 5 根	—	—	—
特殊测量内容	岩性试验（确定岩石各种力学指标）	每 200~500m	—	—	—	—
	围岩深部位移测量	每 200~500m	3~5 处，每处 5 种深度	1~2 次/天	1 次/2 天	1 次/周
	锚杆轴向内力测定	每 200~500m	3~5 处，每根 5 个测点	1~2 次/天	1 次/2 天	1 次/周
	喷层内应力测定	每 200~500m	一个断面上 3~5 处，切向、法向	1~2 次/天	1 次/2 天	1 次/周
	岩体弹性波速度测定	每 500m	测线长 100~200m	1 次	1 次	1 次

D　围岩允许变形值

围岩允许变形值是评价围岩状态的依据之一。把围岩位移测试结果与允许值对比，可得出对围岩稳定状况的认识。但是，围岩允许变形值的确定是很困难的，原因是地质条件太复杂，岩石工程类型又多，至今国内工程界尚缺乏系统的资料，国外仅在少数工程中有明确规定。

根据现场测试资料，工程界比较一致的看法是，围岩位移速度小于 0.1~0.2mm/d 时，围岩基本稳定，这个值可以作为允许变形值之一，用于围岩状态评价。

10.7.3.2　监控设计法步骤

（1）依据工程类比或前期围岩测试数据，初步确定支护参数与施工方案、测量项目及实施方法等。

（2）进行施工，同时安设测量元件，并定期测试。

（3）根据测试结果修正支护参数，如果实测围岩位移速度大于允许值，或喷层内应变较大，出现拉应变，或实测围岩松动圈半径大于初选锚杆长度，则应调整支护参数，增大喷层厚度或增加锚杆数量与长度。

（4）依据测试结果确定二次支护和加设底拱的时间，一般选在围岩位移速度接近允许值的时候。

（5）修改施工工艺与开挖断面尺寸，如果调整支护参数仍不能改善围岩状态和支护效果，则应在施工顺序、开挖断面上采取相应措施，改善围岩和支架的受力状态。

另外，岩体工程的开挖断面也应根据实测的围岩变形值调整并最后确定，以保证工程正常运营。

监控设计过程可利用计算机完成数据存储，数据分析以及方案修正。

10.7.3.3　应用实例

我国金川硫化铜镍矿位于甘肃河西走廊中部的金昌市，金川矿床共分 4 个矿区，其中Ⅱ矿区最大。目前，二矿区采用竖井-斜坡道联合开拓系统和机械化下向分层水平进路胶结充填采矿法，开采深度已超过 1000m。矿体上盘大理岩为多种岩浆岩频繁侵入穿插的破碎岩体，具有变晶质块状结构；下盘主要为大理岩和片麻岩，岩体结构破碎。总的来看，二矿区岩体表现出明显的软弱破碎特征。现场地质钻孔取芯表明，其岩体破损显著，岩石质量指标 RQD 接近于 0，如图 10-32 所示。

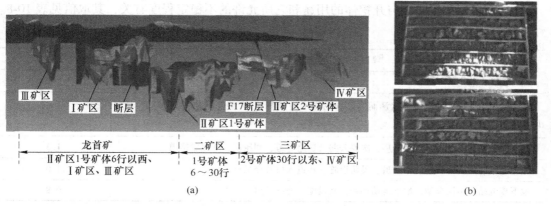

(a)　　　　　　　　　　　　　　　　(b)

图 10-32　金川矿体形态及深部巷道围岩现场钻孔岩芯（江权等，2019）

（a）金川矿体总体分布；（b）现场 1150m 水平钻孔岩芯

受矿区近水平构造应力挤压作用，1150m 水平大巷碎裂围岩发生不同程度的时效变形并向巷道临空面收缩，使得两帮和底板向临空面释放明显的大变形，顶拱围岩进一步挤压碎裂、边墙围岩松弛开裂，最终导致围岩及支护结构的破坏模式包括喷层外鼓开裂、喷层剪切错动、锚杆拉断/垫板失效、巷道压顶破坏、巷道尖顶破坏、底鼓开裂、衬砌内鼓破坏、衬砌 V 形压裂、钢拱架错动扭曲等。

通过采用巷道表面的三维激光扫描、岩体内部开裂的钻孔摄像观测、围岩不同深度变形的位移计自动量测等多手段相结合的现场调查方式，总结得出导致金川深部巷道发生破坏的主要原因在于以下三个方面：（1）软岩自身结构稳定性差，无法有效形成自身承载圈来抵抗地压作用；（2）现有喷锚网支护结构与岩体变形特征不匹配；（3）高地应力驱动作用下，围岩不断地向临空面发生渐进式的时效变形，并且在围岩时效变形过程中围岩碎裂区深度和程度也在不断加剧。

根据现场反馈分析与应用实践总结得出控制二矿区深部软岩巷道变形灾害的"双层喷锚网+锚注"和"喷锚网注+单筋砼"复合支护技术，充分利用喷网混凝土的表面柔性支撑与围压效应、锚杆对围岩内部的抑制开裂效应、水泥浆的充填并黏合开裂缝效应、钢筋混凝土的强刚性抗压和恢复围压效应等组合功能，形成一种"由表及里、表里结合"改善围岩受力状态、重构围岩承载圈的支护理念，较好地保证了金川二矿区深部开采的正常进行。

10.8　基于岩体分类的支护建议

支护的设计与选型与岩体赋存条件密切相关，按照岩体质量分级结果，给出支护设计建议，也是工程实践中常用的分析方法。

Barton 等（1974）提出了岩体质量的 Q 系统分类法（详见第4章），其中，为了把巷道岩体质量指标 Q 值与开挖体的状况和支护要求联系起来，Barton 规定了一个附加参数，称为开挖体的当量尺寸 D_e。这个参数是将开挖体的跨度、直径或侧帮高度除以开挖体支护比而得的，即

$$D_e = \frac{\text{开挖体的跨度、直径或高度(m)}}{\text{开挖体的支护比 ESR}}$$

开挖体支护比 ESR 与开挖体的用途和它所允许的不稳定程度有关，其取值见表10-8。

表 10-8　ESR 的选取

开挖工程类别	ESR
临时性矿山巷道	3~5
永久性矿山巷道，水电站引水涵洞（不包括高水头涵洞），大型开挖体的导洞、平巷和风巷	1.6
地下储藏室、地下污水处理工厂、次要公路及铁路隧道、调压室、隧道联络道	1.3
地下电站、主要公路及铁路隧道、民防设施、巷道入口及交叉点	1.0
地下核电站、地铁车站、地下运动场和公共设施、地下厂房	0.8

ESR 与岩石边坡设计中所用的安全系数大体相反。巷道岩体质量指标 Q 值与开挖体不支护而能保持稳定的当量尺寸 D_e 之间的关系在第4章已介绍，见图4-13。

根据对200多个岩土工程开挖与加固情况的分析，巷道开挖尺寸（跨度或边墙高度）的修正式可以表示为：

$$\text{修正的跨度或边墙高度} = \frac{\text{实际跨度或边墙高度}}{\text{修正系数（MF）}}$$

有关修正系数 MF 见表10-9。

表 10-9　不同开挖工程类型的跨度修正系数

开挖工程类型	修正系数（MF）
临时性矿山巷道	3~5
永久性矿山巷道、低压水洞、导洞、大型开挖的平巷与导洞	1.6
库房硐室、水加工厂、次要的公路与铁路、隧道、涌浪硐室、联络巷道	1.3
电站、主要公路与铁路隧道、土木工程防护硐室、硐口井口交叉点	1.0
地下核电站、运动设施与公共设施、工厂	0.8

表中修正系数值仅作为参考，它们提供了加强支护以减小危险的方式。当确定 Q 值后得到的岩体稳定性数据不可信时，可以采用较低的修正系数。

为了估计大型地下工程的边墙所需的支护，应将边墙尺寸转化成等效顶板（跨度）尺寸，因为我们主要考虑重力引起的构造失稳，边墙通常比顶板稳定得多。这种改进可以利用对 Q 值的修正实现：

当 $Q > 10$ 时，$Q_{边墙} = 5Q$；

当 0.1 < Q < 10 时，$Q_{边墙}$ = 2.5Q；

当 Q < 0.1 时，$Q_{边墙}$ = Q。

在图 10-33 和图 10-34 中，给出了锚杆间距、喷射混凝土厚度与对金属网的要求，图中给出的支护密度适用于岩土工程与永久性矿山开挖的一次支护。

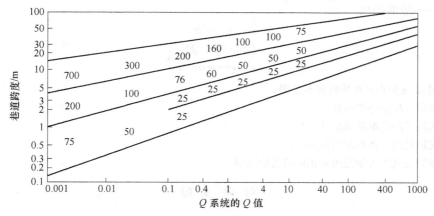

图 10-33　利用 Q 值估计锚杆加固

（当每根锚杆担负的加固面积大于 $6m^2$ 时，用端部锚固式锚杆）

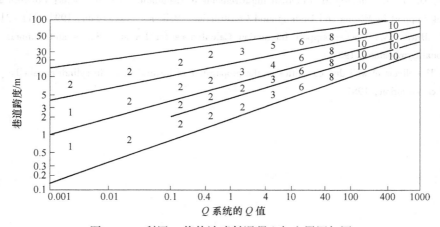

图 10-34　利用 Q 值估计喷射混凝土与金属网加固

为了得到岩土工程永久性支护，每根锚杆维护的面积应除以 2，喷射混凝土的层厚应乘以 2。

对于采矿工程，上述图表给出的支护估算是偏于保守的，但是同时表明，如果单纯追求经济效果就会造成岩体失稳。注意，采用很厚的喷射混凝土喷层已被证明是不恰当的，而应该加强支护系统的整体性。此时，采用浇筑混凝土衬砌可能更为合适。

利用表 10-6 中的修正系数 MF，可以根据下列简单公式计算岩石锚杆或锚索的长度：

顶板：

锚杆
$$L = 2+0.15B/MF（m）\tag{10-34}$$

锚索
$$L = 0.4B/MF（m）\tag{10-35}$$

边墙：

锚杆 $$L = 2+0.15H/\text{MF (m)} \tag{10-36}$$

锚索 $$L = 0.35H/\text{MF (m)} \tag{10-37}$$

式中　B——开挖跨度；

　　　H——边墙高度。

思　考　题

10-1 简述围岩-支护相互作用的基本原理。

10-2 约束收敛法包括哪些内容？

10-3 新奥法施工的基本原理是什么？

10-4 锚喷支护是如何体现加固作用的？

10-5 简述软岩的基本力学性质和相应的支护原则。

参　考　文　献

Barton N R, Lien R, Lunde Jport. Engineering classification of rock masses for the design of tunnel sup-port [J]. Rock Mech, 1974, 6 (4)：189~239.

Bourchier F, Dib E, O'Flaherty M. Practical Improvements to Installation of Cable Bolts：Progress at Campbell [J]. Rock Support in Mining and Underground Construction, Balkema, Rotterdam, 1992：311~318.

Brown E T, Bray J W. Rock—Support Interaction Calculations for Pressure Shafts and Tunnels [J]. Isrm International Symposium, 1982.

Fuller C R. The effects of wall discontinuities on the propagation of flexural waves in cylindrical shells [J]. Journal of Sound & Vibration, 1981.

11 露天矿边坡稳定性分析

露天开采比地下开采不但劳动生产率（t/(人·月)）高5~10倍，同时可节约成本30%~60%，具有很大的工效、成本优势。一个大型露天矿边坡角加陡1°，可以节约剥离成本1亿元以上，但同时会增加滑坡灾害的风险。所以，露天矿高大岩质边坡稳定性问题是露天矿安全生产的核心问题，也是岩石力学在露天矿应用的首要问题，该问题的研究对于保证矿山安全生产、提高经济效益，具有重要的理论与工程意义。与其他行业的边坡相比，露天矿的边坡频繁受到采动过程的影响，而且由于服务年限等原因，往往其加固也做不到很高的安全系数。因此，随着露天开采转向深凹露天开采，边坡稳定性问题的研究变得更为迫切。

露天矿开采包括穿爆、产装、运输、排土四个环节，这些作业环节都和边坡台阶有关。如图11-1所示，边坡基本要素包括以下几项。

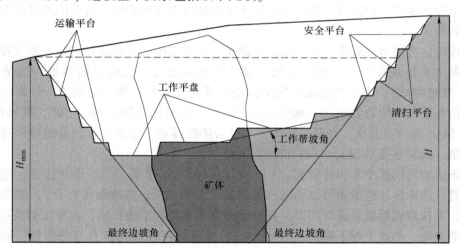

图11-1 露天矿采场构成要素

采场边坡（open-pit slope）：露天采矿场周围由台阶和运输坑线等构成的倾向采场的坡面。

边坡角（slope angle）：露天矿采场边坡非工作帮最上一个台阶的坡顶线至最下一个台阶的坡底线所做的假想坡面与水平面的夹角。

最终边坡（final pit slope）：露天采场到达最终设计开采境界位置时的边坡。

滑坡（landslide）：露天采场边坡岩土体在较大范围内沿某一特定的剪切面（带）产生破坏性滑动的灾害。

安全系数（safety factor）：沿边坡最危险滑动面作用的极限抗滑力（或力矩）与下滑力（或力矩）的比值。

工作帮和非工作帮（working slope and non-working slope）：金属矿体倾斜赋存，一般在矿体及下盘掘沟，所以下盘边坡首先到界并布置固定运输线路成为非工作帮，而矿体上盘边坡逐步剥岩扩帮，布置临时采区穿爆作业，所以称为工作帮。

台阶坡面角（bench slope angle）：露天开采至最终境界位置时，每两个台阶并段，并段高度为24~30m，并段台阶坡面角角度根据岩体破碎风化程度一般在40°~70°。

安全平台、清扫平台和运输平台（safety berm, cleaning berm and haulage berm）：并段后安全平台和清扫平台布置采用间隔设置方式。清扫平台宽最小10m，一般10~20m安全平台宽最小5m，一般6~15m，运输平台宽度20~50m。

11.1 露天矿边坡设计与岩石力学

11.1.1 边坡角确定与境界优化

目前，对金属露天矿边坡角的设计没有完善的规范可循。由于露天矿边坡设计时实际边坡并未形成，因此大多根据掌握的工程地质资料，采用工程类比的方法确定边坡角的参照范围，然后再采用稳定性分析的方法进行优化。采用工程类比的方法确定边坡角时应充分考虑边坡组成岩石的性质、地质构造和水文地质等方面的影响，这些因素最终关系到最终边坡的稳定。

上述确定边坡角过程很复杂，结论很简单，并且需要精准高质量的数据做支撑。这些支撑数据主要体现在两个方面：首先，设计院根据边坡工程地质勘察报告的钻孔资料（RQD，波速测试），采用类比或极限平衡法计算安全系数，确定边坡角，分扇区确定整体边坡角和并段台阶边坡角（一般土坡小于34°，全风化坡积土45°~50°，强风化50°~55°，中风化65°）；其次，在开采期间，边坡岩体揭露后，根据实际测量的数据进一步修正边坡角（加陡还是放缓），一般加陡潜力大。

修正边坡角的几个常识性依据：（1）不同扇区、工作帮、非工作帮位置，包括不同水平位置，选取设计边坡角可以不同（整体边坡角和并段台阶坡面角）。（2）若深部边坡岩性好，工作帮靠帮后暴露时间短、控制爆破技术和监控措施得当，内排压脚快速，完全可以深部加陡，形成上缓下陡的凸边坡。（3）最大限度发挥岩体自身的强度，局部岩性构造影响边坡稳定，可以通过局部加固来提升边坡的稳定性。

11.1.2 边坡安全系数与边坡稳定性

一般来讲，露天矿边坡稳定性评价是解决采矿生产效益和维护边坡安全这一矛盾的科学方法，研究工作是在初步工程地质勘探工作的基础上从安全技术的角度确定最终边坡的整体边坡角。由于边坡稳定系数是一个与边坡岩层构成、力学特性、地下水、采矿爆破等因素有关的指标，任何简化造成的误差都是不可避免的，所以留有一定的安全系数储备是必要的和客观的，没有这个系数储备将给矿山带来巨大的安全风险。从采矿的角度分析，首先，随着工作面和边坡体的揭露，影响露天矿边坡稳定的软弱层分布状态及其物理力学性质将进一步探明，对边坡稳定性的认识将更加深刻，后续的边坡动态跟踪监测和评价是必需的环节，这样可以使得边坡角设计、调整更加符合实际。其次，在开采期间，采矿工艺流程是否按照规程执行，边坡安全监控措施是否落实到位和有效实施，边坡安全隐患是否及时发现、分析和处理，更是决定边坡稳定的要素。从上述理由可知，边坡稳定状况不只取决于设计、评价工程师的技术结论，更是掌握在采矿业主自己手中的。跟踪监测边坡稳定进行实时动态评价，科学、规范的日常边坡管理、技术人员的安全意识和素质是决定边坡稳定的最主要因素。这也是留有一定的安全系数储备的主观原因。《非煤露天矿边坡工程技术规范》（GB 51016—2014）对露天边坡的危害等级和工程安全等级分别按表 11-1 和表 11-2 划分（中国冶金建设协会，2014）。不同荷载组合下总体边坡的设计安全系数应满足表 11-3 规定的安全系数要求。

表 11-1 边坡危害等级

边坡危害等级		Ⅰ	Ⅱ	Ⅲ
可能的人员伤亡		有人员伤亡	有人员受伤	无人员伤亡
潜在的经济损失	直接	≥100 万元	50 万~100 万元	≤50 万元
	间接	≥1000 万元	500 万~1000 万元	≤500 万元
综合评定		很严重	严重	不严重

表 11-2 边坡工程安全等级划分

边坡工程安全等级	边坡高度 H/m	边坡危害等级
Ⅰ	$H>500$	Ⅰ、Ⅱ、Ⅲ
	$300<H≤500$	Ⅰ、Ⅱ
	$100<H≤300$	Ⅰ
Ⅱ	$300<H≤500$	Ⅲ
	$100<H≤300$	Ⅱ、Ⅲ
	$H≤100$	Ⅰ
Ⅲ	$100<H≤300$	Ⅲ
	$H≤100$	Ⅱ、Ⅲ

表 11-3 不同荷载组合下总体边坡的设计安全系数

边坡工程安全等级	边坡工程设计安全系数		
	荷载组合 Ⅰ	荷载组合 Ⅱ	荷载组合 Ⅲ
Ⅰ	1.25~1.20	1.23~1.18	1.20~1.15
Ⅱ	1.20~1.15	1.18~1.13	1.15~1.10
Ⅲ	1.15~1.10	1.13~1.08	1.10~1.05

注：（1）荷载组合 Ⅰ 为自重+地下水；荷载组合 Ⅱ 为自重+地下水+爆破振动力；荷载组合 Ⅲ 为自重+地下水+地震力。（2）对台阶边坡和临时性工作帮，允许有一定程度的破坏，设计安全系数可适当降低。

11.1.3 边坡稳定性计算强度指标选取

岩体物理力学性质是决定边坡岩体稳定性最本质的控制性内在因素，岩石材料的抗压、抗拉、抗剪、蠕变等岩石力学实验是基本的岩石力学实验，可通过实验再现岩石材料的破坏现象和破坏过程。就边坡稳定性分析与评价工作而言，只有边坡岩体物理力学指标非常可靠，才能确保边坡稳定性计算的科学性和正确性，进而确定各矿不同边坡的合理边坡角。岩体力学参数的获取可以通过以下几种方式进行：（1）经验公式；（2）经验类比；（3）岩体系统质量分级；（4）岩体风化程度；（5）岩体波速测试；（6）微震测试；（7）滑坡反分析。

11.1.4　边坡变形的时效性

金属矿矿体大多倾斜赋存，非工作帮一般位于矿体下盘，率先靠帮到界。由于非工作帮服务年限长、暴露时间长、爆破扰动剧烈、边坡陡、有重要的运输线路，所以安全等级高，评价边坡稳定性的安全系数选取较大；而工作帮边坡逐步靠帮，是临时性边坡，边坡服务年限短，一旦达到最终境界露天矿生产结束，所以稳定性要求不高。

11.1.5　高度与边坡角

根据《金属非金属露天矿边坡安全规程》（GB 50830）定义，采场边坡高度大于 200m 的为高边坡；大于 500m 的为超高边坡，最终边坡角大于 42° 的为陡边坡。一般金属矿山硬岩边坡最终设计角度一般大于 42°，但受台阶坡面角和安全平台、运输平盘宽度限制，最终边坡角一般不超过 50°。当边坡高度增加时，坡脚剪切应力集中增大，但坡脚剪切面的法向应力也增大，只要坡脚岩体的摩擦角不变，沿坡脚整体滑坡的可能性并不一定随着高度增大而增大，对于某些特殊岩体结构控制的边坡，如顺倾层状边坡或坡脚有顺倾断层控制的边坡，坡脚应力集中放大了岩体破坏程度，随着边坡高度增大，发生沿坡脚整体滑坡的可能性增大。

11.2　边坡破坏模式

视频：滑坡破坏模式

边坡破坏模式的划分包括以下 8 种（胡广韬等，1984；Hoek 和 Bray，1981；重庆建筑工程学院等，1981），见破坏模式表 11-4 和表 11-5。

（1）圆弧滑坡。圆弧破坏的机理为岩体内剪应力超过滑面抗剪强度，致使不稳定体沿圆弧形剪切滑移面下滑。在均质的岩体中，岩坡破坏的滑面通常呈弧形，岩体沿此弧形滑面滑移。在非均质的岩坡中，滑面是由短折线组成的弧形，近似于对数螺旋曲线或其他形状的弧面，如均质土坡、露天矿的排土场边坡或结构面与边坡面相反倾角的岩质边坡。通常认为滑体沿坡肩方向很长，并取一单位长度的边坡进行研究。因此，从断面上看，滑面呈圆弧形。

（2）平面滑动。平移滑动破坏是指一部分岩体沿着地质软弱面，如层面、断层、裂隙或节理面的滑动。其特点是块体运动沿着平面滑移。其破坏机理是在自重应力作用下岩体内剪应力超过层间结构面的抗剪强度导致不稳定而产生的沿层滑动。这种滑动往往发生在地质软弱面倾向与坡面相近的地方。由于坡脚开挖或者某种原因（如风化、水的浸润等）降低了软弱面的内摩擦角，导致地质软弱面以上的部分岩体会沿此平面下滑，造成边坡破坏。

（3）倾倒破坏。当边坡体中结构面倾角很陡时，岩体可能发生倾倒。其破坏机理是在重力作用下，岩块发生转动产生倒塌破坏。倾倒滑坡往往发生在台阶坡面上，很少导致整个边坡下滑。

（4）楔体滑坡。在岩质边坡的失稳模式中，楔形破坏是最常见的一种破坏模式。楔形破坏又称"V"形破坏，是由两组或两组以上优势结构面与临空面和坡顶面构成不稳定的楔形体，并沿两优势面的组合交线下滑。当坚硬岩层受到两组倾斜面相对的斜节理切割，节理面以下的岩层又较碎时，一旦下部遭到破坏，上部"V"字形节理便失去平衡，于是发生滑动，边坡上出现"V"形槽。发生楔体滑动的条件是，两组结构面与边坡坡面斜交，两组结构面的交线在边坡面上出露，在过交线的铅垂面内，交线的倾角大于滑面的内摩擦角而小于该铅垂面内的边坡角。

（5）崩塌。岩坡崩塌破坏是边坡上部的岩块在重力作用下，突然高速脱离母岩而翻滚坠落的急剧变形破坏的现象，是岩体在陡坡面上脱落的一种边坡破坏形式，经常发生于陡坡顶部裂隙发育的部位。崩塌破坏的机理：风化作用减弱了节理面间的黏结力；岩石受到冻胀、风化和气温变化的影响，减弱了岩体的抗拉强度，使得岩块松动，形成了岩石崩落的条件；由于雨水渗入张裂隙中，造成了裂隙水的水压力作用于向坡外的岩块上，从而导致岩块的崩落；此外，爆破振动往往也会是发生崩塌的触发因素。其中，裂隙水的水压力和冻胀作用以及爆破振动是崩塌破坏的常见原因。崩塌的岩块通常沿着层面、节理或局部断层带或断层面发生倾倒而崩落，既可能是小规模块石的坠落，也可能是大规模的山崩或岩崩，这种现象的发生是由于边坡岩体在重力的作用和附加外力作用下，岩体所受应力超过其抗拉或抗剪强度时造成的。崩塌以拉断破坏为主，特别是强烈震动或暴雨往往是诱发崩塌的主要原因。对于金属露天矿，局部的崩塌破坏是不可避免的，此时需注意人员和设备的安全。

（6）拉裂。受结构面控制和爆破振动影响，在边坡表面发生卸荷松弛拉裂，出现横向贯通性裂缝，极易造成地表水浸入形成楔形水压力触发滑坡。

（7）折线滑面。当没有上下贯通且在坡面出露的结构面时，可能形成的是由多组结构面组合而成的折面滑动破坏，即指由两组或更多相同倾向的结构面组成的滑面滑动。由于边坡岩体被纵横交错的地质结构面切割，由这些断裂面形成的滑面，往往不是平面或圆弧等规则形状，而是呈现出某一种折形状。

（8）溃屈破坏。对于顺层岩质边坡，受各种地质环境的影响，坡体会出现上层沿层面滑动而坡底底部由于受阻而出现鼓出现象，称为滑移弯曲型变形即溃屈。

表 11-4 常见的边坡变形破坏模式

变形破坏模式	图示	发生破坏的基本条件	破坏机制
顺层滑移破坏		开挖坡角大于岩层倾角的陡倾或中等倾角的顺层岩质边坡	沿层间软弱夹层发生整体滑移破坏
顺层滑移-拉裂破坏		开挖坡角大于岩层倾角的缓倾和中等倾角顺层岩质边坡	斜坡岩体沿下伏软弱层面向临空面方向滑动，并使滑移体后缘拉裂解体

变形破坏模式	图示	发生破坏的基本条件	破坏机制
楔形体滑移失稳破坏	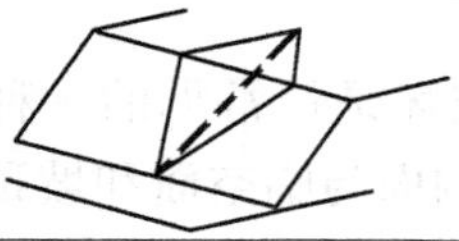	受两组及以上节理面切割的顺层岩质边坡，构成可能滑移的楔形体	沿层面和不利结构面组合方向滑动
滑移-弯曲破坏	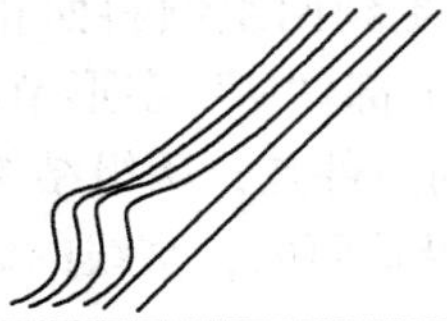	陡倾顺层岩质边坡中，边坡坡角与岩层倾角基本一致，滑移控制面倾角大于该面的综合内摩擦角	由于滑移面未临空，使下滑受阻，造成坡脚附近顺层岩板承受纵向压应力，在一定条件下可使之发生弯曲变形，甚至导致溃屈破坏
滑移-压致拉裂破坏	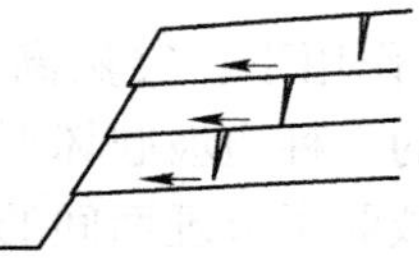	开挖坡角较陡、岩层倾角平缓的顺层岩质边坡	坡体沿平缓结构面向坡前临空面方向产生缓慢的蠕变性滑移。滑移面的锁固点附近，因拉应力集中生成与滑移面近于垂直的张拉裂隙
滑劈破坏	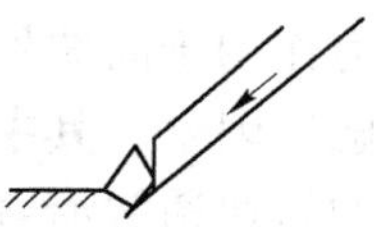	岩体边坡内存在与坡面平行的软弱结构面，边坡角度大于软弱结构面的摩擦角，同时至少存在一组与边坡同向且倾角大于边坡角的节理	滑犁滑动而被挤劈撬开而后绕坡脚转动
弯曲-拉裂倾倒破坏	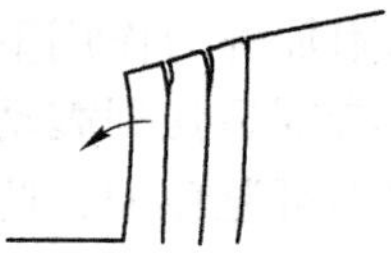	陡倾或反倾层状岩质边坡	陡倾板状岩体在自重弯矩作用下，向临空方向作悬臂梁弯曲，弯曲的板梁之间互相错动并伴有拉裂，弯曲剧烈部位产生横切板梁的折裂
沿底部软岩塑流-拉裂破坏	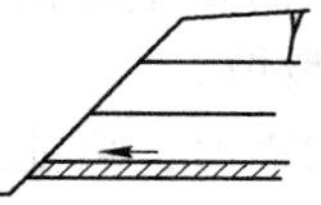	开挖坡角大于岩层倾角且含有中至厚层软弱基座的水平或缓倾顺层岩质边坡	下伏软岩在上覆岩层压力作用下，产生塑性流动并向开挖面方向挤出，导致上覆较坚硬的岩层拉裂、解体和不均匀沉陷

表 11-5　常见岩石边坡倾倒破坏类型

倾倒破坏模式	图　示	破　坏　机　制
块体倾倒	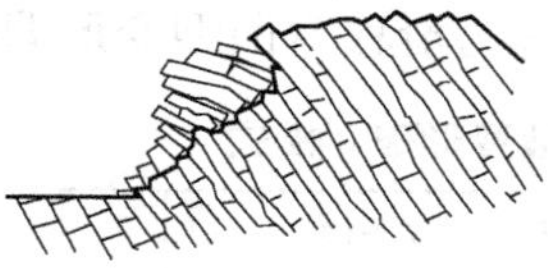	块状倾倒为脆性破坏，硬质岩层中较为普遍，多发生在石灰岩、砂岩、含柱状节理的岩浆岩中。通常单一岩层厚度较大，发育与岩层面接近垂直的节理，破坏前变形较快
弯曲倾倒	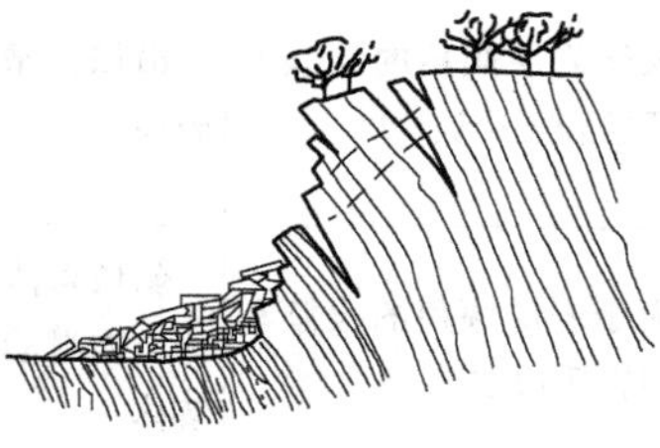	弯曲倾倒为柔性破坏，较软岩层中较为普遍，如板岩、千枚岩、片岩、泥岩。通常单一岩层厚度较小，只有层面这一组平行结构面。弯曲倾倒变形边坡属于自稳型，边坡变形发展较慢，一旦破坏，规模通常很大

续表 11-5

倾倒破坏模式	图　示	破　坏　机　制
块体-弯曲 倾倒	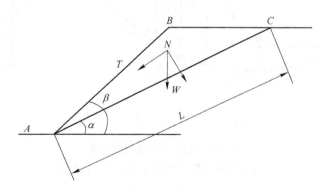	块状-弯曲倾倒在软硬相间的层状岩体中比较普遍，多发生在砂岩泥板岩互层、燧石岩页岩互层、薄层状石灰岩中。软硬相间的层状岩体在构造作用下存在层间错动。可在弯曲倾倒变形稳定性分析的基础上，考虑垂直层面方向的节理或裂隙对边坡稳定的影响

11.3　边坡稳定性分析

11.3.1　平面破坏计算法

平面破坏是指边坡破坏时其滑动面近似平面（Zhu，2001）。为了简化计算，这类边坡稳定性分析宜采用直线破裂面法。图 11-2 所示为平面破坏边坡示意图，边坡高度为 H，坡角为 β，滑体容重为 γ，滑动面的摩擦角为 φ，黏聚力为 c。假设倾角为 α 的平面 AC 面为边坡破坏时的滑动面，下面分析该滑动体的稳定性。沿边坡长度方向截取一个单位长度作为平面问题分析，计算滑体（$\triangle ABC$）的重量为：

$$W = \gamma \times S_{\triangle ABC} \tag{11-1}$$

计算滑体（$\triangle ABC$）沿 AC 面的下滑力：

$$T = W\sin\alpha \tag{11-2}$$

计算滑体（$\triangle ABC$）沿 AC 面的抗滑力：

$$T' = W\cos\alpha\tan\varphi + cL \tag{11-3}$$

图 11-2　平面破坏计算法计算简图

则此时边坡的稳定程度或安全系数 F_s 可用抗滑力与下滑力来表示，即：

$$F_s = \frac{T'}{T} = \frac{W\cos\alpha\tan\varphi + cL}{W\sin\alpha} \tag{11-4}$$

对于滑动面黏聚力为 0（$c = 0$）的平面破坏边坡，其安全系数表达式变为：

$$F_s = \frac{\tan\varphi}{\tan\alpha} \tag{11-5}$$

11.3.2 瑞典条分法

瑞典条分法是由 Fellenious（1927）提出的，也称为费伦纽斯法（吴曙光，2016）。它主要是针对平面问题，假定滑动面为圆弧面。根据实际观察，对于比较均质的土质边坡，其滑裂面近似为圆弧面，因此瑞典条分法可以较好地解决这类问题。但该法不考虑各土条之间的作用力，将安全系数定义为每一土条在滑面上抗滑力矩之和与滑动力矩之和的比值，一般求出的安全系数偏低 10%~20%。其基本原理如下：

对如图 11-3 所示边坡，取单位长度土坡按平面问题计算，设可能的滑动面是一圆弧 AD，其圆心为 O，半径为 R。将滑动土体 $ABCD$ 分成许多竖向土条，土条宽度一般可取 $b=0.1R$，作用在土条 i 上的作用力有（图 11-3）：（1）土条的自重 W_i，其大小、作用点位置及方向均已知。（2）滑动面 ef 上的法向反力 N_i 及切向反力 T_i，假定 N_i、T_i 作用在滑动面 ef 的中点，他们的大小均未知。（3）土条两侧的法向力 E_i、E_{i+1} 及竖向剪切力 X_i、X_{i+1}，其中 E_i 和 X_i 可由前一个土条的平衡条件求得，而 E_{i+1} 和 X_{i+1} 的大小未知，E_i 的作用点也未知。

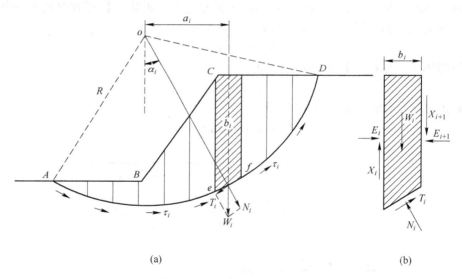

图 11-3　瑞典条分法计算简图
（a）滑动面上的力和力臂；（b）土条上的力

可以看出，土条 i 的作用力中有 5 个未知数，但只能建立 3 个平衡条件方程，故为静不定问题。为了求得 N_i、T_i 的值，必须对土条两侧作用力的大小和位置做出适当假定。瑞典条分法是不考虑土条两侧的作用力，也即假设 E_i 和 X_i 的合力等于 E_{i+1} 和 X_{i+1} 的合力，同时它们的作用线重合，因此土条两侧的作用力相互抵消。这时，土条 i 仅有作用力 W_i、N_i 及 T_i，根据平衡条件可得：

$$N_i = W_i \cos\alpha_i \tag{11-6}$$

$$T_i = W_i \sin\alpha_i \tag{11-7}$$

滑动面 ef 上土的抗剪强度为：

$$\tau_i = \sigma_i \tan\varphi_i + c_i = \frac{1}{l_i}(N_i \tan\varphi_i) + c_i = \frac{1}{l_i}(W_i \cos\alpha_i \tan\varphi_i) + c_i \qquad (11-8)$$

式中　　α_i——土条 i 滑动面的法线（亦即圆弧半径）与竖直线的夹角；

$\quad\quad l_i$——土条 i 滑动面 ef 的弧长；

c_i，φ_i——滑动面上土的黏聚力及内摩擦角。

土条 i 上的作用力对圆心 O 产生的滑动力矩 M_s 及稳定力矩 M_r 分别为

$$M_s = T_i R = W_i R \sin\alpha_i \qquad (11-9)$$

整个土坡相应于滑动面 AD 的稳定性系数为：

$$F_s = \frac{M_r}{M_s} = \frac{\sum_{i=1}^{n}(W_i \cos\alpha_i \tan\varphi_i + c_i l_i)}{\sum_{i=1}^{n}W_i \sin\alpha_i} \qquad (11-10)$$

11.3.3　Sarma 法

大量工程地质调查表明，地质结构面是影响岩体边坡稳定的关键因素，岩体边坡大都沿岩体中软弱结构面发生失稳破坏（蔡美峰等，2013）。在边坡滑动过程中，岩体侧向结构面将发生相对滑动，同时竖向结构面并不总是保持竖直。另外，地下裂隙水和地震作用是影响边坡稳定的重要因素。如果滑面以及各块体侧面均达到极限平衡状态，那么这一受力体系是静定的，安全系数可以通过静力平衡分析获得，计算相应的承载力和安全系数的方法叫 Sarma 法。极限状态是通过假想的水平体积力 $\eta_b W$（如水平地震力）来实现的，其中 W 为滑坡体的自重，η_b 为临界加速度系数。

Sarma 法的求解步骤如下：

（1）分析作用在第 i 条上的作用力。作用在第 i 个条块的作用力如图 11-4 所示，Sarma 建议了一个体积力 $K_c W_i$，假定在其作用下滑坡处于极限平衡状态，其中 K_c 是临界加速度系数，即 η_b。

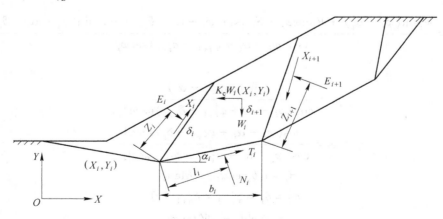

图 11-4　Sarma 法计算简图

（2）由块垂直和水平方向的力的平衡，可以得到：

$$N_i\cos\alpha_i + T_i\sin\alpha_i = W_i + X_{i+1}\cos\delta_{i+1} - X_i\cos\delta_i - E_{i+1}\sin\delta_{i+1} + E_i\sin\delta_i \qquad (11\text{-}11)$$

$$T_i\cos\alpha_i - N_i\sin\alpha_i = K_cW_i + X_{i+1}\sin\delta_{i+1} - X_i\sin\delta_i + E_{i+1}\cos\delta_{i+1} - E_i\cos\delta_i \qquad (11\text{-}12)$$

式中 E，X——分别为作用在条块的法向力和切向力；

　　　　δ_i ——条块左侧界面的倾角。

根据 Mohr-Coulomb 破坏准则，在底面和左右界面有：

$$T_i = (N_i - U_i)\tan\varphi_i + c_ib_i\sec\alpha_i \qquad (11\text{-}13)$$

$$X_i = (E_i - PW_i)\tan\varphi_i^j + c_i^jd_i \qquad (11\text{-}14)$$

$$X_{i+1} = (E_{i+1} - PW_{i+1})\tan\varphi_{i+1}^j + c_{i+1}^jd_{i+1} \qquad (11\text{-}15)$$

式中 φ^j，c^j——界面上的平均摩擦角和凝聚力；

　　　　d ——界面的长度；

　　　　b ——条块底面的宽度；

　　　　PW ——界面上的孔隙水压力；

　　　　U_i ——条块底部的水压力。

将式（11-13）~式（11-15）代入式（11-11）、式（11-12）得到：

$$E_{i+1} = a_i - p_i\eta_b + E_ie_i \qquad (11\text{-}16)$$

式（11-16）是循环式，可以得到：

$$E_{n+1} = a_n - p_nK_c + E_ne_n \qquad (11\text{-}17)$$

$$E_{n+1} = (a_n + a_{n-1}e_n) - (p_n + p_{n-1}e_n)K_c + E_{n-1}e_ne_{n-1} \qquad (11\text{-}18)$$

进一步得到：

$$E_{n+1} = (a_n + a_{n-1}e_n + \cdots + a_1e_n\cdots e_2) - K_c(p_n + p_{n-1}e_n + \cdots + p_1e_n\cdots e_2) + E_1e_{n-1}e_{n-2}\cdots e_1$$

$$(11\text{-}19)$$

（3）计算 K_c。假定没有外荷载，即 $E_{n+1} = E_1 = 0$，得：

$$K_c = \frac{a_n + a_{n-1}e_n + a_{n-2}e_ne_{n-1} + \cdots + a_1e_ne_{n-1}\cdots e_3e_2}{p_n + p_{n-1}e_n + p_{n-2}e_ne_{n-1} + \cdots + p_1e_ne_{n-1}\cdots e_3e_2} \qquad (11\text{-}20)$$

其中：

$$a_i = \frac{W_i\sin(\varphi_i - \alpha_i) + R_i\cos\varphi_i + S_{i+1}\sin(\varphi_i - \alpha_i - \delta_{i+1}) - S_i\sin(\varphi_i - \alpha_i - \delta_i)}{\cos(\varphi_i - \alpha_i + \varphi_{i+1}^j - \delta_{i+1})\sec\varphi_i^j}$$

$$(11\text{-}21)$$

$$p_i = \frac{W_i\cos(\varphi_i - \alpha_i)}{\cos(\varphi_i - \alpha_i + \varphi_{i+1}^j - \delta_{i+1})\sec\varphi_{i+1}^j} \qquad (11\text{-}22)$$

$$e_i = \frac{\cos(\varphi_i - \alpha_i + \varphi_{i+1}^j - \delta_i)\sec\varphi_i^j}{\cos(\varphi_i - \alpha_i + \varphi_{i+1}^j - \delta_{i+1})\sec\varphi_{i+1}^j} \qquad (11\text{-}23)$$

$$R_i = c_ib_i\sec\alpha_i - U_i\tan\varphi_i \qquad (11\text{-}24)$$

$$\varphi_i^j = \delta_1 = \varphi_{n+1}^j = \delta_{n+1} = 0 \qquad (11\text{-}25)$$

$$S_i = c_i^jd_i - pW_i\tan\varphi_i^j \qquad (11\text{-}26)$$

（4）计算安全系数 F。Sarma 法对斜坡稳定性分析时引入了 K_c 值，然而地震仅是偶然事件，人们往往需要对无震斜坡稳定性做出评价。无震时斜坡稳定性系数按下列所述过程实现：同时降低所有滑动面和滑体的抗剪强度参数值，直至 K_c 降为零。即在计算中用 F 去除抗剪强度参数，直至 $K_c = 0$ 时的 F 值即为无震时斜坡稳定性系数。

11.3.4　三维楔形体法

发生楔体滑坡的条件为两组结构面与边坡面斜交，结构面的组合交线倾向与边坡倾向相同、倾角小于边坡角，组合交线的边坡面上有出露。

根据力的平衡条件：

$$N_a \sin(\beta - \xi/2) - N_b \sin(\beta + \xi/2) = 0 \tag{11-27}$$

$$N_a \cos(\beta - \xi/2) - N_b \cos(\beta + \xi/2) = W\cos\psi \tag{11-28}$$

联立求解得：

$$N_a = \frac{W\cos\psi\sin\left(\beta + \dfrac{\xi}{2}\right)}{\sin\xi}, \quad N_b = \frac{W\cos\psi\sin\left(\beta - \dfrac{\xi}{2}\right)}{\sin\xi} \tag{11-29}$$

楔体的下滑力为：

$$T = W\sin\psi \tag{11-30}$$

如果结构面 a、b 的面积分别为 S_a 和 S_b，内聚力和内摩擦角分别为 C_a、C_b、φ_a、φ_b，则楔体的抗滑力为

$$T' = C_a S_a + C_b S_b + N_a \tan\varphi_a + N_b \tan\varphi_b \tag{11-31}$$

楔体的稳定系数 F_s：

$$F_s = \frac{T'}{T} = \frac{C_a S_a + C_b S_b + N_a \tan\varphi_a + N_b \tan\varphi_b}{W\sin\psi} \tag{11-32}$$

如果 $C_a = C_b = 0$，$\varphi_a = \varphi_b = \varphi$，则

$$F_s = \frac{(N_a + N_b)\tan\varphi}{W\sin\psi} \tag{11-33}$$

将 N_a、N_b 的表达式代入可得

$$F_s = \frac{\sin\beta}{\sin\dfrac{\xi}{2}} \frac{\tan\varphi}{\tan\psi} \tag{11-34}$$

三维楔形体法计算简图如图 11-5 所示。

Hoek 和 Bray（1981）提出了一种确定楔体稳定系数的方法——E. Hoek 图解法。E. Hoek 法是将边坡面、坡顶面和两个结构面绘制在赤平极射投影图上，4 个圆弧有 5 个交点，分别代表了 5 条线，各线之间的夹角可在图 11-6 中测出。

根据测得的角度，求出楔体的几何形状参数：

$$X = \frac{\sin\theta_{24}}{\sin\theta_{45}\cos\theta_{2,na}} \tag{11-35}$$

$$Y = \frac{\sin\theta_{13}}{\sin\theta_{35}\cos\theta_{1,nb}} \tag{11-36}$$

$$A = \frac{\cos\varphi_a - \cos\varphi_b\cos\theta_{na,nb}}{\sin\psi_5\sin^2\theta_{na,nb}} \tag{11-37}$$

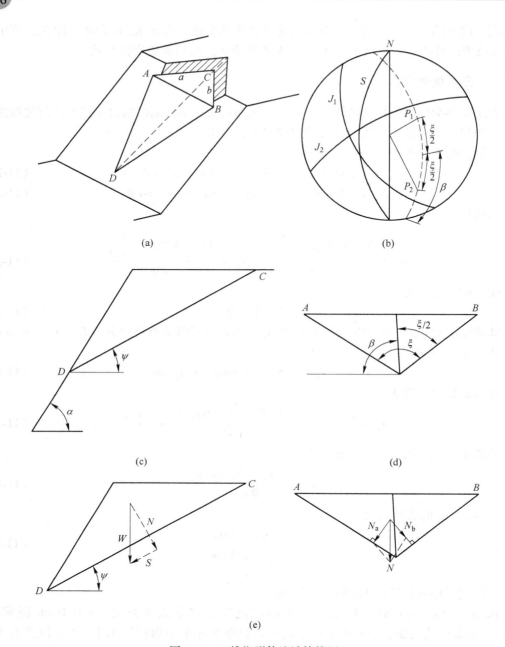

图 11-5 三维楔形体法计算简图

（a）三维楔形体边坡示意图；（b）三维楔形体边赤平极射投影；

（c）三维楔形体边坡侧视图；（d）三维楔形体边坡后视图；

（e）三维楔形体边坡受力分析

$$B = \frac{\cos\varphi_b - \cos\varphi_a\cos\theta_{na,nb}}{\sin\psi_5\sin^2\theta_{na,nb}} \qquad (11\text{-}38)$$

楔体的稳定系数为：

$$F_s = \frac{3}{\gamma H}(C_a X + C_b Y) + \left(A - \frac{\gamma_w}{2\gamma}X\right)\tan\varphi_a + \left(B - \frac{\gamma_w}{2\gamma}Y\right)\tan\varphi_b \tag{11-39}$$

如果 $C_a = C_b = C$，$\varphi_a = \varphi_b = \varphi$，在没有水的情况下：

$$F_s = \frac{3C}{\gamma H}(X + Y) + (A + B)\tan\varphi \tag{11-40}$$

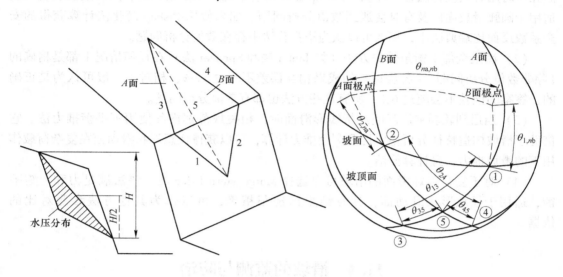

图 11-6　E. Hoek 图解法计算简图

11.3.5　极限平衡分析中的几个问题

基于极限平衡理论基础的边坡稳定性分析方法，从起初应用的"简化方法"到后来发展起来的"通用方法"，历经数十年，经过众多专家学者的努力，理论已比较完善。各种分析方法根据条间力作用点和作用方向的不同假定，得到相应的安全系数表达式，其各自的特点见表 11-6。

表 11-6　极限平衡理论边坡稳定性分析方法基本条件的比较

分析方法	满足平衡条件		条间力的假定	滑面形状
	力的平衡	力矩平衡		
瑞典法	部分满足	部分满足	不考虑土条间作用力	圆弧
Bishop 法	部分满足	满足	条间力合力方向水平	圆弧
郎畏勒法	部分满足	部分满足	条间力合力方向水平	任意
Janbu 法	满足	满足	假定条间力作用于土条底以上 1/3 处	任意
Spencer 法	满足	满足	假定各条间的合力方向相互平行	任意
Morgenstern-price 法	满足	满足	法向和切向条间力存在一个函数关系	任意
Sarma 法	满足	满足	对土条侧向力大小分布做出假定	任意
不平衡推力法	满足	不满足	条间的合力方向与前一土条滑动面倾角一致	任意

　　大量的工程应用表明，即使对同一具体工程边坡来说，按不同方法或同一方法中所用函数形式不同的情况进行计算，得到的结果也不相同。比较分析发现（蔡美峰等，2013）：

　　（1）一般土的内摩擦角 φ 较大时传统瑞典法计算的安全系数多偏于保守，平缓边坡高孔压时用有效应力法很不准确，Bishop 法在所有情况下都是精确的，其局限性表现在仅适用于圆弧滑裂面以及有时会遇到数值分析问题。如果使用 Bishop 简化法计算获得的安全系数反而比瑞典法小，那么可以认为毕肖普法中存在数值分析问题。

　　（2）满足全部平衡条件的方法（如 Janbu 法和 Spencer 法）在任何情况下都是精确的（除非数值分析问题）。各法计算的成果相互误差不超过 12%，相对于一般可认为是正确的，答案的误差不会超过 6%，所有这些方法也都有数值分析问题。

　　（3）当遇到软弱夹层问题或折线形滑面时，相关规范都推荐使用不平衡推力法。它借助于滑坡构造特征分析稳定性及剩余推力计算，可以获得任意形状滑动面在复杂荷载作用下的滑坡推力，且计算简洁。

　　（4）对于复合破坏滑面的滑坡可以选择 Morgenstern-Price 法，该法满足力和力矩平衡，适用于任意形状滑动面，计算结果已经很精确，可以作为其他方法参照对比的依据。

11.4　滑坡的监测与防治

11.4.1　滑坡监测方法

　　矿山边坡监测方法见表 11-7。

表 11-7　露天矿边坡监测内容、仪器和技术

主要类型	亚类	主要监测技术
位移监测	光学仪器监测	经纬仪、水准仪、全站仪等
	钻孔伸长计监测	并联式伸长计、串联式伸长计等
	倾斜监测	垂直钻孔倾斜仪、水平钻孔倾斜仪、IrivecMeosuringSet、水平杆式倾斜仪、倾斜盘、溢流式水管倾斜仪等
	裂隙监测	单向测缝计、双向测缝计、测距计等
	收敛计监测	带式收敛计、丝式收敛计等
	脆性材料的位移监测	砂浆条带、玻璃、石膏等
	帮坡面变形监测	SSR（slope stability radar）雷达监测系统
	光纤位移监测	DiTeSt-STA201
	地形测量和形变测量	InSAR 监测系统
	卫星定位系统监测	GPS
爆破振动量测和岩体破裂监测	爆破振动量测	测振仪等
	微震监测	滚筒式微震仪，磁带记录式微震仪等
	声发射监测	声发射仪

续表 11-7

主要类型	亚类	主要监测技术
水的监测	降雨监测	雨强、雨量监测仪等
	地表水监测	流量计等
	地下水监测	钻孔水位和水压监测、排水洞水量监测等
巡检		通常包括边坡新出现的变形、开裂、塌方地表水的变化等

注：智能化、遥控化及天地空多手段协同监测是发展趋势。

11.4.2 滑坡的预测

边坡坡表变形随时间变化的一般规律如图 11-7 所示，滑坡的预测按照超前的时间长短可以分为以下几种：

（1）中长期预测。中长期预测是对于某一预定区域的滑坡活跃区和宁静期的趋势研究，指出哪些地点可能会大量发生滑坡，造成危害，时间在 6 个月至 1~2 年或以上（杨天鸿等，2011）。

图 11-7 边坡坡表变形随时间变化规律

（2）短期预测。短期预测是对于某一建设场地或某个具体斜坡能否发生滑坡以及滑动特征、滑速、滑动出现时刻（30 天~3 个月）的预先判定。

（3）临滑预测。临滑预测判断临近（24~48h 之内）滑坡发生的时间和位置。

通过边坡稳定性评价和变形破坏监测并基于一定的指标进行滑坡预警（如表 11-8 所示），最终目的是进行边坡失稳预测及滑坡预警，是矿山生产实践必须回答的问题，也是岩石力学领域的研究热点和难题。由于边坡地质条件和变形破坏过程的机理十分复杂，且对各种影响因素的交互效应和时空效应还不能进行可靠的定量描述，因此掌握边坡破坏规律和进行滑坡预测预警的难度较大。虽然有像新滩滑坡等令人鼓舞的成功预警，但更多的是滑坡灾害发生的惨痛教训。

表 11-8 露天边坡在线监测的预测预警判据

预警级别	注意级	警示级	警戒级	警报级
警报形式	蓝色	黄色	橙色	红色
地表裂缝（空间）	后缘、两侧及前缘裂缝分期有序形成	地面裂缝逐渐配套、贯通，并最终圈闭		后缘裂缝急剧拉开，前缘出现隆起、小崩小落
切线角（时间）	$\alpha \approx 45°$	$45° < \alpha < 80°$	$80° \leq \alpha < 85°$	$\alpha \geq 85°$
稳定系数（强度）	$1.0 \leq k \leq 1.05$	$0.95 < k < 1.0$		$k \leq 0.95$
加速度（时间）	在一定幅度范围内震荡			骤然剧增

　　滑坡预测预警是世界性的难题，国内外许多学者在边坡失稳机理和预测预警研究方面做了大量的工作，目前常用的预测边坡位移的方法主要有以下几种：

　　（1）统计归纳法（统计预测）。其代表为曲线拟合法。曲线拟合法是对观测到的位移序列采用各种曲线拟合，用得到的曲线方程进行预测。Kennedy（1971）根据智利Chuquicamata露天矿边坡位移监测曲线，用各种曲线进行了回归拟合，通过各种函数对边坡位移曲线各时段的后验拟合，认为应用对数函数分四段拟合效果最好，与实际观测曲线较吻合。

　　（2）灰色系统（统计预测）。灰色系统理论是我国学者邓聚龙（1985）提出的一种方法（邓聚龙，1985；蒋刚等，2000），它用来处理部分信息已知而部分信息未知的系统。灰色系统模型采用指数函数来逼近，以求得未来数据，对于岩质边坡这种复杂动态系统而言，灰色系统模型很难反映边坡系统自身的演化状态。

　　（3）时序分析法（统计预测）。时序分析是处理随时间变化的一组随机数据序列的一种数学建模方法。时序分析建模法有自己的独特性：要求数据序列为平稳、正态的序列；序列中的数据应该是其历史数据的线性组合。但在实际的边坡工程中，所测得到的位移序列一般不可能为平稳、正态的随机序列，而且很多情况下观测序列都不符合是其历史数据线性组合的特点，这些均限制了时间序列模型的应用（郝小员等，1999；周创兵等，2000）。

　　（4）神经网络（智能预测）。人工神经网络建模是人工智能研究的一个分支，它具有在复杂的非线性系统中较高的建模能力及对数据良好的拟合能力，并有挖掘数据列中隐含规律的能力。近年来已被引入边坡位移预测中（吕金虎等，2001；胡铁松等，1998）。目前边坡位移预测均采用三层 BP 神经网络模型。人工神经网络位移建模预报的实质是由神经网络隐含表达各位移间的函数关系。但是，BP 神经网络模型在网络结构、网络节点作用函数的选择，以及样本数量的确定等方面还存在问题有待解决。

　　随着非线性科学理论的发展，人们逐渐认识到边坡的演化系统是一个复杂的非线性动力系统。考虑到这种因素，一些学者把非线性动力学的知识引入滑坡研究，建立了滑坡研究的非线性动力学模型。另外，耗散结构理论、突变理论、重正化群理论、混沌理论、协同理论等也被应用到滑坡预测研究中。

　　（5）时变力学理论（理论预测）。基于蠕变力学、损伤力学、岩石力学理论研究边坡应力应变时间三变量的时效演化和强度衰减机理，分析初始变形、匀速平稳变形到加速变形过程，提出理论判据。

　　（6）多元信息融合（智能预测）。随着信息科学技术的发展，在 20 世纪七八十年代产生了一个称为"数据融合"的全新概念（韩崇昭等，2006），即将多种传感器获得的数据进行"融合处理"，以得到比任何单一传感器所获得数据更多的有用信息。后来，这一概念不断扩展，将要处理的对象扩展为图像、音频、符号等，从而形成了一种共识的概念，称为"多源信息融合"。谢谟文和蔡美峰（2005）提出了"信息边坡工程学"的概念，在他们的著作《信息边坡工程学的理论与实践》中，将最新的 GIS 等信息技术与边坡稳定性分析的力学方法相结合，将传统的力学分析方法向信息化、可视化及时空四维化转换，形成了一个新兴的研究领域——信息边坡工程学。

　　对于复杂的边坡工程问题，其三维空间稳定性取决于复杂空间分布的地形、地层、岩土力学参数及地下水等因素，但这些空间分布的信息很难在一般的边坡（三维）稳定性分析系统中处理；同时考虑到边坡岩体及其稳定性的时间效应，边坡稳定性实质上是一个时空四维问题。GIS 恰好提供了一个公用的平台来处理这些复杂的时空四维信息。信息边坡工程学将边坡工程与信息技术紧密结合，以 GIS 为平台，研究边坡的时空四维稳定、灾害控制及环境影响等稳定性相关问题。利用现代高精尖测量监测技术进行边坡快速实时信息获取及分析处理，为边坡稳定性分析与评价综合信息和数据的实时、自动采集和更新提供了有力的工具。

滑坡监测空间分析与特征识别流程见图 11-8，GIS 扩展模块 3D slope 在滑坡中的应用见图 11-9。

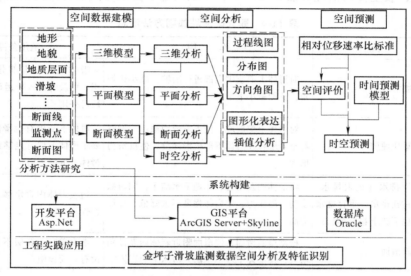

图 11-8　滑坡监测空间分析与特征识别流程

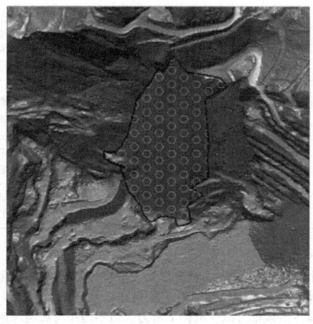

图 11-9　GIS 扩展模块 3D slope 在滑坡中的应用

综上所述，岩质边坡稳定性评价及预测预警是岩石力学与工程领域的热点问题，当前滑坡综合预测预报的思路为多手段、全过程、分阶段动态评价预测，从定性、定量、定势的角度，通过滑坡宏观现象观察、监测数据分析与数值计算等多种手段，建立全过程标准体系，引进稳定安全系数定量标准，进行持续、全过程的综合分析，分阶段进行边坡稳定性预测预警。

11.4.3 滑坡的防治

露天矿边坡主要的治理方法见表 11-9，下面对这些方法分别做详细的讲解。

表 11-9   露天矿滑坡加固方法汇总

类型	方法	作用	适用条件
削坡压坡脚	削坡清理	对滑体上部或中上部进行削坡，减小边坡角，从而减小下滑力	滑体确有抗滑部分存在才能应用，可及时调入采运设备的滑坡区段可采用
	减重压坡脚	对滑体上部削坡，使下方滑力减小，同时将土岩堆积在滑体下部抗滑部分，使抗滑力增大	滑体下部确有抗滑部分存在，并要求滑体下部有足够的宽度以容纳滑体上部的土岩
增大或保持边坡岩体强度	疏干排水（地表排水、水平钻孔排水、垂直排水井、地下疏干巷道排水）	将滑体内及附近岩体地下水疏干，同时减小动、静压力，使岩体强度不致降低，反而提高	边坡岩体内含水多，滑床岩体渗透性差
	爆破滑面	松动爆破滑面，使滑面附近岩体内摩擦角增大，使滑体中地下水渗入滑床下的岩体中	滑面单一，弱层不太厚，滑体上没有重要设施
	破坏弱层回填岩石	用采掘机械破坏弱面，并立即回填透水岩石，回填以后的岩石内摩擦角大于弱面内摩擦角	滑面单一的浅层顺层滑坡
	注浆	用浆液充填岩体中裂隙，使岩体整体强度提高，并堵塞地下水活动的通道；或用浆液建立防渗帷幕，阻截地下水	岩体中岩块较坚硬，裂隙发育、连通，地下水丰富，严重影响边坡稳定
人工建造支挡物	大型预应力锚杆（索）加固	用锚杆（索），并施加预应力以增大滑面上的正压力和抗滑力，使岩体的稳定性有所提高	潜在滑面清楚，岩体中的岩块较坚硬，可加固深层滑坡
	抗滑桩支挡	桩体与桩周围岩体相互作用，桩体将滑体的推力传递给滑面以下的稳定岩体	滑面较单一，清楚，滑体完整性较好的浅层、中厚层滑坡
	挡墙	在滑体下部修筑挡墙，以增大抗滑力	滑体较松散的浅层滑坡，要求有足够的施工场地和建材供应

11.4.3.1 削坡减重

"削坡"一般指放缓边坡坡率，"减重"是在滑坡体的上部主滑段和牵引段挖去部分滑体岩土以减少滑体重量和主滑体推力的工程措施（杨天鸿等，2011）。在滑体治理中，通常需要的是在滑体主滑段挖方减少滑体下滑力，而不是在滑坡前缘挖方减少抗滑力，在滑体下部前缘挖方会引起滑坡蠕动、边坡坍塌，加剧滑坡的滑动。所以在滑坡及潜在滑坡区内未查清滑坡性质前不可盲目削方。

作用：对滑体上部削坡，减小边坡角，从而减小下滑力。

适用条件：滑体确有抗滑部分存在才能应用，可及时调入采运设备的滑坡区段可采用。

大孤山铁矿削坡案例：

随着深部坡脚的采矿开挖，导致边坡阻滑力削减，同时开挖段卸荷应力释放致使上部应力重分布，引发不同程度的蠕变，在西北帮平台中，前期在−68m平台已经出现了裂缝，并且已经确定−68m平台至−210m平台之间存在潜在滑移面，因此矿山方面采取削坡减重方案来控制局势，对0～−210m台阶之间的边坡进行削坡，实际情况先期削坡是从−68m平台往下削一部分，后期再削上部分。削坡示意图见图11-10和图11-11。

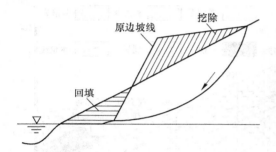

图 11-10　削坡示意图及其案例

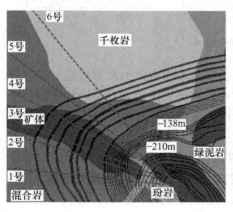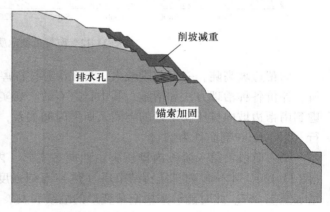

图 11-11　大孤山边坡削坡示意图

11.4.3.2　边坡压脚护坡

压脚护坡就是在边坡坡脚堆筑废石，借以支撑滑体或增加滑体下部滑动面上的摩擦力，从而提高岩体的稳定性（马永潮，1996）。

作用：将土岩堆积在滑体下部抗滑部分，使抗滑力增大。

适用条件：滑体下部确有抗滑部分存在，要求滑体下部有足够的宽度容纳滑体上部的土岩。

抚顺西露天矿案例：

经过钻探取芯发现，E1200 剖面处岩体结构属于顺倾软硬互层结构，组成边坡岩体的岩层为浅部的玄武岩和深部的片麻岩，之间为不整合面。其中浅部玄武岩中间连续分布有多层凝灰岩及煤层等软弱夹层，边坡地质模型如图 11-12 所示。根据钻孔揭露，玄武岩不同深度含有薄煤线、凝灰岩和破碎带等弱层层位，这些弱层层位赋存状态按埋深可分为三层，这里定义为浅部弱层、中间弱层和深部弱层，具体赋存状态如图 11-12 中三条虚线所示。在弱层下方，玄武岩与花岗片麻岩的年代不整合接触面为断层泥、凝灰岩等强风化破碎带，表现在地质模型图上为图 11-12 中波浪线所示，在不整合接触面的下方岩石岩性为片麻岩。

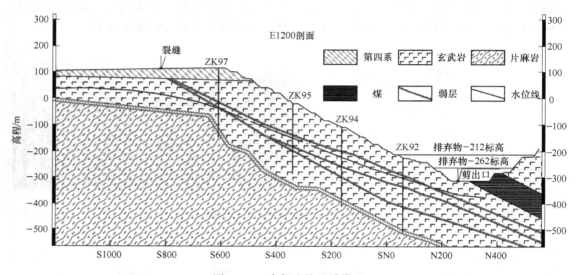

图 11-12　南帮边坡地质模型

南帮边坡高陡，变形范围较大，潜在滑移体深厚，很难采取有效的加固措施。综合分析、评价各种治理方法和措施，其中行之有效、切实可行的经济适用方案是内排压脚。考虑到南帮边坡内排压脚工程的空间及所需时间关系，内排压脚工程总体上分为两个阶段进行（以 E1200 剖面处为例）。

第一阶段：第一阶段内排压脚由西向东实施，内排压脚排弃到界标高为−262m 水平（图 11-13）。本阶段内排压脚结束后（达到固结强度），南帮边坡稳定系数可以由 0.998 增加至 1.067。此时能够减缓南帮变形的继续和发展，防止南帮整体边坡的滑落。

在第一阶段内排压脚之前和进行过程中，充分利用有效时间，对矿坑底部煤层实施控制开采，强采出煤炭资源。但在控制开采实施过程中，要遵循工程的时效性、边坡的可变形性和边坡工程的动态稳定性。

第二阶段：第二阶段内排压脚可以根据现场实际需求全方位给予实施，内排压脚排弃到界标高为−212m 水平（图 11-14）。本阶段内排压脚结束后（达到固结强度），南帮边坡稳定系数可以增加至 1.324，能够满足南帮边坡的稳定性要求，为南帮构筑物提供保障。

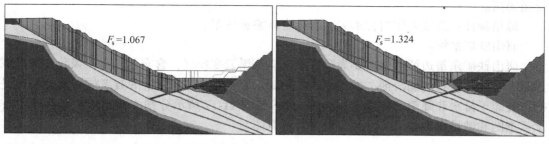

图 11-13 内排至−262m 水平沿中部弱层坡底切出　图 11-14 内排至−212m 水平沿中部弱层底部切出

11.4.3.3 边坡疏干排水

在边坡防治总体方案基础上，结合工程地质、水文地质条件及降雨条件，注意依坡就势，因势利导，制定地表排水、地下排水或者两者相结合的方案（徐邦栋，2001）。边坡疏排水应以"截、排和疏"为原则修建排水工程。通常，排水工程中修建的排水建筑物可分为地表排水建筑物和地下排水建筑物两大类。

边坡防护首先必须做好坡面和坡体排水。坡面排水主要通过设置坡顶截水沟、平台截水沟、边沟、排水沟及跌水与急流槽来实现。坡体排水设施主要有渗沟、盲沟及深层斜孔排水。边坡排水设计应当着重强调完整的排水系统，保证截住坡面范围以外的地表渗流和地下水补给，避免它们流入边坡内部。

边坡疏干的一般方法为：

（1）在边坡岩体外面修筑排水沟排除地面水，防止其流入边坡表面张裂隙中。对已有张裂隙应以适当材料及时充填。

（2）钻水平排水孔，降低张裂隙或破坏面附近的水压。

（3）在边坡岩体外围打疏干井，装配深井泵或潜水泵进行排水，降低地下水位；疏干高边坡可设置两个或两个以上排水水平。疏干排水简图如图 11-15 所示。

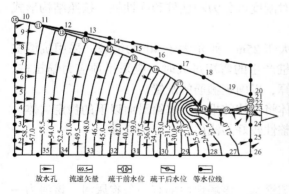

图 11-15 水平放水孔疏干排水图

在实际工作中，应根据边坡岩体水文地质条件，同时采用多种方法对地表水和地下水进行综合治理，尽快将坡体范围内的水排除和疏干。

作用：将滑体内及附近岩体地下水疏干，同时减小动、静压力，使岩体强度不致降低反而提高。

适用条件：边坡岩体内含水多，滑床岩体渗透性差。

研山铁矿案例：

研山铁矿东帮边坡岩体主要为顺倾混合岩化黑云变粒岩，含有黑云母，风化侵蚀后成为绿泥石，是岩石的润滑剂，加上 50°的顺倾层理结构，极易发生滑坡事故，因此必须进行边坡疏干排水和降雨的防渗工作。图 11-16 和图 11-17 所示分别为研山铁矿东帮疏干排水示意图和截排水沟建议尺寸及布置位置示意图。

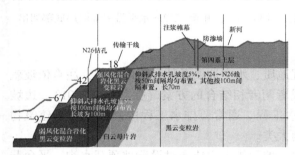 

图 11-16　截排水沟几何尺寸及布置位置示意图　　　　图 11-17　疏干排水示意图及其案例

11.4.3.4　抗滑桩加固

抗滑桩是指对钢筋混凝土或其他材料的桩，按断面的大小分为大断面和小断面的抗滑桩（孙玉科等，1999）。大断面桩是在开挖的竖井或坑道内灌上钢筋混凝土，起主要抗滑作用的是混凝土，多用于土体边坡；小断面桩是在钻孔内放入钢轨或钢管等作为主要抗滑结构，然后用混凝土将钻孔内的空隙填满或用压力灌浆，常用于岩石边坡中。

抗滑桩通过桩身将上部承受的坡体推力传给桩下部的侧向土体或岩体，依靠桩下部的侧向阻力来承担边坡的下推力，使边坡保持平衡或稳定。抗滑桩按照施工方法可分为打入桩、钻孔桩、挖孔桩，按照材料可分为木桩、钢桩、钢筋混凝土桩，按照截面形状可分为圆形桩、管形桩、矩形桩，按照桩与土体相对刚度可分为刚性桩和弹性桩，按照结构形式可分为排式单桩、承台式桩和排架桩。

抗滑桩桩长宜小于 40m，对于滑面埋深大于 25m，倾角大于 40°的滑坡，采用抗滑桩阻滑时应充分论证其可行性。当滑坡对抗滑桩产生的弯矩过大时，应采用预应力锚拉桩。采用矩形抗滑桩时应进行斜截面抗剪强度验算，以确定箍筋的配置。

作用：桩体与桩周围岩体相互作用，桩体将滑体的推力传递给滑面以下的稳定岩体。

适用条件：滑面较单一，清楚，滑体完整性较好的浅层、中厚层滑坡。

抗滑桩示意图及其案例见图 11-18。

司家营铁矿案例：

西帮边坡地下水的类型主要为第四系孔隙潜水。该场地西部有一条狗尿河，该河为一季节小河，据在响嘡村南观测，雨后水面宽 16m，水深 0.2~1.0m，流量达 6.25m³/s。地下水主要赋存在粉砂层及以下的砂层中，根据在排岩车间厂房南侧的水井抽水试验，粉砂层粉砂的渗透系数为 1.37~2.94m/d。粉质黏土层为相对隔水层。

基岩中赋存有风化岩裂隙水，但富水性较差。在 N14-1 钻孔，81.7~83.2m 处漏水现象明显，83.2~84.9m 漏水严重，84.9~85.8m 漏水明显，85.8~86.6m 漏水现象减轻。

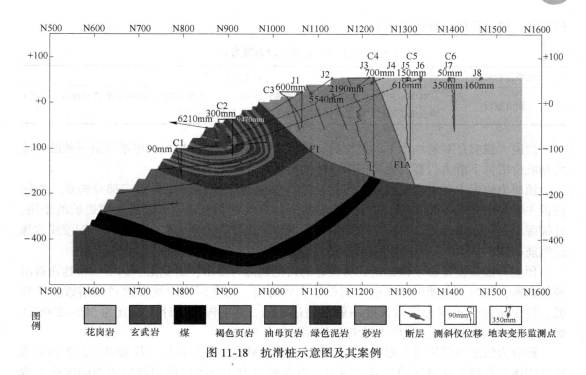

图 11-18 抗滑桩示意图及其案例

滑坡勘察期间西帮边坡钻孔水位高程介于−8.25～−4.1m，该区地下水补给来源主要为大气降水入渗和侧向径流补给。

边坡第四系土层厚度大，厚度 51～70m，主要由粉土、粉砂、黏性土和强风化石英砂岩、页岩等组成，边坡土层含水层富水性强，边坡角变化较大，土层底板有水渗流侵蚀条件下，易发生失稳破坏，2013 年和 2017 年，西帮 N14～16 线之间土层发生滑坡已表明其失稳性质为近似圆弧型，因此土层按照圆弧滑动法进行验算。从已有勘察钻孔的勘探线验算边坡稳定安全系数不能满足《非煤露天矿边坡工程技术规范》（GB 51016—2014）的规定，考虑到边坡的永久性和整体性，需采取局部加固措施。西帮岩体的结构面产状对边坡的稳定性有利。加固前边坡的稳定性安全系数为 1.098，采取清除滑坡扰动土体，用土钉墙+抗滑桩和预应力锚索+块石反压加固的措施后，边坡的稳定性安全系数为 1.241。

抗滑桩采用 1200mm 直径的钻孔灌注桩，宜采用泥浆护壁成孔工艺，桩间距 2.20m，桩端进入中风化岩不小于 1.5m，桩长约 29.5m。桩顶设置冠梁连接，冠梁截面尺寸为 1300mm×1000mm，钢筋保护层厚均为 50mm。桩身混凝土嵌入冠梁 100mm，桩顶锚筋进入冠梁不少于 700mm。桩身和冠梁混凝土强度等级均为 C30，冠梁上预留锚孔。桩孔位偏差不大于 20mm，桩身垂直度不大于 0.5%，桩位偏差不大于 50mm。沉渣厚度小于 100mm。

边坡分段治理方法见表 11-10。

11.4.3.5 锚索加固

锚杆（索）加固边坡是用金属锚杆（索）将滑坡体锚固在深部稳固的岩体中，构成一个共同受力体系，改变滑坡体内部的应力状态。锚杆（索）由锚头、张拉段、锚固段三部分组成。锚头的作用是给锚杆施加作用力，张拉段将锚杆的拉力均匀地传给锚杆周围的岩体，通过锚固段提供锚固力。

表 11-10　边坡分段治理方法

坡顶保护对象	边坡加固方法
新滑坡段	对 W0+917.22～W1+032.22 新滑坡段在+6～-18m 台阶采用土钉墙+抗滑桩和预应力锚索+块石反压加固，坡顶外设置降水井，下部砂层设置放水孔

预应力锚索是对滑坡体主动抗滑的一种技术。通过施加预应力，可增强滑带的法向应力和减少滑体下滑力，有效地增强滑坡体的稳定性。

预应力锚索主要由内锚固段、张拉段和外锚固段（又称外锚头）三部分构成。内锚固段主要是依靠水泥砂浆的黏结阻力来抵抗岩体之间的相互错动，起到加固边坡的作用。外锚固段是锚索借以提供张拉吨位和锁定的部位。张拉段主要由高强度钢筋、钢绞线或螺纹钢筋构成。

预应力锚索设置必须保证达到所设计的锁定锚固力要求，避免由于钢绞线松弛而被滑坡体剪断；同时，必须保证预应力钢绞线有效防腐，避免因钢绞线锈蚀导致锚索强度降低，甚至破断。预应力锚索长度一般不超过 50m。单束锚索设计吨位宜为 500～2500kN 级，不超过 3000kN 级。预应力锚索布置间距宜为 4～10m。

预应力锚索极限锚固力通常由破坏性拉拔试验确定。极限拉拔力指锚索沿握裹砂浆或砂浆固体沿孔壁滑移破坏的临界拉拔力；容许锚固力指极限锚固力除以适当的安全系数（通常 2.0～2.5），它可为设计锚固力提供依据，通常容许锚固力为设计锚固力的 1.2～1.5 倍；设计锚固力可依据滑坡体推力和安全系数确定。

预应力锚索将根据滑坡体结构和变形状况确定锁定值：

（1）当滑坡体结构完整性较好时，锁定锚固力可达设计锚固力的 100%。

（2）当滑坡体蠕滑明显，预应力锚索与抗滑桩相结合时，锁定锚固力应为设计锚固力的 50%～80%。

（3）当滑坡体具崩滑性时，锁定锚固力应为设计锚固力的 30%～70%。

作用：用锚杆（索）并施加预应力以增大滑面上的正压力和抗滑力，使岩体的稳定性有所提高。

适用条件：潜在滑面清楚，岩体中的岩块较坚硬，可加固深层滑坡。

长锚索格构梁加固案例如图 11-19 所示。

图 11-19　长锚索格构梁加固案例

对于松散破碎岩体，一般采用挂网+锚喷+绿化方法，见图 11-20。

图 11-20　短锚杆、挂网加固案例

黑山铁矿案例：

承德钢铁集团有限公司黑山铁矿 1 号采区西帮长度约 280m，初始开挖眉线高程为 920m，目前 746m 以上完成靠帮，形成的边坡高度为 174m，其中 770 宽平台以上基本呈一坡到顶，形成了高度约 100m 的滑体（称为西帮滑体），后缘沿边坡走向出现长达 200m 的裂缝，770 台阶以上不断的滑坡一直是困扰和影响采场作业安全的一大问题。

2004 年针对西帮南半段滑体采取了深层锚索加固，旨在保证 746～770m 宽平台的整体稳固，以提供足够的抗力阻断和拦截上部滑体。根据勘察研究报告，滑体后缘断裂面向北仍有一定延伸，本次设计根据滑体发育产出特征、断层构造展布，采取深层锚索加固与浅层锚喷的联合加固方案。

通过治理，确保 770 清扫平台按设计宽度保留，使西帮 746～770 间台阶坡形成一个整体稳定的抗滑台阶平台，消除 770 以上滑体滑塌对下方台阶靠帮正常生产的安全危害，保证西帮边坡在完成露采前的总体稳定。（说明：边坡加固南接已加固区段，向北延长 150m，根据边坡稳定及潜在变形分析，采用深层锚索与浅层锚杆挂网喷砼联合加固，自南向北加固深度逐渐减小。）

边坡剖面图如图 11-21 所示。

西帮自南向北沿边坡走向边坡总体稳定性逐渐提高，相应滑移推力降低，因此设计方案从锚索深度及锚固力都应遵循这种趋势。设计 746～765 台阶采用压力分散型锚索加固，接南侧已加固区布设 3 排锚索，间距 6m×6m，梅花型布置，设计张拉力 800kN。索体采用 6×7φ5 标准（1860MPa）无黏结钢绞线制作，锚索穿孔孔径不小于 120mm，孔内注浆材料为 C30 纯水泥浆。治理区段分成 5 个段落，每个段落延长 30m，锚索长度及设计张拉力见表 11-11。

11.4.3.6　边坡注浆加固

固结灌浆是用液压或气压把能凝固的浆液注入物体的裂缝或孔隙中，以改变灌浆对象的物理力学性质，适用于以岩石为主的滑坡、崩塌堆积体、岩溶角砾堆积体及松动体。用灌浆管在一定的压力下，使浆液如水泥浆进入岩体裂缝中，一方面可以通过浆液的固结在破碎的或有贯通裂隙的岩体中形成稳定的骨架；另一方面还可以堵塞地下水的通道，并以浆液置换岩体裂隙中的地下水，这是一种间接的土岩硬化法（蔡美峰等，2013）。

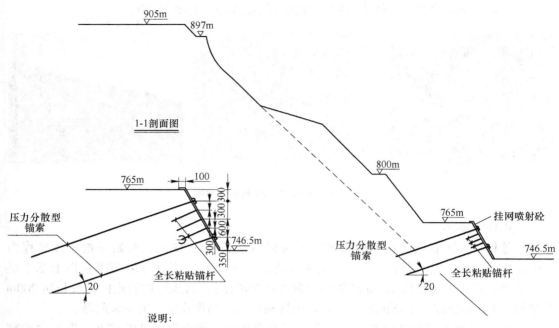

说明：
1.图中尺寸均以厘米计。
2.765～746.5m台阶坡采用深层压力分散型锚索结合浅层锚杆挂网喷射砼的防护形式。
3.锚索与锚杆间距3m×3m。
4.坡面及坡顶后缘1m挂网喷射C20砼，喷层厚度10cm。

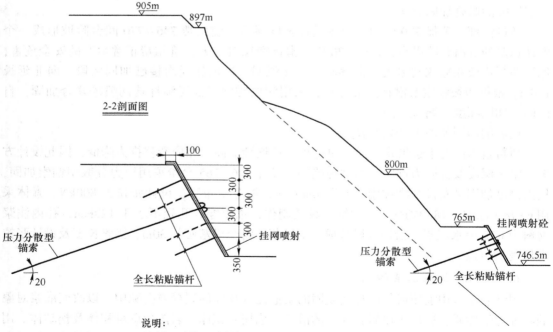

说明：
1.图中尺寸均以厘米计。
2.765～746.5m台阶坡采用深层压力分散型锚索结合浅层锚杆挂网喷射砼的防护形式。
3.锚索与锚杆间距3m×3m。
4.坡面及坡顶后缘1m挂网喷射C20砼，喷层厚度10cm。

图 11-21　边坡剖面图

表 11-11　锚索参数

设计锚索	区　段				
	Ⅰ	Ⅱ	Ⅲ	Ⅳ	Ⅴ
锚索长度/m	55	50	45	40	35
设计张拉力/kN	800	800	800	800	800

作用：用浆液充填岩体中裂隙，使岩体整体强度提高，堵塞地下水活动的通道；用浆液建防渗帷幕，阻截地下水。

适用条件：岩体中岩块较坚硬，裂隙发育、连通，地下水丰富，严重影响边坡稳定。

边坡注浆加固案例如图 11-22 所示。

图 11-22　边坡注浆加固案例

研山铁矿案例：

研山铁矿二期露天采场东帮临近新河、滦河，其中新河是人工开挖的输水渠道，最近处距离露天采场最终境界线 61m，补给量大（导致坑内大量出水），单一坡体坡面排水不能完全消除水对边坡稳定性的影响。因此，还需在东帮形成切实有效的注浆堵水帷幕，采取地下连续墙方法，来治理东帮水害问题。

露天矿注浆加固方法见表 11-12。

表 11-12　露天矿注浆加固方法汇总

方法	施工工艺	技术要求	主要设备	解决问题	适合条件
袖阀管法	采用地质钻机垂直于地面钻孔，下入袖阀管后，通过双液注浆泵进行后退式分段注浆	(1) 成孔钻头对准孔位后，采用冲击成孔的方法钻进； (2) 灌浆采用自上而下孔口封闭分段纯压式灌浆方法； (3) 封口灌浆结束后及时封孔	地质钻机、灌浆机、灰浆搅拌机、泥浆搅拌机	加固、防渗	卵砾石、砂及粉细砂、黏性土、断层破碎带、混凝土内微细裂缝

方法	施工工艺	技术要求	主要设备	解决问题	适合条件
静压注浆法	（1）钻探成孔后，在孔内预埋塑料管； （2）采用"跳打法"； （3）注浆压力一般控制在 200kPa 以内	当遇到串浆时，采用注浆孔和串浆孔同时灌浆处理办法或用木塞堵住串浆孔再进行注浆	钻机、往复式注浆泵、立式水泥搅拌机、空压机、泥浆泵	加固	静压注浆法加固松散杂填土
高压旋喷注浆法	（1）钻机就位； （2）钻孔； （3）插管； （4）喷射作业； （5）冲洗； （6）移动机具	（1）钻机或喷旋机就位时机座要平稳，倾角与设计误差一般不大于 0.5°； （2）喷射采用自下而上进行喷射； （3）开始喷射的注浆孔段要与前段搭接 0.1m 防止固结体脱节	钻机、高喷台车、高压清水泵、空压机、灌浆泵	增加地基强度、提高地基承载力、止水防渗	高压旋喷注浆法适用于处理淤泥、淤泥质土、黏性土、粉性土、黄土、砂土、人工填土等
深沉搅拌桩法	（1）测量放线； （2）深沉搅拌机定位； （3）搅拌下沉到达设计深度； （4）喷浆搅拌提升； （5）原位重复搅拌下沉； （6）重复喷浆搅拌提升	（1）搅拌机预搅下沉不得冲水，遇到硬土层，下沉太慢时，方可适量冲水； （2）严格控制水泥质量及水泥掺量，确保水灰比，发现注浆不足，必须再次复搅	钻机、搅拌机、泥浆泵、储浆桶、发电机	加固防渗	适用于处理淤泥、砂土、淤泥质土、泥炭土和粉土。当用于处理泥炭土或地下水具有侵蚀性时，应通过试验确定其适用性
地下连续墙	（1）导墙； （2）泥浆护壁； （3）成槽施工； （4）水下灌注混凝土； （5）墙段接头处理	（1）接头清刷干净； （2）防止钢筋笼偏斜； （3）支撑架设及时		防渗、挡土支护、建筑物基础	在软弱的冲积层、中硬地层、密实的砂砾层以及岩石的地基；坝体防渗，水库地下截流

思　考　题

11-1　简述露天矿的工作帮与非工作帮的区别。

11-2　简述露天矿最终边坡角的确定方法和步骤。

11-3　简述露天边坡角确定与境界优化的关系。

11-4　露天矿的主要滑坡破坏模式有哪些？

11-5　边坡稳定性分析极限平衡方法有哪些？分析各自的适用条件。

11-6 露天矿边坡的监测方法有哪些？

11-7 预测边坡位移的方法有哪些？

11-8 露天矿边坡滑坡的防治方法主要有哪些？

11-9 简述主动支护方式和被动支护方式的区别。

11-10 露天矿边坡与自然边坡、水利工程边坡有什么区别？其滑坡和哪些因素有关？

参 考 文 献

Fellenius W. Erdstatische Berechnungen mit Reibung und Kohäsion（Adhäsion）und unter Annahme kreiszylindrischer Gleitflächen［J］. Berlin, Germany：W. Ernst & Sohn, 1927.

Hoek E, Bray J W, 1981. 岩石边坡工程［M］. 卢世宗, 等译. 北京：冶金工业出版社, 1983.

Kennedy B A, Niermeyer K E, Fahm B A, et al. A case study of slope stability at the Chuquicamata Mine, Chile ［J］. Transactions of the American Institute of Mining, Metallurgical and Petroleum Engineers, 1971, 250：55~61.

Schuster R L, Krized R J, 1978. 滑坡的分析与防治［M］. 铁道部科学研究院西北研究所译. 北京：中国铁道出版社, 1987.

Zhu D Y. A method for locating critical slip surfaces in slope stability analysis［J］. Canadian Geotechnical Journal, 2001, 38：328~337.

蔡美峰, 何满潮, 刘东燕. 岩石力学与工程［M］. 北京：科学出版社, 2013.

重庆建筑工程学院, 同济大学. 岩体力学［M］. 北京：中国建筑工业出版社, 1981.

邓聚龙. 灰色控制系统［M］. 武汉：华中工学院出版社, 1985.

韩崇昭, 朱洪艳, 段战胜, 等. 多源信息融合［M］. 北京：清华大学出版社, 2006.

郝小员, 郝小红, 熊红梅, 等. 滑坡时间预报的非平稳时间序列方法研究［J］. 工程地质学报, 1999, 7（3）：279~283.

胡广韬, 杨文远. 工程地质学［M］. 北京：地质出版社, 1984.

胡铁松, 王尚庆. 滑坡预测的改进前馈网络方法研究［J］. 自然灾害学报, 1998, 7（1）：53~58.

蒋刚, 林鲁生, 刘祖德, 等. 边坡变形的灰色预测模型［J］. 岩土力学, 2000, 21（3）：244~246.

吕金虎, 陈益峰, 张锁春. 基于自适应神经网络的边坡位移预测［J］. 系统工程理论与实践, 2001, 12：124~129.

马永潮. 滑坡整治及防治工程养护［M］. 北京：中国铁道出版社, 1996.

钱鸣高, 石平五, 许家林. 矿山压力与岩层控制［M］. 徐州：中国矿业大学出版社, 2010.

孙玉科, 杨志法, 丁恩保, 等. 中国露天矿边坡稳定性研究［M］. 北京：中国科学技术出版社, 1999.

吴曙光. 土力学［M］. 重庆：重庆大学出版社, 2016.

谢谟文, 蔡美峰. 信息边坡工程学的理论与实践［M］. 北京：科学出版社, 2005.

徐邦栋. 滑坡分析与防治［M］. 北京：中国铁道出版社, 2001.

杨天鸿, 张锋春, 于庆磊, 等. 露天矿高陡边坡稳定性研究现状及发展趋势［J］. 岩土力学, 2011, 32（5）：1437~1451.

中国冶金建设协会. 非煤露天矿边坡工程技术规范［S］. 北京：中国计划出版社, 2014.

周创兵, 陈益峰. 基于相空间重构的边坡位移预测［J］. 岩土力学, 2000, 21（3）：205~208.

12 采场地压显现与控制

采场地压是指地下采场承受的地层压力。本章运用岩体力学的原理，探讨地下工程岩体的稳定性与冒落规律。在地下采矿工程中，首要的问题是采场安全稳定，或者说是地压控制，否则采矿就无法进行。因此，采场地压显现规律及控制方法是地下采矿岩石力学研究的重要内容。

12.1 采场地压概述

12.1.1 地压的概念

在采矿工程中巷道围岩或支架破坏的现象即所谓的地压现象。巷道开挖于地层之中，它所承受的压力就是地层压力。因此，从狭义上说，地压就是指巷道中支架所承受的地层压力。但是随着地下采矿工程的空间形态越来越复杂，矿山工程岩体移动破坏所反映的地压现象也有很大差异：有的仅局部破裂、剥落，有的却纵横几千米发生移动塌陷；有的仅发生人耳难以感知的声响，有的却发生巨雷般震响、数千米至数十千米的地震效应。在矿山，通常把这些现象统称为地压现象。由于"地压"首先是工程术语，它的概念要随着采矿工程建设的发展而发展，因此，从广义上讲，"地压"的概念应该指地下工程活动所引起的任何形式的岩体失稳破坏的过程（田允明，1987）。

有关"地压"的术语还有"地压显现"和"地压活动"，它们的含义是不同的（田允明，1987）。"地压显现"是指围岩或支护体在地压作用下发生了明显的变形、移动、破裂、破坏或声响等，使人的五官不能觉察的"地压"成为可见、可感的物理现象。人们通常是通过地压显现特征分析地压发展状态，判断地压的性态。"地压活动"则是指由于工程开挖引起了围岩内部的应力、能量活动，使岩体发生变形移动直至失稳破坏的整个过程，即包括隐潜与显现的地压现象，寓有地压发展变化的"动"的概念。从这个意义上说，地压活动是伴随采矿工程活动的整个生命周期。

关于"地压"的概念也应因工程条件不同而不同。对于采矿工程，地压的研究因工程的服役时间不同而有很大的差异，比如开拓巷道，服务于整个矿山的生命周期，地压研究关注巷道和井筒在服役期的长期稳定性；对于地下采场，其稳定性的时间要求很短（数月至数年），是以控制岩体移动、崩落来控制其稳定性，在这种情况下，地压研究的主要内容是岩体的移动与崩落规律。由此可见，矿山地压是岩体力学对于地下采矿工程的特殊应用，为了确保矿山安全生产，必须对矿山地压开展专门的研究。

随着地下采矿空间形状、尺寸的不断变化，围岩中次生应力将转移和重新分布，引起围岩变形、破坏等采场地压问题。与巷道地压不同的是，采场地压显现特点为：（1）和采矿生产过程密切相联；（2）揭露岩层面广、地压类型多；（3）地压是动态变化的。认识不同采矿方法中采场地压显现特点及掌握控制方法，是本章论述的内容。

12.1.2 地压活动的主要影响因素

影响采场地压活动的因素有多种，总的来说，可包括以下因素。

12.1.2.1 地质条件

矿体及其围岩都是经过漫长的地质年代形成的地质体，其间经历了多次、多种地质作用以及长期的交变地应力作用，具有极其复杂的结构特征（结构面发育程度、断层存在等）、物理力学性质（岩性、强度等）及赋存环境（地下水、地温等），这些结构特征及物理力学性质在空间上分布的不连续性和不均匀性直接影响了地压活动的显现形式。例如，较完整的岩体和岩性较软的岩体构成的岩体工程结构，其地压显现以变形地压为主，而较破碎岩体和岩性坚硬的岩体构成的岩体工程结构，其地压显现以松脱地压为主。

12.1.2.2 矿体赋存条件

矿体赋存条件包括矿体厚度、倾角、埋藏深度、顶底板围岩性质及直接顶板厚度等。例如，应用空场法采矿时：（1）矿体厚度不同，采用的矿柱宽度应与矿体厚度相适应，当矿柱宽度相同而矿体厚度变化时，矿柱的受力状态和地压显现方式也会有所不同。（2）矿体倾角的变化对顶板地压的显现有较大影响，当矿体倾角较小时，以应力控制型破坏为主；而当矿体倾角较大时，则以构造控制型破坏为主。（3）矿体的埋深影响着地压活动的显现方式，例如对于节理发育的矿体和围岩，浅部开采时的地压显现以片帮和冒顶为主；而当开采至深部时，则将产生岩爆等冲击型地压。（4）顶底板岩性不同，直接顶板厚度不同，就使得顶板地压显现规律和强弱程度发生变化。

12.1.2.3 地应力环境

地应力环境的变化除前述随开采深度增加地应力随之增大外，上部采空区的形成对下部矿岩体的应力环境也有不可忽视的影响。岩体有显著的各向异性、非均质性和非连续性，当上部矿体开采后形成采空区，应力环境将发生变化，使下部的工程岩体处于应力升高区或承压带中，因此地压显现将更为明显和激烈。

12.1.2.4 工程因素

地压活动的工程影响因素主要包含采场的断面尺寸与形状、采场的走向布置、采场的开挖方式、支护方式、爆破扰动等因素。例如以构造应力为主的地应力场条件下，采场的走向直接影响地压活动。当开采某些孤立矿块时，容易形成较高的应力集中，往往就会引起急剧的地压活动。

12.2 空场法采场地压

空场法在回采过程中，将矿块划分为矿房和矿柱，先采矿房，再采矿柱。在回采矿房时，采场以空场形式存在，仅依靠矿柱和围岩本身的强度来维护，这时需要研究矿柱和顶板的稳定性。矿房采完后，要及时回采矿柱和处理采空区，这仍然需要研究在能确保人员安全的前提下如何回收矿柱。在一般情况下，回采矿柱和处理采空区同时进行；有时为了改善矿柱的回采条件，用充填料将矿房充填后，再用其他采矿方法回采矿柱。

从岩石力学观点讲，空场法是依赖采场顶板自撑能力和矿柱支撑维持采场空间稳定的一种采矿方法。从图 12-1 可以看出，空场法回采矿房后，地压显现主要在于顶柱和间柱。顶柱实际上就是该阶段矿房的顶板，而间柱是矿房空区的侧帮，是独立矿柱。因此，空场法地压显现可以归结为空区顶板的稳定性和矿柱的稳定性。

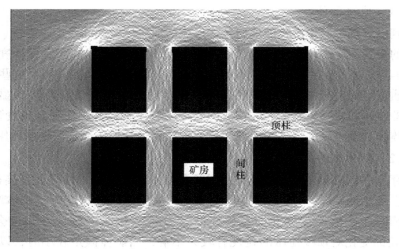

图 12-1　空场法开采时矿房和矿柱中的应力分布（RFPA^{2D}数值模拟结果）

12.2.1　顶板稳定性分析

顶板稳定性受多方面因素的影响，例如顶板岩层的物理力学特性、开采深度、顶板暴露面积及其几何形状、采区的地质环境（地应力、断层、地下水等）、开采方法及崩矿方式、矿柱和底板的稳定性等，而这些因素又是互相影响和互相制约。

12.2.1.1　顶板的破坏模式

顶板破坏模式，即指当矿石回采过后，悬露顶板在其自重和次生应力场作用下的失稳破坏方式。长期的工程实践表明，空场法采矿的顶板破坏模式主要有以下几种：

（1）顶板离层垮冒。顶板岩体为层状岩体、单层连续性较好但层间结合差、岩层较软、岩石强度较低。其破坏过程是，在岩体自重以及构造应力作用下，顶板岩层之间分离，产生弯曲变形，当弯曲变形产生的拉应力超过岩层的抗拉强度时，顶板岩体即向采空区垮冒。

（2）顶板折断垮落。顶板的整体性较好，岩体强度较低，但有倾角较大的断层破碎带垂直矿体走向切割采场顶板。由于有断层破碎带切割顶板，而断层破碎带比较软弱，甚至沿断层破碎带发生抽冒，直接顶板成为一个悬臂梁，在岩体自重作用下，岩梁发生折断破坏。

（3）顶板拱形冒落。顶板岩体结构类型为块状或碎裂状岩体、层状但被节理裂隙切割的岩体，节理裂隙结合强度低，顶板厚度大。顶板岩体的岩块在其自重作用下，逐渐向上冒落形成拱形是其破坏特征。

（4）顶板楔形冒落。顶板被一条或多条断层破碎带或较大裂隙切割，并且与顶板夹角较小，岩体强度较低，顶板厚度较大。若顶板被单个结构弱面切割，则形成的楔形体在岩体自重作用下发生垮冒；若顶板被两个或两个以上的结构弱面组合切割，则切割形成的棱柱或棱锥就会脱离母岩而冒落。

（5）顶板不规则冒落。顶板厚度较小且无断层破碎带或大规模裂隙弱面切割顶板，顶板岩体结构为块状或碎裂状，或为层状顶板但被节理裂隙切割，节理裂隙黏结强度低，顶板破坏与否取决于局部的顶板岩体质量及小范围的裂隙分布情况。

12.2.1.2　顶板自稳能力估计

在理论研究中，通常无法完全考虑各种影响因素，人们一般将复杂的问题抽象成各种简单的力学问题进行分析。在采矿工程中，采场顶板的力学计算模型往往被简化成板或者梁模型计算。由于实际问题比这些简化情况要复杂得多，每种简化都无法全面反映实际情况。因此，目前还没有确定的开挖区跨度与顶板安全厚度之间关系的统一方法或公式。比较具有代表性的方法有以下几种：

（1）厚跨比法。此法常用于稳定性较好的围岩，影响顶板稳定的因素固然很多，但最主要的是顶板的完整程度、洞顶的形状（水平或拱形）、顶板厚度及跨度。因水平洞顶比拱形洞顶受力条件差，故当采空区顶板为完整顶板时，取近似水平顶板的厚度 H 与采空区跨度 b 之比。该方法认为 $H/b \geq 0.5$ 时顶板是安全的。该方法的缺点是无法考虑顶板完整程度、形态、荷载大小和性质。

（2）结构力学梁理论计算法。假定采场顶板岩体是一个两端固定的平板梁结构，上部岩体自重及其附加载荷作为上覆岩层载荷，按梁板受弯考虑，以岩层的抗弯抗拉强度作为控制指标。根据材料力学与结构力学公式，推导出采空区顶板的安全厚度：

$$H = 0.25b \frac{\rho b + \sqrt{(\rho b)^2 + 8lq\sigma_B}}{\sigma_B l} \tag{12-1}$$

式中　H——采场顶板的安全厚度，m；

　　　σ_B——顶板岩体抗拉强度，kPa；

　　　ρ——顶板岩体容重，kN/m^3；

　　　b——顶板跨度，m；

　　　l——顶板单位计算宽度，m，取 $l=1$；

　　　q——地表附加荷载，kPa。

该方法与 K. B. 鲁别涅依他公式法出发点比较接近，不考虑边界跨度和隔离顶柱初始应力的影响，综合考虑了顶板自重、荷载大小等；但是没有考虑顶板形态和破碎情况，以及岩体的地质特性及构造特性等对顶板安全厚度的影响。

（3）平板梁理论计算法。假设顶柱是一个两端固定的平板梁结构，根据材料力学的公式，推导出安全顶柱厚度公式：

$$H = K \frac{\rho b^2}{2\sigma_B} \tag{12-2}$$

式中　σ_B——顶板岩体抗拉强度，MPa；

　　　b——采空区跨度，m；

　　　H——采场顶板的安全厚度，m；

　　　K——安全系数；

ρ——顶板岩体密度，t/m^3。

该方法是比较实际而可靠的工程计算法，综合考虑了岩石的物理力学特性、结构特征削弱系数。但是没有考虑岩体的地质特性及构造破坏特性等对顶板安全厚度的影响等。

（4）K. B. 鲁别涅依他公式法。该方法考虑了采场跨度及顶板岩层特性，包括岩体强度、岩体的地质特性及构造破坏特性等对顶板安全厚度的影响，同时也考虑了地表作业设备的影响，根据力的叠加原理，采取了两个假设条件：矿房长度远远超过其宽度；矿房的数量多，足以消除边界跨度的影响。分别计算在顶板内因自重和地表设备作用下产生的应力。根据此假设，把复杂的三维厚板计算问题简化为理想的平面弹性力学问题，计算出不同跨度和厚度下的顶板应力，由最大拉应力来决定顶板的安全厚度。

提出的安全厚度计算公式为：

$$H = \frac{K\left[0.25\rho b^2 + (\rho^2 b^2 + 800\sigma_{\mathrm{B}}g)^{1/2}\right]}{98\sigma_{\mathrm{B}}} \tag{12-3}$$

式中　H——采场顶板的安全厚度，m；

　　　K——安全系数；

　　　ρ——顶板岩体密度，t/m^3；

　　　b——采空区跨度，m；

　　　σ_{B}——弯曲条件下考虑到强度安全系数 k_3 和结构削弱系数 k_0 时的顶板强度极限，MPa，$\sigma_{\mathrm{B}} = \sigma_{n3}/(k_3 k_0)$，其中：$\sigma_{n3} = (7\sim10)\%\sigma_c$，$k_0 = 2\sim3$，$k_3 = 7\sim10$；$\sigma_c$ 为岩石单轴抗压强度，MPa；

　　　g——设备对顶板的压力，MPa，$g = G/2b_{\mathrm{r}}$；

　　　G——大型设备的重量，t；

　　　b_{r}——设备（如电铲）的履带宽度，m。

（5）Mathews 稳定图法。Mathews 稳定图的设计公式基于两方面因素考虑计算和绘图：稳定数 N 表示在给定岩石应力情况下岩体容纳稳定的能力，形状参数或水力半径 S 表示采场表面的几何参数。Potvin 等（1989）利用加拿大许多地下矿山实例进一步完善了稳定图法，通过一个过渡区域划分，把它简化为稳定区域和不稳定区域（或称为崩落区域），如图 12-2 所示。

1）稳定数。稳定数 N 代表岩体在给定应力条件下维持稳定的能力，稳定数 N 的计算方法如下：

$$N = Q'ABC \tag{12-4}$$

式中，各参数定义见表 12-1。稳定数 N 代表

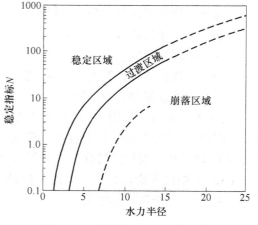

图 12-2　改进的 Mathews 稳定图
（Potvin 等，1989）

岩体在给定应力条件下维持稳定的能力，确定稳定数的大小需要确定岩体修正质量数 Q'、岩石应力系数 A、节理产状调整系数 B 和重力调整系数 C，再将值代入式（12-5）求得。

表 12-1　稳定数 N 的计算公式中各参数的描述

参数	描　　述
Q'	为根据勘测图或钻孔岩芯记录计算出的结果, 和采用 NGI 分类与 Q 指标类似, 在假设地下水和应力折减系数均为 1, 即取 $J_w/SRF=1$ 时计算出的 Q 值就是 Q' 值
A	为岩石应力系数, 由完整岩石单轴抗压强度与采场中线采矿产生的诱导应力 (即地应力) 的比值确定
B	为节理产状调整系数, 其值是通过采场面倾角与主要节理组的倾角之差来度量
C	为重力调整系数, 反映了采场面产状对采场矿岩稳定性的影响, 重力调整系数 C 的大小取决于采场顶板暴露表面的崩落、滑落以及边帮的滑落等

对于岩体修正质量数 Q', 只需求得岩体质量 Q。通常可以采用 Q 与 RMR 之间的经验公式 (12-5) 进行变换, 把地质力学分类评价评分 RMR 值转化为 Q 值。

$$RMR = 9\ln Q + 44 \tag{12-5}$$

式 (12-5) 中 RMR 可通过岩体的基本质量指标 BQ 值进行转换得到:

$$BQ = 80.786 + 6.0943RMR \tag{12-6}$$

求得 RMR 值后, 通过式 (12-5) 计算得到 Q, 当 $J_w/SRF=1$ (J_w 和 SRF 分别为巴顿岩体质量分类中的节理水折减系数和应力折减系数) 时, Q 值就是 Q' 值。

对于岩石应力系数 A 值, 由完整岩石单轴抗压强度 σ_{ci} 与采场中线采矿产生的压应力之比加以计算; 也可采用弹性有限元软件算得, 或者参考已发表的应力分布图进行估算。常用的求解方法是经过计算岩石单轴抗压强度与采场上部地应力之比后, 采用下面公式计算, 其取值范围为:

$$MSF = \frac{1}{R} = \frac{\sigma_{1max}}{UCS} \tag{12-7}$$

若 MSF<0, $A'=0.1$

若 $0 \leqslant MSF \leqslant 1$, $A' = 0.1 + 0.9e\left[\left(-e^{-\left(\frac{MSF-0.3}{0.09}\right)}\right) - \frac{MSF-0.3}{0.09} + 1.0\right]$ $\qquad$ (12-8)

若 1<MSF, $A'=0.1$

值得注意的是, 岩石应力系数 A 或者 A' 值, 其大小还受到三维应力状态的影响, 且在进行采场顶板稳定性判断时需计入岩体抗拉强度的影响 (考虑到岩体抗压而不抗拉), 基于此, 东北大学岩石破裂与失稳研究所对岩石应力系数进行了修正, 具体细节可以参阅相关文献 (Jia 等, 2020)。

对于节理产状调整系数 B 可用图 12-3 求得, 加粗的线代表顶板或边墙, 虚线代表节理组, 其中角度代表节理组与顶板或边墙的夹角。

对于重力调整系数 C, 如采场示意图 12-4 所示, 表示了采场与水平面间的倾角关系。重力调整系数 C 和采场表面倾角的关系由下式确定:

$$C = 8 - 6\cos\alpha \tag{12-9}$$

式中, α 为采场表面倾角。

2) 水力半径 R (或形状因子 S)。水力半径 R (或形状因子 S) 反映了采场的尺寸和形状。任何井下的暴露面均可认为是由两个方向的跨度组成, 即认为是一个长方形, 形状

水平工作面	倾斜工作面	竖直工作面	工作面与节理夹角	Potvin参数B
节理—结构面			$\alpha = 90°$	0
			$\alpha = 60°$	0.8
			$\alpha = 45°$	0.5
			$\alpha = 30°$	0.2
			$\alpha = 0°$	0.3

图 12-3　节理调整系数 B 的计算

因子的定义为：水力半径 R = 面积 / 周长 = $XY/(2X + 2Y)$，如图 12-5 所示。

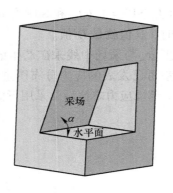

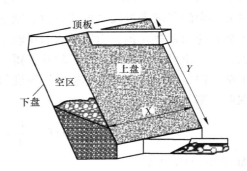

图 12-4　采场表面倾角 α 示意图　　　图 12-5　水力半径确定方法

　　在求得稳定数 N 的情况下，可计算出水力半径 R，结合 Mathews 稳定图 12-2，就可以评估采场的稳定性以及确定工程从稳定到破坏时所需的最小水力半径。

　　（6）数值模拟分析。随着数值分析方法的快速发展，对于一些比较复杂的工程问题，利用数值计算结果已经比较普遍，计算结果具有更广的适应性。近年来，有限元法、离散元法等数值模拟方法已经被广泛应用于空区稳定性的判定。但数值模拟所需要的岩体物理力学参数、初始条件、边界条件等难以确定，计算结果是否能够反映现场采场的真实情况，还有待于研究。

12.2.2　矿柱稳定性分析

　　矿柱是一种支撑结构，其稳定性是采场地压控制的中心问题，一般认为它主要取决于矿柱所承受的载荷、矿柱中的应力状态和矿柱强度。

12.2.2.1　矿柱的破坏模式

矿柱破坏模式是指矿房矿石回采后，形成的连续或间断矿柱在顶板岩体的应力作用下可能发生的失稳破坏方式。矿柱的破坏形式取决于矿柱及顶底板的物理力学性质、顶底板的施荷方式。在矿柱受轴向压力条件下，主要有以下几种破坏形式（图12-6）：

（1）矿柱中含有地质弱面（断层或岩脉等），当矿柱载荷超过该弱面的抗剪强度后，弱面就会发生剪切破坏（图12-6（a））；

（2）顶板是页岩，底板含软弱夹层，矿柱比较稳固，矿柱承载后，底板中的软弱层外鼓，矿柱向下移位，顶板挠曲（图12-6（b））；

（3）矿柱被纵向结构面分割为板体或棱柱体，承载后表现为横向鼓胀而破坏（图12-6(c)）；

（4）以上三种情况，不管是矿柱本身破坏与否，都属于矿柱没有足够抗力阻止顶板向下移动的情况。顶板下部层位下沉，上部层位就离层，离层以上的岩层就要给邻近矿柱转让压力，使其负荷成倍数增加，于是产生第四种（图12-6（d））矿柱破坏形式，即顶底板和矿柱都比较完整稳固时，矿柱中部逐渐扩大的脆性体受压破坏形式。

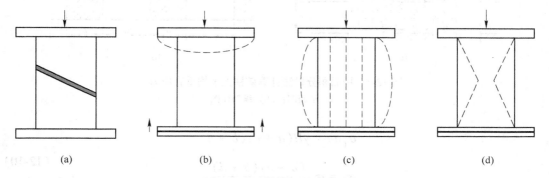

$$(a) \qquad (b) \qquad (c) \qquad (d)$$

图12-6 矿柱破坏基本形式

12.2.2.2 矿柱上的应力

矿柱上的应力指作用于矿柱单位承载面积上的荷载，它取决于初始应力场、矿房尺寸、矿柱形状与布置、矿柱的高宽比以及矿柱岩石性质等因素。实际上，矿柱上的应力随开采空间的变化和时间的推移而改变。例如，开采前，矿柱受初始应力场作用；开采后，还要受矿房引起的附加应力作用，如图12-7所示。

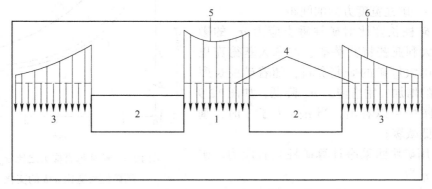

图12-7 矿柱垂直方向应力随采场采矿的重分布

1—矿柱；2—采场；3—支撑压力区；4—回采前矿柱中垂直方向应力分布；

5—回采后矿柱中垂直方向应力分布；6—回采后支承压力区垂直方向应力分布

如果矿柱在长期受载下产生裂隙、变形，那么矿柱上的应力会降低；如果邻近支承结构发生变化（如回采残留矿柱），那么矿柱上的应力又会增加。因此，矿柱上的应力是变化的，其对选择矿柱尺寸、评价矿柱稳定性都是十分重要的。

目前，从设计角度，矿柱上的应力仍取初始受载阶段的计算应力。

（1）垂直应力 σ_p。假设全部载荷（包括回采空间在内）均由系列矿柱均匀承担（见图 12-8），则矿柱横断面上的平均垂直应力 σ_p 为

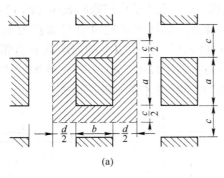 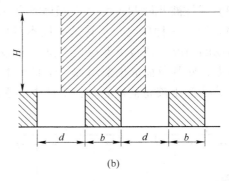

图 12-8 用面积分摊法计算矿柱上平均垂直应力

(a) 平面图；(b) 纵剖面图

$$\sigma_p ab = \gamma H (a + c)(b + d)$$

$$\sigma_p = \sigma_v \frac{(a + c)(b + d)}{ab}$$

（12-10）

式中 γ——矿柱上覆盖岩层的平均容重；

H——矿柱距地表深度，$\sigma_v = \gamma H$；

a——矿柱长度；

b——矿柱宽度；

c——矿柱长度方向的间距；

d——矿柱宽度方向的间距。

（2）矿柱长宽比对矿柱垂直应力 σ_p 的影响。据澳大利亚芒特艾萨矿、加拿大基德克里克矿及我国大厂矿的研究资料，随着矿柱长度和长宽比的增加，垂直应力 σ_p 降低，如图 12-9 所示，从图中可以看出，当 a/b 大于 3 时，垂直应力降低减缓。

（3）用矿块回采率计算矿柱垂直应力。矿块回采率 η 为

$$\eta = \frac{(a + c)(b + d) - ab}{ab} \quad （12-11）$$

将式（12-11）代入式（12-10），得

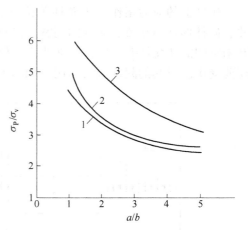

图 12-9 矿柱垂直应力之比 σ_p/σ_v 随矿柱长宽比 a/b 的变化

（Brady 和 Brown，2006）

1—芒特艾萨矿 1100 号铜矿体；2—基德克里克矿 2 号矿体；3—大厂矿 91 号矿体

$$\sigma_p = \sigma_v \left(\frac{1}{1 - \eta} \right) \tag{12-12}$$

用式（12-12）计算的垂直应力 σ_v，只能用于对矿柱上应力的估计，而不能用于具体矿柱的计算。

12.2.2.3 矿柱强度

矿柱强度与岩体强度、岩体结构、矿柱高宽比及承载时间等因素有关。矿柱的实际强度可由矿柱不同长宽高尺寸的经验公式确定。

当 $b=a>0.3h$ 时

$$R_p = 0.75 R_c \frac{b^{0.5}}{h^{0.55}} \tag{12-13}$$

当 $b<a<0.3h$ 时

$$R_p = 1.45 R_c \frac{b^{0.5}}{h^{0.55}} \tag{12-14}$$

式中　R_p——矿柱实际强度，MPa；

　　　　R_c——矿石单轴抗压强度，MPa；

　　　　h——矿柱高度，m；

　　　　a，b——矿柱长度和宽度，m。

前面提到的 3 个矿山使用式（12-13）和式（12-14）可计算出不同矿柱长宽比下矿柱强度的变化，如图 12-10 所示。

由图 12-10 可知，正方形矿柱（a/b 等于1）强度最大。随着矿柱长度增加，矿柱强度相应减小，矿柱长宽比为 3 时，矿柱强度只有正方形矿柱的 $1/2 \sim 1/3$。

12.2.2.4 矿柱尺寸的确定

如前所述，决定矿柱应力与强度的因素很多，前述计算公式很难反映出矿柱上的真实应力和强度，还存在各种偶然因素。在这种情况下，使用安全系数是必要的，安全系数 n 为

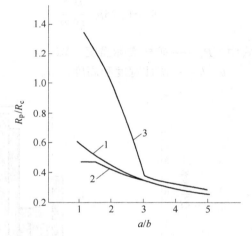

图 12-10　矿柱强度比 R_p/R_c 随矿柱长宽比 a/b 的变化

1—芒特艾萨矿 1100 号铜矿体；2—基德克里克 2 号矿体；3—大矿厂 91 号矿体

$$n = \frac{R_p}{\sigma_p} \tag{12-15}$$

计算出的安全系数还会受到矿柱长宽比的影响，如图 12-11 所示。图 12-11 表明，当矿柱长宽比在 1.5~2.0 之间时，矿柱的安全系数较高，即稳定性较好；当 a/b 大于 3 时，安全系数急剧降低。除了矿柱长度，矿柱宽度对稳定性也有影响。一般认为，矿柱宽度不宜过小。由上述可知，当矿柱宽度确定后，矿柱长度不宜过大，一般取 $a = (1.5 \sim 2)b$。

标准安全系数 $[n]$ 的选取比较复杂，这是因为若把稳定时的安全系数定高了，须加大矿柱尺寸，则回采率降低；若安全系数定低了，又会影响采场安全。所以，目前多凭经验选取标准安全系数。

南非某煤矿的经验是有益的。依据矿柱完整和发生破坏的统计数据，用发生概率的直

方图显示该地区矿柱稳定状况，如图 12-12 所示，得到该矿条件下矿柱的标准安全系数 $[F]$ = $1.3\sim1.9$，建议使用 $[F]=1.6$。这里的 $[F]$ 即为 $[n]$。

当用式（12-15）计算出的安全系数 $n \geqslant [n]$ 时，矿柱安全；$n < [n]$ 时，矿柱失稳。

例 12-1　一个 2.5m 厚的水平矿体位于地下 80m 深处，上覆岩体容重 25kN/m^3，矿柱试件的单轴抗压强度 $R_c = 15.5\text{MPa}$，初步采矿设计中取矿房宽度为 6m，边长为 5m 的正方形矿柱，全厚度回采，矿柱强度由式（12-13）确定。因矿柱高度 h 为 2.5m，矿柱宽度 b 为 5m，矿柱长度 a 为 5m，即 $b=a>0.3h$，故

$$R_p = 0.75R_c \frac{b^{0.5}}{h^{0.55}}$$

式中　R_p——矿柱实际强度，MPa；
　　　b，h——矿柱宽度和高度，m。

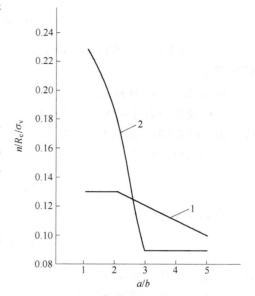

图 12-11　安全系数 n 随矿柱长度 a 与宽度 b 比值的变化

1—芒特艾萨矿 1100 号铜矿体；2—大厂矿 91 号矿体

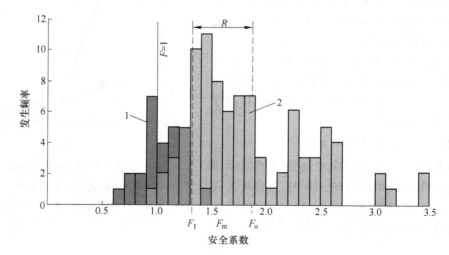

图 12-12　南非煤矿矿柱完整和破坏发生频率直方图

R—完整矿柱集中分布范围；F_I—R 的下限，$F_I = 1.3$；F_u—R 的上限，$F_u = 1.9$；F_m—R 的平均值，$F_m = 1.6$；1—破坏情况；2—稳定情况

解：

（1）垂直方向初始应力 σ_v

$$\sigma_v = \gamma H = 25 \times 80 = 2\text{MPa}$$

（2）矿柱平均垂直应力 σ_p

$$\sigma_p = \sigma_v \frac{(a+c)(b+d)}{ab}$$

$$= 2 \times \frac{(5+6)(5+6)}{5 \times 5}$$

$$= 9.68 \text{MPa}$$

（3）矿柱强度 R_p

$$R_p = 0.75 R_c \frac{b^{0.5}}{h^{0.55}}$$

$$= 0.75 \times 15.5 \times \frac{5^{0.5}}{2.5^{0.55}}$$

$$= 15.69 \text{MPa}$$

（4）安全系数 n

$$n = \frac{R_p}{\sigma_p} = \frac{15.69}{9.68} = 1.62 > [n]$$

表明矿柱设计尺寸满足要求。

12.2.3　采场地压活动特点

以空场法开采的矿山，若采空区扩大到一定范围又未及时处理，则可能发生岩层移动破坏。采空区发生激剧地压活动时，围岩发生移动、开裂错位、崩塌，从而引起顶板冒落、片帮和地表沉陷等地压显现形式，其往往不是一次完成，而是在薄弱部位（断裂构造或软弱岩体等）破坏以后随着岩体应力的重分布而发生多次激剧的移动破坏，直至围岩充分破坏、应力基本释放，地压活动才趋缓和。采场地压的活动特点主要取决于工程岩体的物理力学性质、原岩应力状态以及矿山工程条件。

12.2.3.1　缓倾斜矿体

薄至中厚的缓倾斜矿体，地压灾变常以顶板大塌陷为主要表现形式，具体活动特点如下：

（1）岩层发响与空场落石。岩层发响的音色、音量、音频和发响频度与岩性及采空区状况有关，岩层发响是由于岩层发生破裂或深部断裂。因此，伴随着响声就有矿柱剥裂和顶板掉块发生。在矿山常以响度与发响频度（单位时间的发响次数）作为地压活动发展的标志。

（2）顶板沉降速度发展过程。从顶板暴露至大塌陷，顶板沉降一般有比较明显的增速、减速、平衡和再增速四个阶段。当采空区面积过大、断裂构造切割顶板或附近空区冒落、矿柱失稳时，顶板会出现二次增速，这种现象可能是顶板塌陷的征兆。

（3）矿柱破坏是顶板大塌陷的先决条件。用空场法开采的缓倾斜矿床要发生顶板大塌陷，必须有矿柱大量破坏，否则只能是局部性的冒顶现象。采空区顶板的大规模陷落终归以矿柱的大量破坏、坍塌为前提。

12.2.3.2　急倾斜矿体

急倾斜脉群型矿床开采以后，相当于"建造"了一种特殊形态的工程结构体（图12-13）。

急倾斜类矿山的地压活动主要表现为结构体的失稳，因此需要按照岩体结构状态讨论急倾斜矿山矿体地压活动特点。

（1）地质构造不发育、整体性比较好的连续介质岩体。连续介质岩体的矿岩比较稳固，软弱结构面不发育，矿脉产状比较稳定，矿体回采后留下的规矩的顶底柱形成了稳定的"工程结构"，地压活动仅在节理发育的局部发生片帮、冒顶、炮眼错位和地表塌陷，一般不会发生地压灾变。

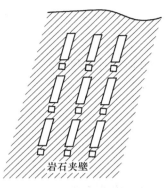

图 12-13 急倾斜脉群型矿床工程结构体

（2）断层和层理发育，并且有岩脉穿插，块体中虽然也可能发育几组节理，但多数是未破坏其整体性的块裂结构岩体。急倾斜脉群型矿山的地压活动往往表现为岩石夹壁的失稳，对于块裂结构型岩体其地压活动就以岩块移动所引起的岩壁崩塌为特征。

（3）强风化部位或断层破碎带形成松散介质岩体。相较于连续介质岩体和块裂介质岩体，松散介质岩体反映出强度低、变形大的特性。因此作为工程岩体更容易失稳破坏，在地压显现上常表现为"来压快、压力大"的特点，在岩体移动上则反映出围岩变形大且无定向地向开挖空间移动，甚至发生气浪。

12.2.3.3 厚大矿体

为了利用矿体厚度大的条件，这类矿山往往选用高强度采矿方法。矿体厚大将形成规模大的连续采空区，选用高强度采矿方法加剧了采空区的扩大速度。采空区围岩和矿柱可能产生较大的应力集中，多表现为顶柱和间柱薄弱部位破坏，从而引起顶板大面积坍塌，呈现多空区耦合效应，因回采所引起的应力扰动也更加激剧。

12.3 崩落法采场地压

崩落法是以崩落围岩来实现地压管理的采矿方法，即通过崩落矿石、强制（或自然）崩落围岩，利用岩体的碎胀性充填采空区以控制和管理地压，是一种经济效益好的高效率采矿方法。在我国地下矿中，采用崩落法的铁矿山占 75%，有色金属矿山和化工矿山占 40% 左右。崩落法包括下列采矿方法：（1）单层崩落法；（2）分层崩落法；（3）分段崩落法；（4）阶段崩落法。前两种方法用浅孔落矿，在矿石回采期间工作空间要支护，随着回采工作面的推进崩落上方岩石可以用来充填采后空间，这两种方法的工艺过程较复杂、生产能力较低，但矿石损失贫化较小；后两种方法经常用深孔或中深孔落矿，一次崩矿量大、生产能力较高，上方岩石在崩落矿石的同时也崩落下来，并在崩落岩石覆盖下放出矿石，故矿石损失贫化较大；随着覆盖岩层崩落，采场上部岩层呈疏松状，采区上部垂直应力减小，水平应力部分解除，这对处于这种应力状态下的采场工程结构是有利的，但随之会产生另外一些问题，从岩石力学角度，主要有：（1）无底柱分段崩落法回采进路稳定性问题；（2）有底柱阶段崩落法底部结构上的压力作用问题；（3）自然崩落法可崩性与应力控制问题。

12.3.1 无底柱分段崩落法回采进路地压与控制

12.3.1.1 进路周围的应力场

随着开采及崩落覆盖岩层，在采场上部形成免压拱，免压拱下部为应力降低区；而免压拱以外，包括拱脚一带却成为应力升高区，也叫支承压力区，或称承压带。承压带中岩体应力将大于岩体初始应力；而处于免压拱下部的岩体应力将小于岩体初始应力。此外，采矿过程中的回采方式及回采顺序，均对岩体应力状态有影响。为保证回采工作顺利进行，应研究并掌握回采进路周围应力变化规律及其原因。

（1）进路周围的二次应力场。回采工作开始后，岩体中初始应力场的平衡状态被破坏，应力重新分布，称为围岩二次应力场，该应力场在空间和时间上都不断变化。

1）进路横断面周围的应力场。如果回采进路处于免压拱下部，则其垂直方向的初始应力减小至 σ_v'，水平方向初始应力也将减小为 σ_H'。由于回采进路分段高度和间距均较小（一般为 10~12m），所以相互处于应力影响范围内。图 12-14 所示为进路横断面主应力轨迹线。从图中的主应力迹线疏密变化可以看出，进路周围有应力集中，但在正常回采条件下，静应力场中的应力集中程度并不高。

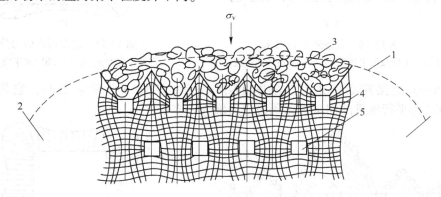

图 12-14 免压拱下进路周围主应力轨迹线分布

1—免压拱；2—支承压力带；3—崩落岩石；4—进路周围主应力迹线；5—进路

2）进路轴线方向应力场。进路回采过程还将引起进路轴线方向应力场变化，形成支承压力区，并随着回采进行而移动，如图 12-15 所示。由图可见，回采进路前端工作面附近为应力降低区，距工作面 10~15m 为应力升高区（也即支承压力区），15m 以外逐渐恢复到正常应力区。

（2）回采方式对进路周边应力分布的影响。相似材料模拟试验和数值计算的结果表明，在相同初始应力及断面形状（均为矩形）条件下，由于回采方式不同，进路周边应力有很大变化（模型中 σ_y 表示垂直应力，σ_x 表示水平应力）。

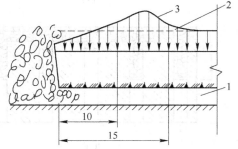

图 12-15 回采进路轴向应力分布

1—进路；2—岩体中初始应力；
3—回采后进路轴线方向应力分布

1）当进路平行进行回采时。位于回采水平下阶段中的进路（图 12-16 中的 6~9），如图 12-17 所示，其周边应力分布相同，进路顶底角处垂直应力 σ_y 值最大，而顶底板中点 σ_x 值最小。进路周边各点的水平应力 σ_x 值均小于 σ_y 值，但分布规律与 σ_y 相似。

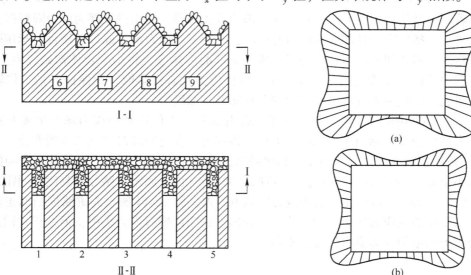

图 12-16　各进路平行回采

1~5—上阶段回采进路；6~9—下阶段回采进路

图 12-17　进路周边应力分布

（a）垂直应力 σ_y 分布；（b）水平应力 σ_x 分布

2）当一条进路滞后回采时。如图 12-18 所示，进路 3 为滞后进路，它周边应力（图 12-19）比平行推进的回采进路周边应力增大许多倍。

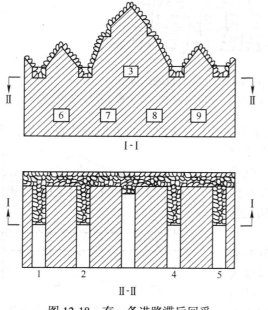

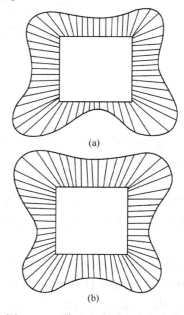

图 12-18　有一条进路滞后回采

1，2，4，5—上阶段回采进路；3—上阶段
滞后进路；6~9—下阶段回采进路

图 12-19　滞后进路周边应力分布

（a）垂直应力 σ_y 分布；（b）水平应力 σ_x 分布

表 12-2 列出了滞后进路周边垂直应力 σ_y 和水平应力 σ_x 比平行推进的进路周边应力增大的倍数。

表 12-2　滞后进路周边应力增大倍数

应力位置	顶板中点	顶角	两帮中点	底角	底板中点
σ_x	28	3	3.9	3.8	10
σ_y	80	20	22	8.1	45.9

从表 12-2 可看出，滞后进路顶板中点和底板中点应力增加了几十倍，所以进路顶底板中点处岩体容易破坏。

3）当上分段有残留进路，部分矿体没有回采时。如图 12-20 所示，3 号进路上部有残留矿体，此时对 8 号进路周边应力产生很大影响，应力分布更加不均匀，顶底板出现拉应力，如图 12-21 所示，所以 8 号进路最易破坏。

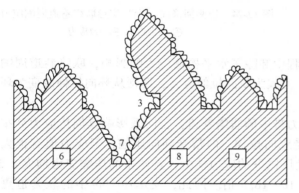

图 12-20　上分段有残留矿体时的回采状况

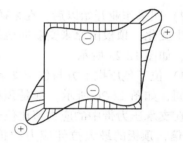

图 12-21　上分段有残留矿体时 8 号
进路周边的水平应力 σ_x 分布
⊕—压应力；⊖—拉应力

图 12-22 所示为某矿-220m 水平某采场上部有残留矿体时进路周围主应力轨迹线。从图可以看出，残留矿体下部进路周围主应力连线加密，表明该处应力集中程度很高，这种影响会延续到下部两三个分段。

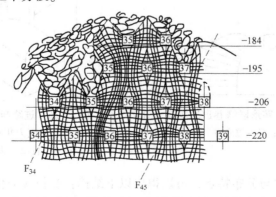

图 12-22　某矿-220m 水平 6～9 采场 EW 向纵剖面图
34~38—进路；F_{34}，F_{45}—断层

（3）进路与联络巷道、进路与溜井交叉处应力场变化。交叉处应力场变化规律可通过三维光弹模拟试验获得。试验时联络巷道垂直方向初始应力为 γH（γ 为岩石容重、H 为埋深），水平方向最大初始应力为 $1.37\gamma H$，联络巷道与回采进路有"十"字形和"T"字形两种交叉形式，如图 12-23 所示。在切割回采前后，联络巷周围的应力将有很大不同。

1）切割回采之前，未受采动影响，联络道在初始水平应力作用下，巷道顶板出现双向（环向与轴向）压应力，两帮产生环向拉应力，如图 12-24 所示。

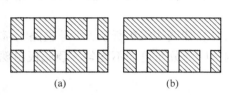

图 12-23 进路与联络巷道交叉形式
（a）"十"字形交叉；（b）"T"字形交叉

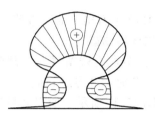

图 12-24 切割回采前"十"字形联络巷道周围应力分布
⊕—压应力；⊖—拉应力

2）回采作业开始以后，在采矿过程中卸除了水平构造应力的影响，联络巷道周围应力发生变化，顶板由原来受双向压缩应力改为双向拉伸应力，两帮从环向拉伸改变为环向压缩，如图 12-25 所示。

3）位于免压拱下方与位于支承压力带中的联络巷道，受回采影响其周边应力分布规律相同，如图 12-26 所示，都是顶板受双向拉伸，两帮受环向压缩，但应力值有很大差别：在支承压力带中的应力值比位于免压拱下的应力值大，且两帮的压缩应力约大 $8.5 \sim 15.7$ 倍，顶板的最大拉伸应力约扩大 $10 \sim 18.5$ 倍。因此，支承压力带中的联络道更易破坏。

4）由于联络巷道每隔 10m 左右与一条回采进路相交，此时巷道断面突然增大，又因该处应力发生叠加，所以交叉口处应力最高。

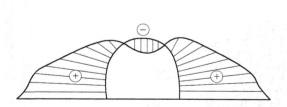

图 12-25 回采期间"十"字形联络巷道周围应力分布
⊕—压应力；⊖—拉应力

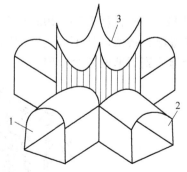

图 12-26 进路与联络巷道交叉口处
应力集中示意图
1—进路；2—联络巷道；3—应力

综合以上应力变化与分布特点，可以得出以下结论：受拉应力作用是联络巷道围岩应力状态的普遍特征。回采前联络巷道两帮受环向拉伸，回采期间联络巷遭受双向（环向和轴向）拉伸。由于岩体是多节理的裂隙体，承受拉伸能力特别是二向拉伸应力作用最低，因此造成联络巷道容易发生破坏。

试验研究证实，"T"字形连接的联络道周围应力低于"十"字形联络道中的应力。

12.3.1.2 地压控制与支护

现以河北省玉石洼铁矿为例说明地压控制措施。玉石洼铁矿采用无底柱分段崩落采矿法，分段高度10m，进路间距10m，崩矿步距1.6m。矿石溜井间距30~40m，以溜井划分采场（矿块），以采场为生产单元，即在多个采场同时进行凿岩、落矿和出矿工作。由于回采工作面总长度大，回采周期长，因而难以确定合理的回采顺序，加之矿岩松软破碎，采场地压大，致使大量进路遭受破坏，如250m分段一次较大的地压活动，使1号联络巷道的2~6号进路遭受不同程度的破坏，损失矿量达3.1万吨。

经过多年的现场调查和科学试验，摸清了玉石洼矿的地压活动规律和显现特点。为了有效地控制地压活动，采取了如下措施：

（1）集中作业强化开采。对每条进路实行强掘、强采，缩短每条进路的回采周期，使进路的准备与回采工作紧密衔接，不要过多准备待采进路；根据产量要求，掘一条就回采一条。这就可以避免进路因开掘时间过长而冒落破坏。例如，玉石洼铁矿一条50m长的进路，回采期间掘采紧密衔接，既使回采周期由原来的17个月缩短为10个月，又保证了回采期间进路稳定。而另一条进路因掘进后中断6个月才开始回采，在地压作用下，除进路前端冒落10m之外，整条进路变形严重、喷层脱落，进行了一次支护；回采期间底板下共挖3次，累计底鼓量达0.8~1.0m。

（2）合理安排进路的回采顺序。

1）相邻进路同时回采时，应形成梯状工作面，如图12-27所示，使相邻进路回采工作面有一定超前距离，这一距离应使下一条进路避开高应力区。相邻进路工作面之间间距保持在小于采动影响的范围内，减缓地压活动。

遇有上部残留矿体时，则应设法对其实施松动爆破，以消除残留矿体对下分段进路造成的集中压力。

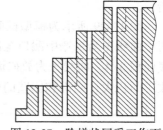

图 12-27　阶梯状回采工作面

2）在整个矿体范围，应该采取沿矿体走向中央向两翼开采，而不是由矿体两翼向矿体中央回采的顺序，这样可以避免在矿体中形成孤岛矿柱而造成高应力集中，给进路维护和回采工作带来困难。

（3）采用适宜的支护形式。对于不同位置的进路，因所受应力不同，应采用不同的支护方式。对于高应力区的进路，应采用允许围岩适当变形的喷锚支护或喷锚-金属网联合支护，同时选用能适应矿体较大变形的套管摩擦伸缩式锚杆，对部分变形大的地段采用二次加固支护，可取得良好效果。进路与联络巷道交叉处主要受拉应力作用，如及早进行喷锚支护，即可提供侧向力，封闭暴露面；同时锚杆又能改变巷道顶板或两帮中点的应力状态，使受拉伸状态变为压缩状态，有利于维护巷道稳定。

12.3.2 有底柱崩落法底部结构的压力

有底柱崩落采矿法的主要特点是，在矿块的底部留有底柱，在底柱内布置漏斗、堑沟、电耙道或放矿溜井等出矿巷道，通常把这部分称为底部结构。底部结构要承担采下的矿石及上部崩落围岩的全部重量，是整个矿块中矿石放出和运走的通道，只有它稳定，才能保证采矿作业的顺利进行。因此，有底柱崩落采矿法的地压，表现在回采过程中电耙巷道的变形和破坏上，这些底部结构的稳定与否，对这种采矿方法的经济效益及推广应用，具有重要意义。

12.3.2.1 底部结构上地压特点

有底柱崩落采矿法底部结构所受的荷载主要有：（1）崩落矿、岩的自重，它随着回采过程呈周期性变化；（2）爆破崩矿及二次破碎的爆破动载作用。

（1）底部结构上地压显现规律可分为三阶段：

第一阶段：采场尚未进行切割和落矿，此时电耙道上面是完整的矿体，作用在底柱上的压力较小。

第二阶段：崩落大量矿石之后，底柱上部充满了松散的矿石和已崩落的岩石，作用在底柱上的压力比落矿前增大很多，但是压力分布不均匀。在崩落高度和放矿面积一定的情况下，底部中心压力最大，靠近采场侧壁压力逐渐降低。因此，在这阶段，底部结构维护重点在采场中央，如图 12-28 所示，这主要是由于侧壁摩擦力及松散矿岩黏聚力引起的成拱作用

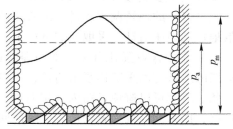

图 12-28　作用在底部结构上压力分布曲线
p_a—平均压力；p_m—最大压力

造成的。此时，由于一部分压力转移到侧壁上，引起相邻矿块滑落、破裂、炮孔变形和错位。

图 12-29 所示为模型试验所获得的 4 种不同放矿面积时，底部结构上的静压力分布。图中曲线 1 为采场中漏口全部放矿时底部结构上压力分布曲线，曲线 2 为放矿面积占采场底面积 3/4，曲线 3 为放矿面积占 1/2，曲线 4 为放矿面积占 1/4。由图 12-29 可以看出，放矿面积大，底部和侧壁的静压力大；放矿面积小，底部和侧壁的静压力小。

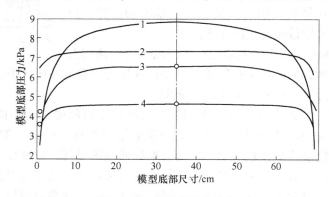

图 12-29　底部静压力分布

1—采场模型底部漏口全部放矿，面积为 70cm×70cm；2—采场模型底部 3/4 漏口放矿，面积为 70cm×51.5cm；
3—采场模型底部 1/2 漏口放矿，面积为 70cm×31.5cm；4—采场模型底部 1/4 漏口放矿，面积为 70cm×16.5cm

在采场内，随着崩落矿岩高度的增加，底部各点垂直压力和水平压力随之增加。当崩落矿岩高度达到一定值时，压力趋于某一极限值。图 12-30 所示为 4 种放矿面积下的底部

静压力与矿岩高度的关系曲线，侧壁压力也有与图 12-30 类似规律，因此在矿山实际中，适当增加崩落高度，并不会在底部结构和侧壁出现过大的压力，这对减少采准工作量、减少矿石损失和贫化很有意义。

第三阶段：放矿过程中压力移动。采场放矿以后，底柱上所受压力将发生变化，放矿漏斗上部松散矿岩由于发生二次松动，不再承受压力，其顶墙出现免压拱，拱上部的压力将传递到四周，如图 12-31 所示，这样就出现以松动椭球体为限的降压带，在其周围形成增压带，并随远离放矿漏斗而逐渐转为稳定压力。

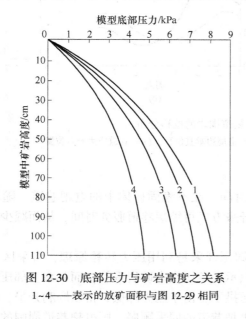

图 12-30 底部压力与矿岩高度之关系
1~4——表示的放矿面积与图 12-29 相同

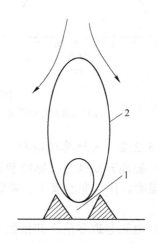

图 12-31 免压拱
1—放矿漏斗；2—松动椭球体

（2）采场切割顺序对底部结构的影响。由图 12-32 可以看出，先落矿后掘进电耙巷道时耙道周围的应力（曲线 1）略低于先掘进电耙巷道后落矿的围岩应力（曲线 2）。同时，由图 12-33 还可以看出，在第一种情况的围岩位移（曲线 1）也小于第二种情况的围岩位移（曲线 2）。

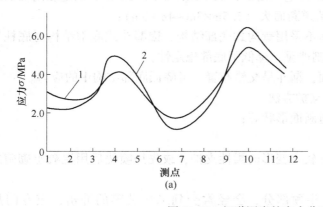

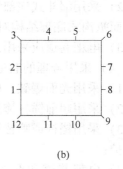

图 12-32 耙道围岩的应力分布
（a）应力分布曲线；（b）巷道周边测点位置
1—先落矿后掘进电耙巷道时耙道围岩应力分布；2—先掘进电耙巷道后落矿时耙道围岩应力分布

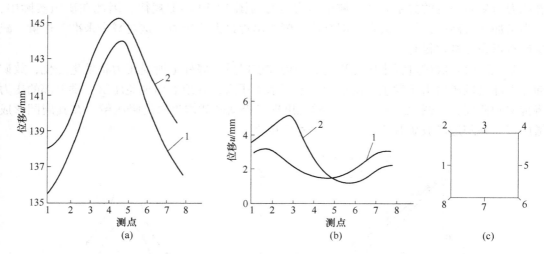

图 12-33　耙道围岩的位移分布

（a）巷道周边水平位移；（b）巷道周边垂直位移；（c）巷道周边测点位置

12.3.2.2　电耙巷道维护

（1）提高开采强度，缩短巷道服务时间。在不稳固矿体中的电耙巷道，随着时间的增长其强度弱化，变形增大。采取强化开采方式可缩短巷道服务时间，从而减少耙道维护工作量。

（2）电耙巷道尽量在卸压区开掘。卸压开采是利用压力转移原理，将采区上部的压力转移到四周，形成免压拱。此时底柱只承受免压拱内矿岩重量，而其余上部压力由矿块外拱脚位置的岩体承担。当矿体处于免压拱下，由于压力降低，得以顺利开采，电耙巷道的稳定性也好。如果采用先落矿后掘进电耙巷道的回采顺序，则电耙巷道周围的应力和位移都较低（图 12-32 及图 12-33 中曲线 1）。

（3）改变矿块参数。

1）在不稳固矿体中掘电耙巷道时，尽量采用较小断面尺寸，因断面愈大，电耙巷道愈不易维护。在这种情况下最好采用电耙出矿，而不采用铲运机出矿，因电耙所需巷道断面小（2m×2m），而铲运机所需巷道断面大（3.5m×3m～4m×3m）；

2）采用漏斗式底部结构，而不采用堑沟式底部结构，因漏斗式底部结构对底柱切割少，而堑沟式底部结构对底柱切割严重，降低了底部稳定性；

3）电耙巷道应采用拱形断面，漏斗呈交错布置，可降低底部结构中的应力。

（4）采用合理的巷道掘进和支护方法。

1）采用光面爆破，电耙巷道断面形状好；

2）采用超前锚杆掩护掘进；

3）采用锚杆或喷锚网等允许较大变形的柔性支护，或先用喷锚后用混凝土砌碹的联合支护；

4）电耙巷道和漏斗连接的斗颈部分，会经常受到二次破碎的冲击，应专门加强维护。

12.3.3 自然崩落法可崩性与应力控制

自然崩落法是利用矿体中天然节理面，以控制崩落区边界应力，促使矿体自然崩落的一种采矿方法，它可省去落矿过程的凿岩爆破工序。自然崩落法成本低，能持续高产，生产效率高，但对应用条件要求比较苛刻。只有满足这些条件，才能保证矿块崩落的顺利进行。有关自然崩落法的适用条件可以参考采矿工艺专业书籍，这里就不再赘述。自然崩落法示意图及矿块构成如图 12-34 和图 12-35 所示。

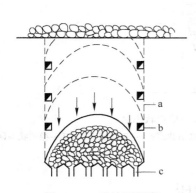

图 12-34　矿块图顺序

a—控制崩落界限；b—切帮巷道；c—放矿漏斗

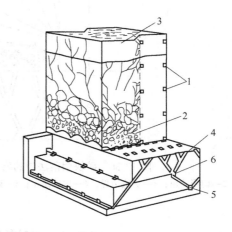

图 12-35　自然崩落法矿块结构示意图

1—切帮巷道；2—崩落矿石；3—覆盖层；4—放矿漏斗；
5—运输巷道；6—格筛巷道

矿块崩落法回采的顺利进行，除了矿体必须具备的可崩条件外，矿块中的应力状态对于崩落的发生与发展具有重要影响。从力学观点出发，要解决好两个基本问题，即破坏与稳定。

在拉底水平以上，应力必须超过岩体强度促使岩体破坏。在应力和岩体强度这一关系中，应尽量提高岩体中应力或降低岩体强度，以维持这部分岩体的破坏状态。在拉底水平以下布置巷道时，应使这部分岩体强度提高，超过岩体中应力，从而保证这部分岩体的稳定状态。

为达到控制矿体崩落和稳定的目的，人为地控制拉底工程和割帮工程。拉底工程指拉底巷道布置、拉底方法、拉底高度和速度，割帮工程指的是割帮的位置、割帮的方式、割帮巷道布置、割帮高度、割帮与拉底的配合等。如果拉底空间所产生的二次应力还不足以保持崩落所需的破坏状态，则应该在矿体周围开挖边界巷道来增加矿体中的应力。如此一来，在边界平巷或角部切割槽附近，应力可比开挖边界巷道之前增加1~2倍，这些巷道削弱了矿体边界附近岩体的强度。为了削弱岩体的强度并保持矿体中心的破坏状态，还可以进行深孔凿岩和爆破。炮孔要从角部切削槽和切帮巷道按放射状布置（图 12-36）。

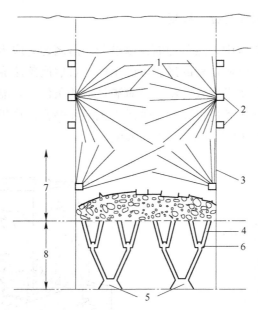

图 12-36　矿块崩落法中的岩石破坏状态区与稳定状态区

1—炮孔；2—切帮巷道；3—矿块边界；4—放矿漏斗；5—运输巷道；6—格筛巷道；7—破坏状态区；8—稳定状态区

12.4　充填法采场地压

随回采工作面的推进，逐步用充填料充填采空区的采矿方法称为充填采矿法。有时还用支架与充填料相配合，以维护采空区，称为支架充填采矿法，其也归于充填采矿法。充填采空区的目的，主要是利用所形成的充填体，进行地压管理，以控制围岩崩落和地表下沉，并为回采作业创造安全和方便条件，有时还用来预防由自燃性矿石引起的内因火灾。以往充填法主要用于有色矿山，随着目前对于采矿环境影响的评价越来越严格，充填采矿法在铁矿和煤矿中的应用也越来越广泛。

12.4.1　充填法控制采场地压中的力学问题

充填法是以充填物支撑采空区的一种采矿方法。充填法中采场地压问题的核心是充填体与围岩的相互作用问题。由于充填体的承载能力太低，不足以支撑原来未开采时矿石所支撑的载荷，因此在回采不同阶段，上盘、下盘、空区顶板及充填体中应力分布明显不同。图 12-37 所示为充填法采场下盘的应力分布。

采场拉底空间形成后，围岩中产生应力集中。随着回采进行，开采空间和部分充填体所在的上下盘围岩应力降低（图 12-37 曲线上 $0.15 \sim 0.45\sigma_v$），且部分应力转移到顶柱，使采场顶柱处在高压区（图 12-37 曲线上 $3.5\sigma_v$ 点），顶柱中的高应力可能导致顶柱破坏。从图 12-37 可以看出，沿采场下盘所发生的应力集中变化是明显的。由此可知，充填法的关键是：

（1）维护采场顶板在整个回采期间的稳定性，其顶板应力状态与空场法顶板应力状态相同，可按空场法确定顶板跨度；

（2）顶柱受高应力作用，维持其稳定性才能保证充填法顺利进行；

（3）充填体稳定性及其对上下盘围岩的力学作用，与充填材料性质和充填工艺有关。

此外，如图 12-38 所示，充填体作为一种支撑结构体，充入采场后即可与围岩体（矿柱、人工矿柱）发生相互作用。Brady 和 Brown（2006）认为充填体对围岩主要发挥 3 种支护作用形式，即对卸载岩块的滑移趋势提供侧向压力、支撑破碎岩体和原生碎裂岩体、抵抗采场围岩的闭合，如图 12-38 所示。于学馥（1983）认为充填体作用主要有应力吸收与转移、接触支撑和应力隔离 3 种。

国内外许多学者对充填体特性进行研究发现，充填体是一种被动的支护材料，只有

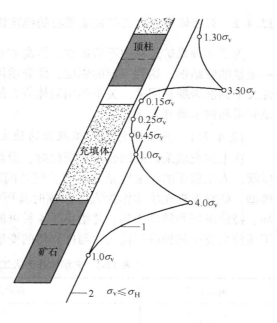

图 12-37　沿充填法采场下盘应力分布
1—采场下盘应力；2—初始应力

当岩石产生变形并压缩充填体时，充填体才产生阻力，压缩愈大，充填体的支撑应力也就愈大。当矿体顶板岩层被矿柱和充填体同时支撑的时候，通常由矿柱承受绝大部分荷载，充填体则基本上不承载或只承受很少一部分载荷。

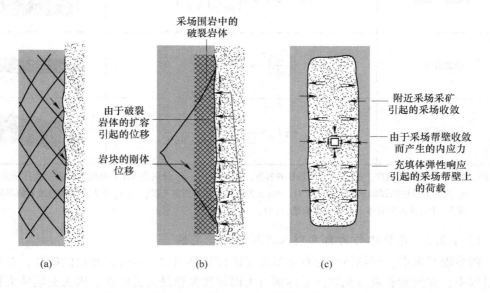

图 12-38　充填体作为支撑单元与围岩体的相互作用关系（Brady 和 Brown，2006）
（a）低应力区岩体表面块体的运动约束；（b）在破裂和节理岩体中产生的局部支护力；（c）由于充填体受压缩产生的总体支护力

12.4.2　充填体作为人工矿柱或顶柱的稳定性

为了实现采矿过程中不留矿柱，提高矿石回收率的目的，通常会在尾砂或废石中加入一定量的胶结剂，达到一定的强度，使充填体自身具有一定的承载能力。而充填体的稳定性关乎到能否顺利回采，关乎到围岩体应力的分布特征。根据矿脉条件，典型的有分层充填开采和两步骤开采法。

12.4.2.1　充填体作为人工假顶的稳定性

在上向充填采矿或回收大量顶柱时，通常用充填体作为人工假顶提供后续的安全作业空间，人工假顶的稳定性是其中的关键性问题。Mitchell（1991）通过建立物理离心试验模型，研究发现充填体作为人工假顶时其可能发生的破坏模式为塌落破坏、滑动剪切破坏、挠曲破坏和转动破坏，并给出了 4 种可能发生破坏模式下的经验公式，见表 12-3。人工顶柱会发生何种破坏模式，与围岩体的变形、岩性等密切相关。

表 12-3　充填体作为人工顶柱可能发生的破坏模式

破坏模式	理论公式	破坏形态
塌落破坏	$L\gamma > 8\sigma_t/\pi$	
滑动剪切破坏	$(\sigma_v + d\gamma) > 2\left(\dfrac{\tau_s}{\sin^2\beta}\right)\left(\dfrac{d}{L}\right)$	
挠曲破坏	$\left(\dfrac{L}{d}\right)^2 > \dfrac{2(\sigma_c + \sigma_t)}{\sigma_v + d\gamma}$	
转动破坏	$(\sigma_v + \gamma d) > \dfrac{d^2\sigma_t}{2L(L - d\cot\beta)\sin^2\beta}$	

注：L 为人工顶柱的宽度，m；γ 为人工顶柱的容重，kg/m^3；σ_t、σ_c 分别为人工顶柱的抗拉强度和抗压强度，Pa；σ_v 为人工顶柱的顶部承受的竖向应力，Pa；d 为人工顶柱的竖向高度，m；τ_s 为人工顶柱与围岩体界面间的剪应力，Pa；β 为围岩体上盘或下盘倾角，（°）。

12.4.2.2　充填体作为自立型人工矿柱的稳定性

两步骤开采中，充填体作为自立型人工矿柱替换回收一步开采预留的矿柱，在回收矿柱过程中，如何能够避免充填体暴露面过大而导致失稳是关键所在，因为充填体失稳可导致回收矿柱过程中矿石损失、贫化增大。因此，回收矿柱需在保证充填体稳定性的前提下进行。充填体作为自立型人工矿柱将受到开挖暴露面积及动力扰动影响，如图 12-39（a）所示，图 12-39（b）所示为 Darlot gold 矿充填体受到爆破扰动后发生失稳破坏的激光扫描结果。

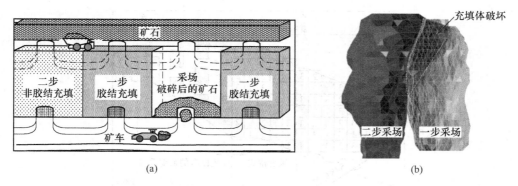

图 12-39　充填体自立稳定性示意（Brady 和 Brown，2006）

（a）两步骤开采人工矿柱的稳定性；（b）Darlot gold 矿充填体的破坏形态

12.4.3　充填体对围岩体稳定性的控制

12.4.3.1　充填体的承载能力

充填体的承载能力与充填料的弹性模量（或刚度）有直接关系，此外还和矿体的形状（也就是充填体的形状）有密切关系。一般地，非胶结充填料和低弹性模量的尾砂胶结充填料的承载能力低，通常不超过 1MPa，水泥与尾砂比例为 1∶10 以上的尾砂胶结充填料承受垂直应力可达 1.5MPa，废石胶结充填料的承载能力更高一些。

尽管充填体的承载能力不高，但仍可改善采场周围的应力分布，减少局部高应力集中，限制采场围岩变形，在一定程度上减少围岩突然破坏的可能性，最终达到控制岩体位移和地表下沉的目的，而且充填体承载能力愈大，上述作用愈强。

12.4.3.2　充填体对矿柱或顶柱的约束作用

充填体的另一个重要作用，就是对矿柱施加横向约束力，改善矿柱受载状态，由原来的单向受载变为三向受载，从而在一定程度上提高矿柱强度。

根据加拿大充填采矿法的经验，充填体施加于矿柱的应力只要有 1MPa，就能保证矿柱和采场的稳定。一般来说，1∶30 的水泥尾砂胶结充填料就能够提供 1MPa 的侧向应力。由于充填体对矿柱有横向约束作用，因此能明显改善地下开采结构的稳定性。

12.4.3.3　利用低弹性模量充填体充填采空区获得高质量回采效果

以澳大利亚艾萨矿 1100 铜矿体的开采为例，该矿体厚度和高度均较大，部分地段超过 300m。矿体开采设计中，建议分三个阶段回采（图 12-40），采场布置呈棋盘格式。初期计划开采矿体的 35%，形成的采空区用胶结充填。第二期约开采总储量的 15%，也用胶结充填。第三期是在胶结充填体包围的区域内，回采垂直矿柱，它约占开采储量的 50%。第三期采空区要求用廉价材料充填，并能保证充填矿柱和第三期回采过程采场周围岩体的稳定性。这一开采实例说明，它既能保证不采用昂贵的充填料充填采空区，又能以高回收率回收矿石资源。

12.4.3.4　充填体对空区围岩体冒顶、片帮及岩爆灾害的控制作用

充填体的存在，可以降低围岩体发生冒顶、片帮等灾害的风险，且相对于喷锚网支护来说，充填体可实现大面积支护，有益于维持采场围岩体壁面稳定，防止壁面发生垮塌和

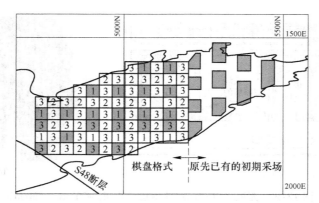

图 12-40　澳大利亚艾萨矿1100铜矿体采用三阶段回采平面图
1—初期采场；2—二期采场；3—三期采场

岩石冒落。此外，尽管采用充填法回采无法消除和完全避免岩爆活动，但在调研中发现，充填后的地下矿山回采区域基本没有大规模的岩爆灾害事件发生，可见充填采矿在岩爆等地压灾害防治方面具有显著优势。因此，做好合理开采计划、实现强采强充、缩短岩体暴露时间、减小采场暴露面积并加强支护，可有效降低岩爆发生的可能性、减小岩爆危害、提高井下作业安全性。

　　图 12-41 所示为 Piper 和 Ryder（1996）得到的南非某矿深井充填对围岩体能量释放率的影响，可以看出，充填体的存在能够降低围岩体的能力释放率，进而能够降低岩爆灾害的发生。另外，充填与否对采空区围岩体稳定性的影响可通过围岩体的质点振动速度看出，图 12-42 所示为动态扰动下 Kopanang 矿在地下 2500m 处的监测结果，可以看出，充填体的存在能够显著降低围岩体的质点振动速度。

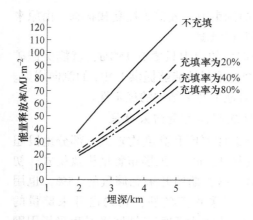

图 12-41　充填体对围岩体能力释放率的影响

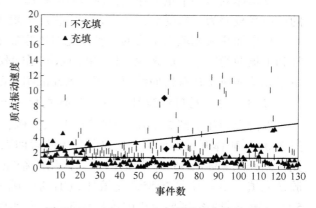

图 12-42　Kopanang 矿中某采场充填与否对
围岩体振动速度的影响

12.4.3.5　充填体对地表沉降的控制作用

　　经上节论述，充填体充入采场后可对围岩体产生局部支护，既能防止发生岩石冒落，又可降低岩爆灾害。但充填体充入采场后，对单个采场围岩体变形的控制作用微弱。多采场大面积采空区充填可显著降低地表发生大面积沉降的可能性，这是其他支护方式无法实现的。图 12-43 所示为多采场充填后顶板应力调整及其顶板沉降曲线，可以看出充填体强度对于控制采场顶板下沉的作用。图 12-44 所示为地下采空区充填与否对地表沉降量控制模拟结果，可以看出对采空区进行大面积充填可显著降低地表的沉降量，使得采场开采诱发的岩层移动变形逐渐减缓，有利于地表构筑物保护和实现"三下开采"。

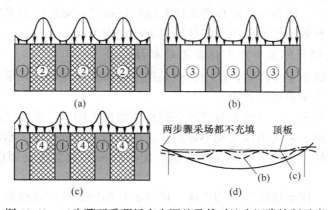

图 12-43　二步骤开采顶板应力调整及其对地表沉降控制示意

（a）一步骤采场回采充填后；（b）二步骤采场回采完毕后；（c）二步骤采场回采充填后；（d）采场顶板沉降曲线

①—高强度充填体；②—矿柱；③—空区；④—低强度充填体

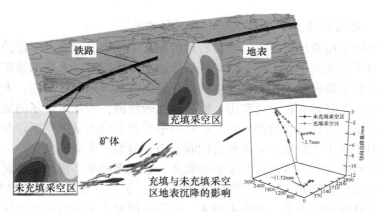

图 12-44　采空区充填对地表沉降变形的控制作用

12.5　矿柱回采中的地压控制

矿山矿柱的种类繁多，按其所需保留的时间长短可分为临时矿柱和永久矿柱，按其所起的作用可分为支承矿柱、隔离矿柱和保安矿柱；按其所处位置又有矿块矿柱、中段矿柱、盘区矿柱之分。总之，矿柱都是矿床一次回采以后遗留下来的部分矿体，一般都有支承作用，即具有一定程度的应力集中。因此，矿柱回采是一个很复杂的问题。

根据问题的普遍性，这里只讨论矿块矿柱和保安矿柱的回采，因为其他矿柱或者其他个别情况可归于此二类矿柱的回采方法，所以不在此赘述。

12.5.1　矿块矿柱的回采（田允明，1987）

矿块矿柱包括顶柱、底柱、间柱，或是孤立的矿柱，或是连续的矿壁，因此采区中的其他矿柱（壁）也属其例。

矿床用空场法和充填法开采时通常都留下矿块矿柱作为二步骤回采，若地表需要保护时一般是不能回采的，因为这些矿柱即使用充填法回采也可能再度诱发岩层移动。矿床地质条件不同，为了有效地控制地压，矿柱回采方法也应不同。

12.5.1.1　缓倾斜薄至中厚矿体矿山的矿柱回采

缓倾斜或倾斜的薄至中厚矿体矿山，当采用空场法甚至充填法开采、采空区规模足够大时，矿柱要承受上覆岩层的重量。

矿床以空场法开采，矿柱回采与空区处理是密切相关的。若采空区规模不很大，矿柱和顶盘岩层比较稳固，采场地压显现不强烈，可考虑回收部分矿柱，然后封闭采空区，保障生产区安全。这样，虽然矿柱回采率较低，但矿柱回采及空区处理成本低，且能控制地压。

为了控制地压，用空场法开采的矿床，矿块矿柱的回采应该考虑采空区处理。但是当采空区的围岩和矿柱都比较稳固时，空区处理往往被忽视。实际上，当采空区足够大时，稳固的矿岩条件也会发生地压灾变造成损失，这种实例并不少见。当然，采空区处理应当简单经济，泰岭金矿在矿柱回采以后对空区实行封闭隔离，只要封闭墙设计合理，这种方法是可取的。

12.5.1.2　急倾斜薄至中厚矿体矿山的矿柱回采

急倾斜薄矿体常用留矿法开采，当矿石价值较高或围岩、地表需要保护时，则往往用充填法开采。对于急倾斜中厚矿体，当矿岩稳固或中等稳固时，采用的采矿方法主要是分段空场法，若矿岩不稳固则采用有底部结构的分段崩落法开采。在国内，大多数急倾斜薄至中厚矿体矿山，尤其是有色金属矿山，矿岩多比较稳固，若从采矿场的最后形态看，主要是用空场法开采。因此，在这类矿山，矿房回采后留下的大量采空区以及赖以维护采空区的矿柱，不但积压了大量地下资源有待回收，而且遗留了安全隐患。

因此，矿柱回采与采空区处理是紧密相联的，必须严密地考虑地压控制。有些矿山没有全局性地考虑地压控制措施，对于回采条件较好、矿石品位较高的矿柱进行无计划回采，结果不但矿柱回采的损失、贫化率很大，还往往诱发大规模激剧的地压活动，造成重大损失。

急倾斜薄至中厚矿体矿山，因矿体赋存条件和矿岩性质不同所用的采矿方法也不同，导致采场矿柱及其回采方法当然也不一样。对于矿岩比较稳固的矿山，采空区残留的矿柱，有时也采用"削采法"或"间采法"进行部分回采，即结合矿柱的受力状况、品位高低和顶板稳固性，把矿柱削采部分再留下部分作为永久矿柱，或者间隔一个矿柱回采一个矿柱。矿柱部分回采以后封闭采空区，任其自然冒落。

用这种方法回采矿柱，可以少做或不做采准工程回采较富品位的矿石，但是缺点是显著的：（1）矿柱回采率低。（2）要在采空区作业，生产安全没有保障。（3）很难掌握矿柱回采比例，回采比例太大，可能在回采作业时就发生围岩急剧崩塌，造成地压灾变；回采比例太小，不但因回收矿石太少而影响经济效果，而且空区围岩长期不崩落会成为严重的安全隐患。因此，这种方法的适用条件应该是：第一，矿体厚度不大；第二，矿体（连续采空区）规模不大；第三，矿岩稳固；第四，矿柱所含品位变化大，留下大部分低品位矿柱足以保证矿柱回采安全。由于连续采空区规模不大，矿柱回采后封闭了空区，围岩不及时崩落也不至于酝酿成地压灾变。

急倾斜脉群型矿山，矿床规模较大，矿脉比较密集，矿岩中等稳固，地表无需保护。在这种条件下，矿柱回采应促成围岩自然崩落，既回采了矿柱又处理了采空区。一般为了矿柱回采安全，采用深孔一次崩落某一区段要采的矿柱，实行在崩落的覆盖岩石下放矿。

例如，针对大吉山钨矿的矿柱回采，其1~6号脉带矿脉密集成群，并且分支、复合、尖灭、再现等现象常见，脉间距离0.2~2.0m，局部4m，横贯矿脉的断层较多，节理发育。在567~625m中段东部沿走向长150m、宽20m范围内，主脉已用浅孔留矿法开采。在1969年末对矿块矿柱和岩石夹壁进行深孔大爆破，总装药量101t，崩矿42×10⁴t，同时处理了采空区、陷落了地表，达到了控制地压、回采矿柱的目的。

12.5.1.3 厚矿体矿山的矿柱回采

厚矿体矿山的开采，当矿岩不稳固、矿石价值不高时，常用崩落法；若矿石价值较高，则采用充填法。这两种采矿方法，可以回采矿房和矿柱，不把矿柱留作最后回采。当矿岩稳固、矿石价值高时，采用空场法（包括留矿法）开采、嗣后一次充填处理空区可以获得较高的开采强度，这时，矿房、矿柱分两步骤回采。在此情况下，矿柱用VCR法（即下向平行深孔球形药包分层崩落采矿法，在下向大直径深孔中装填球状药包并自下而上崩落矿石的阶段矿房采矿法，它可用于回采矿房，也可用于胶结充填矿房后回采矿柱）回采可以获得好的技术经济效果。这种采矿方法，适用于矿岩稳固的厚矿体开采，崩矿炮孔要有足够的平行度，爆破工艺也要求比较严格。

例如，凡口铅锌矿用VCR法回采矿房矿柱显示了显著的优越性，采场两侧的充填体未受破坏，大块产出率1.31%，回采率97.6%，贫化率8.4%，掘进、回采和充填三项成本较之普通充填法降低36%，采场生产能力为普通充填法采场的6倍，不但矿块开采有良好的技术经济效果，还可以控制地压活动，保证采矿生产和矿区安全。

12.5.2 保安矿柱的回采

保安矿柱是指矿床开采中留下的部分矿体，用以保护地表的河床、厂房、铁道或矿山重要的井巷。保安矿柱是否回采视被保护的对象而定，为了保护重要的建、构筑物或河床，其下面的矿体可能不予回采，保安矿柱作为永久损失；而作为保护某些临时设施的保安矿柱，例如矿山的竖井，待其服务期限已过则可以对其进行开采。

保安矿柱在很多矿山都存在，积压了大量地下资源，保安矿柱的开采是一个很有意义的问题。看起来它属于"三下"开采，但是由于保安矿柱周围的矿体都已采空，形成了应力集中部位，其开采技术条件已经恶化，因此如果地压控制措施不当，则可能导致地压灾变。

12.5.2.1 回采临时性保安矿柱的地压控制

对于临时性的保安矿柱，例如竖井或其他设施的保护期限已过，在最后回采矿柱时，可以采用大爆破崩落方法。但由于矿柱是支承压力的基柱，大爆破崩矿会引起激剧的地压活动，对于围岩移动、崩落的范围要有充分估计，并采取必要的、可靠的安全措施。

由于崩落的矿石可以起防护垫层的作用，只要爆破设计得当，崩矿以后上部围岩发生崩塌时可以防止冲击气浪的侵害。由于爆破对于岩体稳固性的影响是很大的，尤其是硐室爆破对于节理发育岩体的影响更大，因此用大爆破方法回采临时性保安矿柱时，以深孔或中深孔分段爆破为佳，可以控制其地压活动的烈度。

如果回采临时性保安矿柱，希望爆破崩矿后围岩随之崩落，在崩落的覆岩下放矿、消除地压隐患，则应考虑围岩地质构造的特性，最好在围岩薄弱部位首先崩矿，诱导围岩冒落；若有必要，还要在围岩中布置一定的爆破工程，配合崩矿的同时崩落围岩。

12.5.2.2　回采永久性保安矿柱的地压控制

永久性保安矿柱的回采是比较困难的，因为任何充填材料都有压缩性，而且矿块回采后不可能立即充填，由于在采空区充填接顶之前顶板已经产生了相当大的变形，若充填接顶不良，则更不利于控制岩层移动。因此，一般来说，即使是胶结充填采矿方法，只能控制岩层移动而不能防止岩层移动。在开采深度、回采范围及顶板岩层条件有利的情况下，采用充填法开采保安矿柱，可以控制地表的移动量在允许范围之内、在下沉盆地内产生均匀而连续的缓慢沉降，地表不发生破坏。但是如果矿体开采范围较大、采深较小、顶板岩体坚硬又有断层分割时，必须对开采及充填方法做出针对性的细致设计，否则就很难获得好的地压控制效果。

12.6　采动影响与地表移动规律

矿体开采前，工程岩体处于应力平衡状态，而矿体采出后，采空区上方覆盖的岩层将失去支撑，原来的平衡条件将被破坏，致使上方岩层产生移动变形，直到破坏塌落，最后导致地表各类建筑物变形破坏，甚至倒塌，另外也会使地表大面积下沉、凹陷，破坏地表及其构筑物。目前金属矿山的地表移动规律研究还不是很成熟，主要还是沿用我国煤炭系统有代表性的研究成果。

12.6.1　采空区上部岩层变形的垂直分带

矿体采空后，顶板岩层的移动变形因岩层性质和开采条件不同，变形的表现形式、分布状态和程度亦不相同，一般可将其垂直方向的变形分为3个带（图12-45）：

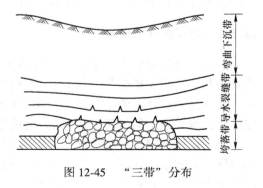

图 12-45　"三带"分布

（1）冒落带：直接位于采空区上方的顶板岩层，在自重及上覆岩层重力作用下，移动变形很大，所受应力大大超过本身强度，使岩层断裂破碎塌落，堆积于采空区，已塌落部分称冒落带。

（2）裂隙带：冒落带上部的岩层在重力作用下移动变形较大，所受应力超过本身强度，岩层产生裂隙或断裂，但尚未塌落而形成的裂隙带。

（3）弯曲带：裂隙带上部的岩层在重力作用下变形较小，所受应力尚未超过其本身强度，未产生裂隙，仅出现连续平缓的弯曲变形（称为弯曲带），此带岩层的整体性未遭破坏。

上述 3 个带的形成主要取决于矿体的赋存条件、开采和顶板管理方法以及岩层性质等。

12.6.2　地表移动规律及特征

12.6.2.1　地表变形特征

地下矿体进行回采时，岩体便开始移动。当采动影响达到一定范围时，这种移动破坏就开始波及地表，出现地表下沉，在地表形成一个比开采面积大得多的洼地，这个盆形洼地称为地表移动盆地，如图 12-46 所示。

移动盆地的面积一般比采空区面积大，其位置和形状与岩层的倾角大小有关；矿体倾角平缓时，盆地位于采空区的正上方，形状对称于采空区；矿体倾角较大时，盆地在沿矿体走向方向仍对称于采空区，而沿倾斜方向随着倾角的增大，盆地中心愈向倾斜的方向偏移。

采空区上方岩层变形不断扩大而向上发展，并往往波及地表，使地表产生移动变形。地表变形一般具有下列特征：

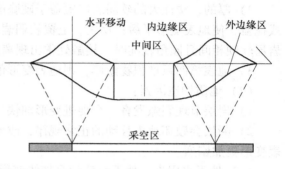

图 12-46　地表移动盆地

（1）连续的地表变形：变形在时间和空间上是连续发生的，开始地表形成凹地，随着采空区不断扩大，凹地不断扩展而成凹陷盆地即移动盆地，连续的地表变形常形成较规则的移动盆地。

（2）不连续的地表变形：变形在时间和空间上都不连续，地表不出现较规则的盆地，而常出现塌陷坑、台阶以及不规则的大裂缝等；当开采深度小而开采厚度较大，或有地质构造等影响，以及急倾斜矿体开采时，都会产生不连续的地表变形。

（3）不明显的地表变形：地表变形不明显，仅有少量地面下沉或小裂缝，对地表建筑物不产生明显影响。

12.6.2.2　地表移动盆地分区

根据地表变形值的大小和变形特征，自移动盆地中心向边缘分为 3 个区，分别为：

（1）均匀下沉区（中间区），即盆地中心的平底部分，当盆地尚未形成平底时，该区即不存在，区内地表下沉均匀、地面平坦，一般无明显裂缝。

（2）移动区（又称内边缘区或危险变形区），区内地表变形不均匀，变形种类较多，对建筑物破坏作用较大，如地表出现裂缝时，又称为裂缝区。

（3）轻微变形区（外边缘区），地表的变形值较小，一般对建筑不起损坏作用。该区与移动区的分界，一般是以建筑物变形的容许值来划分，其外围边界，即移动盆地的最外边界，实际上难以确定，一般是以地表下沉值 10mm 为标准来划分的。

12.6.2.3　影响地表变形的因素

（1）矿体赋存条件：

1）矿体埋深愈大（即开采深度愈大），变形扩展到地表所需的时间愈长，地表变形值愈小，变形比较平缓均匀，但地表移动盆地的范围增大。

2）矿体厚度大，采空区也越大，会促使地表的变形值增大。

3）矿体倾角大时，使水平移动值增大，地表出现裂缝的可能性加大，盆地和采空区的位置更不相对应。

（2）岩性因素：

1）上覆岩层强度高、分层厚度大时，地表变形所需采空面积大，破坏过程所需时间长，厚度大的坚硬岩层甚至长期不产生地表变形；强度低、分层薄的岩层，常产生较大的地表变形，且速度快，但变形均匀，地表一般不出现裂缝。脆性岩层地表易产生裂缝。

2）厚的、塑性大的软弱岩层覆盖于硬脆的岩层上时，后者产生的破坏会被前者缓冲或掩盖，使地表变形平缓；反之，上覆软弱岩层较薄，则地表变形会很快，并出现裂缝。岩层软硬相间且倾角较陡时，接触处常出现离层现象。

3）地表第四系堆积物愈厚，则地表变形值愈大，但变形平缓均匀。

（3）地质构造因素：

1）岩层节理裂隙发育，会促进变形加快，增大变形范围，扩大地表裂缝区。

2）断层会破坏地表移动的正常规律，改变移动盆地的大小和位置，使断层带上的地表变形更加剧烈。

（4）地下水因素：地下水活动会加快变形速度，扩大变形范围，增大地表变形值。

（5）开采条件因素。矿体开采和顶板处置的方法以及采空区的大小、形状、工作面推进速度等，均影响地表变形值、变形速度和变形的形式。以房柱式及条带式开采和全部充填法处置顶板的地表变形程度较小。

12.6.3 地表变形预测

对采空区上部地表变形，可以通过一些计算公式进行计算和预测。

（1）对于缓倾斜（倾角小于25°）矿体地表移动和变形预测，可按表12-4所列公式计算。

表 12-4　地表移动和变形预测计算公式

参　数	最大变形量	任一点 x 变形量	式中符号
下沉 W（或 s），mm	W_{max} 或 $s_{max} = \eta m$	$W(x)$ 或 $s(x) = \dfrac{W_{max}}{r} \displaystyle\int_{x}^{\infty} e^{-\pi\left(\frac{x}{r}\right)^2} dx$	η：下沉系数，与矿体倾角、开采方法和顶板管理有关，宜取 0.01~0.95；m：矿体厚度，m；r：主要影响半径，m；b：水平移动系数，宜取 0.25~0.35
倾斜 T（或 i），mm/m	$T_{max} = \dfrac{W_{max}}{r}$	$T(x) = \dfrac{W_{max}}{r} e^{-\pi\left(\frac{x}{r}\right)^2}$	
曲率 K，mm/m³	$K_{max} = \pm 1.52 \dfrac{W_{max}}{r^2}$	$K(x) = \pm 2\pi \dfrac{W_{max}}{r^2}\left(\dfrac{x}{r}\right) e^{-\pi\left(\frac{x}{r}\right)^2}$	
水平移动 U，mm	$U_{max} = b W_{max}$	$U(x) = b W_{max} e^{-\pi\left(\frac{x}{r}\right)^2}$	
水平变形 e，mm/m	$e_{max} = \pm 1.52 \dfrac{W_{max}}{r}$	$e(x) = \pm 2\pi b \dfrac{W_{max}}{r^2}\left(\dfrac{x}{r}\right) e^{-\pi\left(\frac{x}{r}\right)^2}$	

（2）矿体倾角近于水平或缓倾斜且开采达充分采动时，最大变形值的计算式见表12-5。

表 12-5　地表最大变形经验公式

参　数	使用单位		式中符号
	煤科总院北京开采研究所	煤科总院唐山分院	
最大下沉	$s_0 = q_0 D$	$s_0 = q_0 D$	s_0：最大下沉值，mm； i_0：最大倾斜，mm/m； k_0：最大曲率，mm/m^2； u_0：最大水平移动，mm； e_0：最大水平变形，mm/m； q_0：下沉系数，mm/m，根据不同顶板处理方法取值不同，一般在 0.02~0.8 之间； r：地面影响区的半径，m，$r = H/\tan\beta$； H：开采深度，m； β：移动角，$\tan\beta$ 一般取 1.5~2.5； L：盆地中心到下沉曲线拐点的距离，m； m：开采厚度，m； b：水平移动系数，$b = 0.2~0.4$，一般取 $b = 0.3$； K_H：系数，一般取 10~12
最大倾斜	$i_0 = \dfrac{s_0}{r}$	$i_0 = 0.9\dfrac{s_0}{L}$	
最大曲率	$K_0 = \pm 1.52\dfrac{s_0}{r^2}$	$K_0 = 1.39\dfrac{s_0}{L^2}$	
最大水平移动	$u_0 = bs_0$	$u_0 = 0.9\dfrac{K_H s_0}{L}$	
最大水平变形	$e_0 = \pm 1.52 b i_0$	$e_0 = 1.39\dfrac{K_H s_0}{L^2}$	

（3）开采倾斜矿体达充分采动时，最大下沉按式（12-16）进行计算，即

$$s_0 = q_0 m \cos\alpha \tag{12-16}$$

式中　　m——矿体厚度，m；

　　　　α——矿体倾角，（°）；

　　　　q_0——下沉系数，一般在 0.02~0.8 之间。

（4）开采未达充分采动（非充分采动）时，最大下沉按式（12-17）计算：

$$s_0 = q_0 m \cos\alpha \sqrt{n_1 n_2} \tag{12-17}$$

式中　　n_1，n_2——分别为采空区沿矿层倾斜方向和走向的采动系数，n_1、n_2 均小于 1.0，如大于 1.0，即表明已达充分采动。

$$n_1 = \frac{KD_1}{H} \tag{12-18}$$

$$n_2 = \frac{KD_2}{H} \tag{12-19}$$

式中　　D_1，D_2——分别为沿矿层倾向和走向采空区的水平投影的长度，m；

　　　　K——岩性系数，岩性由软到硬可在 0.7~0.9 之间选取。

　　本章仅就采场地压中的主要问题介绍了国内外的新研究成果、新进展，可以看出，采场地压问题多数还是各种规律性的定性研究。这类研究是采场地压理论的基石，固然是必要的；然而，目前尚缺乏运用理论分析或运用数据统计分析给出各类采场构成参数的定量方法。生产期盼着理论的指导，期盼着后来者。

思 考 题

12-1 怎样选择矿柱的标准安全系数？

12-2 叙述无底柱分段崩落法在静应力场作用下，不同巷道在不同时期的地压显现特点。

12-3 哪些因素影响无底柱分段崩落法回采进路的稳定性？

12-4 有底柱分段崩落法底部结构在不同时期的压力显现规律如何？

12-5 何谓矿体的可崩性，如何进行崩落过程的应力控制？

12-6 充填体对围岩体稳定性的控制体现在哪些方面？

参 考 文 献

Brady B H, Brown E T. Rock Mechanics for Underground Mining [M]. London: George Allen & Unwin, 1985.

Brady B H, Brown E T. 地下采矿岩石力学 [M]. 3 版, 2006; 佘诗刚, 朱万成, 赵文, 等译. 北京: 科学出版社, 2011.

Jia H W, Guan K, Zhu W C, et al. Modification of rock stress factor in the stability graph method: a case study at the alhada lead-zinc mine in inner mongolia, China [J]. Bulletin of Engineering Geology and the Environment, 2020, 79 (6): 3257~3269.

Mitchell R J. Sill mat evaluation using centrifuge models [J]. Mining Science & Technology, 1991, 13 (3): 301~313.

Piper P S, Ryder J A. Appraise of the support in deep mine backfill, backfill mining technique and its application in metal mine abroad [R]. China Mining Association, 1996.

Potvin Y, Hudyma M R, Miller H D S. Design guidelines for open stope support [J]. CIM Bull, 1989, 82 (926): 53~62.

田允明. 实用矿山地压 [M]. 长沙: 中南工业大学出版社, 1987.

于学馥. 地下工程围岩稳定分析 [M]. 北京: 煤炭工业出版社, 1983.

冶金工业出版社部分图书推荐

书　名	作　者	定价(元)
中国冶金百科全书·采矿卷	本书编委会　编	180.00
中国冶金百科全书·选矿卷	编委会　编	140.00
选矿工程师手册(共4册)	孙传尧　主编	950.00
金属及矿产品深加工	戴永年　等著	118.00
露天矿开采方案优化——理论、模型、算法及其应用	王　青　著	40.00
金属矿床露天转地下协同开采技术	任凤玉　著	30.00
选矿试验研究与产业化	朱俊士　等编	138.00
金属矿山采空区灾害防治技术	宋卫东　等著	45.00
尾砂固结排放技术	侯运炳　等著	59.00
采矿学(第3版)	顾晓薇　主编	75.00
地质学(第5版)(国规教材)	徐九华　主编	48.00
碎矿与磨矿(第3版)(国规教材)	段希祥　主编	35.00
选矿厂设计(本科教材)	魏德洲　主编	40.00
智能矿山概论(本科教材)	李国清　主编	29.00
现代充填理论与技术(第2版)(本科教材)	蔡嗣经　编著	28.00
金属矿床地下开采(第3版)(本科教材)	任凤玉　主编	58.00
边坡工程(本科教材)	吴顺川　主编	59.00
现代岩土测试技术(本科教材)	王春来　主编	35.00
爆破理论与技术基础(本科教材)	璩世杰　编	45.00
矿物加工过程检测与控制技术(本科教材)	邓海波　等编	36.00
矿山岩石力学(第2版)(本科教材)	李俊平　主编	58.00
金属矿床地下开采采矿方法设计指导书(本科教材)	徐　帅　主编	50.00
新编选矿概论(本科教材)	魏德洲　主编	26.00
固体物料分选学(第3版)	魏德洲　主编	60.00
选矿数学模型(本科教材)	王泽红　等编	49.00
采矿工程概论(本科教材)	黄志安　等编	39.00
矿产资源综合利用(高校教材)	张　佶　主编	30.00
选矿试验与生产检测(高校教材)	李志章　主编	28.00
选矿原理与工艺(高职高专教材)	于春梅　主编	28.00
矿石可选性试验(高职高专教材)	于春梅　主编	30.00
选矿厂辅助设备与设施(高职高专教材)	周晓四　主编	28.00
露天矿开采技术(第2版)(职教国规教材)	夏建波　主编	35.00
井巷设计与施工(第2版)(职教国规教材)	李长权　主编	35.00
工程爆破(第3版)(职教国规教材)	翁春林　主编	35.00